植被生物量与生产力遥感估算技术与应用

王志慧　程春晓　等 著

黄河水利出版社
·郑州·

内 容 提 要

陆地生态系统中的碳循环过程与碳源、碳汇问题的研究已经成为自20世纪90年代以来全球科学界的研究热点之一,更是国际社会关注的焦点。但目前为止,生态系统碳循环过程中关键参数的估算仍然存在相当大的不确定性。本书以植被生物量与生产力这两个生态系统碳循环关键参数为研究对象,主要介绍了基于遥感数据估算区域植被生物量与生产力的物理基础和技术方法,以及基于低分辨率光学遥感数据、中分辨率光学遥感数据、高空间分辨率光学遥感数据、机载高光谱数据、机载激光雷达数据在不同典型复杂区域的植被生物量和生产力估算方法与应用示例。

本书可为研究复杂区域植被生物量与生产力遥感估算方法的相关科研人员提供参考和借鉴。

图书在版编目(CIP)数据

植被生物量与生产力遥感估算技术与应用/王志慧等著.—郑州:黄河水利出版社,2016.12
ISBN 978-7-5509-1676-0

Ⅰ.①植… Ⅱ.①王… Ⅲ.①遥感数据-应用-植被-生物量-估算方法②遥感数据-应用-生产力-估算方法
Ⅳ.①Q948.15②F014.1③TP701

中国版本图书馆CIP数据核字(2016)第322623号

出 版 社:黄河水利出版社
地址:河南省郑州市顺河路黄委会综合楼14层　　邮政编码:450003
发行单位:黄河水利出版社
发行部电话:0371-66026940、66020550、66028024、66022620(传真)
E-mail:hhslcbs@126.com
承印单位:河南承创印务有限公司
开本:787 mm×1 092 mm　1/16
印张:16.25
字数:375千字　　印数:1—1 000
版次:2016年12月第1版　　印次:2016年12月第1次印刷

定价:42.00元

前　言

在全球生态系统中,陆地生态系统是人类生存和发展的基础,同时人类的生产生活活动也会直接对陆地生态系统产生巨大影响。植被是陆地生态系统中的主体,植被光合作用完成了自然界规模巨大的物质转变,把无机物转化为有机物。植被在全球碳物质与能量的循环过程中起着重要的桥梁作用,并且可以很好地调节全球碳平衡以及减缓大气中的温室气体的上升趋势,这对于维持地球的气候变化、环境变化能够起到不可代替的积极作用。陆地生态系统中的碳储量和碳循环问题的研究已经成为自20世纪90年代以来全球科学界的研究热点之一,更是国际社会关注的焦点。但是,由于陆地生态系统的气候、土壤、植被类型等自然地理条件千差万别,以及不同类型生态系统对气候环境变化的特殊响应,碳汇存在较大的空间差异与年际变化。此外,不同的科学家们所使用的研究方案、数据源以及模型的假设条件等都不相同,所以目前为止,碳储量、碳汇、碳源以及碳循环过程中关键参数的估算仍然存在着相当大的不确定性。

在全球碳储量和碳循环观测及过程研究中,传统研究多集中在地面点上对单一植被对象开展观测和建模工作,但对于大范围复杂的陆表生态系统的相关研究还远远不够,这正是需要在其相关研究中引入遥感技术的依据。采取遥感手段可以快速及时地获取区域乃至全球范围的陆表碳储量和碳循环信息,实现碳储量和碳循环研究成果由点向面的扩展,形成以面状信息为基础的完整的成果表达,可以准确、及时地得到监测范围内多时空尺度的碳储量和碳循环的时空分布特征。因此,目前遥感在多源数据综合集成及地学应用方面对地球系统科学研究发挥决定性的作用。

“植被生物量”是反映生态系统环境的重要指标之一,它的大小可以判断群落生长状况、演替趋势、生产潜力和载畜能力,能够直接反映陆地生态系统的碳储量大小。“植被生产力”是植被在生态系统中物质或能量的转换、传递基础,它直接反映了在自然条件下植被自身的生产能力,它同时能够表示出区域整个陆地生态系统的质量,可作为判断其是生态系统碳源、碳汇的标准。本书以这两个生态系统碳循环关键参数为研究对象,主要介绍了基于遥感数据估算区域植被生物量与生产力的物理基础和技术方法,以及基于低分辨率光学遥感数据、中分辨率光学遥感数据、高空间分辨率光学遥感数据、机载高光谱数据、机载激光雷达数据在不同典型复杂区域的生物量和生产力估算应用示例。本书可为研究复杂区域植被生物量与生产力遥感估算方法的相关人员提供参考和借鉴。

本书共分为8章。第1章介绍植被生物量与生产力研究基础,第2章介绍植被遥感物理模型,第3章介绍植被生物量与生产力遥感估算物理基础,第4章介绍基于多尺度遥感数据的干旱区灌木生物量估算方法与应用,第5章介绍基于机载Lidar和高光谱数据的农田防护林生物量估算方法与应用,第6章介绍基于遥感光谱与时序信息的人工林生物量估算方法与应用,第7章介绍基于改进CASA模型的东北三省植被NPP遥感估算与应用,第8章以黑河流域为例,介绍植被NPP对气候变化和人类活动响应研究。

本书编写人员及编写分工如下:王志慧编写第1章、第5章的5.6~5.10节、第7章的7.5~7.7节;程春晓编写第4章的4.7~4.8节、第7章的7.1~7.4节、第8章;吕锡芝编写第2章;孔祥兵编写第3章的3.6~3.7节;焦鹏编写第4章的4.1~4.6节;韩金旭编写第3章的3.1~3.5节;倪用鑫编写第5章的5.1~5.5节;时爽编写第6章。全书由王志慧、程春晓统稿。

本书内容包含作者在中国矿业大学(北京)、中国林业科学研究院(2009~2012年)和中国科学院遥感与数字地球研究所(2012~2015年)攻读硕士与博士学位期间以及在黄河水利科学研究院工作期间(2015~2016年)的部分研究成果,感谢刘良云老师、崔希民老师、陈尔学老师、李世明老师、刘清旺老师、庞勇老师、彭代亮老师、焦全军老师、姚文艺教高、时明立教高、肖培青教高等专家学者在不同时间阶段对我的教导和帮助,本书的完成离不开你们对我的指导。感谢刘新杰、张苏、胡勇、李振旺、唐欢、刘安伟等博士、硕士研究生的贡献。

由于作者水平和精力所限,书中不足之处在所难免,恳请读者不吝指教。

作 者

2016年12月

目 录

第 1 章　植被生物量与生产力研究基础

1.1　植物生理学基础

1.1.1　植物生命特征

区别动植物的本质特征是有无细胞壁。在显微镜下观察动植物的细胞就会发现，植物的细胞都有一层又厚又硬的细胞壁(见图 1-1)，而动物细胞只有细胞膜，没有细胞壁。

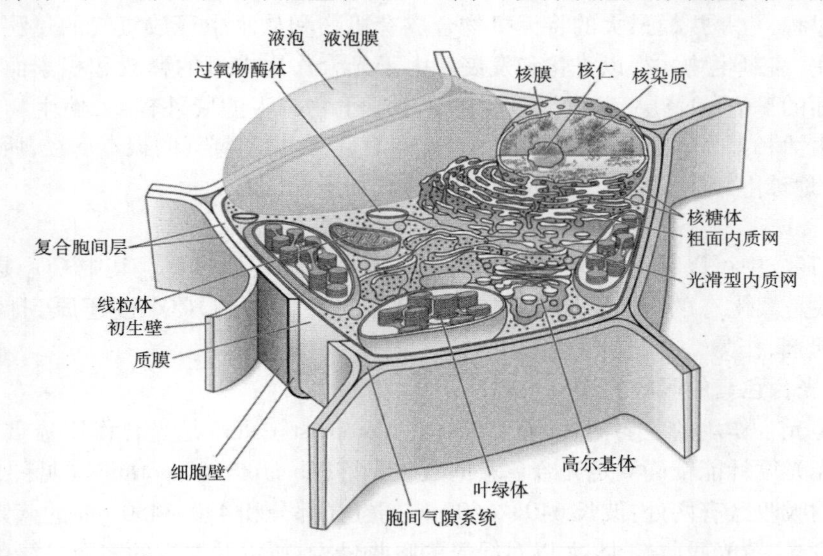

图 1-1　植物细胞结构 (Taiz et al, 2002)

植物的生命特征如下：

(1)地球上的初级生产者，绿色植物是太阳能捕捉器，将光能转换为化学能，存储在碳水化合物的化学键中。

(2)植物不能自主移动，但进化了同化碳、氮、矿物质等物质进行生长的能力。

(3)陆生植物在向光生长时，在结构上得到了增强来支撑其重量，抵抗重力。

(4)陆生植物蒸腾作用连续失水，但进化了防脱水机制。

(5)植物具备将土壤中水分和矿物质运输到光合作用及生长所需要地方的机制，以及将光合作用产物转移到非光合作用器官和组织的机制。

(6)植物具有主动和被动的环境响应与适应机制。

1.1.2 植物光合作用

光合作用是植物的重要生命特征,但不是动植物的本质区别特征。海蛤蝓可能是"生命之树"中动植物界的交叉点。海蛤蝓的细胞能够从藻类获取叶绿素,进行光合作用,从而为其所有生命活动提供足够的能量,包括繁殖。迄今为止,科学家在海蛤蝓基因组里发现了十多种藻类基因,这些基因使这种生物在叶绿素合成通道和碳固定循环中具有集光蛋白质和酶类的功能。

1.1.2.1 光合作用方程

光合作用(photosynthesis)通常是指绿色植物吸收光能,把二氧化碳和水合成有机物,同时释放氧气的过程。地球上一年中通过光合作用约吸收 2.0×10^{11} t 碳素(6 400 t/s),合成 5×10^{11} t 有机物,同时将 3.2×10^{21} J 的日光能转化为化学能,并释放出 5.35×10^{11} t 氧气(曾广文、蒋德安,2000)。光合作用是地球上规模最大的把日光能转变为可储存的化学能的过程,也是规模最大的将无机物合成有机物和从水中释放氧气的过程。自从有了光合作用,需氧生物才得以进化和发展。由于光合作用中氧的释放和积累而逐渐形成了大气表面的臭氧(O_3)层,臭氧能吸收阳光中对生物有害的紫外辐射,使生物可从水中到陆地上生活和繁衍。光合作用是生物界获得能量、食物和氧气的根本途径,所以光合作用被称为"地球上最重要的化学反应",其反应式如下:

$$6CO_2 + 6H_2O \rightarrow C_6H_{12}O_6 + 6O_2 \tag{1-1}$$

从式(1-1)中可以看出:光合作用本质上是一个氧化还原过程。其中 CO_2 是氧化剂,CO_2 中的碳是氧化态的,而 $C_6H_{12}O_6$ 中的碳是相对还原态的,CO_2 被还原到糖的水平。H_2O 是还原剂,作为 CO_2 还原的氢的供体。

1.1.2.2 光合色素的吸收光谱

叶片是光合作用的主要器官,而叶绿体(chloroplast,chlor)是光合作用最重要的细胞器。用分光光度计能精确测定光合色素的吸收光谱(absorption spectrum)(见图 1-2)。叶绿素最强的吸收区有两处:波长 640 ~ 660 nm 的红光部分和 430 ~ 450 nm 的蓝紫光部分。叶绿素对橙光、黄光吸收较少,尤以对绿光的吸收最少,所以叶绿素的溶液呈绿色,以叶绿素为主导色素的植物叶片呈绿色。

叶绿素 a 和叶绿素 b 的吸收光谱很相似,但也稍有不同:叶绿素 a 在红光区的吸收峰比叶绿素 b 的高,而在蓝光区的吸收峰则比叶绿素 b 的低。也就是说,叶绿素 b 吸收短波长蓝紫光的能力比叶绿素 a 强。

一般阳生植物叶片的叶绿素 a/b 比值约为 3∶1,而阴生植物的叶绿素 a/b 比值约为 2.3∶1。叶绿素 b 含量的相对提高就有可能更有效地利用漫射光中较多的蓝紫光,所以叶绿素 b 有阴生叶绿素之称。

类胡萝卜素的吸收带在 400 ~ 500 nm 的蓝紫光区,它们基本不吸收红、橙、黄光,从而呈现橙黄色或黄色。

藻蓝蛋白的吸收光谱最大值是在橙红光部分,而藻红蛋白则是在绿光部分。

植物体内不同光合色素对光波的选择吸收是植物在长期进化中形成的对生态环境的适应,这使植物可利用各种不同波长的光进行光合作用。

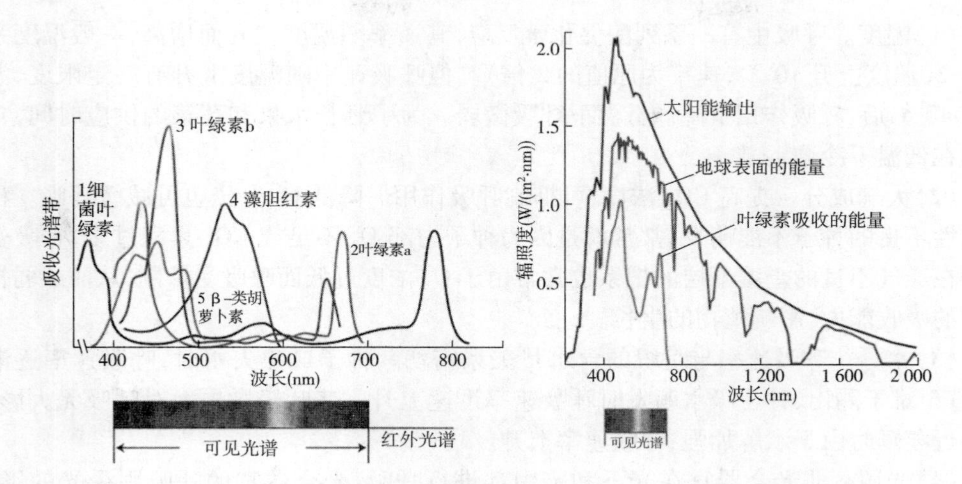

图 1-2　光合色素的吸收光谱曲线与太阳辐射（Avers，1985；Taiz et al,2002）

1.1.3　植物呼吸作用

呼吸作用（respiration）是指生活细胞内的有机物在酶的参与下，逐步氧化分解并释放能量的过程。呼吸作用的产物因呼吸类型的不同而有差异。依据呼吸过程中是否有氧的参与，可将呼吸作用分为有氧呼吸（aerobic respiration）和无氧呼吸（anaerobic respiration）两大类型。

1.1.3.1　呼吸作用对植物生命活动的意义

呼吸作用对植物生命活动具有十分重要的意义，主要表现在以下三个方面：

（1）为植物生命活动提供能量。除绿色细胞可直接利用光能进行光合作用外，其他生命活动所需的能量都依赖于呼吸作用。呼吸作用将有机物质生物氧化，使其中的化学能以 ATP 形式储存起来。当 ATP 在 ATP 酶作用下分解时，再把储存的能量释放出来，以不断满足植物体内各种生理过程对能量的需要，未被利用的能量就转变为热能而散失掉。呼吸放热，可提高植物体温，有利于种子萌发、幼苗生长、开花传粉、受精等。另外，呼吸作用还为植物体内有机物质的生物合成提供还原力（如 NADPH、NADH）。

（2）中间产物是合成植物体内重要有机物质的原料。呼吸作用在分解有机物质过程中产生许多中间产物，其中有一些中间产物化学性质十分活跃，如丙酮酸、α－酮戊二酸、苹果酸等，它们是进一步合成植物体内新的有机物的物质基础。当呼吸作用发生改变时，中间产物的数量和种类也随之改变，从而影响着其他物质的代谢过程。呼吸作用在植物体内的碳、氮和脂肪等代谢活动中起着枢纽作用。

（3）在植物抗病免疫方面有着重要作用。在植物和病原微生物的相互作用中，植物依靠呼吸作用氧化分解病原微生物所分泌的毒素，以消除其毒害。植物受伤或受到病菌侵染时，也通过旺盛的呼吸，促进伤口愈合，加速木质化或栓质化，以减少病菌的侵染。此外，呼吸作用的加强还可促进具有杀菌作用的绿原酸、咖啡酸等的合成，以增强植物的免疫能力。

1.1.3.2　影响呼吸速率的环境因素

影响呼吸速率最显著的环境因素有以下几种：

(1)温度。呼吸中有一系列酶促化学反应,其速率随温度上升而增高,一般温度系数 $Q_{10} \approx 2$(温度上升 10 ℃,速率为原值的 2 倍)。但呼吸速率随温度上升有一定限度,温度超过 40 ℃后,呼吸作用下降。低温下呼吸微弱。为了延长水果和蔬菜的供应时间,常将它们在低温下冷藏。

(2)大气成分。提高 CO_2 浓度,可抑制呼吸作用。降低 O_2 分压也可减缓呼吸。种皮透气性不良的种子不能萌发,常常就是因为种子内部 O_2 不足或 CO_2 累积过多、呼吸受抑制。在通气不良的土壤下层的根系也常常由于 O_2 浓度过低而呼吸受抑制,从而减弱根对养分的吸收能力,影响植物的生长。

(3)水分。呼吸速率与组织的含水量关系密切。种子成熟失水时,呼吸速率逐渐降低,直至难于测出,种子吸水萌发时呼吸速率迅速上升。茎叶轻微失水对呼吸无大影响,在接近萎蔫时由于水解加强,呼吸速率上升。

(4)光照。非光合器官在光下和暗中都进行呼吸,光合器官的呼吸则受光的影响。在光下,光合器官除进行特有的、与光合作用紧密联系的光呼吸外,一般呼吸是否以与在暗中相同的速率进行,不同的研究者得到的结果不同。

1.1.4 植物蒸腾作用

植物一方面从周围环境中吸收水分,以保证生命活动的需要;另一方面又不断地向环境散失水分,以维持体内外的水分循环、气体交换以及适宜的体温。植物对水分的吸收、运输、利用和散失的过程,被称为植物的水分代谢(water metabolism)。

植物经常处于吸水和失水的动态平衡之中。植物一方面从土壤中吸收水分,另一方面又向大气中蒸发水分。陆生植物在一生中耗水量很大,其中只有极少数(占 1.5% ~ 2%)水分是用于体内物质代谢,绝大多数都散失到体外。其散失的方式,除少量的水分以液体状态通过吐水的方式散失外,大部分水分则以气态,即以蒸腾作用的方式散失。所谓蒸腾作用(transpiration),是指植物体内的水分以气态散失到大气中的过程。与一般的蒸发不同,蒸腾作用是一个生理过程,受到植物体结构和气孔行为的调节。

叶片的蒸腾作用方式有两种,一是通过角质层的蒸腾,称为角质蒸腾(cuticular transpiration);二是通过气孔的蒸腾,称为气孔蒸腾(stomatal transpiration)。角质层本身不易让水通过,但角质层中间含有吸水能力强的果胶质,同时角质层也有孔隙,可让水分自由通过。角质层蒸腾和气孔蒸腾在叶片蒸腾中所占的比重,与植物的生态条件和叶片年龄有关,实质上也就是与角质层厚薄有关。例如:阴生和湿生植物的角质蒸腾往往超过气孔蒸腾。幼嫩叶子的角质蒸腾可达总蒸腾量的 1/3 ~ 1/2。一般植物成熟叶片的角质蒸腾,仅占总蒸腾量的 3% ~ 5%。因此,气孔蒸腾是中生和旱生植物蒸腾作用的主要方式。

气孔的面积小,蒸腾速率高。气孔一般长 7 ~ 30 μm,宽 1 ~ 6 μm。而进出气孔的 CO_2 和 H_2O 分子的直径分别只有 0.46 nm 和 0.54 nm,因而气体交换畅通(见图 1-3)。气孔在叶面上所占的面积一般不到叶面积的 1%,气孔完全张开也只占 1% ~ 2%,但气孔的蒸腾量却相当于所在叶面积蒸发量的 10% ~ 50%,甚至达到 100%。也就是说,经过气孔的蒸腾速率要比同面积的自由水面快几十倍,甚至 100 倍。

气孔运动是由保卫细胞水势的变化而引起的。气孔蒸腾本质上是一个蒸发过程。气

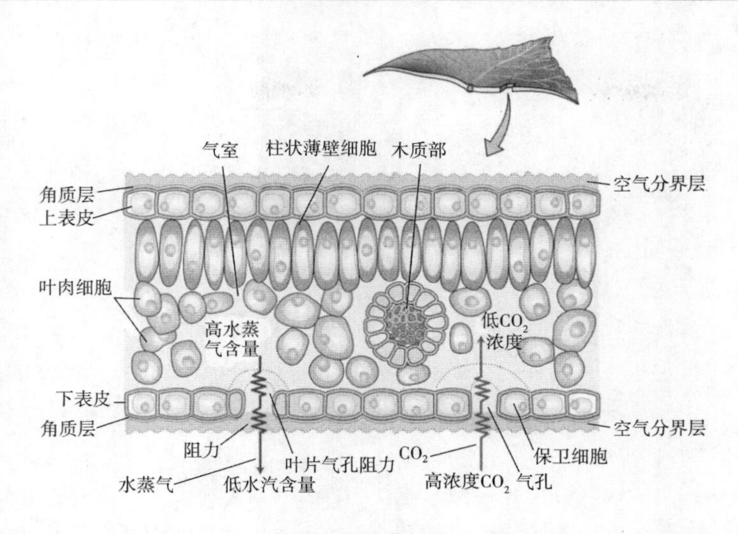

图 1-3　气孔与叶—气水分和 CO_2 物质交换示意图(Taiz et al, 2002)

孔蒸腾的第一步是位于气孔下腔(substomatal cavities)周围的叶肉细胞的细胞壁中的水分变成水蒸气,然后经过气孔下腔和气孔扩散到叶面的扩散层,再由扩散层扩散到空气中去。蒸腾速率与水蒸气由气孔向外的扩散力成正比,而与扩散途径的阻力成反比。扩散力大小取决于气孔下腔蒸气压与叶外蒸气压之差,即蒸气压梯度(vapor pressure gradient)。蒸气压差大,蒸腾速率快;反之则慢。扩散阻力包括气孔阻力和扩散层阻力,其中气孔阻力主要受气孔开度制约,扩散层阻力主要取决于扩散层的厚薄。气孔阻力大,扩散层厚,蒸腾慢;反之则快。

蒸腾作用的强弱,可以反映出植物体内水分代谢的状况或植物对水分利用的效率。蒸腾作用常用的指标有:

(1)蒸腾速率(transpiration rate),又称蒸腾强度或蒸腾率。指植物在单位时间内、单位叶面积上通过蒸腾作用散失的水量。常用单位:$g/(m^2 \cdot h)$、$mg \cdot d/(m^2 \cdot h)$。大多数植物白天的蒸腾速率是 15 ~ 250 $g/(m^2 \cdot h)$,夜晚是 1 ~ 20 $mg \cdot d/(m^2 \cdot h)$。

(2)蒸腾效率(transpiration ratio),指植物每蒸腾 1 kg 水时所形成的干物质的克数。常用单位:g/kg。一般植物的蒸腾效率为 1 ~ 8 g/kg。

(3)蒸腾系数(transpiration coefficient),又称需水量(water requirement)。指植物每制造 1 g 干物质所消耗水分的克数,它是蒸腾效率的倒数。大多数植物的蒸腾系数在 125 ~ 1 000。木本植物的蒸腾系数比较低,白蜡树约 85,松树约 40;草本植物蒸腾系数较高,玉米为 370,小麦为 540。蒸腾系数越小,则表示该植物利用水分的效率越高。

水势是研究植物和水的重要方法。水分从土壤通过植物到达大气的主要驱动力包括叶气空间的水气浓度差、土壤与木质部的静水压差、根横截面的水势差。主导水分从土壤到叶片运输的关键因素是木质部的负压,而产生这种负压的是蒸腾叶片细胞的毛细管作用。而在植物的另一端,土壤中的水分通过毛细管作用力维持,这导致两端的毛细作用力对水分这个“绳子”的拔河。随着叶片蒸腾失水,土壤中的水分持续进入植物体,并上行至叶片,如图 1-4 所示。

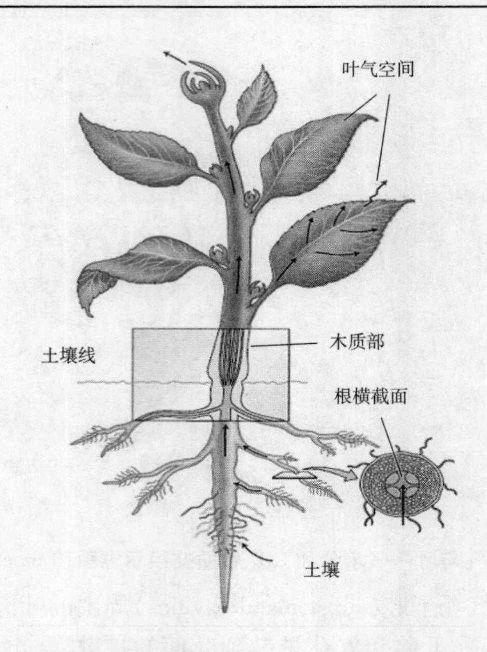

图 1-4 植株体内的水分运转与水势平衡(Taiz et al, 2002)

土壤—植株—大气的水分运转由水势梯度决定,当土壤含水量低于一定程度时,植物因根系无法吸水而发生永久萎蔫时的土壤含水量,称为萎蔫系数或萎蔫点。不同土壤类型的萎蔫含水量存在较大差异,如表 1-1 所示,萎蔫含水量与植物类型差异较小,与土壤类型差异很大。

表 1-1 不同土壤类型的萎蔫含水量(曾广文、蒋德安,2000) (%)

作物	粗砂土	细砂土	沙壤土	壤土	黏壤
水稻	9.6	27	56	101	130
小麦	8.8	33	63	103	145
玉米	10.7	31	65	90	155
高粱	9.4	36	59	100	141
豌豆	10.2	33	69	124	166
番茄	11.1	33	69	117	153

在用遥感监测农作物土壤墒情时,特别是用微波等数据监测土壤含水量来评价农作物墒情时,必须考虑土壤类型,才能给出真实的土壤墒情和进行灌溉决策。

1.2 植被生态学基础

植被生态学是研究植物和环境之间相互关系的科学,可分为三个方面:植物个体与环境的生态关系,植物群体与环境的生态关系,以及在生态系统的物质循环和能量流动中植物的作用。

1.2.1　植被群落结构特征

植被群落是不同植物在长期环境变化中相互作用、相互适应而形成的组合。相对稳定的生物群落的重要特征之一，是具有一定的空间结构。群落中各种生物在空间上的配置状况，即为群落的结构。群落结构包括形态方面的结构和生态方面的结构，前者包括垂直结构和水平结构，后者指层片结构。

1.2.1.1　植被垂直结构

植被群落的垂直结构指植被群落在垂直方向的配置状态，其最显著的特征是成层现象，即在垂直方向上分成许多层次的现象。层的分化主要取决于植物的生活型，生活型不同，植物在空中占据的高度以及在土壤中到达的深度就不同。成层现象在森林群落中表现最为明显，而以温带阔叶林和针叶林的分层最为典型，热带森林的成层结构则最为复杂。一般按生长型把森林群落从顶部到底部划分为乔木层、灌木层、草本层和地被层（苔藓地衣）四个基本层次，在各层中又按植株的高度划分亚层，例如热带雨林的乔木层通常分为三个亚层，草本群落则通常只有草本层和地被层。

群落的成层性保证了植物在单位空间中更充分利用自然环境条件。如在发育成熟的森林中，上层乔木可以充分利用阳光，而林冠下为那些能有效利用弱光的下木所占据，林下灌木层和草本层能够利用更微弱的光线，草本层往下还有更耐阴的苔藓层。

激光雷达数据在植被垂直结构特征探测方面具有独特的技术优势，利用激光雷达的回波信号，能够辨识植被群落的垂直结构特征。

1.2.1.2　植被水平结构

植被群落的水平结构指群落的水平配置状况或水平格局，其主要表现特征是镶嵌性，即植物种类在水平方向不均匀配置，使群落在外形上表现为斑块相间的现象。具有这种特征的群落叫做镶嵌群落。在镶嵌群落中，每一个斑块就是一个小群落，小群落具有一定的种类成分和生活型组成，它们是整个群落的一小部分。例如，在森林中，林下阴暗的地点有一些植物种类形成小型的组合，而在林下较明亮的地点是另外一些植物种类形成的组合。这些小型的植物组合就是小群落。内蒙古草原上锦鸡儿灌丛化草原是镶嵌群落的典型例子。在这些群落中往往形成1～5 m的锦鸡儿丛，呈圆形或半圆形的丘阜。这些锦鸡儿小群落内部由于聚集细土、枯枝落叶和雪，因此具有良好的水分和养分条件，形成一个局部优越的小环境。小群落内部的植物较周围环境返青早，生长发育好，有时还可以遇到一些越带分布的植物。

植被水平结构特征提取，依赖于高分辨率光学遥感技术手段，通过高分辨率图像中的光照、阴影形成的纹理特征，能够有效提取植被水平结构。

1.2.1.3　植被物候特征

植被群落的时间结构是指植被群落的组成和外貌随时间而发生有规律的变化，又称为植被的物候特征。在温带地区，草原和森林的外貌在春、夏、秋、冬有很大不同，这就是群落的季相和物候特征。

利用时间序列的卫星遥感数据，通过植被指数方法，可以有效监测植被冠层的生长变化和物候特征。植被物候特征也是植被制图、分类的重要信息源。

1.2.1.4　植被层片结构

层片一词系瑞典植物学家加姆斯首创。他起初赋于这一概念三个方面的内容，即把层片划分为三级：一级层片，即同种个体的组合；二级层片，即同一生活型的不同植物的组合；三级层片，即不同生活型的不同种类植物的组合。现在一般群落学研究中使用的层片概念，均相当于加姆斯的二级层片，即每一个层片都是由同一生活型的植物所组成的。

生活型是植物对外界环境适应的外部表现形式，同一生活型的植物不但体态上是相似的，而且在形态结构、形成条件甚至某些生理过程也具相似性。目前广泛采用的生活型划分是郎基耶尔的系统。他按照休眠芽的着生位置把植物的生活型分成五大类群：高位芽植物（25 cm 以上）、地上芽植物（25 cm 以下）、地面芽植物（位于近地面土层内）、隐芽植物（位于较深土层或水中）和一年生植物（以种子越冬），在各类群之下再细分为 30 个较小的类群。中国植被学著作中采用的是按体态划分的生活型系统，该系统把植物分成木本植物、半木本植物、草本植物、叶状体植物四大类别，再进一步划分成更小的或低级的单位。对于层片的划分，可以根据研究的需要，分别使用上述系统中的高级划分单位或低级划分单位。

层片作为群落的结构单元，是在群落产生和发展过程中逐步形成的。它的特点是具有一定的种类组成，它所包含的种具有一定的生态生物学一致性，并且具有一定的小环境，这种小环境是构成植物群落环境的一部分。

在概念上层片的划分强调了群落的生态学方面，而层次的划分着重于群落的形态。层片有时和层是一致的，有时则不一致。例如分布在大兴安岭的兴安落叶松纯林，兴安落叶松组成乔木层，它同时也是该群落的落叶针叶乔木层片。在混交林中，乔木层是一个层，但它由阔叶树种层片和针叶树种层片两个层片构成。在实践中，层片的划分比层的划分更为重要，但划分层次往往是区分和分析层片的第一步。

1.2.2　植被生态系统与环境能量和物质交换

陆地生态系统是一个植被—土壤—气候相互作用的复杂大系统，内部各子系统之间及其与大气和土壤之间存在着复杂的相互作用和反馈机制。图 1-5 为植被生态系统的能量交换示意图。植被生态系统的冠层入射通过冠层反射、土壤热通量、冠层和土壤蒸散、显热交换等方式实现外界能量交换，并将部分能量以光合作用方式固定大气 CO_2。

图 1-6 为植被生态系统的物质交换示意图。植被生态系统光合作用和蒸腾作用的碳循环及水循环还带动了氮、磷等营养元素的代谢与循环。

1.2.3　植被生态系统碳循环

地球表层系统是一个巨大的光合合成和消耗分解的系统。在这个巨系统中，绿色植物通过光合作用，将大气中的 CO_2 转变成有机碳，成为包括人类在内的几乎所有生命有机体的物质和能量的基础。

植物通过光合作用吸收大气中的 CO_2，将碳储存在植物体内，固定为有机化合物。其中，一部分有机物通过植物自身的呼吸作用（自养呼吸）和土壤及枯枝落叶层中有机质的腐烂（异养呼吸）返回大气。这样就形成了大气—陆地植被—土壤—大气整个陆地生态

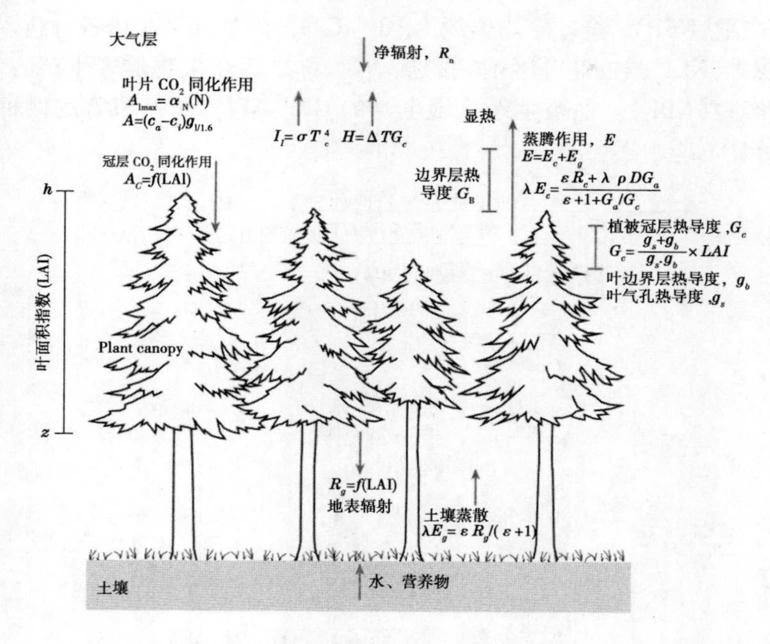

图 1-5　森林植被—土壤—气候相互作用（Schulze et al,1995）

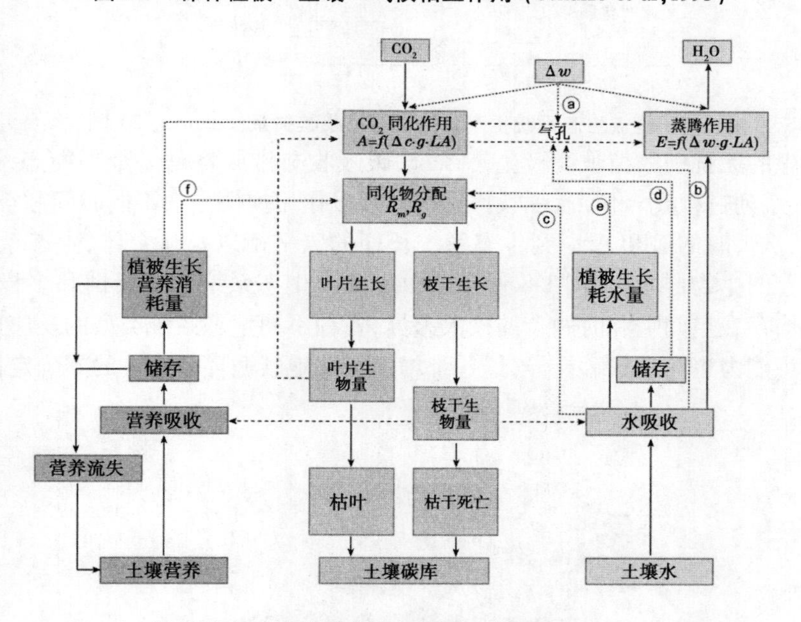

图 1-6　植被生态系统物质交换与分配示意图（Schulze et al, 1987）

系统的碳循环。如图 1-7 所示，陆地生态系统碳循环可形象地比喻成一个生物泵（Schulze, 2000）。其中，植被通过光合作用同化 CO_2 形成总初级生产力（GPP），据估算，全球平均值约为 120 GtC/a，GPP 减去植物自养呼吸（R_a，全球平均值约为 60 GtC/a）为净初级生产力（NPP），全球平均值约为 60 GtC/a；进一步损失主要发生在死亡有机物残体及土壤微生物分解上（异养呼吸，R_h），剩下的部分即净初级生产量（NPP）同 R_h 的差值，称之为净生态系统生产量(NEP),全球平均值约为 10 GtC/a。附加损失是由各种扰动,如火灾、放牧、森林砍伐等,NEP 减去非呼吸消耗的扰动量,称之为净生物群区生产力,又称为生态系统的最终产物(NBP)。植被生态系统生产的 GPP、NPP、NEP、NBP 的四种概念及关系如图 1-7 所示。

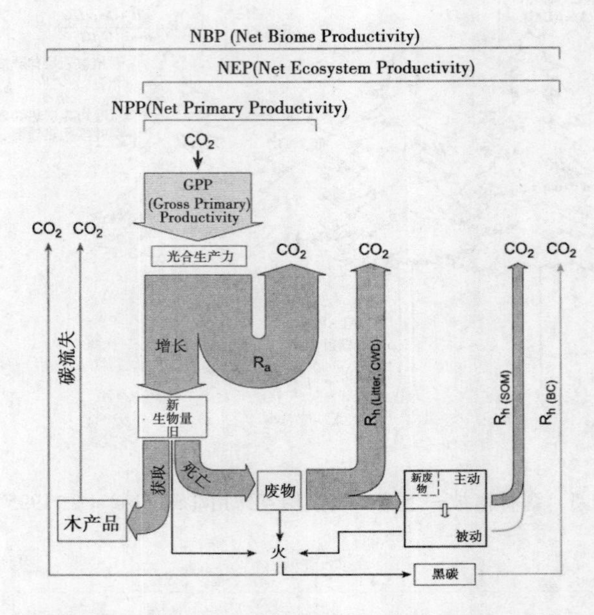

图 1-7　植被生态系统生产力指标体系及其关系(Schulze, 2000)

对于理想的无扰动的植被终极生态系统,碳吸收与排放将是一个平衡态,即 NEP 为 0。但上述一系列过程光合作用、呼吸作用与非呼吸作用损失是在不同时间和空间尺度上发生的,包括从瞬时的 GPP 反应到生态系统长期的碳平衡以及从个体、生态系统到景观或更大尺度上的生物群系,如图 1-8 所示。由于陆地生态系统的复杂性和多样性,植被、土壤和气候均存在空间上和时间上的极大差异,各种不同生态系统类型的反应速度、分解速度和碳蓄积能力也存在较大差异,这些都增加了陆地碳循环研究中的不确定性。

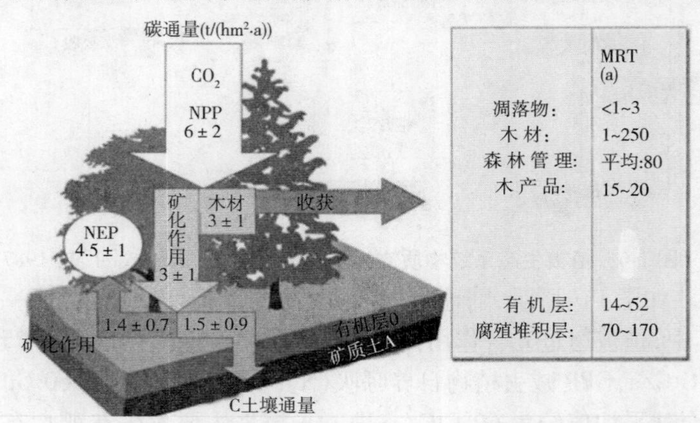

图 1-8　植被呼吸作用与非呼吸作用的总生产力损耗时间尺度示意图(Schulze, 2000)

图 1-9 为德国 Weidenbrunnen Fichtelgebirge 森林通量观测站观测的净生态系统生产量(NEP)的年季变化和日变化特征。结果表明,NEP 存在非常大的季节、日间和日变化特征,且夏季表现出碳汇特征,冬春表现为碳源特征;在日变化中,白天表现为碳汇,且中午前后达到峰值,而夜间为碳源特征。

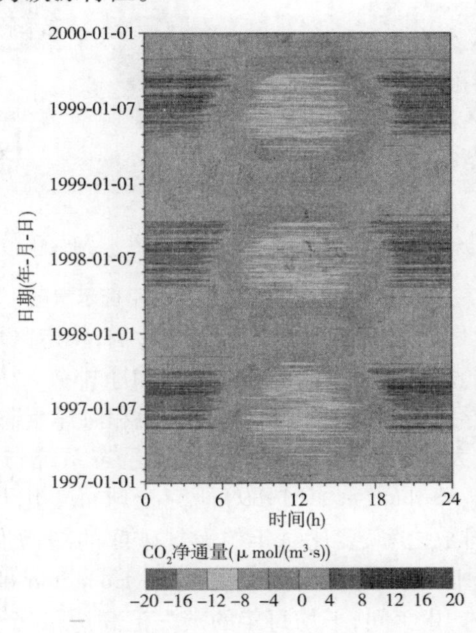

图 1-9　德国 Weidenbrunnen Fichtelgebirge 森林通量观测站观测的 NEP 的年季变化和日变化特征(Rebmann, 2001)

1.3　植被生态系统研究的重要意义

植被生态系统是地球辐射收支平衡和碳循环的核心研究内容。

图 1-10 为地表能量平衡示意图。式(1-2)为地表能量平衡方程。在能量平衡各环节中,植被生态系统的作用主要表现在两个方面:一是冠层反照率是地球系统辐射强迫的直接驱动要素,植被覆盖的季节和年际变化影响地表能量平衡;二是植被蒸散(ET)作用,以潜热的方式降低地表温度。由于植被反照率低于裸露土壤,仅仅从反照率的贡献来看,植被覆盖的减少会增大地表反射能量,从而起到地表降温的功能。若考虑反照率和 ET 的综合贡献,从辐射强迫角度来看,低纬度区域,由于 ET 作用的潜热贡献大,植被减少会导致地球系统升温;高纬度区域,由于 ET 作用较小,植被减少会降低地球系统温度。

$$R_n = \lambda E + H + G + Photosynthesis \tag{1-2}$$

植被生态系统是地球系统物质循环最主要的载体。植被光合作用完成了自然界规模巨大的物质转变,把无机物转化为有机物。图 1-11 为地球系统碳循环示意图。全球碳循环发生于大气、海洋和陆地之间。大气圈的碳储量约 750 GtC;陆地生物圈约 1 750 GtC,其中植被碳储量约 550 GtC、土壤碳储量约 1 200 GtC;海洋圈中分三部分:生物群的碳储量约 3 GtC,溶解态有机碳约 1 000 GtC,溶解无机碳约 3 400 GtC(Berrien et al,1994)。由

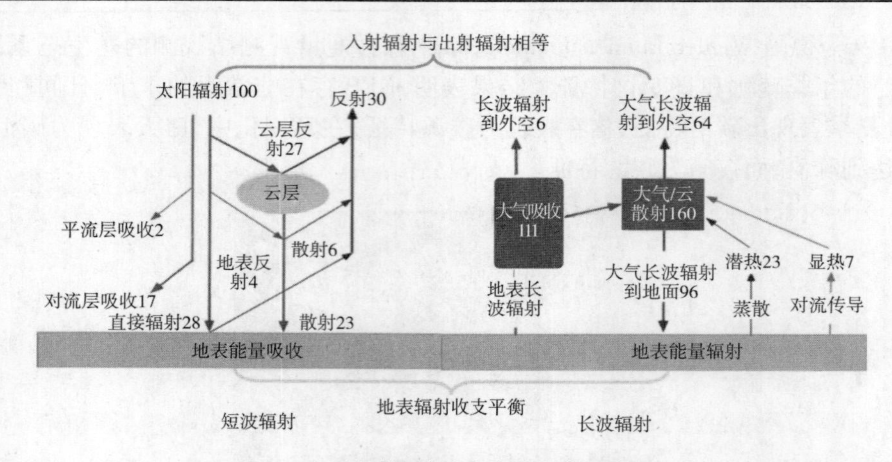

图 1-10　地球系统地表能量平衡示意图

于气候波动、养分动态变化以及周期性自然干扰的影响，特定区域的生态系统会出现碳源和碳汇之间的不平衡，即表现为生态系统的净吸收和净排放。人们假设化石燃料燃烧排放的碳和土地利用变化导致的碳净排放，除了被陆地和海洋生态系统吸收的部分，其他部分都排放到大气中，形成大气碳库的净增加值，如果生态系统与气候之间达到平衡，则表现为一种源汇平衡状态。Marland et al（1989）研究全球每年化石燃料燃烧排放的碳和土地利用变化导致的碳净排放之和，要比每年的大气碳库的净增加值和海洋吸收的碳之和大，即有一部分碳在大气中"失踪"，形成"碳失汇"。Houghton et al（1990）研究全球碳循环发现，在 1980～1989 的 10 年间，平均每年的碳失汇高达（1.6±1.4）GtC。

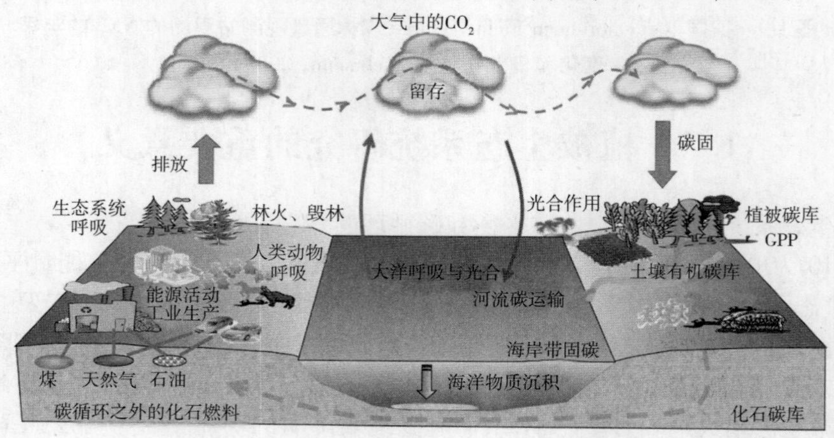

图 1-11　地球系统碳循环示意图

植被生态系统碳循环研究的不确定性是碳失汇的重要因素之一。目前碳失汇的成因假说还没有定论，广泛流传的有以下几种：第一种也是最热门的假说是关于 CO_2 施肥效应说（Bazzaz et al，1992）。第二种假说是氮沉降增加了海洋和陆地生物圈碳吸收量，并被认为至少作为部分碳失汇的可能去处（Schindler et al，1993）。第三种假说是 Dai 和 Fung（1993）提出的过去气候变化引起的陆地生物圈净吸收碳增加。虽然 IPCC 报告认为 CO_2 施肥是导致潜在碳汇能力的最主要原因（IPCC，1994），但争议较大。然而公认的事实是，这部分碳失汇数量对全球碳收支平衡影响不容小觑，如果不知道导致碳失汇产生的原因机制，那么对未来全球碳循环的预测将存在极大的不确定性。

统计数据表明，1850 ~ 2006 年化石燃料排放的 CO_2 的 46% 留在大气中，54% 被陆地和海洋生态系统吸收。这说明地球生态系统有效缓解了温室气体浓度增加，定量评估陆地植被生态系统的气候变化响应幅度与特征，开展陆地生态系统碳计量研究，在气候变化背景下具有尤为突出的重要意义。

1.4　植被生物量与生产力的重要意义

随着人类社会的不断进步，尤其是进入工业时代以来，人类的生产生活活动就不可避免地对我们赖以生存的整个地球生态系统造成了各种影响，有些影响甚至是不可逆转的，如森林的大面积砍伐、地下能源的大量开采、生态环境的破坏以及生物物种的大量消失，等等。在这一过程中，人类的大规模生产生活活动不断改变着地球上生态系统碳循环的自然循环过程以及生物圈内部固有的碳收支平衡，从而导致了大气中的温室气体（CO_2、N_2O、CH_4）的浓度大幅度升高，导致出现了全球变暖、大气污染等一系列的环境问题，严重威胁着人类的生存和社会的可持续发展。针对这一严重的现实问题，自 20 世纪 70 年代末开始，科学家们对全球碳循环问题的研究始终没有停止过，并且逐渐得到了全人类的普遍关注。1986 年国际地圈生物圈计划（International Geosphere - Biosphere Programme，IGBP）的成立极大地推动了全球碳循环的研究，20 世纪 90 年代至 21 世纪初，全球碳循环已经成为地球科学、生物科学以及社会科学共同关注的主题。同时，国际社会为了有效改善全球人类面临的严峻环境问题、探索全球碳循环过程，也组织了一系列的以碳循环与碳收支研究为目的的国际合作研究计划：全球变化的人文因素计划（International Human Dimension Programme，IHDP）、世界气候研究计划（World Climate Research Programme，WCRP）以及国际生物多样性计划（DIVERSITAS）。

在全球生态系统中，陆地生态系统是人类得以生存和发展的基础，同时人类的生产生活活动也会直接对该生态系统产生巨大影响。陆地生态系统中的碳循环过程与碳源、碳汇问题的研究已经成为自 20 世纪 90 年代以来全球科学界的研究热点之一，更是国际社会关心的焦点。目前，可以通过地面定点观测、大气中 CO_2 浓度监测、结合卫星遥感数据利用生态和大气模型模拟等方式来研究陆地生态系统碳源、碳汇问题。相关研究已经表明，北半球中高纬度的陆地生态系统是一个巨大的碳汇。但是，由于陆地生态系统的气候、土壤、植被类型等自然地理条件千差万别，以及不同类型生态系统对气候环境变化的特殊响应，碳汇存在较大的空间差异与年际变化。此外，不同的科学家们所使用的研究方案、数据以及模型的假设条件等都不相同，所以碳汇、碳源的估算仍然存在着相当大的不确定性。图 1-12 是科学家们估算的 2007 年全球生态系统碳循环示意图。同时，遥感在地学中从传统的定点观测数据到不同空间范围多尺度空间转换起着不可替代的作用，目前面对全球日益严峻的资源短缺、环境恶化、全球气候变化等问题，科学界早已取得共识，即以多学科交叉研究为手段，以地球表层（大气、水、岩石、生物、土壤等圈层的有机结合体）为研究对象，开展地球系统科学研究。而遥感能够在多源数据综合集成及地学应用方面对地球系统科学研究发挥决定性的作用。进入 21 世纪，在世界各国的合作下，已经基本建立起完善的全球对地观测系统，在数据获取、发布及基于遥感基础研究成果的分析应用方面都取得了令人瞩目的成就。国内外相继启动了一些大型碳通量观测项目，建立了地面观测来连续观测碳通量，如 FLUXNET、BigFoot、TCO 以及中国的 ChinaFlux 等（于贵瑞，2001）。

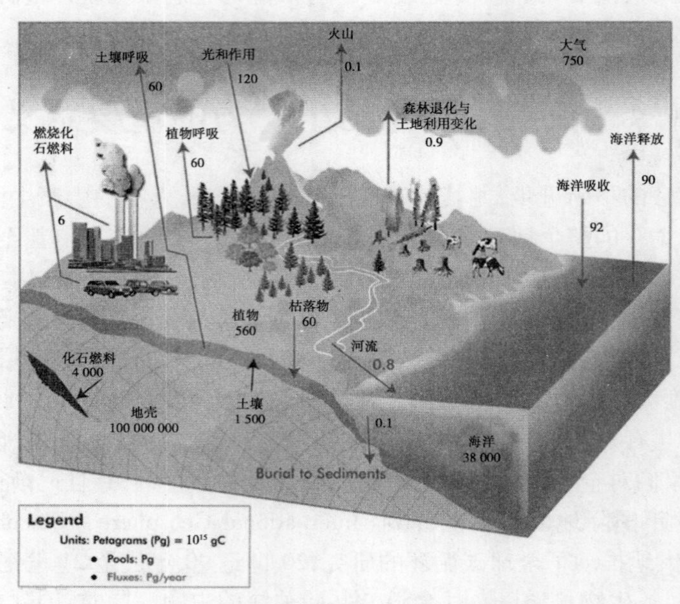

图 1-12　全球碳循环示意图（2007）

植被是陆地生态系统中的主体，植被在全球碳物质与能量的循环过程中起着重要的桥梁作用，并且可以很好地调节全球碳平衡以及减缓大气中的温室气体的上升趋势，这对于维持地球的气候变化、环境变化能够起到不可替代的积极作用。其中，生物量（Biomass）或生物量密度（Biomass density）是指一定时间内单位面积所含的一个或一个以上生物种或一个生物地理群落中所有生物有机体的总干物质量，其单位为 t/hm^2（郝文芳，2008）。植被生物量是反映生态系统环境的重要指标之一，通过它的大小可以判断群落生长状况、演替趋势、生产潜力和载畜能力。生物量与植被生态系统的其他指标相结合，能够客观、准确、有效地解释植被生态系统的现象和问题，反映植被生态系统的演替规律（徐小军，2008）。植被净初级生产力（Net Primary Productivity，NPP）是植被在生态系统中物质或能量的转换、传递基础，它直接反映了在自然条件下植被自身的生产能力，它同时能够表示出区域整个陆地生态系统的质量，可以作为判断其是生态系统碳源、碳汇的标准。

在全球碳储量和碳循环观测及研究过程中，对以森林、草原、作物、土壤等单一对象为主构成的陆地地表生态系统开展的工作较为丰富，而且多集中于地面点上的观测和建模，但对于大范围复杂的陆表生态系统的相关研究还远远不够，这正是需要在其相关研究中引入遥感技术的依据。采取遥感手段可以快速及时地获取区域乃至全球范围的陆表碳储量和碳循环信息，实现碳储量和碳循环研究成果由点向面的扩展，形成以面状信息为基础的完整的成果表达，可以准确、及时地得到监测范围内多时空尺度的碳储量和碳循环的时空分布特征。这是利用常规的地面站点观测结果所难以实现的,为解释和阐明碳的生物地球化学循环机制开辟了新的科学视野,但同时,在生态系统碳通量模型及遥感应用中也存在一些问题,使得对大尺度的碳源、碳汇时空格局的模拟比较困难。所以,研究如何实现地面点观测数据(如气象站点数据)和卫星遥感的栅格面状数据的有效结合,以及如何利用和发展区域尺度上的陆地生态系统生物量与净初级生产力模型,确定生物量和净初级生产力时空分布格局,都具有很重要的意义。

目前科学研究表明,由人类活动导致的化石燃料燃烧和土地利用类型变化向大气中排放的二氧化碳总量要大于大气圈中的碳储量、海洋净吸收的碳储量和森林的碳储量的总和,这一现象被称为全球碳循环中"失踪的碳汇"(Friedlingstein et al,2010)。虽然这些碳储量估算结果采用了不同的数据源和碳储量模拟模型,但各种研究均发现了"失踪的碳汇"的存在,且失踪碳汇的位置和强度存在很大的不确定性,约(2.7±1) PgC/a(Hall et al,2011)。目前有研究已经指出这些失踪的碳汇极有可能存在于陆地生态系统中,特别是森林生态系统中(LeQuéré et al,2009)。森林是陆地生态系统中最大的碳储库和碳汇,目前人类对森林生态系统还缺乏全面的科学认识,对森林地上生物量的精确估算能够大大减小森林生态系统碳储量估算的不确定性。随着全球气候变化研究的不断深入,植被净初级生产力遥感估算研究已经成为研究全球气候变化的一项不可或缺的指标,它与碳循环、土地利用变化、气候变化等研究都有着密切的联系。

1.5 植被生物量与生产力基本概念

在不同的研究时期,与生产力相关的概念由于人们的研究问题的不同,它们的定义也是有所不同的。最初在生物量的调查研究中,人们利用植被的累积量,即生物量(Biomass)来表示生态系统的总初级生产力(Gross Primary Productivity, GPP)和净初级生产力(Net Primary Productivity, NPP)等概念。但后来随着地面观测技术的发展,与生产力相关的生态系统净交换量(Net Ecosystem Exchange, NEE)和净生态系统生产力(Net Ecosystem Productivity, NEP)等概念都得以解释。同时,这些概念也利用到生态学研究碳通量、碳循环过程中,以定量的方式来估算陆地生态系统的碳汇量提供了理论基础(朱文泉等,2005)。

1.5.1 净初级生产力(NPP)

植被净初级生产力(Net Primary Productivity, NPP)是指绿色植物在单位面积、单位时间内所累积的有机物质总量,表现为在光合作用中植被所固定的有机物总量(GPP)中扣除植物自养呼吸以及自身成长消耗(R_a)后的剩余部分。NPP反映了植物将CO_2和光能转化为有机物的效率,也是表示植物固碳能力的重要指标(朱文泉等,2005)。

$$NPP = GPP - R_a \tag{1-3}$$

1.5.2 总初级生产力(GPP)

总初级生产力(Gross Primary Productivity,GPP)是指在单位时间和单位面积上,绿色植物通过光合作用所生产的全部有机物或有机碳总量，又称为生态系统生产力(Gross Ecosystem Productivity，GEP)(朱文泉等，2005)。陆地植被通过光合作用所累积的 GPP 表示了 CO_2 和光能转化为有机物的总量，它决定了进入陆地生态系统的初始物质和能量，是生态系统碳循环的基础，单位一般为 $g/(m^2 \cdot a)$。

1.5.3 净生态系统生产力(NEP)

净生态系统生产力是整个生态系统净的碳累积或支出的量，一般是指净初级生产力 NPP 减去异养生物，其中主要是土壤的呼吸作用(R_h)所消耗的光合作用有机产物后的剩余部分。

$$NEP = (GPP - R_a) - R_h = NPP - R_h \tag{1-4}$$

NEP 这一概念是为了分析生态系统的碳源/汇功能所提出的，它表示大气中的 CO_2 进入生态系统的净光合作用累积量，在大尺度上可以用 NEP 来评价生态系统是大气 CO_2 的源还是汇。当 $NEP > 0$ 时，表示生态系统是 CO_2 的汇；当 $NEP < 0$ 时，则表示生态系统是 CO_2 的源；$NEP = 0$ 时，表示生态系统的 CO_2 排放与吸收达到了平衡状态(朱文泉等，2005)。

1.5.4 生态系统净交换量(NEE)

生态系统净交换量是指生态系统与大气圈之间的碳交换量，是生态系统光合同化作用与呼吸作用之间的平衡，它表征了陆地生态系统吸收大气 CO_2 能力的高低。在不考虑人类活动、自然灾害和动物活动对生态系统的影响条件下，生态系统 NEE 可由如下公式计算得到：

$$NEE = R_{microbe} - NPP \tag{1-5}$$

式中：$R_{microbe}$ 是土壤微生物进行异养呼吸所消耗的有机物总量，包括土壤异养呼吸 R_h 和凋落物呼吸两部分。NPP 则是植物通过光合作用所积累的净有机物总量。一般情况下，凋落物呼吸很小，可忽略不计，此时 NEE 与 NEP 在数值上相等。NEE 为正值时，陆地生态系统为碳源；反之，则为碳汇。NEP 通常用于基于生态系统碳储量的研究，NEE 常用于生态系统与大气之间的碳交换研究。

1.5.5 生物量(Biomass)

生物量是指一定时间内单位面积所含的一个或一个以上生物物种或一个生物群落中所有生物的有机体的总干物质量，其单位是 g/m^2。从净初级生产力和生物量的概念分析可知，净初级生产力是形成生物量的基础，生物量即是一段时间净生产力的存留部分，所以可以用一段时间内的生物量大小或生物量的累积速率来描述生产力的大小(朱文泉等，2005)。

1.6　植被生物量与生产力遥感估算研究现状

1.6.1　植被生物量遥感估算研究现状

1.6.1.1　茂密森林生物量遥感估算研究现状

由于茂密森林(closed forest)碳储量在陆地生态系统碳储量中占据重要位置,目前关于利用遥感技术估算森林生物量的国内外发表文章多集中在对茂密森林生物量的估算(Eisfelder et al,2012)。所用遥感数据包括光学数据、微波数据、机载激光雷达数据与星载激光雷达数据,其中光学数据的光谱信息能够反映森林郁闭度、叶面积指数等结构参数信息;微波数据的后向散射系数、多极化波段可以反映出森林的高度、密度、体积等结构参数信息;机载激光雷达数据可以直接对森林的冠层高度进行测量,并且能够对森林的其他结构参数进行提取,是森林生物量估算的最理想工具(Lefsky,2002);星载激光雷达数据可以得到离散的森林冠层高度,一般用于大尺度森林生物量估算。估算方法一般采用遥感观测数据直接与生物量建立模型,模型构建方法一般分为参数化方法与非参数化方法(刘茜等,2015)。目前茂密森林生物量遥感估算国际上的主流方法多采用多源遥感数据协同,利用非参数化方法对生物量模型进行训练,该方法需要大量的地面数据支持。从估算精度上看,虽然评价方法不同,但百分比误差为2% ~40%(刘茜等,2015)。

邢素丽等(2004)利用了 Landsat ETM + 的原始光谱波段、主成分分析第一分量、缨帽变换的亮度、绿度分量、TDVI 和 TRVI 植被指数对落叶松生物量进行相关分析,经过精度验证表明,ETM + 第三波段反射率的倒数与落叶松林生物量相关性最强($r = 0.878$)。杨存建等(2004)利用 Landsat TM 数据原始波段、缨帽变换的亮度、绿度和湿度、主成分变换的第1 ~5 主成分以及植被指数对云南西双版纳热带雨林的生物量进行相关性分析,结果表明,原始波段与其主成分结合能提高估算模型的复相关系数。但是有研究者提出,即使使用具有高空间分辨率与高光谱分辨率的光学影像也不能对茂密森林区域进行高精度的生物量估算,因为光谱反射率或光谱植被指数会随着茂密森林叶面积指数的增加而趋于饱和,不能充分解释森林的生物量变化情况(Lefsky et al,2001;Suganuma et al,2006)。

Harrell et al(1997)利用机载合成孔径雷达 SIR - C 估算了美国南部松树林的生物量,研究结果表明,对于 SIR - C 的 L 波段,估算复杂的热带森林的生物量上限约为 100 t/hm^2,而对于单一树种的简单森林在 250 t/hm^2 左右达到饱和。宋茜和范文义(2011)系统分析了 ALOS PALSAR(ALOS 卫星携带的 L 波段的合成孔径雷达传感器)的 HH 极化数据与大兴安岭地区森林林分参数的相关关系,结果表明,后向散射系数与地上部分总生物量相关性最大,其次是干生物量,并比较了线性模型、指数模型和加入地理因子的模型,当入射角为41.5°时,HH 极化波段估算生物量的饱和点为 154 t/hm^2。在利用微波后向散射强度信息对森林生物量进行估算时同样存在饱和性问题,在超过饱和点时散射强度不能敏感反映出生物量的变化情况,有研究表明,可以加入冠层结构信息来提高森林生物量估算精度,而森林冠层结构信息可以通过不同波长、不同极化方式的响应差异体现出来(Imhoff,1995),因此利用多通道 SAR 数据来估测森林地上生物量具有一定的优势。

Neeff et al(2005)利用机载干涉 SAR 得到 P 波段后向散射系数,根据地表表面模型(P 波段)和森林冠层表面模型(X 波段)的差值得到森林冠层的相干高度。结果表明,当只利用 P 波段后向散射系数对巴西亚马孙流域的森林生物量估算时 R^2 仅为 0.34,然而联合相干高度进行统计建模时 R^2 达到了 0.89,模型精度得到明显提高。PolInSAR(极化干涉合成孔径雷达)是在极化和干涉理论的基础上发展起来的新技术,该技术可以对雷达极化和干涉信息进行有效结合,使 PolInSAR 既具有 PolSAR(极化合成孔径雷达)对植被散射体的形状、介电特性非常敏感的特性,又兼备 InSAR(干涉合成孔径雷达)对植被空间分布敏感的特性,因此可以同时获取散射体的散射信息和空间结构特征(吴一戎等,2007)。Minh et al(2014)利用层析处理技术将热带森林按 5 m 为间隔进行分层,获取后向散射强度的垂直分布,并将其应用到后向散射系数估算生物量的回归方程中,结果表明,森林 30 m 高处的后向散射系数与生物量的相关性最好,皮尔森相关系数为 0.84。

Lefsky et al(1999)利用机载 SLICER 激光雷达系统获取了冠层高度,并获取 4 种树高参数(最大值、中值、平均值和标准差),并建立了不同参数与生物量之间的回归模型。Næsset(2008)采用 LiDAR 点云数据的百分位高度变量和郁闭度变量,估测了挪威北部森林样地生物量,在研究中将点云百分位高度和密度作为自变量,样地统计特征和龄级作为虚变量,树种作为连续变量构建了回归模型。庞勇(2012)将机载激光雷达点云数据提取的百分位高度变量组和密度变量组作为自变量,将地面实测样地数据作为因变量,利用逐步回归分析方法对小兴安岭温带典型森林类型的树叶、树枝、树干、树根、地上和总生物量等组分生物量进行估算,结果表明,从激光点云得到的变量组与森林各组分的生物量有较强的相关性,不同森林类型的估测精度排序为:针叶林 > 阔叶林 > 针阔混交林,不区分森林类型的各组分生物量估算值与地面实测值显著相关,模型决定系数在 0.6 以上。

何祺胜等(2009)以黑河流域祁连山大野口典型森林区为研究区,采用小光斑 LiDAR 点云数据生成冠层高度模型(Canopy Height Model, CHM),对 CHM 进行单木分割,从 CHM 中估测单株木的位置、树高、冠幅。将单木结构参数进行尺度上推得到 20 m × 20 m 大小网格的平均树高、冠幅等,并采用多元逐步回归分析法建立样地尺度上 LiDAR 估算的平均树高、冠幅等与实测样地参数(林分算数平均高、林分平均高、林分密度、平均胸径、平均冠幅、地上生物量)之间的关系。结果表明,林分平均高、林分算术平均高、地上生物量的估算精度较高,R^2 均大于 0.7,平均冠幅、平均胸径、林分密度的估测方程 R^2 均大于 0.5。徐光彩(2013)以黑龙江黑河林区为研究区,首先利用实测树高、冠幅与实测的胸径数据进行回归分析,建立树高、冠幅估算胸径的二元回归模型,再结合相关树种异速生长方程来构建基于树高和冠幅的二元单木生物量遥感估算模型。结果表明,使用树高和冠幅数据能够很好地估算森林的胸径信息。在树种识别的基础上,利用单木分离提取的树高和冠幅数据结合二元单木生物量遥感模型可以对单木生物量进行有效估算。

汤旭光(2013)针对长白山林区复杂的地形环境,探讨了联合多光谱 TM 数据与大光斑激光雷达 GLAS 数据进行森林冠层高度和生物量估算的可行性;实现了 GLAS 完整波形数据的处理算法,提出并建立了能适应复杂地形条件的森林冠层高度估算模型;针对 ICESat/GLAS 光斑数据与光学遥感影像进行融合,建立了区域尺度森林冠层高度估算模型,并分析其影响因素及不确定性。庞勇等(2012)结合机载激光雷达、星载激光雷达和

MERIS 光谱波段等数据，利用 Cubist 多元回归方法对大湄公河次区域的森林地上生物量进行估测，生成了连续的森林地上生物量图。结果表明，生物量模型模拟结果总体平均误差为34 t/hm²，相关系数为0.7，且估测结果与 FAO FRA2010 报告以及其他报告公布的结果相比一致性较好，平均差异为13.3%。美国 WoodsHole 研究所的 Baccini et al(2008)利用星载激光雷达数据、MODIS 光学数据和地面实测数据，采用回归决策树的方法首次估算了非洲及全球热带区域(澳洲除外)的地上生物量和碳储量(Baccini et al,2012)。美国加州理工学院喷气动力实验室的 Saatchi et al(2011)利用地面实测地上生物量、全球的 GLAS 大光斑冠层高度数据、MODIS 光学数据、微波散射计数据以及地表高程数据等，采用机器学习最大熵方法，对全球热带地区的生物量及碳储量进行了估算，整个研究区的平均地上生物量不确定性为±30%，总的碳储量估算误差为±38%。董立新等(2011)针对复杂地形，基于3层 BP 神经网络模型，针对激光雷达冠顶高度、LAI、覆盖度及多个植被指数建立生物量估算模型，通过分析发现，神经网络模型能最大限度地利用样本先验知识，并能自动提取合理的模型，与实际结果较接近，可靠性较高。

1.6.1.2　稀疏灌乔木生物量遥感估算研究现状

目前在稀疏灌乔木(open forest, woodland, savanna and shrubland)生物量遥感估算方面国内外研究发表文章较少，其相关研究主要集中在天然稀疏灌木与草本植被分布广泛的干旱/半干旱区域，对于人工稀疏乔木生物量遥感估算还没有相关报道。国内外相关学者使用不同尺度的遥感数据开发了不同稀疏灌木生物量遥感估算方法。

在利用高空间分辨率遥感数据对稀疏灌木生物量进行遥感估算研究中，一般利用高空间分辨率遥感数据对稀疏灌木的冠层覆盖度进行估算，再基于冠层覆盖度或树冠面积与灌木生物量的关系对灌木生物量进行遥感估算，该类方法的生物量估算精度较高，但对数据要求也较高，不能满足大区域的灌木生物量估算。Fensham et al(2002)在澳大利亚昆士兰地区对稀疏林木样方内的树冠面积、树高以及0.3 m 高处的直径进行测量，并利用特定树种的异速生长方程对每棵树木的生物量进行了估算。同时利用高空间分辨率的航空像片对稀疏林木的冠层覆盖度进行估算，并发现冠层覆盖度与生物量之间存在显著相关关系。因此，在区分土地覆盖类型的基础上，利用两步法(先利用航空像片对冠层覆盖度进行提取，再基于冠层覆盖度对生物量进行估算)实现了对稀疏林生物量的大区域高精度遥感估算。Woomer et al(2004)在非洲塞内加尔的萨赫勒沙漠区对稀疏灌木的覆盖度、树高以及生物量进行了实地测量，经过数据回归分析发现，由冠层覆盖度和平均树高计算得到的灌木蓄积量与灌木生物量具有显著的相关性($R = 0.92$)。Ozdemir et al(2008)首先利用 Quickbird 多光谱与全色波段融合影像对土耳其西南部的稀疏刺柏的单木冠幅面积和冠幅阴影面积进行提取，并分别基于样方冠幅面积与冠幅阴影面积对样方刺柏的树干材积进行回归分析，结果表明，利用冠幅阴影面积建立的回归模型精度更高，$R^2 = 0.67$，$RMSE = 12.5\%$。Suganuma et al(2006)在位于澳大利亚西部 Leonora 的稀疏灌木林区建立了35个50 m×50 m 的灌木样方，并对每个样方内的所有灌木的树高、1.3 m 高处的胸径和0.3 m 高处的地径、树冠面积分别进行了测量，并利用灌木异速生长方程对每棵灌木的生物量进行估算。通过在样地尺度上的灌木结构参数与灌木生物量进行回归分析表明，利用单位面积上的累积基底断面积(Stand Basal Aera, SBA)对生物量的估算精度最高（R^2 = 0.99），但是该结构参数不适合利用遥感数据进行获取。冠层覆盖度（R^2 = 0.94）与叶面积指数（R^2 = 0.92）对生物量的估算精度低于累积基底断面面积，但这两个结构参数更适合利用遥感数据进行获取。对于干旱区域稀疏森林，冠层覆盖度可以作为合适的结构参数变量对森林地上生物量进行遥感估算。张华等（2012）以黑河下游的柽柳（*Tamarix chinensis* Lour.）为研究对象，利用高空间分辨率遥感影像 GeoEye - 1 对柽柳冠层进行识别分类。利用柽柳冠幅面积与生物量统计关系模型，计算研究区柽柳地上部分的生物量，并分析了黑河主河道不同宽度缓冲带（0 ~ 2、2 ~ 5、5 ~ 10、10 ~ 15 km）内柽柳生物量空间分布规律。彭守璋等（2010）以黑河下游柽柳（*Tamarix chinensis* Lour.）种群为研究对象，通过野外观测，建立柽柳地上生物量与简便易测结构参数之间的统计回归关系，并利用 QuickBrid 高空间分辨率影像对研究区内的植被进行决策树分类，提取出柽柳结构参数的空间分布图，基于生物量与结构参数之间的定量关系，估算出研究区柽柳生物量的空间分布。

在利用中分辨率遥感数据对稀疏灌木生物量进行遥感估算研究中，一般利用中分辨率遥感数据的观测值或提取的特征指数直接与生物量建立回归模型，从而实现对稀疏灌木生物量的遥感估算。该类方法对数据要求不高，但生物量估算精度较低，且生物量估算方法可移植性差。Shoshany et al（2011）结合降雨量数据开发了新的灌木生物量模型构建方法，并对地中海沙漠过渡带的稀疏灌木生物量进行了估算。研究中结合了前人在世界各干旱区域（地中海流域、加利福尼亚、纳米比亚、内蒙古）建立的灌木生物量与降雨量的关系和前人在地中海沙漠区域建立的灌木生物量与 Landsat NDVI 的关系，创建了一个融合了降雨量信息的改进 NDVI - 生物量模型，结果表明，融合后的改进模型可以较真实地刻画出地中海沙漠过渡带的生物量梯度变化情况。Wu（2013）利用多尺度光学遥感数据对非洲苏丹地区热带稀树草原（savannahs）上的稀疏森林生物量进行大尺度遥感估算研究。研究结果表明，Landsat ETM + 影像的 NDVI 值与稀疏林木冠层覆盖度有显著相关性（R^2 = 0.91）。同时利用 MODIS NDVI 时间序列数学处理方法对 250 m 分辨率的 NDVI 进行尺度下推，分离出了亚像元林木类别成分的 NDVI 值，并利用分离出的 NDVI 值对稀疏林木的冠层覆盖度进行估算，最后基于前人构建的冠层覆盖度—生物量模型对整个苏丹地区的稀树大草原木本植被生物量进行大尺度估算。Zandler et al（2015）利用 Landsat - 8 OLI（30 m）和 RapidEye（5 m）卫星数据对塔吉克斯坦帕米尔高原东部的低矮灌木生物量进行遥感估算。首先利用 Landsat - 8 OLI 数据提取了 169 个特征波段，利用 RapidEye 数据提取了 144 个特征波段。基于 111 个 60 m × 60 m 样方实地测量数据，利用了 5 种线性回归建模方法，包括逐步回归、偏最小二乘回归、套索回归（LASSO）、岭回归（Ridge）和随机树回归（Random forest）分别对生物量模型进行构建，研究结果表明，套索回归模型的估算精度最高（$RMSE$ = 992 kg/hm^2，相对 $RMSE$ = 58%），但在某些区域仍然有较大不确定性，其中逐步回归和随机树回归方法构建的模型存在过拟合的问题。两个不同分辨率的传感器数据生物量估算精度相当。研究结果表明，常用的植被指数不适合估算该类地区的低矮灌木生物量，能够同时表达植被和土壤信息的光谱指数更适合估算低覆盖度低矮灌木生物量。Thenkabail et al（2004）以非洲西部的棕榈树林为研究对象，利用干季和湿季的 IKONOS 影像波段反射率与植被指数对棕榈树生物量进行回归分析，结果表明，利用干季影像的红光波段、由红光波段与蓝光波段组成的光谱指数，和由红光波段与近红外波段组成的 NDVI 对生物量的相关系数均大于 0.6，对比结果表明 NDVI 的生物量估算精度最高。Cronin(2004)利用机载极化 SAR(AIRSAR)对澳大利亚半干旱区域的稀疏灌木林生物量进行估算研究，发现 SAR 后向散射系数与灌木总生物量存在显著非线性关系，并且 P 波段和 L 波段的 HV 极化数据最适合总生物量、枝干生物量、叶子生物量的估算。最佳生物量估算模型出现在 57°～60°入射角方向，生物量模型的饱和点为 60～100 Mg/hm^2，作者建议基于所有 SAR 波段和极化信息利用 SAR 估算模型对冠层和枝干部分的生物量进行估算，并通过将 Landsat ETM + 光学数据与 ALOS PALSAR 协同使用发现，利用光学数据估算得到的冠层覆盖度与 HV 极化信息可以对小于 100 Mg/hm^2 的生物量进行有效估算。Collins et al(2009)利用机载极化 SAR(AIRSAR)对澳大利亚北领地热带稀树大草原上的两种优势灌木树种 *Eucalyptus miniata* 和 *E. tetrodonta* 的生物量进行估算。研究发现，L 波段的 HV 极化数据与研究区的稀疏灌木林的基底断面积相关性极高($r^2=0.92$)，该研究采用先对基底断面积进行估算，再基于基底断面积与生物量模型对灌木生物量进行估算，估算效果较好。

1.6.1.3　草地生物量遥感估算研究现状

区域尺度草地生物量估算研究的宗旨是将离散分布的实测点数据转换为连续面上数据。近年来国内外学者在区域尺度草地生物量估算方面开展了大量工作，总体上而言，区域尺度草地生物量估算研究可分为传统草地生态学估测方法和基于遥感与 GIS 技术的估测方法。

与传统的草地生态学估测方法相比，遥感与 GIS 技术估测方法可以利用遥感数据的空间全覆盖观测信息与 GIS 的空间分析能力，克服由于空间异质性对区域草地生物量估算的影响(孙晓芳等，2013)。目前基于遥感与 GIS 技术的估测方法包括非空间分析方法、基于地统计学的空间分析方法、生态过程模型方法。

1. 非空间分析方法

非空间分析方法是指利用样地实测数据与时空匹配的遥感数据或辅助数据建立函数关系，并将此函数关系应用到区域尺度，从而实现从样地离散点数据到区域面上数据的扩展。该方法可用以下公式抽象概括：

$$\text{Biomass}_{x_i,y_i}=f(v_1,v_2,\cdots,v_n) \tag{1-6}$$

式中：$\text{Biomass}_{x_i,y_i}$表示(x_i,y_i)空间位置上的草地生物量；$v_i(i=1,2,\cdots,n)$表示输入变量数据集(遥感观测数据或辅助数据)；f 表示输入变量与生物量之间的函数关系。

由此可以得知，使用该方法的研究主要是通过输入变量与函数估计方法的变化更新来提高区域草地生物量估算精度。从函数估计方法的角度可将此类方法分为参数化回归分析法和非参数化方法。

1)参数化回归分析方法

在假设样本数据符合某种概率密度分布条件下，通过先验知识预先设定一个函数形式(线性或非线性形式)，然后通过最小化误差项来求解模型的参数(张煜东等，2010)。由于理论简单、可操作性强、结果可靠等优点，该方法已经成为国内外区域草地生物量估算研究中使用率最高的方法。

随着遥感传感器的迅猛发展与广泛应用,光学遥感、微波雷达和激光雷达等传感器数据陆续应用于草地生物量估算研究,具有各自的优缺点。光学遥感数据方面,NOAA/AVHRR 和 MODIS 等低分辨率遥感数据的绿度指数适用于大区域(省、国家)范围草地生物量空间分布格局和时间动态监测(黄敬峰等,2000;朴世龙等,2004;辛晓平等,2009;梁天刚等,2009;Jia et al,2016)。为了解决大尺度绿度指数对草地生物量估算的饱和效应和背景影响问题,研究人员通过引入更多能够反映当地草地生物量变化的辅助变量,如植被覆盖度(Li et al,2016)、草地类型(Jin et al,2014)、气象数据(张旭琛等,2015)、净初级生产力(Zhao et al,2014)等来提高大尺度遥感数据的估算精度。高、中分辨率遥感数据(如 Landsat、SPOT、Worldview)具有较高空间分辨率和光谱分辨率,对山区复杂地形的草地生物量估算更为有效(Dusseux et al,2015),研究人员发现利用红边波段、短波红外波段信息更能解释草地生物量的变异(Ramoelo et al,2015;Barrachina et al,2015)。在干旱/半干旱地区,消除土壤背景对像元观测值的影响是草地生物量估算的关键,如 Zandler(2015)利用光谱角指数方法消除土壤背景信息,并提高了干枯低矮灌草生物量的估算精度。微波雷达数据对草地生物量估算研究相对较少,研究人员发现 C 波段是估算草地生物量的最佳波段(Moreau et al,2003)。由于近地表草本植被为低矮植被,激光雷达数据的高度信息优势不能突显作用,目前利用激光雷达数据对草被结构参数的监测研究还处于起步阶段(Levick et al,2015;Latifi et al,2016)。综合多源遥感数据的特点,实现优势互补,协同应用,是当前及未来区域草地生物量动态监测的发展趋势(孟宝平等,2015;Wang et al,2013;王新云等,2014)。这类基于统计回归的方法,不能有效地描述草地生物量与输入变量之间的复杂非线性关系,且所用输入变量大多属于瞬时遥感信息,并未将遥感数据所能提供的时序信息应用于草地生物量估算中。

2)非参数化方法

由于实测样本的个数和覆盖程度总是有限的,导致假设的概率密度分布与实际情况不符,无法预先设定函数形式。针对这一情况,引入了基于数据驱动的非参数方法,无需任何先验知识即可根据数据本身对未知函数进行估计,因此该方法在处理非线性函数形式的能力要远远强于参数模型(张煜东等,2010)。与参数回归方法相比,该方法仅是函数 f 的估计方法不同,输入数据可与参数回归分析法中的一致。

非参数化方法主要指数据挖掘、机器学习类方法,如 K－近邻法、人工神经网络、随机森林回归和支持向量机回归等。虽然该类方法无需数据先验知识,性能更稳健,但其结构较复杂,需要更多的运算时间,与易实现的参数化回归方法相比其应用较少。目前,对两种方法的具体使用条件与范围缺乏定量描述,少数研究将两种方法进行对比分析,结果表明非参数化方法比参数回归分析方法的精度高(Ramoelo et al,2015;Mutanga et al,2012;Xie et al,2009)。然而,这些非参数的方法将复杂作用过程通过数学模拟来表现,在理论上还存在许多没有解决的问题。

综上所述,非空间分析方法没有考虑生物量采样点或邻域空间自相关信息,模拟精度很大程度上仅取决于生物量与函数输入变量间的相关性水平。

2. 基于地统计学的空间分析方法

基于地统计学的空间分析方法是基于离散样本的空间位置和生物量,以及样本间的空间自相关信息,根据预定的精度要求和确定规则,推演出基于空间位置的统计函数关系,利用该函数估算未采样位置的生物量,从而实现从样地离散点数据到区域面上数据的扩展(孙晓芳等,2013)。该方法可用以下公式抽象概括:

$$\text{Biomass}_{x_i,y_i} = f((x_i, y_i), v_1, v_2, \cdots, v_n) \tag{1-7}$$

式中:$\text{Biomass}_{x_i,y_i}$表示(x_i, y_i)空间位置上的草地生物量;(x_i, y_i)表示空间位置信息;$v_i (i = 1, 2, \cdots, n)$表示辅助信息数据集;$f$表示考虑空间相关性后建立的空间函数关系。

基于地统计学的空间分析方法主要指反距离权重、普通克里金、协克里金、HASM 等方法。反距离权重、普通克里金法仅使用离散采样点生物量数据构建空间函数关系f,而协克里金、HASM 可以加入辅助信息构建空间函数关系f,后者由于综合考虑了生物量采样点和辅助变量的空间变异信息及邻域样本的空间结构特征,可大大提高模拟精度(Mutanga et al,2006;孙晓芳等,2013)。在特定区域,该类方法与参数化统计回归分析方法相比具有优势,但尚无研究揭示该方法与非参数化方法的优劣。该方法操作复杂,与易实现的参数化回归方法相比其应用较少。在其他方法失效且已知邻域信息的情况下,适合选择该方法进行估算。

3. 生态过程模型方法

生态过程模型是指根据草地生态系统的生理生态学特性,结合影响生态过程的观测指标,经过长期定点观测总结出的能够反映生态系统发展过程的机制模型(Mougin et al,1995)。在实际应用中,将遥感观测数据、土壤数据、气象数据、植被类型数据等作为生态过程模型的驱动变量,从而实现区域尺度草地生物量估算。研究人员针对不同地理区域的草地类型利用了不同的草地生态过程模型(Li et al,2004; Nouvellon et al,2001)对区域草地生物量进行了估算,有的模型甚至考虑了人类活动(如放牧)对草地生长过程的影响(Bénié et al,2005)。该方法能够在机制上解释草地的生物量累积过程,然而模型的适用范围与输入数据的误差影响了该方法的广泛应用。

1.6.2 植被净初级生产力遥感估算研究现状

随着对 NPP 的深入研究,有关学者提出了在不同情况下估算 NPP 的各种模型,并对其进行了验证,使得这方面的研究得到了飞速发展。从空间的尺度上来分,可以将这些估算方法分为 NPP 点定位观测、区域 NPP 模拟估算和全球尺度 NPP 模拟估算。基于地面点的 NPP 定位观测,只能采集到观测点周围数公顷面积的不同生态系统类型的实测数据,可以根据这些点数据来外推插值出一个区域甚至全球范围的 NPP。由于这些点估算是基于空间的实测数据,所以它们一直被用于全球 NPP 估算的验证数据。而对于区域或者全球尺度上 NPP 的模拟,人们是无法直接通过地面观测来得到的,因此利用模型来估算 NPP 成为一种重要而被广泛接受的研究方法。NPP 研究的早期,有些学者根据 NPP 和气候因子之间的统计关系来建立 NPP 气候估算模型;另有学者模拟植物生长发育的基本生理生态过程,并结合气象及土壤数据,建立了 NPP 估算的生态过程模型;随着遥感和计算机技术的发展,将遥感观测数据作为模型参数来估算大尺度的 NPP 已经在很多领域得以应用,并由此发展了不同的光能利用率模型,这使得估算区域乃至全球尺度的 NPP 成为可能。目前,基于植物生长的生态生理过程,同时融入遥感观测数据的生态遥感耦合模型使得 NPP 的估算精度得到有效提高。这些模型主要概括为 4 大类,即统计模型、生态过程模型、光能利用率模型、生态遥感耦合模型。

1.6.2.1　统计模型

统计模型也是气候生产力模型,在生产力研究的起步阶段,由于资料的欠缺和技术的落后,很多学者普遍选择了一种较为简单的生产力与气候因子进行相关关系分析的统计方法。一般情况下植被的生产能力主要受到气候因子的影响,因此只需对气候因子(如温度、降水、蒸散量等)与植物的干物质生产建立回归关系,就可以估算植物的 NPP。该类模型较多,其中以 Miami 模型、Thornthwaite 模型、Chikugo 模型为代表(Leith et al,1975)。国内也有许多学者对这方面进行了相关研究(周广胜,1995)。统计模型由于可以直接应用于气候变化研究,因而受到人们的青睐,且模型中的气象数据比较容易获得,并且参数少,简单方便,模型计算的结果也能够反映植被生产力的地带性分布规律,所以曾流行一时。但这类模型考虑的因子过于简单,忽略了许多影响生产力的植物生态生理机制、复杂的生态系统过程和功能变化,也没有考虑到 CO_2 及土壤养分的作用和植物对环境的反馈作用,所以这类模式估算结果较粗,误差较大。虽然 Lieth 后来发展了基于可能蒸散的模型,考虑的环境因子较全面,对植物净第一性生产力的估算也较 Miami 模型合理。但模型仍是植被生产力与环境因子的简单回归,缺乏严密的生理、生态理论学依据,有以点代面的缺点,估算结果也是一种潜在的 NPP。

1.6.2.2　生态过程模型

生态过程模型是从机制上对植被的光合作用、呼吸作用、蒸腾等过程进行模拟,并根据植被生理生化、生态学原理将太阳能和 CO_2 转换为化学能、植物呼吸消耗化学能释放 CO_2、土壤呼吸作用、水循环等过程进行模拟,从而实现对植被净初级生产力的模拟。这类模型一般较为复杂,包括气候模型、光合作用模型、呼吸作用模型、蒸腾蒸散模型等。但这类模型能够很好地模拟植被生理生化过程,可以充分反映不同的气候条件或气候变化下植被生态系统对于气候变化的响应。对于该类模型,多数都要求在均质的斑块水平上模拟生态系统的功能与过程,所需参数有湿度、降水、辐射量、土壤中的碳氮比、水分状态等。研究表明,其在空间异质的条件下,该模型并不能够反映不同植被类型的生态过程,所以该类模型只能够在特定的空间范围内、合适的尺度下才能够得到适用。这类模型包括 CARAIB(Warnant et al,1987)、CENTURY(Parton et al,1993)、SILVAN(Kaduk,1996)、KGBM(Kergoat,1999)、TEM(McGuire et al,1995)、BIOME - BGC(Running et al,1993)。由于该类模型考虑因素较多,能够较真实地反映植被在不同气候条件下生产 NPP 的生态过程,但过程模型比较复杂,模型内部所需要的参数较多且要求精确,并且难以将网格点值精确地外推到整个空间区域,不同的外推插值方法会产生不同的结果,因而利用该模型很难获取区域或全球的 NPP,这也是过程模型发展中的一个限制条件。

1.6.2.3　光能利用率模型

光能利用率模型的理论基础是通过植被冠层的太阳有效辐射利用率来估算植被的生产力,在该模型中始终贯穿着资源平衡的观点,即假设生态过程趋于调整植物特性以响应环境条件。它认为植物生长是资源可利用性的组合体,物种通过生态过程的排序和生理生化、形态过程的植物驯化,趋向于植物所能利用的资源对其生长有平等的限制作用。但在某些极端或环境因素变化迅速的情况下，植物还来不及适应新的环境，NPP 就受到了最紧缺资源的限制（Bloom et al，1985）。任何对植物生长有限制性的环境资源（如水分、温度、光照等）都可以用于 NPP 的估算，它们之间可以通过一个转换因子联系起来，这个转换因子可以是一个复杂的调节模型，也可以是一个简单的比率常数。

光合有效辐射（PAR）是植物光合作用的驱动力，植物对这部分太阳光的截获和转换利用是生物圈起源、进化和持续发展的必要条件。光合有效辐射是植物 NPP 的一个先决性因子，而植物所截获和吸收的光合有效辐射（APAR）更为重要，它直接与植物本身联系起来，反映了植物理想状况下吸收 CO_2 和有效辐射进行光合作用生产有机物的能力。著名的 Monteith 方程则是建立在此原理基础上的（Monteith，1972）。

$$NPP = APAR \times \varepsilon \tag{1-8}$$

式中：ε 是植物的光能利用率，反映了植物光合作用对其环境因子（温度、水分、光照）的响应。

随着遥感与 GIS 技术的迅速发展，植物冠层所吸收的光合有效辐射比例（FPAR）可以通过遥感植被指数进行估算得到，这使得植物吸收的光合有效辐射（APAR）可直接利用遥感信息获取，同时可以利用 GIS 技术将环境影响因子（如温度、水分、光照）转换成空间栅格数据。所以该模型比较简单，易于实现，在实验和理论基础上适宜于推广到区域或全球的 NPP 估算。这方面的模型有 CASA（Potter et al，1993）、GLO－PEM（Prince et al，1995）、SDBM（Knorr et al，1995）等。针对该模型的这一优势，近年来国内学者也做了大量的研究工作，孙睿等（2000）利用植被指数与 FPAR 之间的线性关系，由 1992～1993 年的 AVHRR NDVI 数据及气象资料确定植被吸收光合有效辐射（APAR），再由光能利用率模型得到 NPP，并对 NPP 的季节变化及不同植被类型的 NPP 季节变化进行了初步研究。朴世龙等（2001）基于地理信息系统和卫星遥感技术，利用 CASA 模型估算了我国 1997 年植被净初级生产力及其分布。陈利军等（2002）运用 NOAA AVHRR 数据估算地面参数，采用光能利用率模型准确估算陆地植被净第一性生产力，计算结果比较真实地反映了陆地植被 NPP 的时空分布状况，与我国植被分布的地理规律性相符。张峰等（2008）利用内蒙古典型草原连续 13 年的地上生物量资料对基于 CASA 模型验证的基础上，分析了内蒙古典型草原 1982～2002 年 NPP 的时间变异及其影响因子。结果表明，年降水量显著影响 NPP 的变异，而 NPP 与年均温无显著相关关系。王军邦等（2008）利用遥感过程耦合模型 GLOPEM－CEVSA 模型，模拟并分析了 1988～2004 年该区 NPP 时空格局及其控制机制。朱文泉等（2007）在光能利用率模型基础上，利用各种观测数据对 NPP 模型进行参数校正，提高了中国陆地植被净初级生产力的估算的可靠性。黄宁等（2010）基于 ETM＋卫星数据，利用改进的光能利用率模型估算广州省雷州林场的月 NPP，模拟结果与实测生物量估算的 NPP 相关系数达到 0.7 以上。

但该模型利用遥感提取的植被指数来模拟植被 NPP 是基于这样的一个假设：过去产生的 NDVI 与植被未来的潜在生产力相关，植被指数既是植物生成情况的测量指标，同时也是植物生长的一个驱动因子。这种假设使得在环境条件迅速变化的情况下，如大规模的火灾、病虫害等，由遥感观测的 NDVI 或一段时间内合成的 NDVI 就无法真实地代表地表植被信息，此时遥感模型模拟的可靠性就变小，而生态机制过程模型可能更能反映这种短时间的 NPP 变化情况。而且太阳辐射与植物吸收的光合有效辐射的关系，不同植物类型的光能利用率，环境因子如何影响植物光能利用率，这些都存在着不确定性，还有待于进一步的研究。

1.6.2.4　生态遥感耦合模型

NPP 生理生态过程模型的发展经历了对 NPP 在三个尺度上的估算，即单叶、冠层、生态系统区域或全球尺度。生态遥感耦合模型就是利用生态过程模型来实现从单叶到冠层的尺度转换，再利用以叶面积指数(LAI)作为参数的 NPP 遥感估算模型实现从冠层到区域或全球范围的尺度转换。其中 LAI 是连接过程模型和遥感估算模型的桥梁，并且 LAI 可以利用遥感数据获取得到，该方法融合了生态生理过程模型和 NPP 遥感估算模型各自的优点，可以有效反映区域乃至全球尺度的 NPP 空间时间分布和动态变化情况，提高了陆地生态系统 NPP 的估算可靠性。

目前的生态遥感耦合模型主要是将光能利用率模型和生理生态过程模型进行有机结合，但对于生态过程模型做了一定的简化，如美国国家航天局(NASA)利用 MODIS 数据生成的 MOD17GPP/NPP 产品估算算法(Zhao et al,2005)，它实质上是一种光能利用率模型和生态过程模型的结合，因为它在估算 GPP 的过程中是根据植物光能利用效率的概念由短波入射辐射量和植被冠层吸收光合有效辐射系数来确定的，同时利用简化的生态过程模型，结合气象数据来模拟植物自养呼吸消耗，最后从 GPP 中减去自养呼吸消耗即得到 NPP。该模型相对于光能利用率模型来说，生态生理机制更为清晰明了，大部分植被生理生态参数都是预先根据不同植被类型所固定的值，所以此模型在运行实现上比生理生态模型简单，适合于区域及全球水平的 NPP 估算。更有别的学者直接通过 LAI 作为桥梁将遥感数据与生态过程模型相联系，扩大其生态模型的应用范围，并对 NPP 的时空序列进行动态分析，如 Liu et al(1997)基于 FOREST - BGC 模型发展起来的北方针叶林生态系统生产力模型(Boreal Ecosystem Productivity Simulator, BEPS)，该模型可以利用植物生理生态学原理并结合遥感提取的 LAI 来计算每日或每年的 NPP。

由于该模型的不可比拟的优势和定量遥感的发展，通过遥感手段可以获取较精确的土地覆被参数、叶面积指数(LAI)。利用该类模型不仅可以进行植被净初级生产力的多尺度模拟，而且它所估算的 NPP 较光能利用率模型更为精确。近年来不少国内外学者针对这类模型展开了大量的研究，Liu(1997)利用 BEPS 模型模拟并绘制了加拿大北方森林的 NPP 和蒸散量空间分布图，效果较好。Running(2004)利用 MODIS 和 AVHRR 数据对全球植被的 NPP 进行估算，并详细分析了 1982 ~ 2003 年间的 NPP 变化趋势。松下文经等(2004)使用遥感、GIS 数据和改进的 BEPS 生态过程模型对日本北海道地区的 NPP 进行了估算，结果表明，高质量的 GIS 输入数据可以提高 NPP 推算精度 16.6% ~ 39.7%。张宁宁等(2008)对 BIOME3 模型进行了中国区域的验证，并对模型作了改进，可较成功地模拟中国南部的灌丛、矮林植被群区，对于青藏高原冰川区模拟能力大大加强。Zhao Maosheng 和 Running(2010)利用改进的生态遥感耦合模型对 2000 ~ 2009 年的全球植被 NPP 进行变化分析，结果显示，近 10 年由于全球大面积的干旱导致了 NPP 的下降，南半球的 NPP 下降比较严重，北半球的 NPP 仍然有小幅上升。

综合四种 NPP 估算模型的优缺点及适用范围，将其总结如表 1-2 所示。

表1-2　NPP估算模型的比较

模型类型	模型实例	优点	缺点	适用范围
统计模型	Miami Thornthwaite Chichugo	模型简单,参数少,且气候参数较易获取	缺乏生理生态机制,估算结果误差较大	适于潜在生产力估算
生态过程模型	CENTURY BIOME-BGC TEM	生理生态机制清楚,可以模拟环境变化对NPP的影响,估算结果较准确	模型复杂,所需参数较多,而且难以获得,区域尺度转换困难	适用于空间尺度较小、均质板块上的NPP估算
光能利用率模型	CASA SDBM GLO-PEM	区域尺度转换容易实现,植被参数可由遥感获得	缺乏生理生态基础,光能传递与转换过程中存在许多不确定性	适用于区域及全球尺度上的NPP估算
生态遥感耦合模型	BEPS 改进PEM MOD17算法	具有一定的生态过程原理,并结合了遥感估算模型。植被变化信息能立即反映在NPP上	模型较复杂,所需参数仍然较多,参数确定的人为因素影响大。有的模型过度依赖于LAI的精度	适用于小面积样区、区域及全球尺度上的NPP估算

1.7　遥感估算模型中的不确定性分析

在观测、模拟地区、区域与全球生物量与净初级生产力时会存在很大的不确定性。不确定性的主要来源有:①输入数据的不确定性,如数据观测或采样误差、相关数据的缺乏等;②对涉及的植物生理生态过程简化的假设,导致对植物的光合作用和呼吸作用并没有给出完整的描述;③模拟技术及算法自身的不确定性。其中第二种不确定性很大程度上依赖于人们对于不同类型的植物乃至整个生态系统过程的认识,这就很难对此给予定量的评价,所以一般仅讨论两方面的不确定性:一是来自模型输入数据的不确定性;二是模型本身误差积累的不确定性。

1.7.1　模型数据的不确定性

自从遥感产生之日起,遥感数据的不确定性就随之伴随产生,遥感器对地观测数据会存在一定的噪声信息,同时,地球表面的不均一性和复杂性,以及带有不同分辨率的遥感器也会获得不同尺度与不同质量的影像信息。在这一过程中,遥感器采集数据时的大气条件、传感器的稳定性、下垫面的复杂性以及电磁波信号的传播过程导致的误差等,但是这些因素都很难以定量地表达出来。其主要表现在:①遥感采集数据固有的不确定性。比如同一类型的地物在不同的环境下,其光谱特性会发生变化,即会出现“同物异谱”和“异物同谱”的现象。②数据获取的过程中的不确定性。如大气条件对于电磁波的影响和仪器的不稳定性带来的误差。这些误差虽然可以通过特定的校正方法进行消除,但是存在的残差永远存在,同时遥感获取的栅格像元多为混合像元,不管使用哪种先进的像元分解算法都无法精确地确定不同地物在像元中所占的比例及其在像元中的确切位置,具有不确定性。③数据处理过程中存在的不确定性。如对于遥感影像的几何校正、大气校正、转换投影、重采样以及数据类型的转换等都会不可避免地给影像带来新的误差和不确定性。比如:估算 NPP 时需要大量的气象数据,这些气象栅格数据都是由若干个已知气象站点的值通过空间插值方法插值得到,无论采用何种插值方法,误差总是存在的,并且难以完全消除。

1.7.2　模型的不确定性

为了模拟和估算陆地生态系统 NPP,实现不同时空尺度的 NPP 遥感估算,人们发展了许多不同类型的模型,如上所述的统计模型、生态过程模型、光能利用率模型和遥感生态耦合模型等。在某一站点适用的模型和原理,在遥感像元尺度上不一定适用,由于这种模型本身的不确定性,将导致模型估算结果出现偏差。同时在利用模型估算 NPP 时,每一步中都可能产生不确定性,如土地覆盖分类数据的分类精度会对最终的估算结果造成较大的不确定性。最终模拟结果的误差可以近似看作是模型运行中每一步产生的误差的累积效应,可以利用误差传播定律求算得到。

第 2 章　植被遥感物理模型

2.1　叶片光学模型

2.1.1　PROSPECT 叶片光学特性模型

PROSPECT 模型(Jacquemoud,1990,1996,2001)是一个计算叶片方向—半球反射率和透射率的光学特性模拟模型,它是在 ALLEN 的平板模型的辐射传输模型基础上发展起来的,它能够模拟植被叶片从 400 nm 到 2 500 nm 的光学特性。其中以叶的形态结构参数(N)和叶片折射指数(n)来描述光在叶片内部的散射特性和表面反射/透射特性,以叶绿素、水、干物质的吸收光谱来模拟光在叶片内部的吸收特性。

模型的原理如下:电磁波辐射与植物叶片的相互作用(反射、透射、吸收)依赖于叶片的化学和物理特性。在可见光波段,吸收作用本质上由电子在叶绿素 a 与 b、类胡萝卜素、褐色素及其他一些色素中的旋转、运动所形成;在近红外波段与中红外波段,主要由电子在水中的振动、旋转所形成。折射指数 n 在叶片内是不连续的,对于含水的细胞壁,$n\approx 1.4$,水的折射指数 $n\approx 1.33$,空气的折射指数 $n\approx 1$。因此,叶片内部生化组分和结构特性决定了叶片在整个光谱波段的反射率和透射率。

Allen 的平板模型将植被叶片看作一层紧密且透明的平板,表面粗糙,并且假设入射光线是各向同性(辐射亮度在 2π 空间呈常数)的。然而常规的叶片光谱测量使用的光源往往更接近直射光。因此,PROSPECT 模型假定入射光为平行光线,垂直照射于宏观叶片表面,在微观尺度上,由于叶表面的形状的波动起伏,入射光线是以 Ω 立体角内的入射方向穿透叶片的。考虑到叶片表面特性的单层平板光学模型的反射率和透过率公式如下(Jacquemoud,1990):

$$\rho_{\alpha} = [1 - t_{av}(\alpha,n)] + \frac{t_{av}(\alpha,n)t_{av}(90,n)\theta^{2}[n^{2} - t_{av}(90,n)]}{n^{4} - \theta^{2}[n^{2} - t_{av}(90,n)]^{2}} \tag{2-1}$$

$$\tau_{\alpha} = \frac{t_{av}(90,n)t_{av}(\alpha,n)\theta n^{2}}{n^{4} - \theta^{2}[n^{2} - t_{av}(90,n)]^{2}} \tag{2-2}$$

式中:α 为立体角 Ω 的最大入射角;n 为折射系数;θ 为平板的透过系数;$t_{\alpha v}(\alpha,n)$ 为介质表面对于入射角不超过 α 的所有光线的平均透过率(transmissivity of a dielectric plane surface)(Allen, 1973;Jacquemoud,1990)。

通过对这个单层模型进行改进,假设每片叶是由 N 层同性层堆叠而成的,由 $N-1$ 层气体空间分开,由于光的非漫射特性只涉及最顶层,因此将第一层与其他 $N-1$ 层分开,

第一层接收的是 Ω 立体角的入射光线（最大入射角为 α），令 ρ_α、τ_α 为它的反射率和透过率；在叶片内部，光通量被认为是各向同性的，令 ρ_{90}、τ_{90} 为内部各层的反射率和透过率，则 N 层叶片的总的反射率和透过率为（Jacquemoud，1990）：

$$R_{N,\alpha} = \rho_\alpha + \frac{\tau_\alpha \tau_{90} R_{N-1,90}}{1 - \rho_{90} R_{N-1,90}} \tag{2-3}$$

$$T_{N,\alpha} = \frac{\tau_\alpha T_{N-1,90}}{1 - \rho_{90} R_{N-1,90}} \tag{2-4}$$

以上即为 PROSPECT 模型的最终形式。

模型中需要输入的参数 θ 反映了叶片的生化成分，可由公式估算出：

$$\theta - (1 - k)\mathrm{e}^{-k} - k^2 \int_k^\infty x^{-1}\mathrm{e}^{-x}\mathrm{d}x = 0 \tag{2-5}$$

其中，k 为吸收系数，可用下式表示：

$$k(\lambda) = k_e(\lambda) + \sum k_i(\lambda) C_i \tag{2-6}$$

其中，λ 为波长；$k_i(\lambda)$ 为相对于叶片第 i 个化学组分的吸收系数（叶片的各组分包括叶绿素、水、干物质等）；$k_e(\lambda)$ 为常数；C_i 为单位叶面积上第 i 组分的含量。

模型中使用的叶肉结构参数 N 与叶片厚度有关，Jacquemoud（1990）提出了一种估算 N 值的方法：

$$N = \frac{0.9SLA + 0.025}{SLA - 0.1} \tag{2-7}$$

式中：SLA 为比叶面积，即叶的单面面积与其干重之比，cm^2/mg。

Veroustraete et al（2001）提出了另外一种计算叶肉结构参数的经验性公式：

$$N = \sqrt[4]{\frac{1}{SLA - 0.1}} \tag{2-8}$$

此外，部分研究还表明，N 值与叶片含水量存在一定联系，Aldakheel et al（1997）对不同失水状态下的叶片反射率光谱对 PROSPECT 模型进行验证，发现随着叶片烘干脱水，叶片 N 值会显著增加。

2.1.2　PROSPECT 叶片光学模型模拟软件与光谱模拟

PROSPECT 叶片光学模型模拟软件界面如图 2-1 所示。对叶片光谱的模拟中，在可见光波段，因为 PROSPECT 模型中只考虑了叶绿素的吸收，存在一定的局限性，如果考虑其他色素组分（胡萝卜素、叶黄素、花青素等）的影响，模拟效果会更好，目前提供的 PROSPECT V5 新版本中已经考虑了胡萝卜素的吸收影响，以满足非绿色叶片光学特性模拟需求（http://teledetection.ipgp.jussieu.fr/prosail/）。

模型模拟的输入参数：形态结构参数 N、叶绿素含量（$\mu g/cm^2$）、等效水厚度（cm）、干物质含量（$\mu g/cm^2$）（蛋白质含量（g/cm^2）、木质素 + 纤维素含量（g/cm^2））。输出参数：叶片的反射率和透过率。

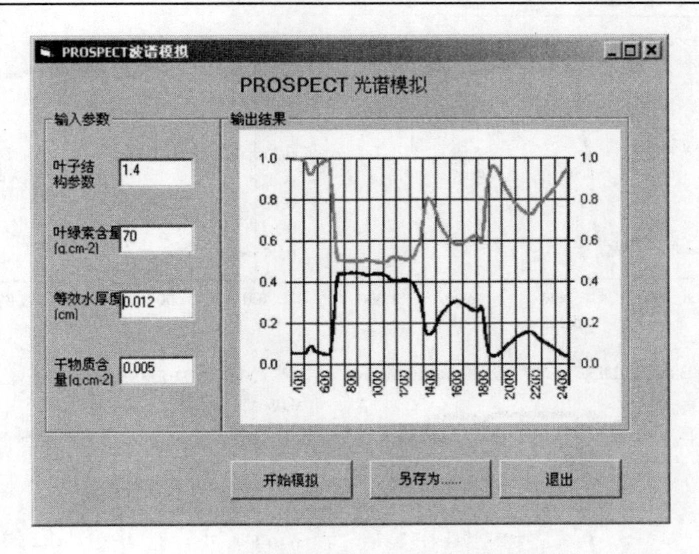

图 2-1　PROSPECT 叶片光学模型模拟软件

利用 PROSPECT 模型,对 2003 年北京市农林科学院农产品试验的各个生育期的京玉 7 玉米数据进行了模拟,模拟与实测的叶片光谱对比结果如图 2-2 所示。

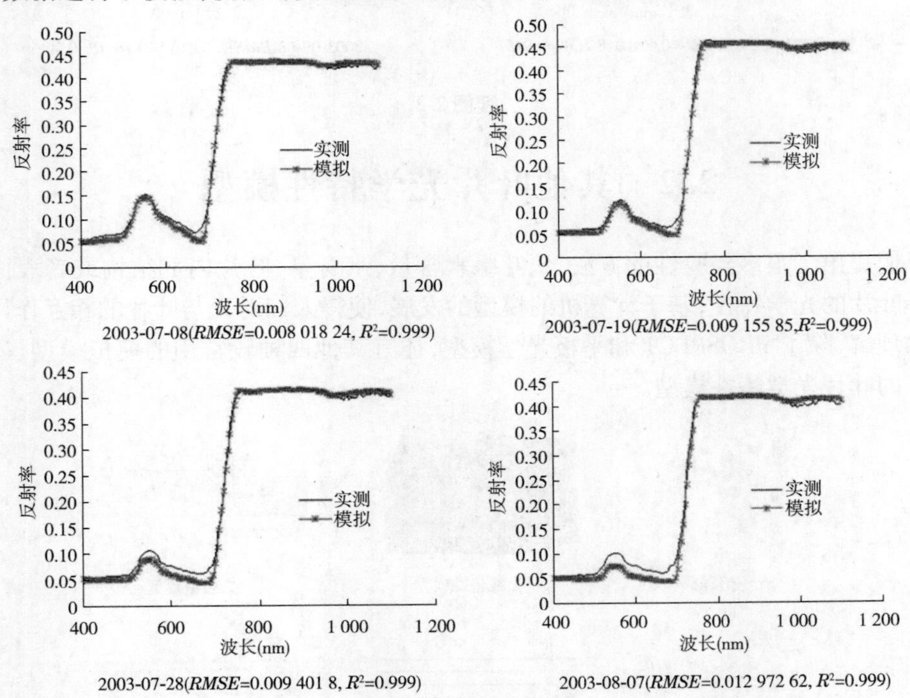

图 2-2　PROSPECT 模拟的全生育期的京玉 7 玉米叶片反射率与实测数据对比图

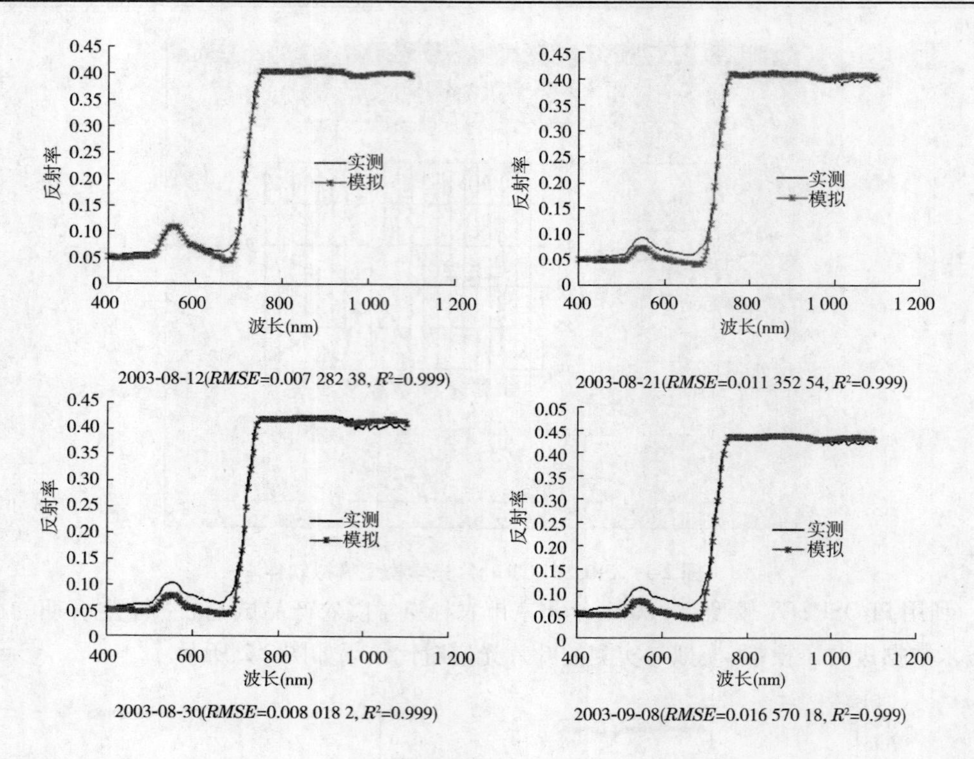

续图 2-2

2.2　其他叶片光学特性模型

人们提出了很多经验性的方法，从叶绿素含量、水含量、叶片内部结构或者表面特性来解释叶片的光学特性，基于计算机的模型的发展，使得人们对光与叶片的相互作用有了更深的理解，除了 PROSPECT 和平板光学模型，还有其他四种较常用的模拟模型。图 2-3 为常见的叶片光学特性模型。

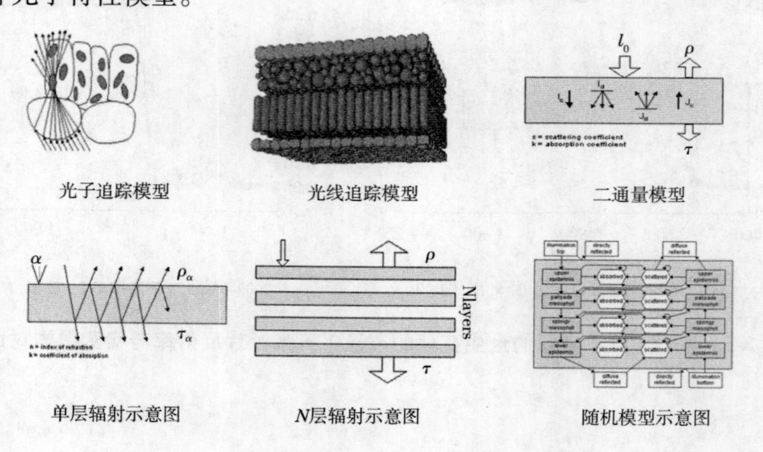

图 2-3　叶片光学传输模型原理示意图

2.2.1 光子追踪模型

在目前所有模型中,只有光子追踪模型可以像在显微镜下一样描述叶片内部的复杂结构,模型需要对单个细胞和它们在组织内的排列做详尽的描述,还需要定义叶物质的光学常量(细胞壁、细胞质、色素、气孔等)。利用反射、折射和吸收定律,就可以确定入射到叶面上的单个光子的传播过程,一旦有足够数量的光子的去向模拟出来,就可以从统计意义上估计推断叶片内的辐射传输过程。

Allen et al(1973)、Brakke et al(1987)通过用两种介质中的100个圆弧来模拟细胞间隙和细胞壁,利用它们的折射特性来模拟白化枫叶的光谱,这个模型用来检验细胞壁的镜面和漫反射特性;Kumar et al(1973)随后指出用该模型会低估近红外波段的反射率而高估透过率,可以通过加入细胞质和叶绿体这两种介质从而增加内部散射来解决;但是,不管哪种方法,表征近红外平台外叶片光谱特性的吸收现象都被忽略了,而且尽管叶片的三维结构对于生理机能和光散射非常重要,但上述模型中叶片仍被描述为二维结构。基于这个原因,Govaerts et al(1998)提出RAYTRAN模型用三维的叶片代替二维的叶片,成功地模拟了双子叶植物的光学特性;Baranoski et al(1997)提出了ABM模型(Algorithmic BDF Model),利用2-D法表示叶片结构来研究光子在叶片内的传输;Ustin et al(2001)利用RAYTRAN模型来计算叶片的吸收率,并建立了一个简单的模型研究光合速率与入射光强度的关系。

2.2.2 N通量模型

N通量模型是在K-M理论基础上发展来的,是对辐射传输模型的简化,它把叶片看作是充满散射(散射系数s)和吸收(吸收系数k)物质的厚片。通过对方程的求解可得到叶片反射率和透过率的简单解析解。

二通量模型(Allen et al,1968)和四通量模型(Fukshansky et al, 1991)成功地用于描述叶片辐射传输的前向过程,可计算叶片的散射和吸收等光学参数;Yamada et al(1991)提出了把叶片分为四层:上表皮层、栅栏薄壁组织、海绵组织、下表皮层,在每一层通过不同的参数应用K-M理论,通过将解与合理的边界条件相结合,就可以算出叶片反射率和透过率,它们是散射和吸收系数的函数;这些作者还进行了更为深入的研究,将可见光区的吸收系数与叶绿素含量相联系,通过模型的估算,这些模型可以作为一种无破坏性的测量光合色素的方法。为了研究水、蛋白质、木质素、纤维素、淀粉等对叶片中红外光谱的影响,Conel et al(1993)将生化组分引入了二通量模型,然而,他们没有对此进行验证。Andrieu et al(1988)提出了一个简单的模型,它直接从反射率的表达式推导得出,并且可用于估测小麦叶的叶绿素含量。

2.2.3 针叶模型

上述模型均不适用于针叶,因为单个针叶比较小,从而使得测量它们的光学特性变得比较困难。Dawson et al(1997)基于辐射传输模型原理提出了LIBERTY(Leaf Incorporating Biochemistry Exhibiting Reflectance and Transmittance Yields)模型。该模型认为叶片内散射的单元为细胞,用球形颗粒来近似,通过几何学推导了球形颗粒对光线前向散射、后向散射和吸收系数的表达式,进一步根据辐射传输原理推导单层细胞乃至多层细胞的反射率和透过率。LIBERTY 模型可以较为准确地预测干、湿松针的光谱响应。

表 2-1 为 LIBERTY 模型输入参数,与 PROSPECT 模型相比,它主要应用于针叶叶片光谱模拟,在输入参数和模拟机制方面存在较大差异。在 PROSPECT 模型中,4 个输入参数是完全独立的,叶片含水量对光谱的贡献只有吸收贡献。而在 LIBERTY 模型中,能够较好地模拟叶片含水量对细胞结构、内部多次散射特性的影响,即不仅包括叶片含水量的直接吸收影响,还包括间接的散射特性影响。图 2-4 为固定其他参数、只改变叶片含水量条件下,LIBERTY 模型模拟不同叶片含水量条件下的叶片光谱,结果表明,叶片含水量对光谱的影响是全波段的,不仅仅是光谱吸收影响,这与众多观测试验是一致的,如 Aldakheel et al(1996)发现,在不同叶片脱水过程中,无法仅仅通过改变 PROSPECT 模型叶片含水量参数来模拟叶片光谱,还需要同步改变叶片内部结构参数 N 值,才能准确地模拟脱水过程中叶片光谱反射率的变化。

表 2-1　LIBERTY 模型输入参数

LIBERTY 参数	参数特征	
	单位	幅度
平均细胞直径 D	μm	30 ~ 100
胞间气隙系统(xu)	—	0.01 ~ 0.10
基线吸收	—	0.004 ~ 0.010
白化吸收	—	1 ~ 10
针叶厚度	—	1 ~ 10
叶绿素浓度	mg/m^2	0 ~ 600
水浓度	g/m^2	0 ~ 500
木质素/纤维素浓度	g/m^2	10 ~ 80
氮浓度	g/m^2	0.2 ~ 2.0

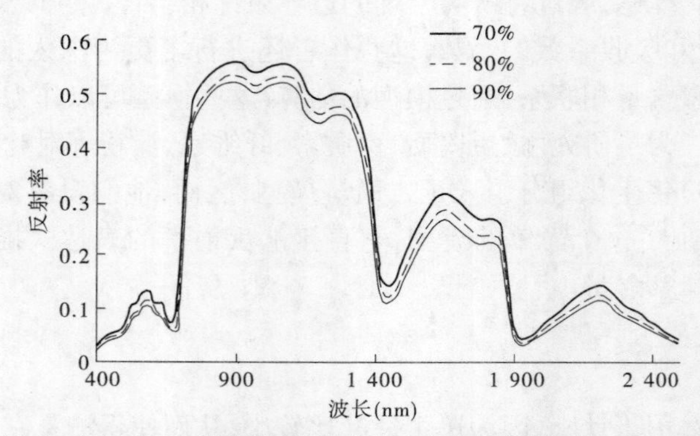

图 2-4　LIBERTY 模型模拟不同叶片含水量条件下的叶片光谱

2.2.4　其他模型

Tucker et al(1977)最早提出了一个随机模型:LFMOD1,利用马尔可夫链来模拟辐射传输过程;它将叶片分为两个独立的组织:栅栏组织和海绵组织,定义了四种辐射状态:漫射、反射、吸收、透过,以及从一种状态到另一种状态的转换概率,这些概率是以叶片物质的光学特性为基础确定的,给定一个表述入射辐射的初始矢量,对状态转移进行迭代直到达到平稳状态,就可以获得叶片的反射率和透过率。这种方法后来被 Lüdeker et al(1990)和 Maier et al(1997)改进,在此基础上建立了 SLOP 模型。

与冠层水平不同的是,很少有直接应用辐射传输方程到叶片水平的模型,因为我们对叶片的结构和生化组分分布的信息知道的太少,所以不得不对模型进行简化。Ma et al(1990)将叶片描述成由水分组成的平板,表面随机分布着不规则的球形粒子;Ganapol et al(1998)提出了 LEAFMOD 模型,将叶片看作是可以散射和吸收光线的生化物质的均匀混合,对叶片光学特性的模拟可信度较高。

2.3　冠层光谱辐射传输模型

辐射传输理论最初是从研究光辐射在大气(包括行星大气)中传输的规律和粒子(包括电子、质子、中子等基本粒子)在介质中的输出规律时总结出来的规律性知识。辐射传输模型也是植被冠层光谱及二向性反射研究的基础。基于平行平面的辐射传输模型由于在描述真实世界的准确性和计算的简便性中的优势,而迅速应用于植被遥感中。辐射传输模型偏重于光的电磁波特性,在模型中,冠层被假设为平面平行的无限延伸的均匀或者浑浊介质,忽略了元素的非随机尺寸、距离和空间结构。冠层的元素被认为是随机分布的,类似于浑浊介质中的粒子。冠层的结构是由叶面积指数 LAI、叶倾角分布 LAD 来确定的,除考虑叶片的倾向外,没有考虑其他的几何特征。每一层中,植被的元素被当作具有给定几何和光学特性的小的吸收和散射粒子,因此主要适用于水平均匀植被或浑浊介质,例如封垄后的小麦、玉米、大豆等。

K - M 理论在模型中被广泛使用,并得到显著发展,Allen - Richardsom 模型(Allen、Richardsom,1968)利用二通量 K - M 理论,得到了冠层高度、冠层反射率和土壤反射率的关系;基于玉米冠层的反射率观测数据,Allen et al(1970)应用三通量、五参数的 Duntley 理论建立模型,以提高测量数据与理论值的吻合度;Park - Deering 模型(Park、Deering,1982)对 Allen - Richardsom 模型做了改进,允许前向和后向漫射通量具有不同的吸收和散射系数。

以上三种模型均以单层冠层为例,扩展到多层冠层的条件是:需要确保前向和后向通量在各层边界上的连续性(Park、Deering,1982),在计算冠层反射时,对太阳光照和观察角的变化不同时计入,并且没有将冠层反射与植被的结构特征和光谱特征及其元素(如叶、茎、秆等)相联系。

Suits(1972)模型首先在这些问题上有所发展,在模型中,既考虑了太阳和观测角度,也考虑了冠层结构参数,冠层被理想化为水平的和垂直的各向同性叶片的混合体,且叶片均具有漫散射的反射和透射特性,也就是说,将植被元素分解为它们在水平和垂直两个方向上的投影。Verhoef et al(1984)对Suits模型做了扩充,Youkhana进一步引入了任意的叶倾角分布,前者称他们的模型为SAIL(Scattering by Arbitrarily Inclined Leaves)模型,后者称为Suits Prime模型。在SAIL模型中,冠层反射率作为观测角度的一个函数,叶片吸收和散射系数与叶倾角相关,利用叶倾角分布函数为权重来计算任意叶倾角分布的吸收和散射系数。假定叶倾角的方位随机分布,叶倾角天顶角可以取任意的分布。叶倾角分布函数可以用0~90°间10°间隔的离散区间的9个概率值来描述,也可用连续函数来描述。常用的叶倾角分布函数例如喜平型、喜直型、球面型分布,或者以平均叶倾角为参数的椭圆分布。Suits模型可以看作是当植被冠层只包含水平和垂直平面情况的SAIL模型的一个特例。Kuusk(1985)对SAIL模型做了改进,考虑了热点影响,生成了SAILH模型,计算单次散射二向反射率的贡献时,考虑了叶片的尺寸以及相应的阴影影响。

2.3.1　SAIL模型原理

SAIL模型假设冠层具有如下性质(见图2-5):

(1)冠层水平且无限延伸。

(2)冠层组分只考虑叶片,而且叶片是小而水平的。

(3)冠层是水平均匀分布的。

SAIL模型是对Suits模型的改进,所以,在介绍SAIL模型之前,我们先来介绍Suits模型。

图2-5　冠层模型叶片各向同性分布图

2.3.1.1　Suits模型

Suits模型本质上是一个四流(E^+,E^-,E_0,E_S)九参数线性微分方程组,从本质上讲它仍然属于K-M方程类型。不过把K-M的第四个方程,通过$E_0 = \pi L_0$改造成任意观察方向上的辐射亮度公式,参数由5个增加至9个。

Suits方程组取如下形式:

$$\left.\begin{aligned}\frac{\mathrm{d}E_S}{\mathrm{d}z} &= kE_S\\ \frac{\mathrm{d}E^-}{\mathrm{d}z} &= aE^- - bE^+ - c'E_S\\ \frac{\mathrm{d}E^+}{\mathrm{d}z} &= bE^- - aE^+ + cE_S\\ \frac{\mathrm{d}E_0}{\mathrm{d}z} &= uE^+ + vE^- + wE_S - KE_0\end{aligned}\right\} \tag{2-9}$$

式中：k 为直射辐射的削弱系数；E_S 为由上而下传输的直射辐射；a 为消光系数；b 为后向散射系数；c'为同向直射辐射的散射系数；c 为后向直射辐射的散射系数；E_0 为观测方向上的辐射通量密度，$E_0 = \pi L_0$；u、v、w 分别为由 E^+、E^- 与 E_S 向观测方向上传输的辐射亮度的转化系数。

Suits 模型的基本特点是把冠层元素（叶片、树干、花、穗等）均投影到水平面与垂直面上，用它们的投影面积去替代任意取向的叶片对光的散射、吸收与透射作用，并确定叶片的反射、散射，具有漫反射性质。采用下列符号与关系式：

σ_H ——植被组分（如叶片）在水平面上投影的平均面积；

σ_V ——叶片等在两个垂直面投影的平均面积；

n_H ——单位体积内水平投影的叶片数量；

n_V ——单位体积内垂直投影的叶片数量；

ρ ——叶片的半球反射率；

t ——叶片的半球透过率；

θ_S ——太阳天顶角。

这些参数 n_H、n_V、σ_H、σ_V 以及冠层厚度 H 与叶面积指数 LAI 之间的关系为：

$$LAI = \left(\frac{H}{S}\right)(H'^2 + V'^2)^{1/2} \tag{2-10}$$

其中，$H' = n_H\sigma_H$；$V' = n_V\sigma_V$；S 为校正系数，变化范围在 0.84～0.95，取决于叶倾角的分布。平均叶倾角（ALA）可以表示为 H' 和 V' 的函数：

$$ALA = \tan^{-1}(V'/H') \tag{2-11}$$

植被冠层的反射率（R）为：

$$R = \frac{E_0}{E_{\text{sun}} + E_{\text{sky}}} \tag{2-12}$$

其中，$E_{\text{sun}} = E_S(z = 0)$，$E_{\text{sky}} = E^-(z = 0)$。

Suits 模型模拟的冠层 BRDF 具有明显的"V"形，这显然与观察事实相背离，造成这种背离的直接原因是应用了水平投影与垂直投影去计算散射系数和消光系数。SAIL 模型正是在放弃 Suits 的这一牵强附会的假定前提下，令叶片在空间任意取向的条件下求解 K－M方程而发展起来的新模型。

2.3.1.2　SAIL 模型

SAIL 模型是"Scattering by Arbitrarily Inclined Leaves"的简称，SAIL 模型的求解方程

与 Suits 模型完全相同。SAIL 模型与 Suits 模型的最大不同之处在于以接近现实的任意角的叶片去代替 Suits 模型的水平投影与垂直投影。

扩展的 SAIL 模型用于水平均匀的作物冠层,能够抓住叶倾角分布和冠层的垂直分布结构这两个主要特征,模拟冠层内的多次散射和辐射传输过程。图 2-6 为 SAIL 模型模拟的 BRDF 和实际测量的 BRDF 的结果对比,结果表明,SAIL 模型能够较好地模拟冠层方向性反射率。

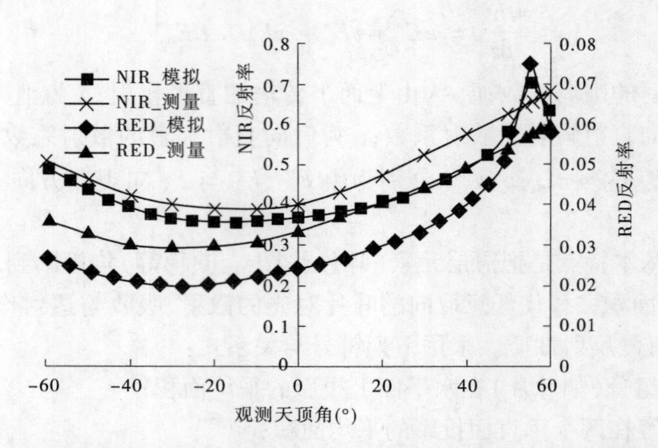

图 2-6 SAIL 模型的数值模拟与验证结果(太阳天顶角 55°,*LAI* = 4,椭圆形 LADF)

2.3.2 冠层结构的模拟

2.3.2.1 单参数冠层叶倾角分布函数

对于叶倾角的分布模式,DeWit 提出了 4 种分布类型:喜平型,大部分叶片为水平或接近水平的;喜直型,大部分叶片为直立的或接近直立的;喜斜型,大部分叶片为倾斜的;喜极型,大部分叶片为水平和直立的。Nichiporovich 提出了一种球面型分布的情况,即叶片在每一倾角范围内面积的频率等于球面上相同倾角下环带面积的频率。Goel 和 Strebel 则给出了六类分布,如表 2-2 所示。

表 2-2 单参数冠层叶倾角分布函数

分布类型	分布函数	平均叶倾角(°)	标准差(°)
喜平型	$2[1+\cos(2\theta)]/\pi$	26.76	18.5
喜直型	$2[1-\cos(2\theta)]/\pi$	63.24	18.5
喜斜型	$2[1-\cos(4\theta)]/\pi$	45	16.25
喜极型	$2[1+\cos(4\theta)]/\pi$	45	32.9
均匀型	$2/\pi$	45	26
球面型	$\sin\theta$	57.3	21.6

图 2-7 是不同叶倾角分布函数的变化曲线。

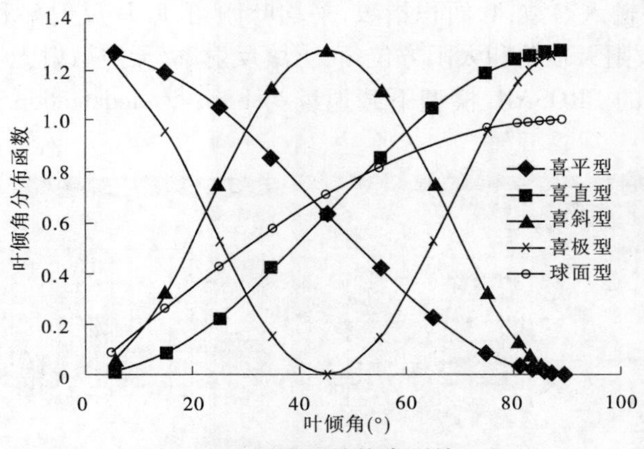

图 2-7 不同冠层结构类型的 LAD

2.3.2.2 双参数冠层叶倾角分布函数

Cambell (1986)引入椭圆分布函数模型,用以模拟植被冠层叶倾角分布,该模型提供了一种简单而有效的模拟植被冠层结构的方法。

双参数椭圆分布函数为:

$$g_l(\theta_l) = \beta/\sqrt{1 - \varepsilon^2 \cos^2(\theta_l - \theta_m)} \tag{2-13}$$

式中:θ_m 和 ε 为椭圆分布的两个参数;θ_m 为模型倾角(最大多数的叶角);β 为归一化因子;ε 为偏心率。

用双参数椭圆分布函数模拟叶倾角分布得出的模拟结果如图 2-8 所示。用双参数椭圆分布函数模拟冠层叶倾角分布,能够反映冠层叶倾角的分布规律,模拟结果与实测结果比较接近(李云梅,2001),说明用椭圆分布函数模拟冠层结构的方法是可行的。

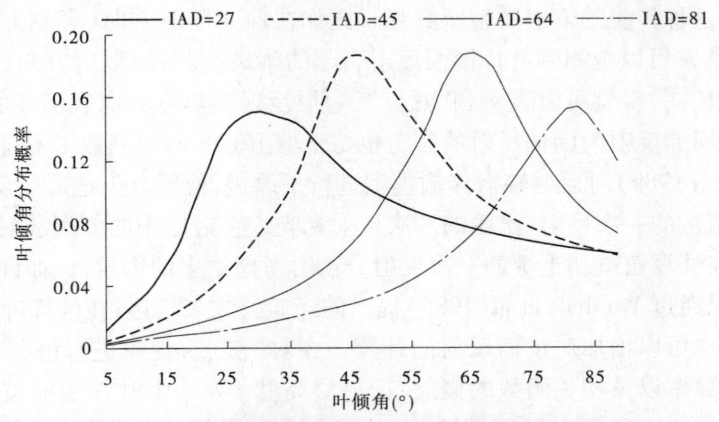

图 2-8 用双参数椭圆分布函数模拟叶倾角分布概率

2.3.3 PROSAIL 冠层辐射传输模型模拟

PROSAIL 模型是由叶片光学特性模型 PROSPECT 和冠层反射模型 SAIL 耦合而成的叶片—冠层光谱模拟模型(Jacquemoud et al,2009)。集成的 PROSAIL 模型模拟软件界面如图 2-9 所示,模型输入参数:叶面积指数,平均叶倾角,叶片反射率和透过率,观测天顶角和观测方位角,太阳天顶角和太阳方位角,土壤反射率,天空散射光比例。输出参数:冠层反射率。新版本的 PROSAIL 模型下载地址为 http://teledetection. ipgp. jussieu. fr/prosail/。

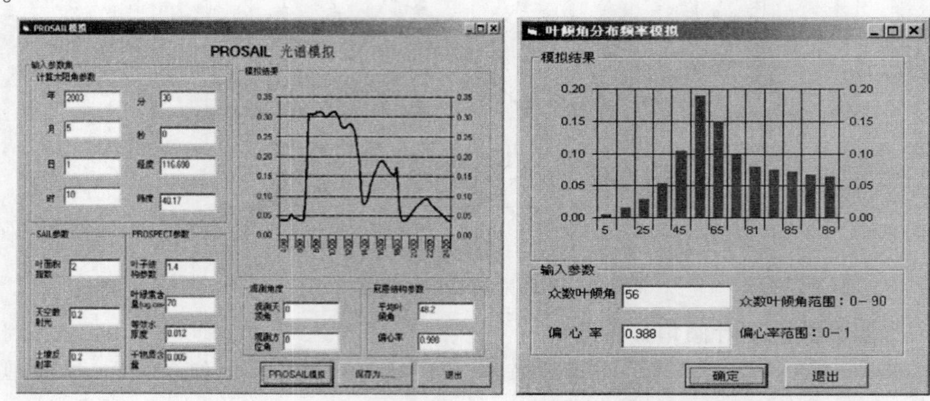

图 2-9　PROSAIL 模拟界面及叶倾角分布模拟

选择 2003 年北京市农林科学院试验的玉米各个生育期数据,利用 PROSAIL 模型,对玉米全生育期的冠层光谱进行了模拟,模型模拟与实测结果如图 2-10 所示。

2.3.4　冠层辐射传输模型的发展

基于 K－M 理论的四流近似的 Suits、SAIL 和 PROSAIL 模型因为原理清晰、公式表达严谨和使用简单的特点,取得了极大的成功,至今仍然得到广泛的使用和引用。但是上述模型与真实植被冠层相比仍然有很大差异,即使对于较为理想的水平均匀植被,也还有一些现象不能被这种传统的辐射模型所解释。比如在前向散射方向(观测方向与太阳光入射方向相逆)常常可以观测到叶片镜面反射引起的耀斑,在后向散射方向(观测方向与太阳光入射方向相同)常常可以观测到“热点”,冠层反射在热点方向有明显的升高。另外,对于冠层下垫面的反射为朗伯反射的假定也与土壤 BRDF 的观测数据不符。

Nilson et al(1989)对冠层辐射传输模型进行了改进,他们首先把冠层反射率分解成 3 部分,分别是植被的一次反射、土壤的一次反射和光线在冠层中的多次散射。通过这样的分解,就可以在计算植被和土壤的一次反射分量时考虑更多的因素,比如说土壤的二向反射特性,就可以通过 Walthall et al(1985)提出的经验公式来描述;在计算叶片对光线散射的相位函数时也可以增加对镜面反射的计算。在对“热点”现象进行解释时,N－K 模型提出了双向孔隙率以及相关函数的概念:记冠层高度 z 处一个叶片能够被 r' 方向入射的太阳光照射到的概率为 $P'(z)$,能够被 r 方向的探测器看到的概率为 $P(z)$,能够同时被照射且被看到的概率(双向孔隙率)为 $Q'(r',r,z)$,那么它们之间的关系式为:

$$Q(r',r,z) = P'(z)P(z)C_{\text{Hotspot}}(\alpha,z) \tag{2-14}$$

其中,$C_{\text{Hotspot}}(\alpha,z)$为相关函数;$\alpha$ 为 r' 与 r 方向的夹角。相关函数为 1 表示 $P'(z)$ 与 $P(z)$ 相互独立,对应于传统辐射传输方程的假设。而实际情况是 $P'(z)$ 与 $P(z)$ 之间并不相互独立,相关函数大于 1,这使得一般双向孔隙率大于两个孔隙率的乘积。N－K 模型中提

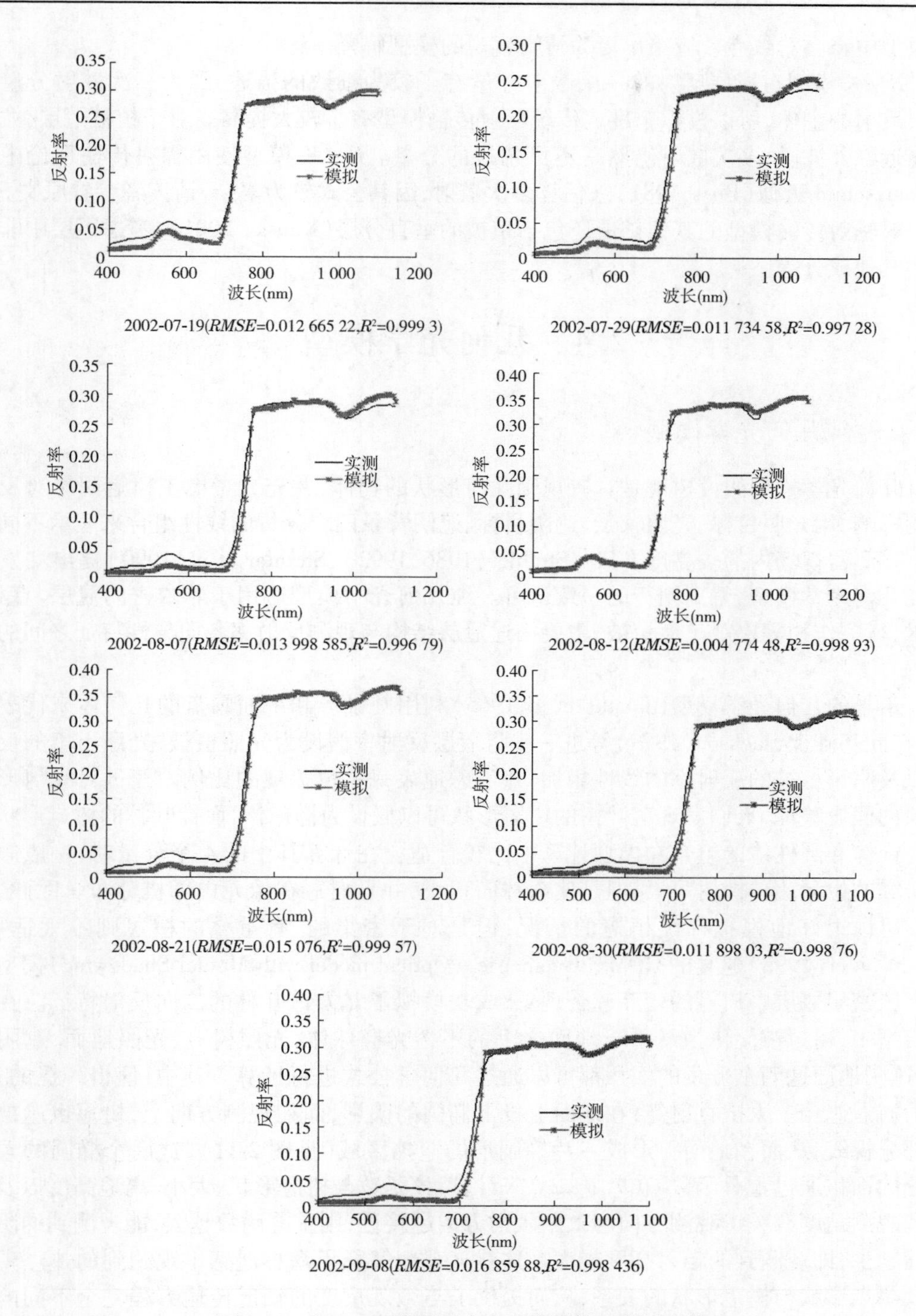

图 2-10　京玉 7 玉米冠层全生育期模拟与实测光谱

出了估算 $C_{\mathrm{Hotspot}}(\alpha,z)$ 的简化公式，它是光线入射与出射方向的夹角、叶片平均尺寸以及冠层高度的函数。虽然通过使用双向孔隙率的概念把热点效应添加到了辐射传输模型之中，但是它还是不能与辐射传输方程完美地结合，显得有些生硬。在后面 2.4 节的几何光学模型中将会对热点效应给出更为清晰直观的模型解释。

N – K 模型对冠层反射的一次散射分量有了较为细致的描述，因为一次散射分量占冠层反射的主体，所以模拟精度比传统辐射传输模型有了较大提高。对于植被冠层，尤其是在近红外波段，多次散射仍然是不可忽视的分量。N – K 模型使用辐射传输理论中的 Schwarzschild 近似(Ross，1981)来估算多次散射，因其公式较为复杂，请读者参看原文。

对辐射传输模型的其他扩展还包括植被的垂直分层(Kuusk，2001)，考虑冠层中非绿叶的其他成分等。

2.4　几何光学模型

2.4.1　纯几何光学模型

几何光学模型假设树冠是具有规则几何形状的物体，并充分考虑了树冠阴影对反射率的影响，用光照目标、光照背景、遮阴目标、遮阴背景四个分量的线性组合来表示不同角度下探测器视场内的辐亮度。Li – Strahler(1986，1992)、Strahler et al(1990)提出和发展了纯几何光学模型，得到同行的一致认可。纯几何光学模型适用于非浓密的冠层，森林、灌木、行播作物等宏观尺度植被，主要描述冠层结构与观测反射率各向异性特征之间的关系。

最早的几何光学模型(Jahnke et al，1965)利用圆锥形和平面圆盘的几何体来代表物体；在此基础上，Jackson(1979)等进一步将冠层反射率假设为光照植被、光照土壤的反射率以及阴影植被的反射率的线性相加，并考虑地表每一覆盖项的比例。经过对几何形体不断的假设验证，人们发现落叶树的树冠形状可以假设为椭球体，而针叶林的树冠形状假设为锥体和圆柱体的组合在模型计算中比较合适。在计算其中的 4 个分量时，一般假设所研究的像元比单棵树冠大，但是比森林面积小，并且树冠在像元内随机分布。因此，该模型可以很好地模拟稀疏植冠的情况，但是对于密集的、有重叠的植冠则不太适用。Li – Strahler(1992)建立的 GOMS(Geometric – Optical model with Mutual Shadowing)模型中考虑了密集冠层中树冠的相互遮蔽现象，成功模拟了北方针叶林的二向反射特征。在这个模型中，树冠被简化为悬浮于地面之上的不透光椭球体，光照树冠、光照地面、遮阴树冠、遮阴地面这四个分量的面积都可以通过几何学公式进行计算。其中，值得一提的是：因为树冠遮挡了太阳直射光，在地面上投下椭圆的阴影，而在观测方向上，树冠也遮挡了一部分视线，从而在地面上形成一片椭圆形的遮挡区域(见图 2-11)，这两个椭圆的重叠部分的面积通过重叠函数 $O(\theta_i, \theta_v, \varphi_i)$ 来计算，该函数与树冠形状、大小、离地高度以及太阳和观测角度有关。观测方向与太阳入射方向越接近，则重叠函数越大，能观测到的阴影地面越少，即观测到的辐射亮度越大。这就直观地解释了森林遥感中观测到的热点现象以及热点形状与树冠形状的关系，从而提供了与微观尺度的辐射传输方程完全不同的建模方法。

2.4.2　辐射传输和几何光学混合建模

单纯 GO 模型通常要求其各面积分量的亮度特征为已知，或能从遥感图像上估计出

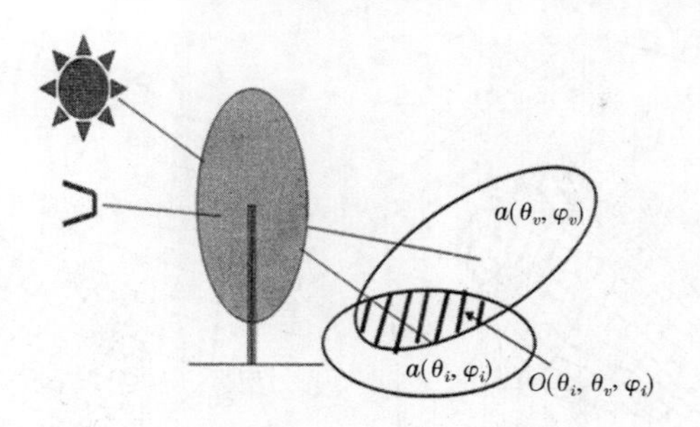

图2-11　GOMS几何光学模型

来，这为实际应用带来了困难，因此可以用辐射传输模型模拟均匀植被的反射率，用于计算树冠的亮度。另外，把树冠或作物的垄行结构简化为不透明的刚体也不符合植被的实际情况。为了使模型更逼近真实，后来引入了孔隙率模型进行修正，并试图把光线在冠层中的多次散射引入到模型中来。这实际上就形成了辐射传输和几何光学的混合建模，即用几何光学模型描述宏观尺度地物的空间位置和相互间的遮挡，而用辐射传输模型描述微观尺度的孔隙和多次散射，进而得到宏观地物的辐射亮度。典型的混合模型例子如GORT模型（Li et al,1995）和GEOSAIL模型（Huemmrich,2001）。

辐射传输和几何光学这两种不同的建模方式分别描述了地物反射特征在不同尺度上的形成机制。因此，观测对象和观测尺度的不同是产生多种多样的植被模型的根本原因。四尺度模型（Chen et al, 1996; Leblanc et al,1999）即是在几何光学模型基础上改进的植被模型，它考虑了四种不同尺度上的冠层几何结构：①在大于树冠尺度上，考虑树冠群落分布特征对BRDF的作用；②在树冠尺度上，考虑树冠形态对BRDF的影响；③在小于树冠尺度上，考虑树冠内分枝分布结构对BRDF的影响；④在冠层内部，考虑针叶林的“针”和阔叶林的“叶”的分布特征。

从这个观点出发，连续植被可视为一尺度模型，Li－Strahler的几何光学模型为二尺度模型，把考虑空间分布不均匀的几何光学模型称为三尺度模型（李小文,1995），那么把四个尺度的不均匀性都包括进去的几何光学模型就成为四尺度模型（Chen et al, 1996），若考虑叶片尺度生化组分的影响，叶片和冠层耦合模型又称为五尺度模型（Leblanc et al, 2001），如图2-12所示。

机载POLDER测量与4S几何光学模型模拟的黑云杉冠层多角度光谱见图2-13。

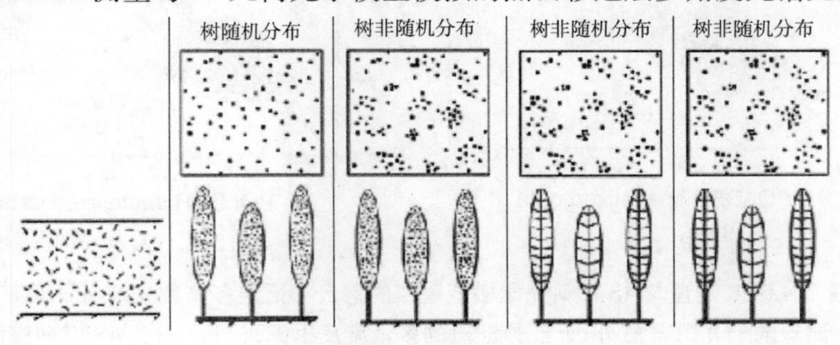

图2-12　连续植被到五尺度模型示意图

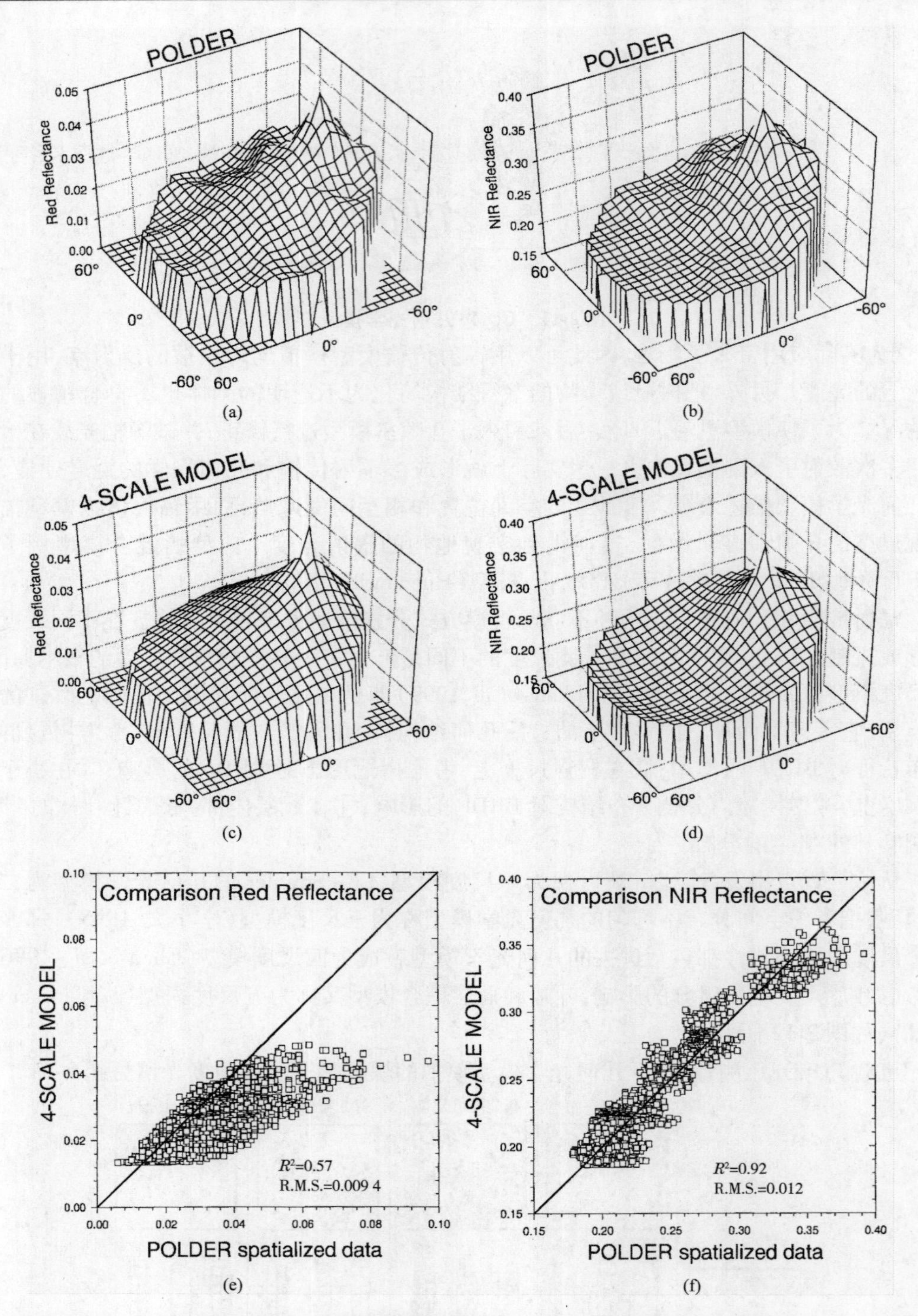

图 2-13　机载 POLDER 测量与 4S 几何光学模型模拟的黑云杉冠层多角度光谱(Leblanc et al,1999)，(a)、(b)为测量的 POLDER 红外、近红外波段的多角度反射率，(c)、(d)为 4S 模型模拟的红外、近红外波段的多角度反射率，(e)、(f)为红外、近红外波段的多角度反射率的模拟值与测量值的检验结果

2.5　计算机模拟模型

随着计算机技术的发展,计算机模拟模型越来越为人们所重视,例如蒙特卡洛模拟(Monte Carlo)模型(Peter, 1996)、辐射度(Radiosity)模型、光线追踪(Ray - tracing)模型等,比较有代表性的模型有 RAYTRAN(Govaerts et al, 1998)、PARCINOPY(España et al, 1999)、DIANA(Goel et al,1991,1994)、RGM(Qin et al, 2000)等。

以往的模型在求解 BRDF 的方法中,为了便于计算,在建立模型时使用了很多简化假设,这些假设往往忽略冠层内部的精细结构特征,而这些精细结构特征有可能包含植被冠层的重要信息。因此,为了尽量细致地模拟植被的各种形态及生长结构特征,一些学者引入并发展了基于真实结构模拟的计算机模拟模型,以便克服理论模型中的缺点。遥感科学家的研究重点从研究植被的平均辐射过程向研究植被结构的定量描述上转移。在成功模拟植被结构后,光线追踪最先被用于计算植被对电磁波的反射特征。光线追踪算法在模拟景物表面间的镜面/方向反射时非常成功,但是对于植被等复杂场景,所需的计算量随着冠层的复杂度增加而迅速增大。RAYTRAN 模型(Govaerts et al, 1998)组合了蒙特卡洛 - 光线追踪技术(Monte Carlo Ray - tracing technology)模拟光在不均匀三维介质中的辐射传输。该模型被设计为虚拟实验室(virtual laboratory)的形式,可以描述任何复杂的场景,其中的辐射过程也可以模拟得极其细致。模型在对单个面元辐射过程理解的基础上,构造一个典型陆地场景,该陆地场景可以具有复杂结构,同时组成场景的面元也可以有多种属性。模型可以模拟该典型陆地场景的辐射场,还可以调整其中的参数,进一步认识和理解精确模拟陆地场景辐射场的难点。PARCINOPY 也是一个基于蒙特卡洛 - 光线追踪技术的模型,España et al(1999)通过建立玉米的三维结构,利用该模型模拟了玉米场景的反射率,并与 SAIL 模型模拟的结果进行了比较,结果表明,PARCINOPY 能更好地模拟冠层的多重散射和热点效应。

辐射度(Radiosity)方法是继光线追踪算法后,计算植被二向性反射上的一个重要进展。辐射度模型基于热辐射工程中的能量传递和守恒理论,即一封闭环境中的能量经多次反射以后,最终会达到一种平衡状态。事实上,这种能量平衡状态可以用一系统方程来定量表达,一旦得到辐射度系统方程的解,也就知道了每个景物表面的辐射度分布,因此辐射度方法是一种整体求解技术。1984 年,Cornell 将辐射通量引入计算机图形学中,进行三维真实感图形绘制(彭群生等,2003)。而 Borel(1991,1994)和 Gerstl(1994)等是早期研究辐射度方法,并将其引入遥感领域研究植被冠层反射率的主要学者之一。其后的 DIANA 模型和 RGM 模型都是以辐射度方法为理论基础而发展起来的。

辐射度模型模拟冠层反射率有很多优点,首先,它全面考虑了光线与冠层之间相互作用的反射、透射、吸收和多重散射过程,以及冠层内部叶片之间和树冠相互之间的遮蔽现象。其次,这种结构真实模型可以尽量细致地模拟目标的各种形态及生长结构特征对光线作用的影响,克服了理论模型中过多简化和假设的缺点。近年来随着遥感技术的提高和计算机计算能力的加强,辐射度模型受到越来越多的学者重视。

在 20 世纪 90 年代初期,Borel(1991, 1994)和 Gerstl(1992)等比较了辐射度方法与

辐射传输方法的异同，推出了辐射度模型中计算的辐射通量密度 B 与一维辐射传输模型中计算的辐亮度 I 之间的关系。在此基础上利用辐射度方法，推导了简化的单层和多层冠层的辐射度方程和反射率计算公式，进一步推导得到用于植被和土壤表面的非线性光谱混合模型。此外，Goel et al(1991)发展的 DIANA 模型主要基于 L 系统在计算机上生成的任意形状目标以及植被冠层三维场景，利用辐射度方法计算可见光—近红外区场景的二向反射率因子(BRF)情况。他真正把辐射度模型发展到真实冠层结构场景的 BRF 模拟上，并利用 DIANA 模型模拟了玉米场景的反射率分布；1994 年 Goel 还用 DIANA 模型模拟了白杨树的反射率分布，将模拟的对象从玉米这种相对简单的农作物扩展到相对复杂的树木。从计算机图形学的角度来说，产生的场景在视觉上非常逼真，但遗憾的是，两种模拟结果都没有和实测遥感结果进行比较。随着定量遥感的发展，还需要进一步从量上证明模型的实用性和可靠性。Qin et al(2000)进而发展了基于真实结构场景的辐射度模型 RGM(a Radiosity - Graphics combined Model)，并用于模拟半干旱地区植被(稀疏的草和灌木)的二向性反射率分布，与从三个平台(地面、塔台、卫星)上观测的不同尺度的反射率数据进行比较，取得了很好的一致性。谢东辉等(2006)利用辐射度模型模拟了玉米冠层方向反射率，并与实测结果进行比较，进一步验证了该模型的精度(见图 2-14)。

图 2-14　不同时期大田玉米场景(株距 25 cm，垄距 60 cm)(谢东辉，2006)

(j)08-05　(k)08-08

续图 2-14

根据实测冠层结构数据建立的玉米冠层场景，以及场景中相应组分（叶片、茎、土壤背景）光学特性参数，利用辐射度模型就可以计算该玉米冠层的方向反射率。如果给定组分的光谱参数，还可以模拟冠层的高光谱反射率结果。

第 3 章　植被生物量与生产力遥感估算物理基础

3.1　方向性反射率

3.1.1　二向反射分布函数 BRDF

二向反射是自然界物体对电磁波反射的基本现象，即地物表面反射不仅具有方向性，且这种方向性还依赖于入射方向。二向反射分布函数（Bidirectional Reflectance Distribution Function，BRDF）是描述入射光与非透明表面相互作用的四维函数，包括入射天顶角、方位角（θ_i,φ_i）与观测天体角和方位角（θ_r,φ_r）。Nicodemus（1965）给出了二向反射分布函数的完备定义，即来自方向地表辐照度的微增量与其所引起的方向上反射辐射亮度增量之间的比值。

$$BRDF(\theta_i,\varphi_i;\theta_r,\varphi_r) = \frac{\mathrm{d}L(\theta_r,\varphi_r)}{\mathrm{d}E(\theta_i,\varphi_i)} \tag{3-1}$$

$\mathrm{d}E$ 和 $\mathrm{d}L$ 分别为方向地表辐照度的微增量和观测方向上反射辐射亮度增量，示意图如图 3-1 所示。自然地物通常为非朗伯体，地物的光学反射特性与入射和观测方向有关，存在突出的二向反射效应。

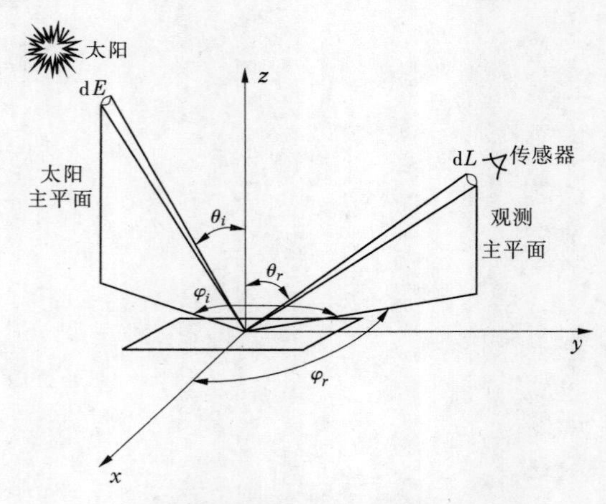

图 3-1　地物二向反射示意图

BRDF 定义简单明确，从理论上能较好地表征地物的非朗伯体特性，但测量条件十分苛刻。若假定地物 BRDF 特性与环境辐射条件无关，观测方向反射能量与入射能量满足线性条件，可以将 BRDF 进行简化。并为了满足测量需求，定义了二向反射率因子，即在相同的辐照度条件下，（θ_r,φ_r）观测方向的地物反射辐射亮度 $L(\theta_r,\varphi_r)$ 与一个理想的漫反射体在该方向上的反射辐射亮度 $L_p(\theta_r,\varphi_r)$ 的比值(Li et al, 1986)。

$$BRF(\theta_i,\varphi_i;\theta_r,\varphi_r) = \frac{L(\theta_r,\varphi_r)}{L_p(\theta_i,\varphi_i)} = \pi \cdot BRDF(\theta_i,\varphi_i;\theta_r,\varphi_r) \tag{3-2}$$

3.1.2　地表反射率定义

地物波谱测量和分析是定量遥感研究的基础。遥感科学主要是非接触地获取地物反射或发射波谱信息,所以地物反射率波谱测定与特征分析一直是遥感科学研究的重点。

反射率(Reflectance)的定义为物体表面的反射能量与到达物体表面入射能量的比值,光谱反射率(Spectral Reflectance)为某个特定波长处测定的物体反射率,连续波长测定的物体反射率曲线构成反射率光谱(Reflectance Spectrum)。反射率的定义如下所示:

$$\rho = \frac{\pi L}{E} \tag{3-3}$$

式中:E 为到达物体表面的入射辐照度值(Irradiance);L 为物体表面反射的辐亮度值(Radiance)。

由于成像条件和测量模式的差异,反射率波谱又可以根据成像条件与观测模式给定如下 4 种定义(Nicodemus, 1977):

(1)方向—方向反射率波谱。

入射光为平行直射光,没有或可以忽略散射光;波谱测定仪器仅测定某个特定方向的反射能量。地物双向反射特性主要就是研究方向—方向反射率波谱。晴天条件下,太阳光为入射光,利用地物光谱仪测定的地物反射率波谱就可以近似为方向—方向反射率波谱。方向—方向反射率的定义与二向反射率 BRDF 基本一致,其定义如下:

$$\rho(\theta_i,\varphi_i,\theta_r,\varphi_r) = \frac{\pi L(\theta_r,\varphi_r)}{E(\theta_i,\varphi_i)} \tag{3-4}$$

式中:θ_i、φ_i、θ_r、φ_r 分别为入射方向的天顶角、方位角和观测方向的天顶角、方位角;$E(\theta_r,\varphi_r)$ 为(θ_i,φ_i) 方向辐照度;$L(\theta_r,\varphi_r)$ 为传感器在观测方向 (θ_r,φ_r) 测定的物体表面的辐亮度。需要注意的是,式(3-4)定义的方向—方向反射率测定要求其他入射方向没有任何散射光。

(2)半球—方向反射率波谱。

入射能量在 2π 半球空间内分布,波谱测定仪器仅测定某个特定方向的反射能量。全阴天条件下,以太阳散射光为照明光源,利用地物光谱仪测定的地物反射率波谱就可以近似为半球—方向反射率波谱。半球—方向反射率的定义如下:

$$\rho(\theta_r,\varphi_r) = \frac{\pi L(\theta_r,\varphi_r)}{E_d} = \frac{\pi L(\theta_r,\varphi_r)}{\int_0^{2\pi}\int_0^{\frac{\pi}{2}} E(\theta_i,\varphi_i)\cos\theta_i \sin\varphi_i \mathrm{d}\theta_i\varphi_i} \tag{3-5}$$

式中:E_d 为 2π 半球空间内到达物体表面所有辐照度值的总和,为全部入射/下行辐射。

(3)方向—半球反射率波谱。

入射能量照明方式为平行直射光,没有或可以忽略散射光;波谱测定仪器测定的 2π 半球空间的平均反射能量。利用积分球原理测定的物体反射率波谱就是方向—半球反射率波谱。方向—半球反射率的定义如下：

$$\rho(\theta_i,\varphi_i) = \frac{\pi L_u}{E(\theta_i,\varphi_i)} = \frac{\int_0^{2\pi}\int_0^{\frac{\pi}{2}} L(\theta_r,\varphi_r)\cos\theta_r \sin\varphi_r \mathrm{d}\theta_i \varphi_i}{2E(\theta_i,\varphi_i)} \tag{3-6}$$

式中：L_u 为 2π 半球空间的全部反射/上行辐射。

(4)半球—半球反射率波谱。

入射能量在 2π 半球空间内均匀分布，波谱测定仪器测定的是 2π 半球空间的平均反射能量。若不严格要求入射能量在 2π 半球空间内均匀分布，半球—半球反射率波谱就是地物反照率波谱。半球—半球反射率的定义如下：

$$\rho = \frac{\pi L_u}{E_d} \tag{3-7}$$

式中：定义的半球—半球反射率就是反照率(albedo)；E_d 为下行辐射；L_u 为上行辐射。

上述 4 种反射率定义是从反射率波谱测量角度考虑的，尽管其定义不一定完善，但各种定义的反射率波谱有各自的特定遥感用途。

3.2 遥感表观反射率

3.2.1 遥感表观反射率定义

机载和卫星平台获取的遥感数据，表征的是传感器入瞳处的地表上行反射和辐射能量。由于大气辐射与吸收、散射，邻近像元反射和辐射，地表与大气多次散射，传感器入瞳辐射能量不等于地物表面反射能量，需要通过大气校正，才能得到地物表面的上行反射信息。此外，遥感器无法直接观测到地物表面的下行辐射，通常采用大气辐射传输模型模拟方法，结合大气观测资料，模拟得到水平地表的太阳下行辐射。对于这种情况，地物表面的反射能量与到达地物表面的入射能量都不是直接观测量。严格的遥感数据定量化处理十分困难，参照地物反射率的定义，用下行辐射代替地物表面入射能量、用上行辐射代替地表反射能量，上行辐射与下行辐射的比值通常称为遥感表观反射率。

在冠层或近地表水平，遥感表观反射率定义为地表上行辐射与到达水平地表的下行辐射能量的比值，对于植被对象，又称为 TOC(top of canopy)表观反射率。对于卫星，遥感表观反射率也常定义为遥感器入瞳处的上行辐射与大气顶层的太阳入射辐射能量的比值，又称为 TOA(top of atmosphere)表观反射率。

$$\rho^* = \frac{\pi L^*}{E^*} \tag{3-8}$$

式中：E^* 为到达遥感器位置的太阳入射辐照度(Irradiance)；L^* 为遥感器入瞳处上行辐射信号(Radiance)。

3.2.2 表观反射率与真实反射率

在定量遥感应用时，遥感器测量的是地表上行辐射。地表上行辐射与地物表面反射能量会存在一定差异,即包括大气多次散射和辐射、邻近像元的反射和辐射,还包括植被冠层发射的荧光信号,只是荧光信号比反射信号小1~2个量级,通常被忽略了。

冠层光谱反射率测量时,通常利用光谱仪观测的是冠层上行辐射光谱与水平放置参考板反射的太阳下行入射光谱,通过计算二者的比值得到冠层水平TOC表观反射率光谱。由于上行辐射中包含有植被冠层反射光谱信号,也包括冠层发射的荧光信号,二者是叠加在一起的。当光谱分辨率足够高时(优于1 nm),在某些夫琅和费暗线波段,植被冠层发射的荧光信号强度与反射光谱信号强度相比,大小可能在一个数量级上,如760 nm氧气吸收波段,荧光信号在表观反射率光谱中的贡献就十分突出。图3-2为不同光谱分辨率条件下,观测的植被冠层表观反射率,当光谱分辨率优于1 nm时(如0.1 nm),在688 nm和760 nm两个氧气吸收波段就会观测到荧光信号贡献的两个峰值,甚至出现760 nm波段光谱反射大于1的异常情况。

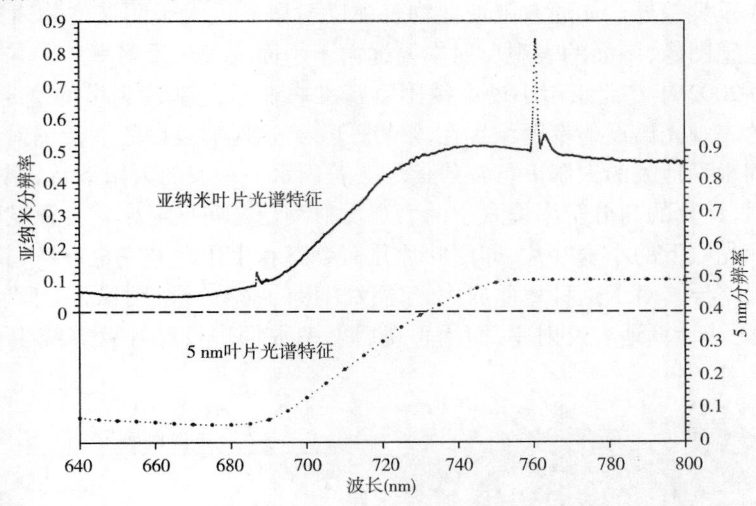

图3-2 不同光谱分辨率条件下观测的冠层表观反射率光谱曲线(Meroni et al,2006)

在进行卫星平台遥感数据的处理和应用时,通常需要计算和应用TOA表观反射率,即遥感器观测到的入瞳处上行辐射信号和大气顶层的太阳光谱常数的比值。卫星遥感器入瞳处的上行辐射信号中,既包括经大气衰减后的地表真实反射信号,又包括大气观测方向上行路径辐射信号和邻近像素的交叉辐射等。因此,TOA表观反射率中,除了地物本身的吸收/反射信息,还包含全部的大气吸收特征。图3-3为Hyperion高光谱卫星遥感图像的TOA和TOC光谱反射率曲线,结果清晰表明了TOA表观反射率信号中的大气辐射(如蓝波段气溶胶前散射信号)和大气吸收(如大气中的水汽、氧气吸收信息)的影响。

到达地物表面的太阳入射能量与水平地表的太阳入射能量也是两个不同物理量,由于遮挡或地形坡度的原因,二者有时会存在较大差异。如山坡地物反射率遥感测量就十分困难,到达坡地和水平地表的太阳入射辐射就存在很大差异。此外,对于垂直结构分布差异较大的高分辨率遥感图像,到达地物表面与水平地表的太阳入射能量也会存在非常大的差异。如对于米级或亚米级的森林区域高分辨率遥感图像,到达水平地表的太阳入射能量可以通过测量或辐射传输模拟方法得到,但到达森林树冠表面的入射能量就几乎

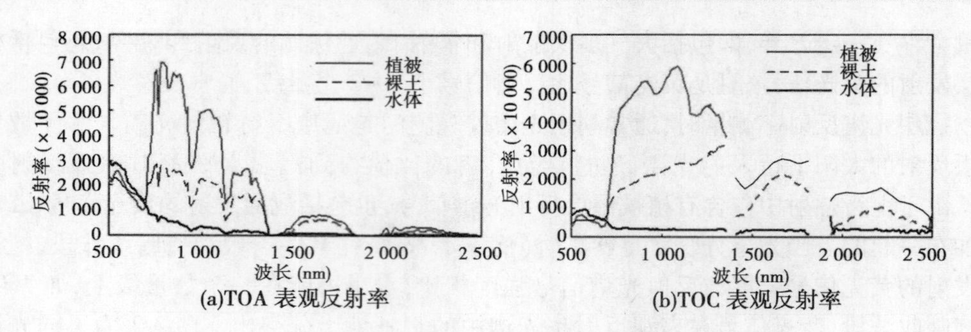

图 3-3　TOA 和 TOC 表观反射率光谱曲线

无法得到，如几乎无法测量或模拟树冠阴面、阳面的入射能量。这种情况下，用到达水平地表的太阳入射能量代替到达地物表面的太阳入射能量，遥感表观反射率与地表真实反射率就会存在极大差异。如通常阳坡地物表观反射率要远大于阴坡地物表观反射率，高分辨率森林遥感图像，阳面的表观反射率要远大于阴面的表观反射率。

图 3-4 为 2002 年在北京市小汤山镇国家精准农业示范基地测量的毫米级分辨率的小麦近地表的表观光谱反射率图像。在该情况下，到达地物表面的下行辐射未知，只能测量或计算达到水平地表的太阳下行辐射信号。若用水平地表的太阳下行辐射代替地物表面的入射辐射，计算的高分辨率像素中的表观反射率与真实反射率就会存在极大的差异。如对于阴影和光照下的小麦叶片，即便叶片几何姿态和生化组分完全一样，其表观反射率也会存在极大差异。对于这种地面成像光谱仪拍摄的高分辨率图像，由于地物表面的入射能量未知，无法计算地表反射率，而用表观反射率数据进行叶片营养或生化组分估算，会存在极大误差。

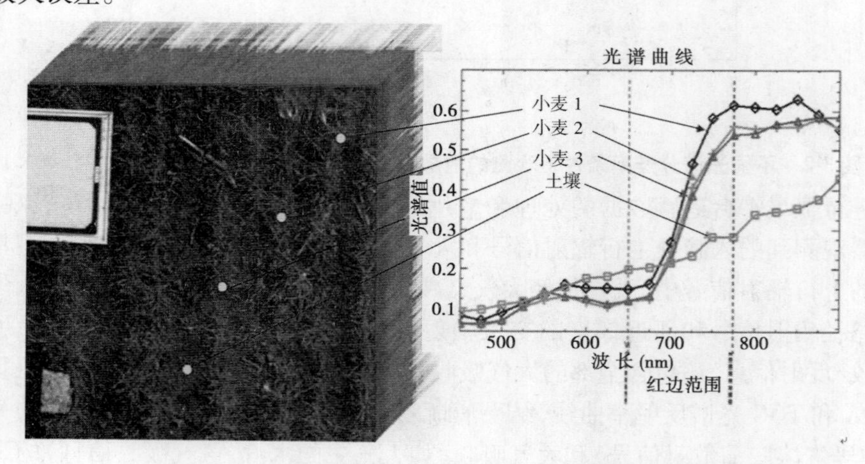

图 3-4　高分辨率近地表高光谱图像中的表观反射率图像

3.3　地物反射率波谱数据测定原理和处理方法

由于诸多客观条件限制，很难测定 4 种定义的理想反射率波谱。在可见—短波红外的光学反射波段，航空和卫星光学遥感技术获取的是地物某些特定观测方向的反射太阳能量,可以近似为方向—方向反射率数据,因此目前国内外遥感应用研究采用的主要数据源还是方向—方向反射率数据。

不同遥感应用目的可能需要测定地物特定条件下的反射率波谱数据,考虑目前反射率波谱测定的主流方法,该部分将方向—方向反射率波谱和半球—方向反射率波谱统称为方向反射率波谱,将方向—半球反射率波谱和半球—半球反射率波谱统称为半球反射率波谱,并将分别介绍方向、半球反射率波谱的常规测定原理和数据处理方法。

3.3.1　冠层光谱测定原理和处理方法

由于大多数传感器测定的是方向反射率数据,因此该部分重点介绍野外条件下,以太阳为光源的方向反射率数据的测定原理和处理方法,这些原理和方法对于室内非太阳光源的方向反射率波谱测量也有一定参考意义。野外地物方向反射率波谱测定包括两个步骤:一是太阳辐照(Solar Irradiance)度光谱测定,二是目标反射的观测方向上辐亮度(Reflected Radiance)光谱测定。

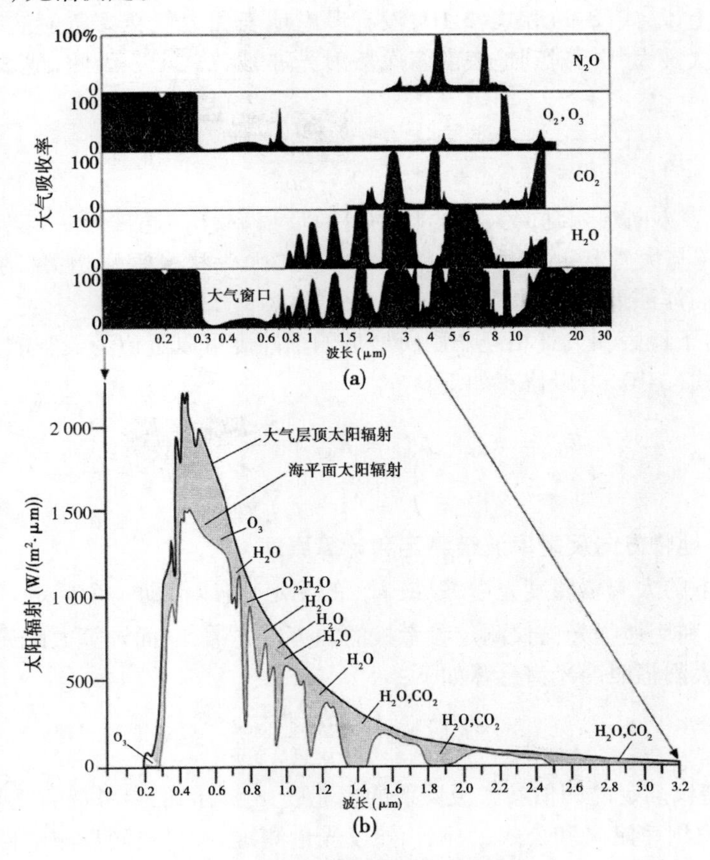

图3-5　太阳辐照度光谱曲线

3.3.1.1　太阳辐照度光谱

太阳辐照度光谱可近似为温度为5 900 K的黑体辐射,在地球大气层顶和到达地表海平面处的太阳辐照度光谱如图3-5所示,大气层顶测定的总辐照度大约为1 370 W/m^2,

其中可见光波段范围内的辐照度占50%左右。由于太阳电磁波穿过太阳大气和地球大气时,与大气分子发生相互作用,导致特定波段上的光谱吸收,吸收位置取决于大气化学组成。如图3-5所示的典型海平面处的太阳辐照度光谱曲线在1 900 nm、1 400 nm、1 120 nm、950 nm和760 nm附近有很强的地区大气中的水汽、二氧化碳、氧气的光谱吸收特征。此外,在656 nm、434 nm、410 nm等波段附近还能观测到太阳大气吸收造成的Fraunhofer谱线。

$$E_d = E_{\mathrm{dir}} + E_{\mathrm{dif}} = E_0 \cos\theta_s t_s + \int_0^{2\pi} \int_0^{\frac{\pi}{2}} L_{\mathrm{sky}}(\theta,\varphi)\cos\theta\sin\varphi \mathrm{d}\theta \mathrm{d}\varphi \tag{3-9}$$

式中:E_{dir}和E_{dif}分别为太阳直射光和散射光的辐照度;E_0为地球大气外层的太阳辐照度;θ_s为太阳天顶角;t_s为大气透过率;$L_{\mathrm{sky}}(\theta,\varphi)$为地表上半空间的天空散射光辐亮度。$E_{\mathrm{dif}}$和$E_d$的比值就是天空散射光比例,即

$$f_{\mathrm{dif}} = \frac{E_{\mathrm{dif}}}{E_d} \tag{3-10}$$

严格意义上说,式(3-9)和式(3-10)没有考虑地表和大气交叉散射的影响,从地表反射到大气并再次被大气反射到地表的多次散射光亦被忽略了。因此,地表辐照度可以修正为:

$$E_d^* = \frac{E_d}{1 - S\rho^*} \tag{3-11}$$

式中:S为从地表方向观测到的大气边界的等效反射率;E_d^*通常为一定半径范围内的周围地表反射率(与大气状况有关)。式中S大小与大气状况紧密相关,晴空条件下非常小,可以忽略,而浑浊天气条件下S取值要大一些。

实际上,由于地表和大气相互作用所增加的辐照度可以近似为天空散射光的增加,因此,式(3-9)和式(3-10)可以修正如下:

$$E_d^* = E_{\mathrm{dir}} + E_{\mathrm{dif}}^* = E_{\mathrm{dir}} + \frac{S\rho^* E_{\mathrm{dir}} + E_{\mathrm{dif}}}{1 - S\rho^*} \tag{3-12}$$

$$f_d^* = f_d + (1 - f_d)S\rho^* \tag{3-13}$$

3.3.1.2 野外地物方向反射率波谱测定和计算原理

野外条件下的太阳辐照度光谱E_d或E_d^*的测定,可以借助一个标定好的漫反射板作为反射参考板,利用地物光谱仪测定参考板的辐亮度光谱,从而计算太阳光源到达地表的辐照度光谱。太阳辐照度光谱计算如下:

$$E_d^*(\lambda) = \frac{\pi L_{\mathrm{ref}}(\lambda)}{\rho_{\mathrm{ref}}(\lambda)} \tag{3-14}$$

式中:L_{ref}为光谱仪测定的朗伯参考板反射的辐亮度;ρ_{ref}为朗伯参考板的反射率。

根据方向反射率定义和公式,太阳辐照度光谱测定后,只要同步测定目标反射的辐亮度光谱,就可以计算目标的光谱反射率,即

$$\rho_t(\theta_r,\varphi_r,\lambda) = \frac{\pi L_t(\theta_r,\varphi_r,\lambda)}{E_d^*} = \frac{L_t(\theta_r,\varphi_r,\lambda)}{L_{\mathrm{ref}}(\theta_r,\varphi_r,\lambda)}\rho_{\mathrm{ref}}(\lambda) \tag{3-15}$$

式中:$L_t(\theta_r,\varphi_r,\lambda_r)$为光谱仪在$(\theta_r,\varphi_r)$方向观测到的目标辐亮度光谱;$\rho_t(\theta_r,\varphi_r,\lambda_r)$为

计算的野外地物方向反射率波谱。若参考板存在一定的方向性反射，则应该利用实验室测量的参考板方向性反射率数据，对参考板的 BRDF 效应进行校正。

3.3.1.3　野外地物方向反射率波谱测定注意事项

方向反射率波谱数据依赖于波谱测定条件，如直射/散射光比例、直射光方向、观测方向、地物尺度效应、观测对象个体和群体特点等，因此野外地物波谱测定时不仅需要准确记录和获取这些属性数据，还要尽量不破坏现场条件，包括成像条件和观测对象。为了确保野外地物方向反射率波谱数据的准确、客观、可靠，在波谱测定时需要考虑以下几点：

(1)尽可能避免实验人员和仪器对太阳入射光的影响。测量人员或仪器要最好能垂直于太阳主平面，观测主平面以最小截面朝向太阳主平面。这种测量方式有三个优点：第一，可以避免阻挡太阳直射光；第二，最大程度地减小了测量设备和人员截面的镜面反射与交叉辐射对测量目标及参考板的环境辐射的影响；第三，最小截面方式朝向太阳主平面，能最大程度地减少测量人员和仪器设备阻挡的天空散射光。此外，测量人员着深色装，测量仪器要涂黑或用深色物包裹，降低测量人员/仪器与观察对象的交叉辐射影响。

(2)观测范围选取时要观测对象的尺度效应和空间代表性。测量范围要与冠层尺度相一致，以行播作物的冠层波谱测定为例，观测范围要尽量覆盖 3 ~ 5 个行距。

(3)室内分析的取样对象要与观测对象保持一致。特别是植被地物，一是要保证取样范围与波谱测定范围一致，另外要考虑植被的呼吸和光合作用对生理生化指标的影响，尽可能地保证室内分析时植物样品的生理生化状态与波谱测定时一致。

(4)测定天空散射光信息。利用遮光板遮蔽太阳直射光，测量天空散射光强度，计算散射光比例。

(5)参考板和观测对象的反射波谱测定要同步。由于野外条件的气象条件的瞬变特性，特别是风、云对太阳入射能量的影响，要尽可能保证参考板和观测对象的波谱测定的同步，避免天气变化造成的反射率波谱数据误差。

(6)记录现场天气条件和观测对象的详细描述，并辅以现场照片。

3.3.2　叶片光谱测定原理和处理方法

叶片方向半球反射率测量在模型建模和叶片生化组分光谱探测中得到了广泛应用，是一种通用的叶片光谱测量方法。半球反射率波谱数据测定需要组合光谱仪和积分球装置才能完成。积分球是一种广泛采用的方向—半球反射率波谱测定的实验辅助装置。

图 3-6 为利用积分球测定半球反射率光谱的示意框图，积分球内壁为一朗伯体涂层。与野外地物光谱测定类似，利用积分球原理测定的样品半球反射率也包括两个步骤，即如图 3-6(a)所示的待测样品在半球空间反射的辐亮度光谱，以及图 3-6(b)所示的利用朗伯参考板测定的光源辐亮度光谱。图 3-6 中光源为平行光束，到达样品处的光斑小于样品孔口径，样品孔全部被待测样品遮挡，且光斑完全照在待测样品上。

半球反射率光谱计算公式如下：

$$\rho_t(\lambda) = \frac{\pi L_t(\lambda)}{E_S(\lambda)} = \frac{L_t(\lambda)}{L_{\mathrm{ref}}(\lambda)}\rho_{\mathrm{ref}}(\lambda) \tag{3-16}$$

式中：$L_t(\lambda)$为图 3-6(a)所示测定样品反射的半球空间内的光谱辐亮度；$L_{\mathrm{ref}}(\lambda)$为图 3-6

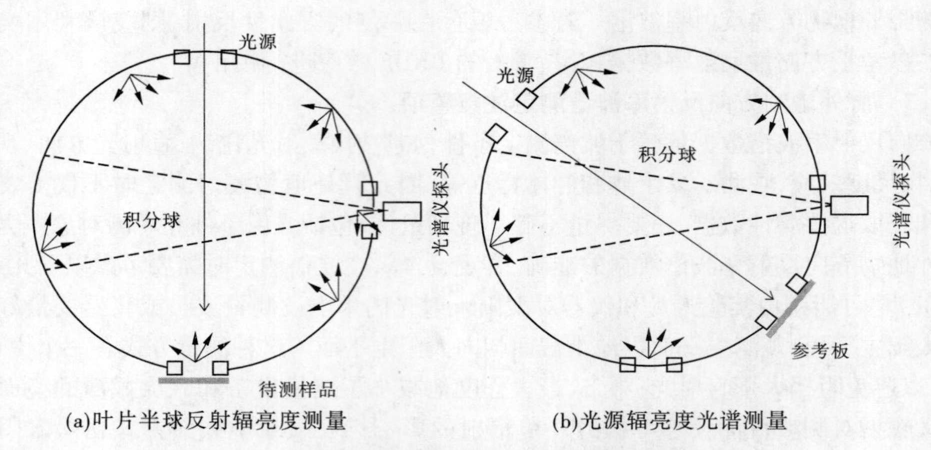

图 3-6 利用积分球测定叶片反射率光谱示意图

(b)所示测定朗伯体参考板反射的光谱辐亮度;$\rho_{\mathrm{kef}}(\lambda)$为朗伯体参考板的光谱反射率;$E_S(\lambda)$为积分球照明光源的光谱辐照度。

3.4 植被反射光谱特征及其形成机制

植物叶片的光谱特征形成原理,是植物叶片中化学组分分子结构中的化学键在一定辐射水平的照射下发生化学成分分子键弯曲振动或伸展、电子跃迁,引起某些波长的光谱发射和吸收产生差异,从而产生了不同的光谱反射率,且该波长处光谱反射率的变化对叶片化学组分的数量非常敏感(故称敏感光谱)。植物的反射光谱,随着叶片中叶肉细胞、叶绿素、水分含量、氮素含量以及其他生物化学成分的不同,在不同波段间会呈现出不相同的形态和特征的反射光谱曲线(见图 3-7),它可以用来作为区分土壤、水体、岩石等的客观依据。

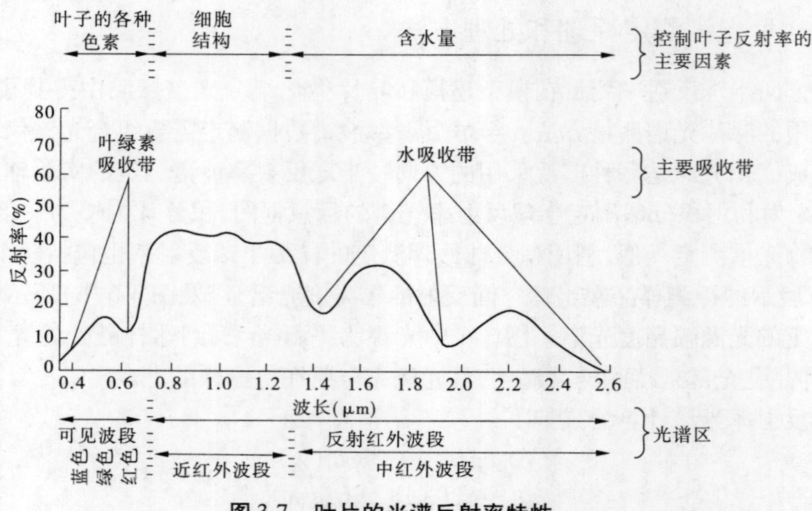

图 3-7 叶片的光谱反射率特性

400 ~ 700 nm 波段(可见光),是植物叶片的强吸收波段,反射和透射都很低。由于植物色素吸收,特别是叶绿素 a、b 的强吸收,在可见光波段形成两个吸收谷(450 nm 蓝光和 660 nm 红光附近)和一个反射峰(550 nm 的绿光处),呈现出其独特的光谱特征,即"蓝边""绿峰""黄边""红谷"等区别于土壤、岩石、水体的独特光谱特征。

700 ~ 780 nm 波段,是叶绿素在红波段的强吸收到近红外波段多次散射形成的高反射平台的过渡波段,又称为植被反射率红边。红边是植被营养、长势、水分、叶面积等的指示性特征,并得到了广泛应用与证实。当植被生物量大、色素含量高、生长力旺盛时,红边会向长波方向移动,而当遇病虫害、污染、叶片老化等因素发生时,红边便会向短波方向移动。

780 ~ 1 350 nm 波段,叶片内部结构能够解释其光谱反射率特性。由于光线在叶片内部的多次散射形成,且色素和纤维素在该波段来说是近似透明的(多次散射最多 10% 被吸收),即便是叶片含水量也只是在 970 nm、1 200 nm 附近有两个微弱的吸收特征,所以多次散射的结果便是近 50% 的光线被反射,近 50% 被透射。该波段反射率平台(又称为反射率红肩)的光谱反射率强度取决于叶片内部结构,特别是叶肉与细胞间空隙的相对厚度。但叶片内部结构影响叶片光谱反射率的机制比较复杂,已有研究表明,当细胞层越多,光谱反射率越高;细胞形状、成分的各向异性及差异越明显,光谱反射率也越高。

1 350 ~ 2 500 nm 波段,叶片水分吸收主导了该波段的光谱反射率特性。由于 1 450 nm、1 940 nm、2 700 nm 的强吸收特征,这些吸收光谱位置中间,形成 2 个主要反射峰,位于 1 650 nm 和 2 200 nm 附近。部分学者(王纪华等,2001;Tian et al,2001)在室内条件下利用该波段的吸收特征估算叶片含水量,但由于叶片水分的吸收波段受到大气中水汽的强烈干扰,而将大气水汽和植被水分对光谱反射率的贡献相分离的难度很大,虽取得了部分进展,但仍满足不了植被含水量的定量遥感需求。

由于植物的光谱特性由其组织结构、生物化学成分和形态学特征决定,不同作物类型、不同植株营养状态虽具有相似的光谱变化趋势,但是其光谱反射率大小是有差异的。植物叶片和冠层的形状、大小以及与群体结构(涉及多次散射、间隙率和阴影等)都会对冠层光谱反射率产生很大影响,并随着作物的种类、生长阶段等的变化而改变。因此,作物的冠层光谱特性要受冠层结构、生长状况、土壤背景以及天气状况等因素影响。

3.5 植被指数

植被地物由于叶绿素、水分、干物质等波谱吸收特性,形成了区别于其他地物的光谱特征,如图 3-8 所示。基于这些植被光谱特征,能够应用于植被分类、植被参数估算等。主要植被特征提取方法包括植被指数、植被吸收/反射特征、特征光谱位置等。

植被指数是一种无量纲指数,通常是两个或多个波段的光谱反射率的比值、线性或非线性组合,从而将高光谱、多光谱的重要光谱信息压缩到一个植被指数通道,也是一种高光谱与多光谱数据降维方法,其目的是用来诊断植被生长状态、绿色植被活力以及估算各种植被参数,其中红光和近红外波段两个波段组合的植被指数应用最广泛,研究最深入。

植被指数研究是遥感应用研究的常用方法之一,并成功应用于植被分类、植被生长状

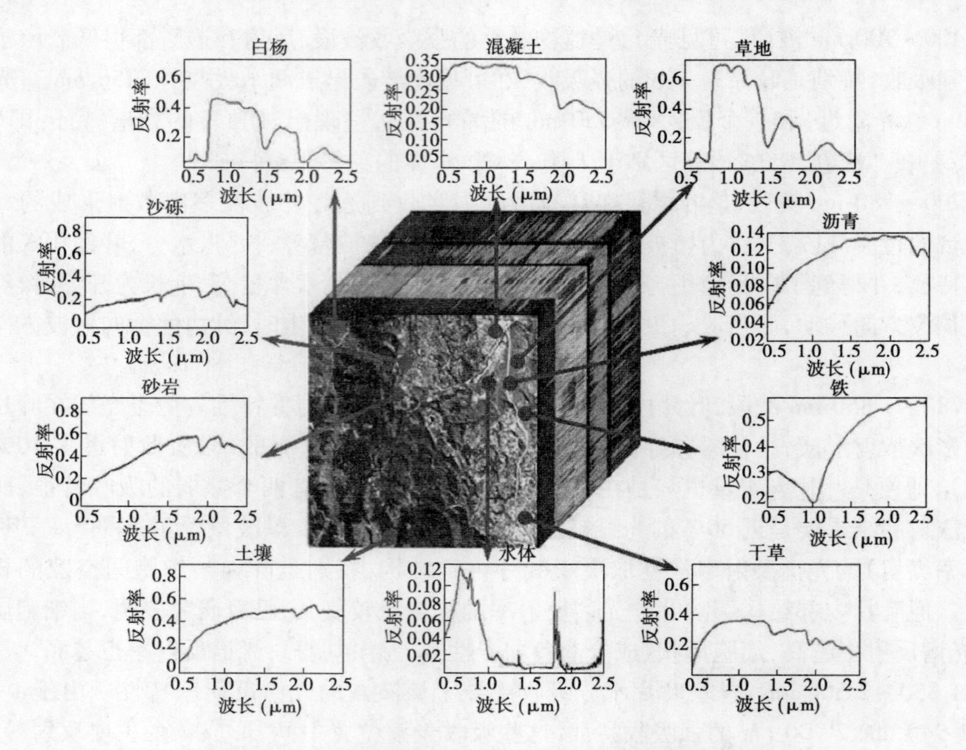

图 3-8　高光谱图像立方体中植被与其他地物光谱曲线

态监测、植被参数估算、植被时序变化监测等方面。

3.5.1　NDVI－EVI 植被指数发展历程

3.5.1.1　归一化植被指数与比值植被指数

植被指数最常用的三种数学表达为：

比值植被指数

$$RVI = R_{NIR}/R_{red} \tag{3-17}$$

差值植被指数

$$DVI = R_{NIR} - R_{red} \tag{3-18}$$

归一化植被指数

$$NDVI = (R_{NIR} - R_{red})/(R_{NIR} + R_{red}) \tag{3-19}$$

在红波段和近红外波段的二维空间中，距离 NIR 坐标轴越近，植被越茂密，LAI 和生物量可能越大，如图 3-9 所示，$NDVI_1 > NDVI_2 > NDVI_3 > NDVI_4$，$RVI_1 > RVI_2 > RVI_3 > RVI_4$。

由 NDVI 和 RVI 植被指数的定义可知，所有过原点的直线上的 NDVI 和 RVI 值相等。NDVI 取值范围为 $-1 \sim 1$，而 RVI 取值范围为 $0 \sim \infty$，对于靠近 NIR 坐标轴的点，RVI 变化十分敏感，而 NDVI 等值线随着角度的增减而增加的幅度较平稳。因此，NDVI 在估算植被生物量、LAI 等参数时，容易出现饱和现象，而 RVI 能够克服该饱和现象，但噪声、土壤背景等干扰因素对 RVI 的影响较大。

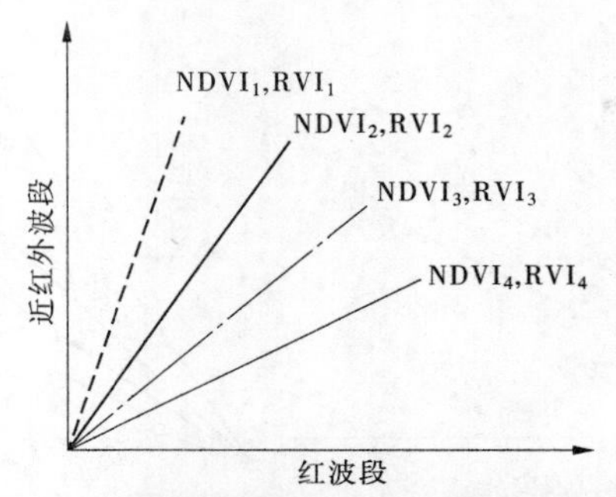

图 3-9　植被指数与 RED－NIR 特征空间关系

3.5.1.2　垂直植被指数 PVI

在红波段和近红外波段的二维空间中,植被像元到土壤线的垂直距离定义为垂直植被指数。距离土壤线越远,PVI 值越大,如图 3-10 所示,$PVI_1 > PVI_2 > PVI_3 > PVI_4$。图中所有平行于土壤线的直线为 PVI 等值线,若利用 PVI 指数估算植被 LAI 或生物量,平行于土壤线的像素估算的植被参数是一样的,且距离土壤线越远,估算结果越大。

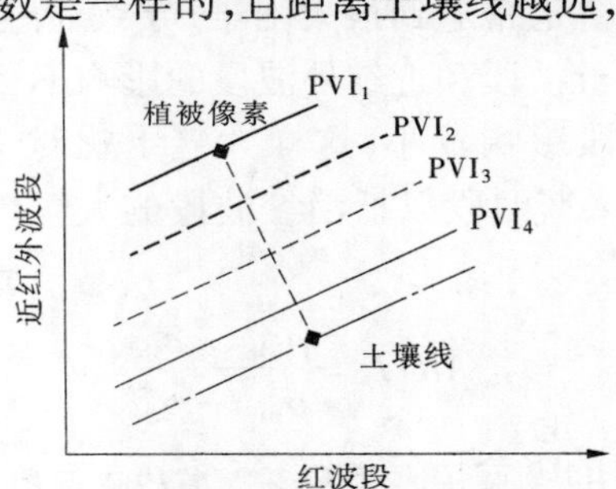

图 3-10　垂直植被指数示意图

$$PVI = \sqrt{(R_{soil} - R_{veg})^2 + (NIR_{soil} - NIR_{veg})^2} = \frac{NIR_{veg} - aR_{veg} - b}{\sqrt{1 + a^2}} \tag{3-20}$$

式中:a、b 为土壤线在红波段和近红外波段的二维空间中的斜率和截距。

3.5.1.3　土壤调节植被指数 SAVI

对于 NDVI、RVI 两种归一化植被指数和比值植被指数,若有过圆点的直线上,植被指数相等,其估算的植被参数也同样满足这一特性,距离近红外坐标轴越近,估算植被参数越大;而对于 PVI 植被指数,所有平行于土壤线的值相等,距离土壤线越远,植被指数值越大。因此,利用 PVI 指数和 NDVI/RVI 指数估算结果必然存在一定差异。

很多研究结果表明,在低植被覆盖区域,植被像素在红波段和近红外波段的二维空间中的分布特性与 PVI 定义较吻合,而在高植被覆盖区域,与 NDVI、RVI 定义较吻合,如图 3-11 所示。因此,Huete et al(1988)定义了土壤调整植被指数 SAVI,通过引入 L 参数,所有过 L 点的 SAVI 指数大小相等,SAVI 较好地协调了二者之间的矛盾,理论上更适于真实状态下的植被覆盖参数估算。

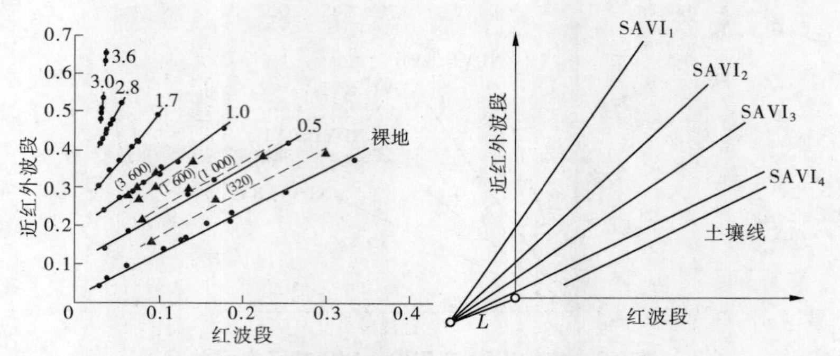

图 3-11　SAVI 植被指数原理(Huete et al,1988)

$$SAVI = \frac{(1+L)(R_{NIR} - R_{red})}{R_{NIR} + R_{Red} + L} \tag{3-21}$$

式中:L 为调整参数,通常取 0.5。

3.5.1.4　抗大气植被指数 ARVI

卫星遥感数据定量化处理通常遇到很大困难,导致遥感植被指数受到大气干扰。考虑到大气辐射传输过程对于红波段和近红外波段的影响不一致,特别是气溶胶散射,对红波段影响较大,而近红外波段影响较小,这样大气干扰对 NDVI 存在较大影响。因此,Kaufman et al(1992)通过引入蓝波段以抵消红波段的大气传输的影响,提出了抗大气植被指数 ARVI。

$$ARVI = \frac{\rho_{NIR}^{*} - \rho_{rb}^{*}}{\rho_{NIR}^{*} + \rho_{rb}^{*}} \tag{3-22}$$

式中:ρ_{rb}^{*} 为红波段和蓝波段的组合,$\rho_{rb}^{*} = \rho_{red}^{*} - \gamma(\rho_{blue}^{*} - \rho_{red}^{*})$;$\rho^{*}$ 为矫正系数。

通过大气辐射传输模型模拟和拟合分析,发现取值 0.7 能够较好地去除大气影响,因此,抗大气植被指数 ARVI 的计算公式如下

$$ARVI = \frac{\rho_{NIR} - 1.7\rho_{red} + 0.7\rho_{blue}}{\rho_{NIR} + 1.7\rho_{red} - 0.7\rho_{blue}} \tag{3-23}$$

3.5.1.5　增强型植被指数 EVI

为了改进植被指数在高植被覆盖敏感性、降低土壤背景影响、消除大气传输干扰等,Liu et al(1995)设计了增强型植被指数 EVI,并应用于 MODIS 植被指数产品生产。EVI 指数综合了 ARVI 和 SAVI 两种植被指数的优点,定义如下:

$$EVI = G\frac{R_{NIR} - R_{red}}{R_{NIR} + (C_1 R_{red} - C_2 R_{blue}) + L} \tag{3-24}$$

式中:R_{NIR}、R_{red}、R_{blue} 分别为近红外波段、红波段和蓝波段的反射率。这组系数对应的三个波段光谱范围蓝波段(0.45 ~ 0.52 μm)、红波段(0.6 ~ 0.7 μm)、近红外波段(0.7 ~ 1.1 μm),当光谱范围不一致时,如用窄波段的中心波长数据,计算的结果可能会出现异常值(如大于 1)。

图 3-12 为 MODIS 网站上发布 2000 年 3 月 5 ~ 20 日合成后的北美部分区域的 EVI、NDVI 产品,结果表明,NDVI 呈现在高植被覆盖条件下的饱和特性,而 EVI 能够更清晰地反映高植被覆盖区域的细微变化。

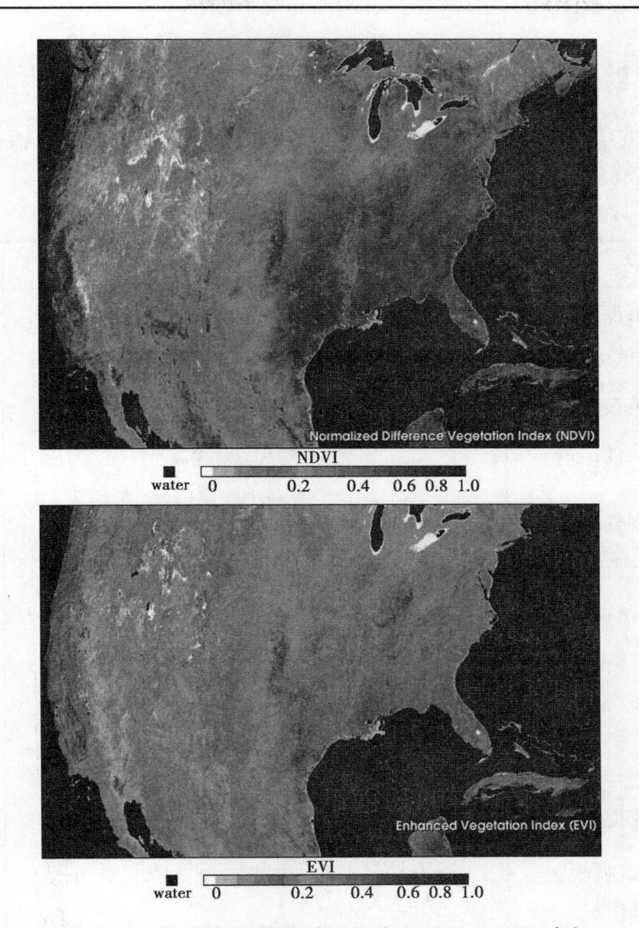

图 3-12　MODIS 卫星植被指数产品 EVI、NDVI 对比

图 3-13 为 2013 年 5 月 13 日下午在小汤山精准农业示范基地观测的三组多角度观测数据。结果表明，EVI 指数能够消除 Hotspot 热点现象，基本呈对称分布，反映观测方向对应的土壤和植被真实覆盖情况；而 NDVI 受热点现象影响较大，热点方向 NDVI 值比较小，不能反映真实视场中的植被、土壤比例。且从数值上，NDVI 变化幅度小（0.82 ~ 0.89），呈现高植被覆盖区域饱和特性，而 EVI 值变化较大（0.65 ~ 0.9），在高植被覆盖条件下有更好的敏感性。

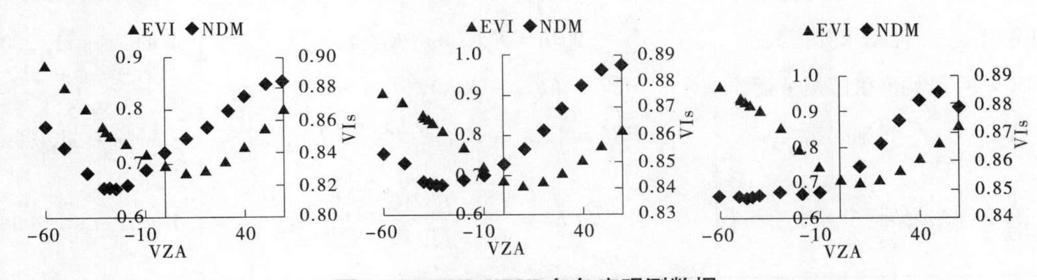

图 3-13　EVI、NDVI 多角度观测数据

注：从左至右分别为 13:23、14:20、15:17 三次试验数据，对应的太阳高度角分别为 28.8°、36.9°、46.9°，后视方向为负，右边次坐标轴对应 NDVI 数据，中间主坐标轴对应 EVI 数据。

3.5.2 其他植被指数

为了估算植被生化组分、诊断植被营养生长状态，还发展了系列植被指数。典型植被指数如表 3-1 所示(Strachan et al, 2002; Gitelson et al, 2002)。

表 3-1　典型植被指数

名称		公式	参考文献
RVI	比值植被指数	$RVI = R_{NIR}/R_{red}$	Pearson et al,1972
NDVI	归一化植被指数	$NDVI = (R_{NIR} - R_{red})/(R_{NIR} + R_{red})$	Rouse et al,1973
PVI	垂直植被指数	$PVI = R_{NIR}/R_{red}$	Richardson et al,1977
DVI	差值植被指数	$DVI = R_{NIR} - R_{red}$	Jordan et al,1969
SAVI	土壤调整指数	$SAVI = \frac{(1+L)(R_{NIR} - R_{red})}{R_{NIR} + R_{red} + L}, L = 0.5$	Huete et al,1988
EVI	增强型植被指数	$EVI = G\frac{R_{NIR} - R_{red}}{R_{NIR} + (C_1 R_{red} - C_2 R_{blue}) + L}$	Liu et al,1994
TSAVI	转换 SAVI	$TSAVI = \frac{a(R_{NIR} - R_{red})}{aR_{NIR} + R_{red} - ab}$	Baret et al,1989
RDVI	重归一化植被指数	$RDVI = \sqrt{NDVI \times DVI}$	Reujean et al,1995
CARI	叶绿素吸收比率指数	$CARI = \frac{\lvert a \times 670 + R_{670} + b \rvert R_{700}}{\sqrt{a^2+1} \times R_{670}}$ $a = (R_{700} - R_{550})/150, b = R_{550} - 550a$	Kim et al,1994
TVI	三角植被指数	$TVI = 60(R_{NIR} - R_{green}) - 100(R_{red} - R_{green})$	Broge et al,2001
VARI	可见光大气阻抗指数	$VARI_{green} = (R_{green} - R_{red})/(R_{red} + R_{green} - R_{blue})$ $VARI_{700} = \frac{R_{700} - 1.7R_{red} + 0.7R_{blue}}{R_{700} + 2.3R_{red} - 1.3R_{blue}}$	Anatoly et al,2002
WI	水分指数	$WI = R_{900}/R_{970}$	Pen-uelas et al,1997
NDWI	归一化水分指数	$NDWI = (R_{860} - R_{1240})/(R_{860} + R_{1240})$	Gao,1996
FWBI	浮动水分指数	$FWBI = R_{900}/\min(R_{930-970})$	Strachan et al, 2002
SIPI	结构不敏感植被指数	$SIPI = (R_{800} - R_{450})/(R_{800} + R_{600})$	Pen-uelas et al, 1995
PRI	光辐射指数	$PRI = (R_{570} - R_{531})/(R_{570} + R_{531})$	Gamon et al,1992
SPEI	植被结构参数敏感指数	$SPEI = \frac{f_{vol}^{nir} - f_{iso}^{nir}/10 - f_{geo}^{red}}{f_{vol}^{nir} + f_{iso}^{nir}/10 - f_{geo}^{red}}$	Huang et al, 2006

3.6　植被红边特征位置分析与提取

植被体内的色素、水分和其他干物质的光谱吸收,在可见—近红外波段形成了蓝边、黄边、红边等特征光谱变化区域,这些光谱特征区域是植被区别于地物的特有性质,因此利用蓝边、黄边、红边等光谱位置/波长(其定义是反射光谱一阶微分最大值对应的光谱位置),能够估算植物生理生化参数。

其中研究和应用最多的是红边位置,通常位于 680 ~ 750 nm。红边位置随叶绿素含量、生物量、叶片内部结构参数的变化而变化。当植物由于感染病虫害或因污染或物候变化而"失绿"时,则"红边"会向蓝光方向移动(称蓝移);当植被生物量、色素含量高,生长旺盛时,红边会向长波方向移动(称红移)。

关于红边的定义及主要特征参数如图 3-14 所示。图中 R_0 为叶绿素强吸收波段红光区最小反射率值,也称红边起点;R_S 为近红外区域肩反射(最大)值;P 为"红边"拐点,P 点所处的波长位置 λ_P 被称作"红边"位置;σ 为"红边"宽度,即 $\lambda_P - \lambda_0$。

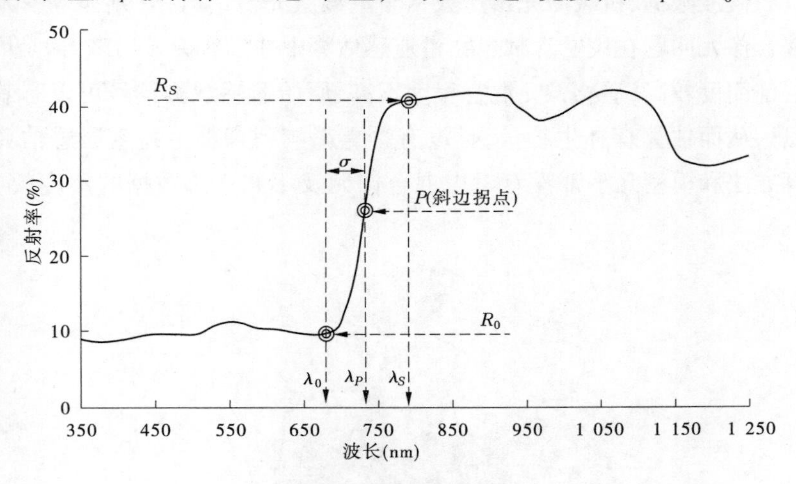

图 3-14　红边的定义及主要特征参数

前已述及,由反射光谱的一阶导数很容易确定"红边"位置 λ_P,即"红边"范围内一阶导数取最大值时所对应的波长位置(见图 3-14)。此外,利用倒高斯函数可以模拟红边并计算红边参数,该方法已得到了广泛应用。Horler et al(1983)和 Miller et al(1990)建议植物反射光谱"红边"可用一条半倒高斯曲线拟合(IG 模型)。倒高斯曲线函数表达式为:

$$R(\lambda) = R_S - (R_S - R_0)\exp\left(\frac{-(\lambda_0 - \lambda)^2}{2\sigma^2}\right) \tag{3-25}$$

式中:R_S 为近红外区域肩反射(最大)值;R_0 为红光区域叶绿素强吸收最小反射率值;λ_0 为对应的波长;σ 为高斯函数标准差系数;R_P 为模拟的红边位置,$R_P = R_0 + \sigma$。

由于采用了 IG 模型拟合“红边”,进而解算红边参数,因此当没有高光谱数据(如只有 670 ~ 800 nm 范围内几个非连续的波段数据)时,IG 模型也可拟合出红边,并提取相应红边参数。且与最大导数红边位置方法相比,该方法可以有效抑制噪声对红边位置提取的影响。

3.7　遥感估算植被生物量和生产力的物理机制

3.7.1　遥感估算植被生物量的物理机制

全球森林碳储量绝大部分存在于茂密森林(closed forest)中。对于茂密森林区域,由于树冠遮挡严重且郁闭度较高,无法利用遥感数据对森林单木进行高精度分割(见图 3-15)。因此,利用遥感数据对茂密森林生物量进行估算时,通常采用遥感观测数据直接与生物量建立模型,模型构建方法一般分为参数化方法与非参数化方法,所用遥感数据包括光学数据、微波数据、机载激光雷达数据与星载激光雷达数据(刘茜等,2015)。值得指出的是,混合像元问题在茂密森林生物量遥感估算中并没有突显出来,这是因为树木分布茂密,冠层郁闭度较高,遥感像元混合程度不高,原始遥感观测信号可以有效反映出森林的结构信息,从而估算森林生物量,且没有严重影响到森林生物量遥感估算精度。因此,目前估算方法和模型几乎都没有考虑混合像元及不同遥感数据的尺度效应问题(刘茜等,2015)。

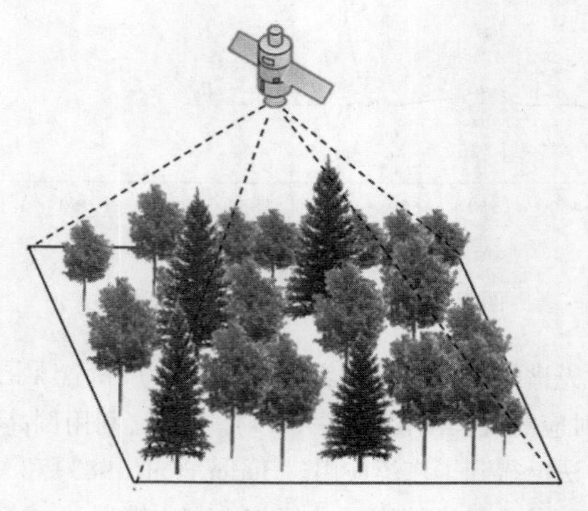

图 3-15　遥感传感器观测茂密森林示意图

稀疏灌乔木林(open forest, woodland, savanna and shrubland)一般位于自然环境恶劣的干旱地区,该类地区的生态系统脆弱,其中木质部分的生物量(woody biomass)成为该生态系统中的主要碳汇。对稀疏灌乔木进行生物量估算研究可以有助于沙漠化(desertification)防治、水土保持和生态退化(degradation)监测等相关研究,且有利于降低利用遥感数据估算生物群落(biomes)内木质部分生物量的不确定性。但对于稀疏灌乔木生物量遥感估算,混合像元问题是影响生物量估算精度的最大因素(Eisfelder et al,2012)。这是因为遥感传感器的观测值具有一定的空间分辨率尺度特征,在稀疏灌乔木分布区域,树木分布稀疏、冠层覆盖度与郁闭度均较低,此时传感器观测数据为混合像元观测值,由于像元内部大量非目标物的影响,混合像元观测值不能较敏感地反映出亚像元目标植被的生物量密度变化情况,因此若使用茂密森林生物量估算方法与模型,则会造成目标植被(稀疏灌乔木)生物量估算结果具有较大误差,见图3-16。

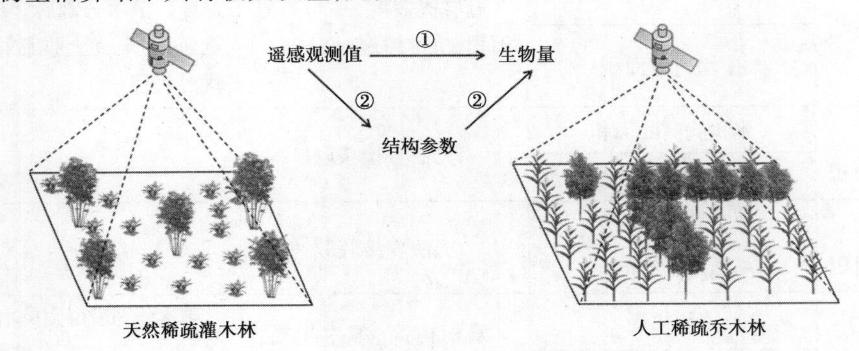

图3-16　遥感传感器观测稀疏灌乔木林示意图

在森林生物量估算研究中,包括传统测量方法以及遥感监测手段。传统的测量方法有实测法和材积模型估测法,这些方法均是利用树木的实测结构参数与实测生物量构建一定树种或一定区域内的生物量模型,再基于该生物量模型对区域生物量进行估算,该方法精度高,但是需要耗费大量的人力、物力和财力,并对森林植被具有破坏性。与之相比,日益发展的多源传感器与遥感估算算法能够快速、准确和无破坏性地对森林地上生物量进行大尺度宏观监测,这使得遥感技术成为获取森林地上生物量的主要途径。

在测树学中树木的生物量与该种类型树木的结构参数有关(孟宪宇,2006)。在单木尺度上,树木(灌木、乔木)的生物量(kg)仅与该树木的冠幅、树冠面积、树高、胸径、地径、胸高断面积(1.3 m高处乔木树干的断面积)、基底断面积(0.1 m高处灌木所有枝干的断面积总和)有最直接的关系;在林分尺度上,树木的生物量密度(t/hm^2)会与累积树高、平均树高、累积树冠面积、平均树冠面积、株密度、累积胸高断面积、累积基底断面积等有最为直接的关系,如图3-17所示。显而易见,如果能够利用遥感数据获取到高精度的树木结构参数,就可以基于生物量方程对树木生物量进行高精度的遥感估算。表3-2列出了单木尺度和林分尺度上的树木结构参数与高空间分辨率遥感数据可直接获取的树木结构参数(不需要建立回归关系估算),从表中可以看出,树木的结构参数获取需要进行单木分割或目标植被冠层识别。

表 3-2 单木尺度和林分尺度上的树木结构参数与遥感数据可直接获取的树木结构参数

单木尺度结构参数	林分尺度结构参数（单位面积量）	遥感数据可直接获取结构参数	获取方法
冠幅	累积冠幅	累积冠幅、平均冠幅、单木冠幅	单木分割后得到单木冠幅，尺度上推可得到累积冠幅与平均冠幅
	平均冠幅		
树冠面积	累积树冠面积	冠层覆盖度、平均树冠面积、单木树冠面积	目标植被冠层识别，计算覆盖度。单木分割后计算单木树冠面积，尺度上推后得到平均树冠面积
	平均树冠面积		
胸径 胸高断面积	累积胸高断面积	无法直接获取	—
	平均胸高断面积		
地径 基底断面积	累积基底断面积	无法直接获取	—
	平均胸高断面积		
树高	累积树高	累积树高、单木树高、平均树高	单木分割后得到单木树高，尺度上推后得到累积树高与平均树高，或利用点云分位数高度
	平均树高		
—	株密度	株密度	单木分割后计算株密度
叶面积指数	叶面积指数	无法直接获取	—

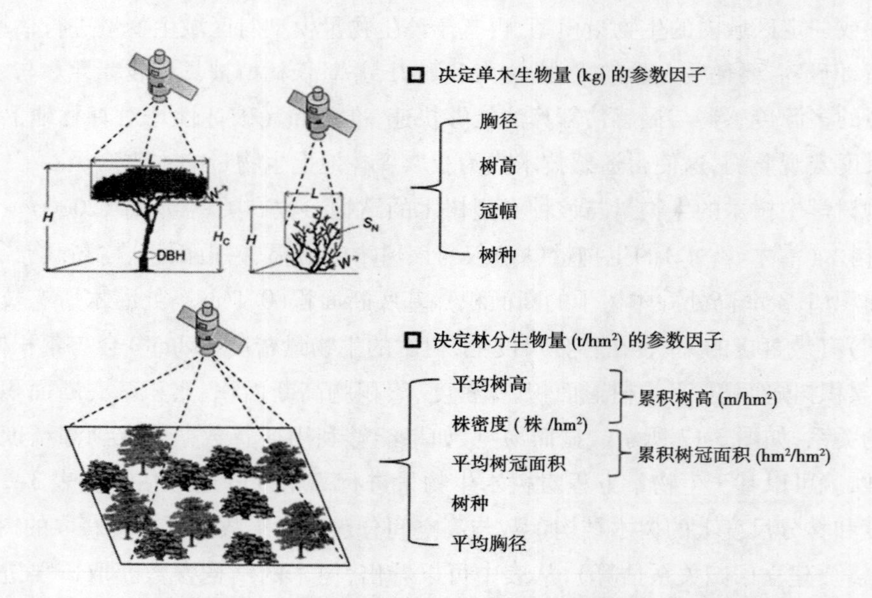

图 3-17 单木尺度和林分尺度上与灌乔木生物量直接相关的植被结构参数

目前，关于湿润地区的茂密森林和草地的生物量遥感估算研究不胜枚举，而针对干旱/半干旱地区的稀疏灌乔木生物量遥感估算的相关研究却较少（Zandler et al，2015）。

鉴于此，本书主要介绍针对稀疏灌乔木林的地上生物量遥感估算方法及其应用。

由前人研究结果表明，基于树木结构参数的生物量估算适用于稀疏灌乔木生物量密度遥感估算（Eisfelder et al，2012；Fensham et al，2002；Collins et al，2009）。该类方法称作“两步法”（Two－phase method），主要包括两个步骤：先利用遥感数据对树木结构参数进行估算，再利用基于实地测量数据构建的生物量密度地面模型对生物量密度进行遥感估算。

目前森林生物量遥感估算方法可移植性较差，不同尺度的遥感数据、不同稀疏灌乔木类型和不同背景植被类型均需要运用针对性的生物量遥感估算方法才能达到最佳的估算效果。针对不同尺度的遥感数据，本书作者提出了三种“两步法”估算策略，并评估了三种“两步法”对稀疏灌乔木生物量遥感估算的不同表现，试图总结出适合稀疏灌乔木生物量遥感估算的方法，从而提高稀疏灌乔木生物量遥感估算精度。需要指出的是，由于本书中设计到了单木尺度生物量（kg）和林分尺度生物量（t/hm^2），为了区分这两个生物量，本书将林分尺度的生物量称之为生物量密度。三种“两步法”的技术路线如图 3-18 所示。

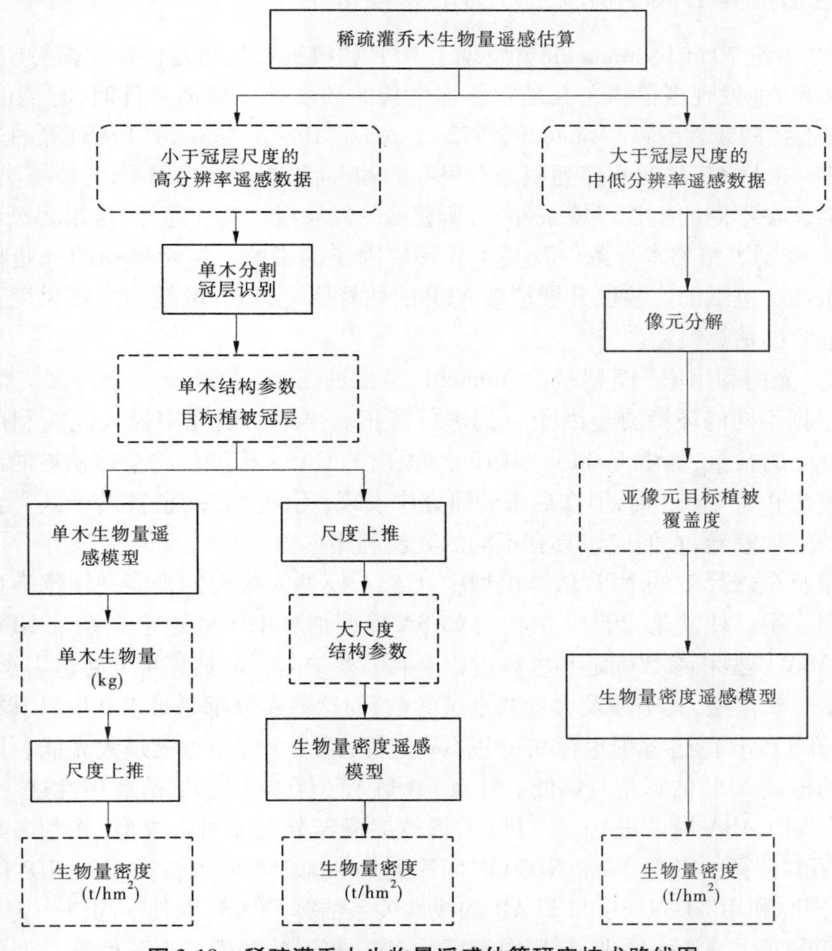

图 3-18　稀疏灌乔木生物量遥感估算研究技术路线图

三种稀疏灌乔木生物量“两步法”遥感估算策略：

(1)利用小于目标植被冠层尺度的高分辨率遥感数据对单木进行分割处理，提取单木结构参数，并利用单木生物量模型对单木生物量进行估算，再将单木生物量进行尺度上推后得到生物量密度。为了方便描述，将该方法流程定义为“先估算生物量后尺度上推”。

(2)利用小于目标植被冠层尺度的高分辨率遥感数据对单木进行分割处理，提取单木结构参数，将单木结构参数进行尺度上推后得到大尺度的结构参数，再利用生物量密度模型对生物量密度进行估算。为了方便描述，将该方法流程定义为“先尺度上推后估算生物量”。

(3)利用大于目标植被冠层尺度的中分辨率遥感数据，基于混合像元分解方法获得亚像元目标植被结构参数，并利用该结构参数与生物量密度遥感模型对生物量进行估算。为了方便描述，将该方法流程定义为“先像元分解后估算生物量”。

3.7.2 遥感估算植被净初级生产力的物理机制

早在20世纪70年代Monteith就发现了NPP和植被吸收的光合有效辐射(APAR)有着密切的关系，他发现当植物尤其是农作物生长的环境处于最适条件时，它们的NPP与APAR具有很强的线性关系(Monteith,1972)。Asrar(1984)、Goward(1985)等的进一步研究发现，NPP与APAR的时间序列积分有很好的相关性，但是对于不同的植被类型，或者同一植被类型在不同的生长环境条件下，所获得的经验模型存在差异，这很明显地证明了植被的NPP受到了植物本身条件及其生长环境因子的影响。尽管早期的一些科学家利用这一关系在小范围的实验区开展植被NPP的估算研究，但在区域与全球尺度上并没有发展出较适合的估算模型。

最初的“光能利用率”模型是由Monteith提出的，该模型涉及一个最大光能利用率ε_{max}，然后根据不同的环境胁迫因子对其进行修正。早期的研究中最大光能利用率被假设为一个不变的常量，如由Field et al(1995)提出的CASA模型就将全球植被的最大光能利用率固定为0.389 gC/MJ，但在后来的研究中发现，不同类型的植被由于其光合作用和呼吸作用的生理差异，它们应该具有不同的光能利用率。

在区域及全球尺度的NPP估算模型中，CASA模型为代表的光能利用率模型得到了广泛的研究应用。朴世龙(2001)在利用CASA模型估算中国陆地生态系统NPP的过程中，发现CASA模型在参数确定和求算过程上有一些缺陷，如：估算水分胁迫因子时，需要用到土壤水分子模型，其中涉及大量的土壤参数，而这些参数都是难以获取且其精度难以保证；在估算FPAR的过程中也存在一些不确定性；以及全球植被的最大光能利用率对于中国区域的植被NPP估算相对偏低。针对CASA模型在中国区域的适用性这一问题，朱文泉(2005)对CASA模型进行了改进：①将植被覆盖分类图引入模型，并考虑其植被分类精度对NPP估算的影响，结合NDVI时间序列集来确定不同植被类型的NDVI最大值、最小值，再同时利用NDVI、SR与FPAR的线性关系估算FPAR，取其平均值作为FPAR的最终值。②根据误差最小原则，利用中国区域NPP实测数据模拟出各植被类型的最大光能利用率。③利用前人研究的生态经验模型、区域蒸散模型，结合较容易获取的气象数据

(降水、温度、太阳辐射)来实现对水分胁迫系数、温度胁迫系数的估算,在简化了模型参数的同时使模型具有了生态生理学原理。

在该模型中,NDVI、温度、降水、太阳辐射数据均是以月为时间尺度,可以计算出每个月的NPP,其中月平均NDVI是对一个月内每个时相的NDVI利用最大值合成法得到的。但在这一时间尺度上并不能够敏感地反映植物生长状况,如植被遭受到火灾、干旱、病虫害等环境干扰时,利用最大值合成法得到的NDVI就可能会高于植被真实的NDVI值,从而导致最终NPP估算结果的不确定性。本书主要依据朱文泉所改进的CASA光能利用率模型,将其估算的时间尺度降为16 d,并对其模型输入参数进行处理,得到较精确的输入参量,最终估算出时间分辨率为16 d,空间分辨率为250 m的植被NPP。

本书的NPP估算模型框架主要由植物吸收的光合有效辐射(APAR)和植物实际光能利用率(ε)两个因子构成,其估算公式如下式:

$$NPP(x,t) = APAR(x,t)\varepsilon(x,t) \tag{3-26}$$

其中,$APAR(x,t)$为像元x在第t个16 d所吸收的累积光合有效辐射,MJ/(m^2·16 d);$\varepsilon(x,t)$为像元x在第t个16 d的实际光能利用率,gC/MJ。

3.7.2.1 APAR的估算

太阳总辐射中被陆地生态系统中植被所截获的这部分辐射称为光合有效辐射(PAR),这部分辐射是植物光合作用的驱动力,也是整个生物圈起源、进化和持续存在的必要条件。在光合有效辐射中可以被植物所利用进行光合作用的波长处于0.38~0.71 μm,这部分辐射量叫作入射光合有效辐射(IPAR)。但这部分有效辐射并不能够被植被完全吸收,根据植物的本身特性和生长情况的不同,植物吸收的辐射量也不同,被植物叶子吸收的这部分辐射称为植物吸收光合有效辐射(APAR)。根据相关研究,APAR与植物吸收光合有效辐射比例FPAR有关,而FPAR与植被NDVI之间存在着线性关系(Ruimy et al,1994)。NDVI可以根据植被对红光和近红外波段的反射率进行归一化处理得到,这样就为利用遥感数据估算APAR创造了条件。目前,利用卫星遥感数据对大尺度以及全球范围的APAR研究已经做了大量的工作,研究表明,APAR是反映植物冠层光合作用过程最好的指标。植物吸收的光合有效辐射取决于太阳总辐射和植物本身的生长特性,可以利用下式计算:

$$APAR(x,t) = R_s(x,t) \times FPAR(x,t) \times 0.5 \tag{3-27}$$

式中:$R_s(x,t)$为第t个16 d内在像元x处累积的太阳总辐射量,MJ/(m^2·16 d);$FPAR(x,t)$为植被层对入射光合有效辐射的吸收比例(无单位);0.5为植被所能利用的入射太阳辐射占太阳总辐射的比例。

3.7.2.2 FPAR的估算

根据Gowar (1992)和Ruimy(1994)等的研究结果,在一定范围内,FPAR与NDVI之间存在着线性关系,这一线性关系可以根据不同类型植被的NDVI最大值和最小值及其所对应的FPAR的最大值和最小值来确定,如式(3-28)所示:

$$FPAR(x,t) = \frac{(NDVI(x,t) - NDVI_{i,\min})(FPAR_{\max} - FPAR_{\min})}{(NDVI_{i,\max} - NDVI_{i,\min})} + FPAR_{\min} \tag{3-28}$$

式中:$NDVI_{i,\max}$和$NDVI_{i,\min}$分别为第i类植被类型的NDVI的最大值和最小值;$FPAR_{\max}$和

$FPAR_{min}$分别为 NDVI 最大值和最小值所对应的 FPAR 的值,它们的取值与植被类型无关,本研究中假设所有植被类型的 $FPAR_{max}$与 $FPAR_{min}$ 均为 0.95 和 0.001,且 $NDVI_{i,max}$代表了不同类型的植被达到全覆盖状态的 NDVI 值,$NDVI_{i,min}$则代表了裸地的 NDVI 值;$NDVI(x,t)$为像元 x 在第 t 个 16 d 内的 NDVI 值。

Field(1995)和 Sellers(1996)等的进一步研究又表明,FPAR 与比值植被指数(SR)也存在较好的线性关系,可由式(3-29)表示:

$$FPAR(x,t) = \frac{(SR(x,t) - SR_{i,min})(FPAR_{max} - FPAR_{min})}{SR_{i,max} - SR_{i,min}} + FPAR_{min} \tag{3-29}$$

式中:$SR_{i,max}$和 $SR_{i,min}$分别为第 i 种植被类型的 SR 的最大值和最小值。SR 可由 NDVI 计算得到,如式(3-30)所示:

$$SR(x,t) = \frac{1 + NDVI(x,t)}{1 - NDVI(x,t)} \tag{3-30}$$

Los(1998)等分别利用 NDVI 和 SR 对 FPAR 进行估算,对估算的结果进行对比发现,由 NDVI 所估算的 FPAR 比实测值高,而由 SR 所估算的 FPAR 比实测值低,但其误差小于由 NDVI 所估算的结果。针对这一情况,Los 将两种方法进行结合,取它们的平均值作为 FPAR 的最终估算结果,发现估算的 FPAR 与实测值之间的误差达到了最小,则计算 FPAR 的公式如下:

$$FPAR(x,t) = \frac{FPAR_{NDVI}(x,t) + FPAR_{SR}(x,t)}{2} \tag{3-31}$$

其中,$FPAR_{NDVI}(x,t)$为像元 x 利用第 t 个 16 d 的 NDVI 估算得到的 FPAR;$FPAR_{SR}(x,t)$为像元 x 利用第 t 个 16 d 的 SR 估算得到的 FPAR,取其平均值作为最终的估算结果。

3.7.2.3　NDVI 最大值和最小值的确定

在本研究中,NDVI 的最大值是指植被达到全覆盖状态下的 NDVI 值,而 NDVI 的最小值是指完全为裸地的 NDVI 值,并不是指某一植被类型 NDVI 实际的最大值与最小值。由于本研究的时间跨度为 10 年,所以在求 NDVI 最大值与最小值时需要综合考虑 10 年的 NDVI 数据,即计算同一 16 d 各年的 NDVI 平均值。在这个多年 NDVI 平均值的基础上再确定不同土地覆盖类型的 NDVI 最大值与最小值,计算 NDVI 最大值的步骤为:①以 0.000 1 为间距,求各土地覆盖类型 NDVI 时间序列最大值的概率分布;②根据已知的土地覆盖分类总体精度 x,在 NDVI 最大值概率分布区间$[(1-x)/2,(1+x)/2]$内选出特定土地类型的所有像元;③对选出的像元再计算一次概率分布,该 NDVI 概率分布的 95% 下侧分位数所对应的 NDVI 值即为 NDVI 最大值。计算 NDVI 最小值的步骤为:①以 0.000 1 为间距,求各土地覆盖类型 NDVI 时间序列最小值的概率分布;②根据已知的土地覆盖分类总体精度 x,在 NDVI 最小值概率分布区间$[(1-x)/2,(1+x)/2]$内选出特定土地类型的所有像元;③对选出的像元再计算一次概率分布,该 NDVI 概率分布的 5% 下侧分位数所对应的 NDVI 值即为 NDVI 最小值。其中一、二步是为了消除植被分类所带来的误差,第三步能够在一定程度上消除遥感仪器所带来的观测误差。

在本研究中,指定草地、裸地、城镇、水体的 NDVI 最大值以农田的 NDVI 最大值为准;而所有土地覆盖类型的 NDVI 最小值均采用裸地的 NDVI 最小值。经过计算得到不同土地覆盖类型的 NDVI 最大值、最小值,如表3-3所示。

表3-3　不同土地覆盖类型的 $NDVI_{max}$ 和 $NDVI_{min}$

植被类型	$NDVI_{max}$	$NDVI_{min}$
针叶林	0.920 6	0.027 1
阔叶林	0.924 2	0.027 1
混交林	0.926 4	0.027 1
灌木林	0.911 6	0.027 1
农田	0.889 5	0.027 1
草地	0.889 5	0.027 1
水体	0.889 5	0.027 1
城镇	0.889 5	0.027 1
未利用地	0.889 5	0.027 1

3.7.2.4　光能利用率的估算

光能利用率是指在一定的时期内,单位面积上的植被生产的有机物总量,它所包含的化学能与在这同一时间内,在同样的单位面积上植被所能够吸收到的光合有效辐射的比值。研究发现,不同的植被类型的光能利用率以及同一种植被在不同的生长环境下,它们的光能利用率都存在明显的差异。这主要是植被本身的生长特性,基因的不同加上植被所处的生长环境的差异,比如温度、水分、土壤、太阳辐射等外界的环境条件对植被光合作用的影响而导致的。

Potter(1993)等认为,在理想状态下植物具有最大的光能利用率,而在现实条件下的光能利用率主要受到温度和水分的影响,估算光能利用率的计算公式如下,估算流程如图3-19所示。

$$\varepsilon(x,t) = T_{\varepsilon 1}(x,t) \times T_{\varepsilon 2}(x,t) \times W_{\varepsilon}(x,t) \times \varepsilon_{max} \tag{3-32}$$

式中:$T_{\varepsilon 1}(x,t)$ 和 $T_{\varepsilon 2}(x,t)$ 为植被处于不同环境下高温与低温对光能利用率的胁迫作用;$W_{\varepsilon}(x,t)$ 为水分胁迫因子,反映了水分条件对光能利用率的影响;ε_{max} 是理想条件下的最大光能利用率,gC/MJ。

3.7.2.5　温度胁迫因子的估算

$T_{\varepsilon 1}(x,t)$ 表示的是植物处在低温和高温环境下,植物内部的生化反应对光合作用的限制而降低了植物的生成力(Field et al,1995)。$T_{\varepsilon 1}(x,t)$ 可用式(3-33)来计算:

$$T_{\varepsilon 1}(x,t) = 0.8 + 0.02T_{opt}(x) - 0.000\,5[T_{opt}(x)]^2 \tag{3-33}$$

式中:$T_{\varepsilon 1}(x,t)$ 为像元 x 在第 t 个 16 d 的温度胁迫系数;$T_{opt}(x)$ 为像素 x 在一年内 NDVI 值达到最高时相对应的 16 d 内的平均气温,℃,但当某一个 16 d 的平均气温小于或等于 −10 ℃时,该时间段内的 $T_{\varepsilon 1}(x,t)$ 为 0。这里假设,植物 NDVI 达到最高时,植物生长最快,此时的气温也可以在一定程度上代表植被生长所需要的最适温度。

$T_{\varepsilon 2}(x,t)$ 表示植物所在的环境温度从最适温度 $T_{opt}(x)$ 向高温和低温状态变化时对植

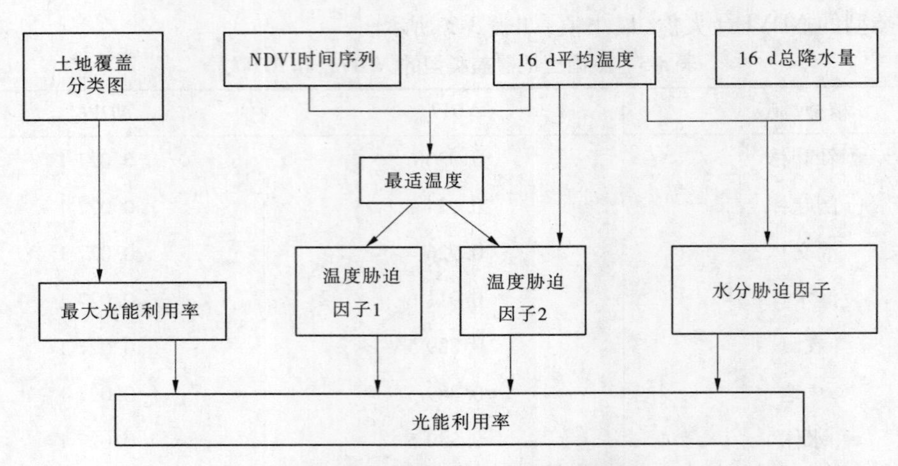

图 3-19　光能利用率估算流程图

物光能利用率的胁迫影响(Field et al,1995),这是因为植物在高温或低温环境下会进行高的呼吸消耗从而降低光能利用率,而且生长在偏离最适温度的环境下,也会使光能利用率降低。$T_{\varepsilon2}(x,t)$可以用式(3-34)计算:

$$T_{\varepsilon2}(x,t) = 1.184/\{1+\exp[0.2\times(T_{opt}(x)-10-T(x,t))]\}\times 1/\{1+\exp[0.3\times(-T_{opt}(x)-10+T(x,t))]\} \tag{3-34}$$

其中,当某个 16 d 的平均温度 $T(x,t)$ 比最适温度 $T_{opt}(x)$ 高 10 ℃或低 13 ℃时,将该时间段的 $T(x,t)$ 作为最适温度 $T_{opt}(x)$,利用式(3-34)可计算得到 $T_{\varepsilon2}(x,t)$,再取该值的一半作为该时间段的真实 $T_{\varepsilon2}(x,t)$。

3.7.2.6　水分胁迫因子的估算

土壤中的水分对于植物的生长有着十分重要的作用,一个地区土壤水分含量的多少可以间接地用地表的干湿程度来表示。研究表明,降水量与该地区的最大可能蒸散量的比值可以作为干湿指标,且物理意义明确。周广胜等(1996)采用区域实际蒸散量与区域潜在蒸散量的比值来反映地表土壤的干湿程度,并定义其为区域湿润指数。

水分胁迫因子 $W_{\varepsilon}(x,t)$ 反映了植物能够利用的水分条件对光能利用率的影响,植物生长的环境中有效水分越多,$W_{\varepsilon}(x,t)$ 就越大,它的取值范围在 0.5 ~ 1,分别代表了植物所处的环境为极端干旱条件和非常湿润条件(朴世龙,2001),可由式(3-35)计算得到:

$$W_{\varepsilon}(x,t) = 0.5 + 0.5E(x,t)/E_P(x,t) \tag{3-35}$$

式中:$E(x,t)$ 为区域实际蒸散量,mm,可根据周广胜等(1995)建立的区域实际蒸散模型(式(3-36))来求取;$E_P(x,t)$ 为区域潜在蒸散量,mm,可根据 Boucher 提出的 $E(x,t)$ 和 $E_P(x,t)$ 的互补关系(式(3-37))求得。

$$E(x,t) = \frac{P(x,t)R_n(x,t)[P(x,t)^2 + R_n(x,t)^2 + P(x,t)R_n(x,t)]}{[P(x,t)+R_n(x,t)][P(x,t)^2+R_n(x,t)^2]} \tag{3-36}$$

$$E_P(x,t) = [E(x,t) + E_{P0}(x,t)]/2 \tag{3-37}$$

式中:$P(x,t)$ 为像元 x 在第 t 个 16 d 内的累积降水量,mm;$R_n(x,t)$ 为像元 x 在第 t 个 16 d 内的累积地表净辐射量,由于计算地表净辐射量的参数很多且不易获取,可以利用周广胜等(1996)建立的经验模型(式(3-38))估算得到。

$$R_n(x,t) = (E_{P0}(x,t)P(x,t))^{1/2} \times \left\{0.369 + 0.598\left[\frac{E_{P0}(x,t)}{P(x,t)}\right]^{\frac{1}{2}}\right\}) \tag{3-38}$$

式(3-37)与式(3-38)中的$E_{P0}(x,t)$为局地潜在蒸散量,mm,可以利用Thornthwaite植被—气候关系模型的计算方法来求得(张新时,1989)。

$$E_{P0}(x,t) = 16\left[\frac{10 \times T(x,t)}{I(x)}\right]\alpha(x) \tag{3-39}$$

$$\alpha(x) = [0.675\,1I^3(x) - 77.1I^2(x) + 17\,920I(x) + 492\,390] \times 10^{-6} \tag{3-40}$$

$$I(x) = \sum_{t=1}^{23}\left[\frac{T(x,t)}{5}\right]^{1.514} \tag{3-41}$$

其中,$I(x)$是23个时相总和的热量指标;$\alpha(x)$是$I(x)$的函数。但这一关系仅在气温0~26.5 ℃有效。Thornthwaite将气温低于0 ℃时植物可能蒸散率设为0;气温高于26.5 ℃时,可能的蒸散仅会随着温度的增加而增加,与$I(x)$无关。

3.7.2.7　最大光能利用率的确定

根据前人的研究成果,全球最大光能利用率(0.389 gC/MJ)对中国区域NPP的估算结果影响很大,所以朱文泉(2005)等利用遥感数据、气象数据和中国NPP的实测资料,采用改进的最小二乘法对中国典型植被的最大光能利用率进行了重新模拟,并将得到的模拟结果与生理生态过程模型BIOME－BGC的模拟结果进行比较,比较结果基本一致。因此,本书采用朱文泉所模拟的不同土地覆盖类型的最大光能利用率作为本书的CASA光能利用率模型的输入参数。根据研究区域的实际植被分布状况和本书制作的土地覆盖分类图,将不同土地覆盖类型的最大光能利用率总结于表3-4中。由于东北地区阔叶林绝大部分属于落叶阔叶林,所以选择落叶阔叶林的最大光能利用率作为本书阔叶林类别的最大光能利用率;本书针叶林类别包括落叶针叶林与常绿针叶林,则选择它们的最大光能利用率的平均值作为本书针叶林类别的最大光能利用率。

表3-4　研究区不同土地覆盖类型的最大光能利用率　　(单位:gC/MJ)

土地覆盖类型	针叶林	阔叶林	混交林	灌木林	农田	草地	水体	城镇	裸地
最大光能利用率	0.473	0.692	0.475	0.429	0.542	0.542	0.542	0.542	0.542

第 4 章　基于多尺度遥感数据的干旱区灌木生物量估算方法与应用

4.1　研究区与数据

4.1.1　研究区概况

对于稀疏灌木地上生物量遥感估算研究，研究区位于澳大利亚中部地区 Alice Springs，该地区属于澳大利亚中部大平原中心城市 Alice Springs 市辖区，并距离 Alice Springs 市西南方向 20 km 处。研究区属于典型的钙质土壤平原区，纬度范围为 23°50′13″S ~ 23°51′44″S，经度范围为 133°38′8″E ~ 133°41′54″E，研究区覆盖面积达到 174 ~ 25 hm^2，如图 4-1 所示。其气候基本特征属于干旱/半干旱气候，降水量稀少且太阳辐射较强。年平均降水量为 281.2 mm，最高的平均日降水量为 8.5 mm，绝大多数降水时间发生在每年的 12 月到下一年的 3 月。平均最大日温度范围为 36.2 ~ 19.5 ℃，平均最小日温度范围为21.3 ~ 4.1 ℃。

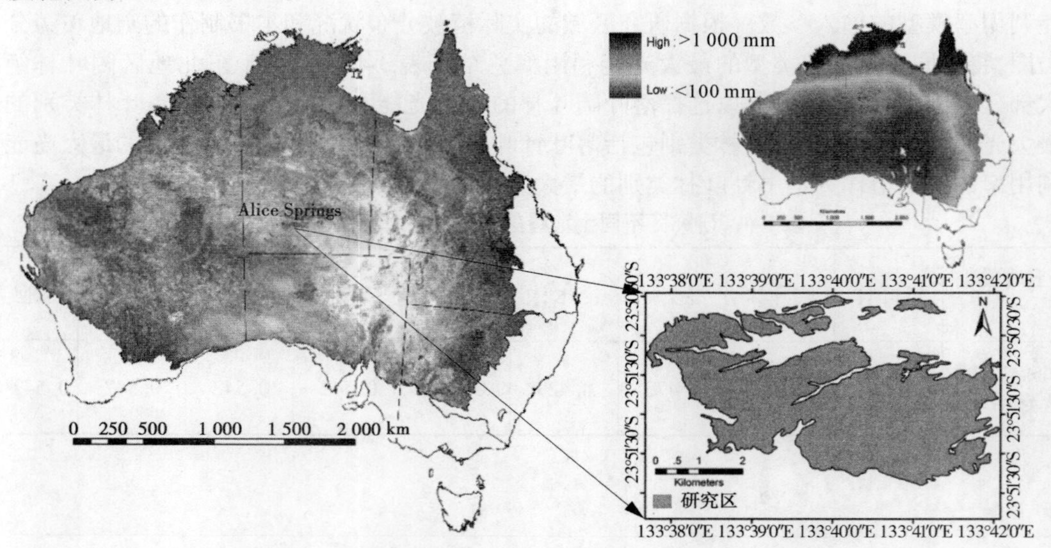

图 4-1　澳大利亚中部研究区地理位置与年平均降水量水平

极端的温度与干旱条件使得灌丛草地和钙质土壤成为澳大利亚中部大平原的典型植被类型和土壤类型。研究区内部的灌丛草地以耐旱型灌木与耐旱草本植物为主，如图 4-2 所示，在干旱的石砾钙化土壤平原上生长着高度不一的灌木，这些灌木分布较为离散，灌丛之间没有明显的遮挡，其中高大灌木主要品种为 Witchetty 树（A. kempeana）和

mulgo 树(Acacia aneura),低矮灌木的主要品种为 Senna artimisiodes。草本植被类型主要以两年生的短草为主,主要品种为 Enneapogon avenaceus。

图 4-2　研究区灌丛草地与钙质土壤(2012 年 1 月)

4.1.2　数据获取

4.1.2.1　样地数据获取

本试验区的地面调查数据来自于中澳国际合作项目"CAS - CSIRO 陆地生态系统碳计量模型与应用",由澳大利亚联邦科学与工业研究组织(CSIRO)旱区生态研究中心组织实施地面测量,地面调查的时间为 2012 年 4 月,测量时间为期 8 d。具体测量过程为首先参考高分辨率卫星遥感数据与野外实地勘察结果,获取了研究区内灌木生物量分布的先验知识,并同时考虑到试验的时间期限以及有限的人力物力资源,本次试验选择了 8 个样方进行灌木参数数据采集。为了能够得到具有显著统计意义的生物量回归模型,按照灌木生物量大小分为高、中、低三个梯度进行样方布设,其中设定 3 个 75 m×75 m 的样方为低盖度样方(冠层覆盖度 <5%),3 个 50 m×50 m 的样方为中盖度样方(冠层覆盖度 5% ~15%),2 个 50 m×50 m 的样方为高盖度样方(冠层覆盖度 15% ~30%)。需要注意的是,根据野外实地调查该研究区内大于 30% 灌木覆盖度的 30 m 像素所占比例极少。

在高分辨率卫星数据上确定出 8 个方形样方的具体像素位置,并记录样方角点的地理坐标,然后再根据各样方角点坐标在实地区域上标定出样方的位置。对每一个样方进行每木检尺,对灌木种类、灌木总数进行识别并记录,利用皮尺测量每棵灌木的高度、冠幅(东西向、南北向)、利用游标卡尺测量基底断面积(0.1 m 高处灌木所有枝干的断面积总和,见图 4-3(a)),从图中可以看出,由于灌木 0.1 m 高处存在多个枝干,且位置过于靠近地面,使得基底断面积测量难度增大,野外测量过程中需要将整棵灌木砍伐后再对枝干进行逐一测量。对样方内的所有灌木进行收割,分别使用汽车悬挂式弹簧秤对灌木树干、较粗壮树枝进行称重(见图 4-3(b)),使用浴室秤对较细树枝进行称重,使用厨房秤对灌木的树叶部分进行称重。最终获取到灌木不同部位的湿重数据。另外,为了对后续利用中分辨率遥感数据估算的灌木覆盖度进行精度验证,在研究区内随机选取了 30 个样方,空间分辨率均为 30 m×30 m,如图 4-4 中的绿色圆点所示。

(a)大型Witchetty树基底断面积测量　　(b)大型Witchetty树湿重测量

图 4-3

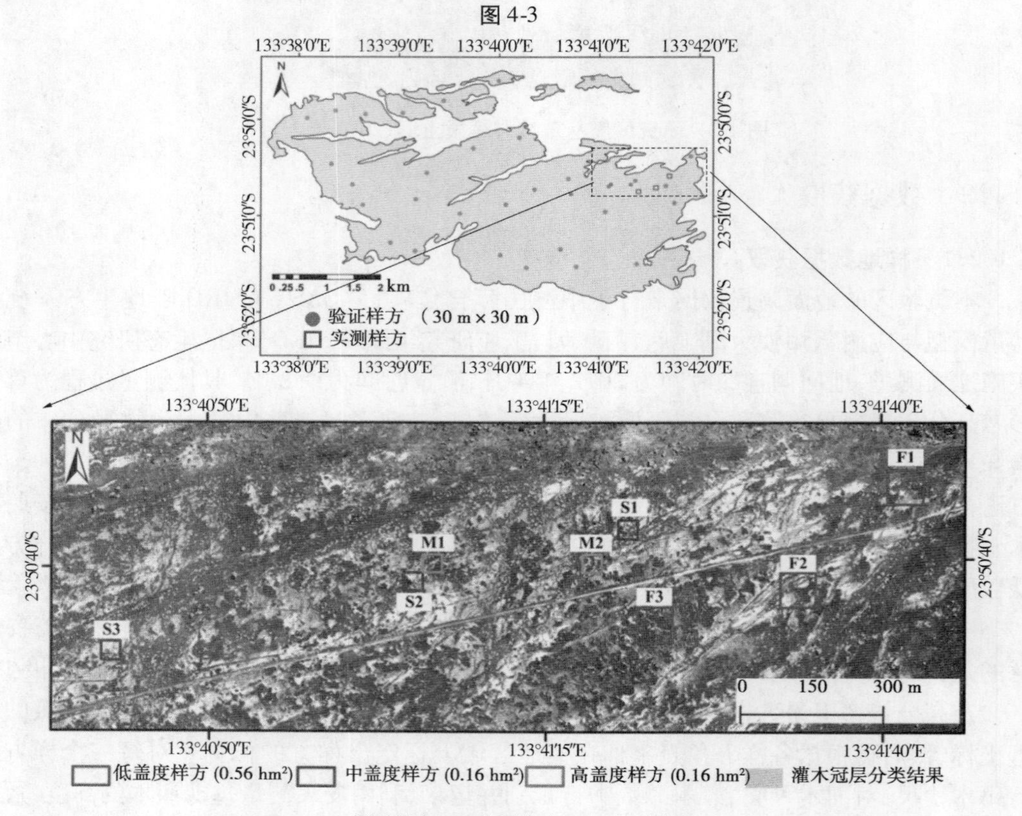

F—低覆盖度；S—中覆盖度；M—高覆盖度

图 4-4　实地测量样方与验证样方空间分布位置

4.1.2.2　高分辨率卫星遥感数据获取

本研究收集到了在 4 个历史时期覆盖 Alice Springs 的高分辨率卫星遥感影像或卫片，分别为 Worldview－2、Geoeye－1、Quickbird 卫星影像，具体数据类型与获取时间如表 4-1 所示。其中，2003 年 Quickbird 影像包括 4 ~44 m 分辨率的 4 个多光谱波段与 0.61 m 的全色波段，2012 年 Worldview－2 影像包括 1.8 m 分辨率的 4 个多光谱波段与 0.5 m 的全色波段，2005 年与 2009 年的高分辨率影像均是下载于 Google Earth 中的真彩色影像。

表 4-1　所用高分辨率卫星影像与获取时间（MSS：多光谱波段，PAN：全色波段）

高分辨率卫星影像	影像获取时间	空间分辨率
Quickbird（MSS/PAN）	2003-03-10	MSS：4～44 m；PAN：0.61 m
Quickbird（Google Earth 真彩色）	2005-08-11	0.61 m
Geoeye－1（Google Earth 真彩色）	2009-11-17	0.5 m
Worldview－2（MSS/PAN）	2012-01-31	MSS：1.8 m；PAN：0.5 m

4.1.2.3　Landsat 中分辨率卫星遥感数据获取

根据研究目的，选取中分辨卫星遥感数据 Landsat－5 TM 作为研究数据。以 4 期高分辨率卫星影像获取时间为基准，搜索与各高分影像获取时间最为接近的且晴朗无云的 Landsat－5 TM 影像，表 4-2 列出了所有可获得的 Landsat－5 TM 影像并构成了一个时间序列数据集。该卫星数据空间分辨率为 30 m，具有 6 个多光谱波段，包括蓝光波段（0.45～0.52 μm）、绿光波段（0.52～0.60 μm）、红光波段（0.63～0.69 μm）、近红外波段（0.76～0.90 μm）、短波红外波段（1.55～1.75 μm）、短波红外波段（4.08～4.35 μm）。在 USGS Landsat 数据下载网站（http://glovis.usgs.gov）下载了轨道号为 Path 102/Row 77 的所需 Landsat－5 TM 影像，这些数据均为标准 1 级地形校正后产品（L1T），并未做辐射校正处理。

表 4-2　所用 Landsat－5 TM 影像时间序列与获取时间

中分辨率卫星影像	影像获取时间
Landsat－5 TM（Path 102/Row 77）	2003-07-01，2003-09-03，2005-05-19，2005-07-06，2005-08-07，2005-09-24，2009-04-12，2009-11-06，2010-01-25，2010-03-30，2011-06-21，2011-08-08，2011-11-12

4.1.2.4　Alice Springs 降水数据

在澳大利亚昆士兰政府网站（http://www.longpaddock.qld.gov.au/silo/）上下载了 Alice Springs 地区的日降水量，该记录降水量的气象站点距离 Alice Springs 研究区实地测量样方仅有 20 km，因此该气象站点的气象数据可以较准确地表征研究区内的日降水变化情况。图 4-5 表示了 Alice Springs 地区 2002～2012 年月降水量与年降水量变化情况，从图 4-5 中可以看出，该地区没有明显的季节降水规律与年降水规律，年平均降水量为 260.1 mm 属于干旱/半干旱地区，2010 年降水量最高达到 769.6 mm，2009 年降水量最低仅为 76.8 mm。

4.1.3　数据预处理

4.1.3.1　样地数据处理

首先对 8 个样方内的所有灌木调查数据进行分类汇总，Witchetty 灌木（*A. kempeana*）是最常见的灌木品种，其次是隶属于山扁豆属的两类灌木（*S. artimisioides ssp nemophila* 和 *S. artimisioides ssp sturtii*）。穆拉加（*Mulga*）、合欢（*colony wattle*）以及一些本地灌木树种占

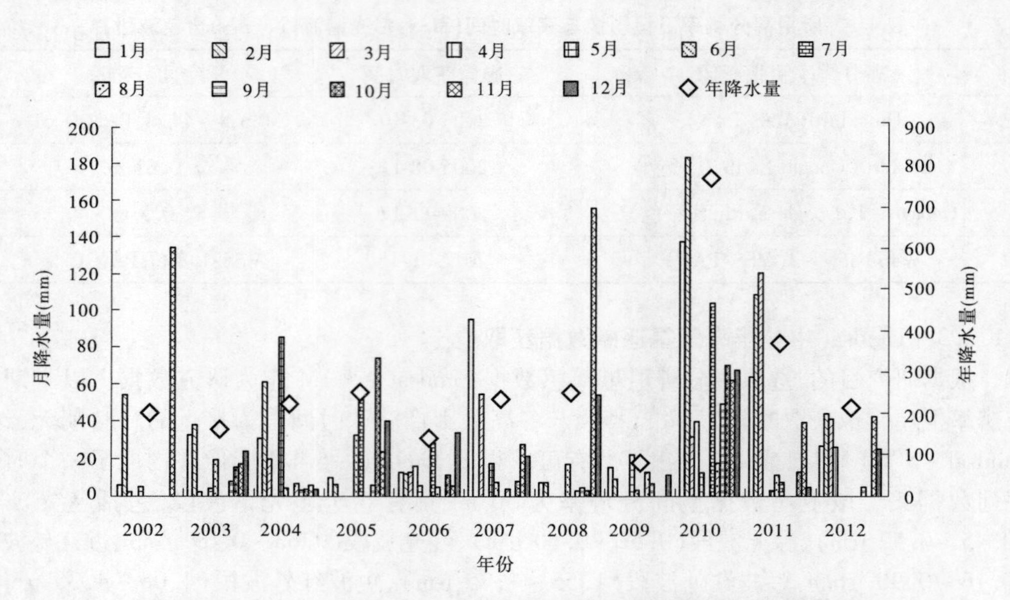

图 4-5　Alice Springs 2002 ~ 2012 年期间月降水量与年降水量变化情况

有少数比例。合计样方内共有 626 棵灌木,12 个灌木品种。具体灌木树种与对应灌木数量见表 4-3。

表 4-3　实测 8 个样方内的灌木树种与灌木数量统计

灌木总类	低盖度样方				中盖度样方				高盖度样方			总计
	1	2	3	总和	1	2	3	总和	1	2	总和	
A. aneura	2			2								2
A. estrophiolata			2	2		1		1	1		1	4
A. farnesiana						1		1				1
A. kempeana	9	24	38	71	32	26	113	171	50	128	178	420
A. murrayana	18			18								18
A. tetragonaphylla		1		1	2	3		5	3	3	6	12
A. victoria						1		1				1
E. latrobei										6	6	6
E. sturtii			1	1	1			1				2
H. leucoptera	1	1	2	4		6		6				10
S. artimisioides ssp nemophila	4	18	22	44	14	2	7	23	26	1	27	94
S. artimisioides ssp sturtii					55			55	1		1	56
总和	34	44	65	143	104	40	120	264	81	138	219	626

使用每棵灌木冠幅的测量值(包括东西方向与南北方向),基于椭圆面积公式对 626 棵灌木的冠层面积进行计算,计算公式如式(4-1)所示,由于该区域灌木分布稀疏,灌木之

间没有明显的遮挡,此时单位面积上的累积树冠面积就等于灌木冠层覆盖度,且可以利用式(4-3)对每个样方的冠层覆盖度进行计算。

$$S_c = \frac{\pi}{4} d_1 d_2 \tag{4-1}$$

$$S = \sum_{i=1}^{n} S_{c_i} \tag{4-2}$$

$$C = \frac{S}{S_p} \tag{4-3}$$

式中:S_c为灌木的冠层面积;d_1为灌木东西方向的冠幅;d_2为灌木南北方向的冠幅;n为样方内灌木的总数;S_p为样方的面积;i表示样方内的第i棵灌木;S为累积树冠面积;C为冠层覆盖度(%)。

生物量指植被去除水分后的干重(kg),由于获取灌木干重数据需要将所有灌木全部进行烘干称重,该方法需要耗费大量的人力物力,因此本书利用采样统计的方法对灌木干重数据进行获取。首先将某一品种所有灌木按照湿重与高度划分为大型、中型、小型三种类别,划分标准如表4-4所示,并将每一种类型分割成6个部分,再从6个部分中分别选取样本,对样本进行烘干处理(大约2周),进而根据烘干后的重量与湿重计算每个部分的含水量比例,例如:Witchetty大型灌木样本的6个部分的水分含量如表4-5所示。最后将含水量比例乘以对应部分的总湿重得到各部分干重,将其求和后即为灌木生物量。

表4-4　研究区内三种主要灌木种类的大小类型划分标准

灌木种类	大小类型	湿重(kg)	高度(m)
A. kempeana	大	>20	>4.5
	中	1~20	1.2~4.5
	小	≤1	≤1.2
S. artimisioides ssp nemophila	大	>0.75	>1
	中	0.1~0.75	≤1
	小	≤0.1	≤0.8
S. artimisioides ssp sturtii	大	>0.75	>1
	中	0.2~0.75	0.7~1
	小	≤0.2	≤0.7

表4-5　Witchetty大型灌木样本的各部位湿重、干重以及水分含量

灌木部位	茎径(mm)	湿重(kg)	干重(kg)	水分含量(%)
主干	>30	4.109	1.541	26.9
大树枝	21~30	1.084	0.778	28.2
小树枝	15~20	0.470	0.326	30.6
较大细枝	10~15	1.025	0.679	33.8
较小细枝	5~10	0.560	0.368	34.3
小枝和树叶	<5	0.953	0.507	46.8

4.1.3.2　高分辨率卫星遥感数据处理

高分辨率卫星遥感数据包括多光谱波段与全色波段,其中多光谱波段具有光谱信息,但空间分辨率较低;全色波段具有较高空间分辨率,但缺乏光谱信息。本研究中对灌木冠层的提取需要结合灌木冠层的光谱特征与空间特征,因此需要将多波段低分辨率的遥感影像与单波段高分辨率的遥感影像进行合成处理,其目的是获得同时具有高分辨率和多波段的遥感影像,以便于对灌木冠层进行分类处理与目视解译分析。随着遥感技术的快速发展,不同的图像融合方法也应运而生,如 IHS 变换、Brovey 变换、主成分变换、小波变换等。本书利用 Gram - Schmidt 融合方法对多光谱影像与全色影像进行融合处理,通过前人研究,证明该方法计算过程简单且能够使融合后影像达到较高的保真度与对比度,且对 Quickbird、Worldview 影像的融合效果要远高于传统的主成分变换和 IHS 变换(李存军等,2005)。图 4-6 为 2012 年获取的 Worldview - 2 影像融合处理之前与之后的对比图,从图中可以清晰看出,融合之前的多光谱假彩色合成图(R:770 ~ 895 nm,G:630 ~ 690 nm,B:510 ~ 580 nm)中,灌木冠层具有明显的植被特征颜色(红色),但由于空间分辨率的限制,冠层的边缘信息被弱化,不能够精确提取冠层区域。与全色波段融合之后的影像,灌木冠层在假彩色合成图中既显示为红色又具有明显的边缘信息,这样更有助于灌木冠层的分类与处理。

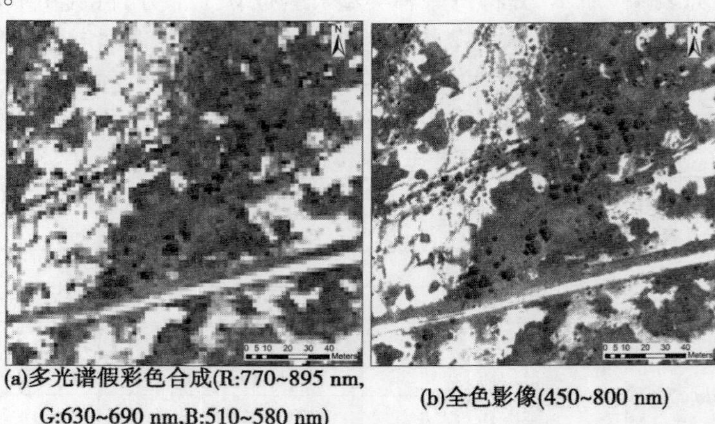

(a)多光谱假彩色合成(R:770~895 nm, G:630~690 nm, B:510~580 nm)　　(b)全色影像(450~800 nm)

(c)Gram-Schmidt融合后影像

图 4-6　Worldview - 2 影像融合前后对比图

Gram - Schmidt 光谱锐化融合具体步骤分为以下 5 步(laben et al,2000):

(1)使用多光谱低空间分辨率影像对高分辨率波段影像进行模拟;

(2)利用模拟的高分辨率波段影像作为GS变换的第一分量来对模拟的高分辨率波段影像和低分辨率波段影像进行GS变换；

(3)通过调整高分辨率波段影像的统计值来匹配GS变换后的第一个分量GS1,以产生经过修改的高分辨率波段影像；

(4)将经过修改的高分辨率波段影像替换GS变换后的第一个分量,产生一个新的数据集；

(5)将新的数据集进行反GS变换,即可产生空间分辨率增强的多光谱影像。

4.1.3.3　Landsat中分辨率卫星遥感数据处理

本研究中Landsat－5 TM时间序列数据集包括14景TM影像,时间跨度从2003年到2011年,由于不同时间获取的TM影像辐射差异会来源于多种因素,如不同成像条件(卫星天顶角、卫星方位角、太阳方位角、太阳天顶角)、传感器衰变、不同大气条件、地物真实变化等。因此,利用不同时相TM影像数据进行参数定量估算,需要对TM影像进行相对辐射归一化处理,以消除成像条件、传感器衰变以及大气条件的变化对估算结果的影响,从而保证多时相TM影像估算结果的差异主要来源于地表物体的真实变化,使得多时相影像遥感估算结果具有可对比性。

Landsat－5 TM时间序列数据集定量化处理具体流程如图4-7所示。首先,选择时间序列数据集中的一景TM影像为基准影像(获取时间:2009-11-06),使用FLAASH模型对该景影像进行绝对辐射校正处理得到基准影像的地表反射率(见图4-8),再以该影像地表反射率数据为基准,利用相对辐射校正模型对其余的TM影像分别进行相对辐射归一化处理,从而实现了对整个时间序列的TM影像的辐射校正。

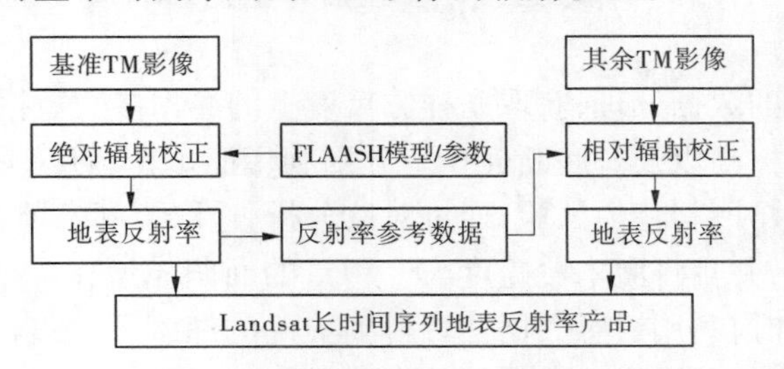

图4-7　Landsat－5 TM时间序列数据集定量化处理流程

多元变化检测算法(MAD)是Nielsen et al在1998年提出的,该算法基于典型相关分析,具有线性不变的特点,因此可以用来处理不同传感器和不同成像条件的图像,且不需要经过辐射校正。Nielsen(2007)对MAD算法进一步改进,将MAD结果进行了加权迭代,相对于传统的MAD算法,改进的多元变化检测算法(IR－MAD)结果更优,尤其对于变化较小的像元。本书的相对辐射校正方法则是利用IR－MAD算法,提取参考影像和待校正影像之间未变化的像元点,基于不变点的DN值与地表反射率值来建立回归方程,然后利用回归系数对待校正影像进行校正,使两影像中相同地物具有相同或相近的辐射值,以消除传感器差异、成像条件、大气辐射传输等的影响(胡勇,2011)。

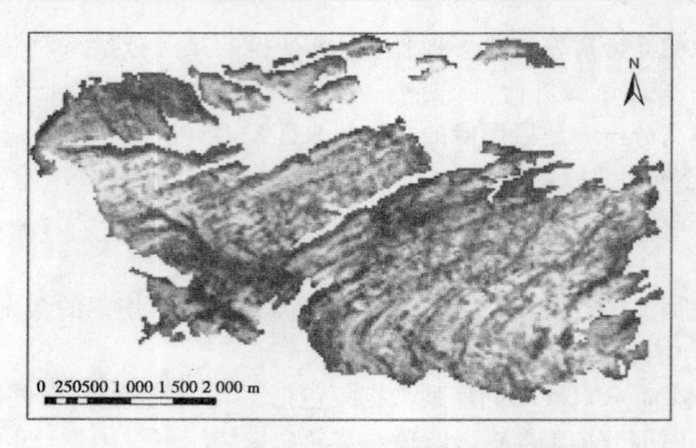

图 4-8　Landsat - 5 TM 基准地表反射率影像
(R:0.63 ~ 0.69 μm, G:0.52 ~ 0.60 μm, B:0.45 ~ 0.52 μm,
获取时间:2009 年 11 月 6 日)

4.2　研究技术路线

本章基于在澳大利亚中部的典型干旱/半干旱区域内的野外调查实测数据,分别从单木尺度与样方尺度上分析了灌木生物量估算的敏感植被结构参数,并探讨了多尺度遥感数据在干旱区稀疏灌木生物量估算中的应用潜力。由于利用多光谱卫星遥感数据难以对干旱区灌木树种进行有效的识别分类,而且仅依靠高空间分辨率影像的光谱特征无法对灌木单木进行精确分割,因此本章无法采用"先估算生物量后尺度上推"方法对灌木生物量密度进行遥感估算。

通过对实测样方的数据处理,获取了样方尺度上的灌木参数数据,包括地上生物量密度、灌木覆盖度、累计树高以及基底断面积。分别利用灌木覆盖度、累计树高以及基底断面积与生物量密度进行回归建模试验,通过对比分析,选取了灌木覆盖度参数作为生物量遥感估算的驱动变量,并且将灌木覆盖度与生物量的回归模型作为估算灌木生物量密度的遥感模型。因此,如何利用遥感数据估算得到准确的灌木覆盖度即成为本书另一研究重点,本书分别利用了高分辨率卫星数据与中分辨率卫星数据对研究区内的稀疏灌木覆盖度进行估算研究。

图 4-9 表示了利用高分辨率卫星数据估算灌木生物量密度的流程,通过对高分辨率数据的融合处理以及灌木分类识别处理,然后利用升尺度方法来计算得到大尺度上的灌木覆盖度。然而对于中分辨率卫星数据(Landsat - 5 TM),由于灌木与其他地物类型(绿草、干枯草、土壤)均混合在 30 m 分辨率的 Landsat TM 像素中,一个像素中的光谱信息既包括了灌木植被的光谱特征,也包含了其他背景信息的光谱特征,导致使用 Landsat 中分辨率卫星数据难以估算干旱地区内的亚像元灌木类别地上生物量。本书针对这一问题,提出了利用 Landsat 卫星数据估算干旱地区稀疏灌木生物量的方法流程,如图 4-10 所示,利用 Landsat 时间序列卫星数据集,并结合高空间分辨率数据,采用多时相端元提取与线性光谱分解技术对 Landsat TM 数据进行混合像元分解,同时将降水量因素作为影响混合像元分解精度的主要因素,选取最为接近生物量获取时间的较干旱时相的 Landsat 影像对

灌木覆盖度进行估算，并基于该灌木覆盖度估算值，结合生物量模型计算灌木生物量。

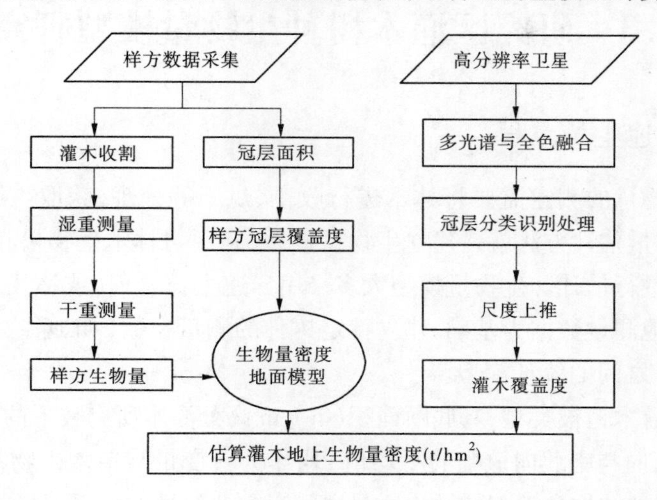

图 4-9　基于高分辨率卫星遥感数据估算干旱区灌木生物量流程

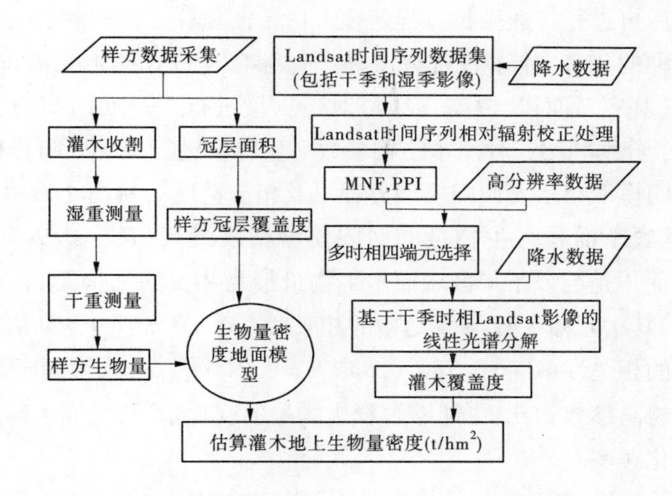

图 4-10　基于 Landsat 卫星遥感数据估算干旱区灌木生物量流程

本章的研究内容主要有：

(1)通过分析实地测量数据，建立灌木覆盖度—生物量遥感估算模型。

(2)利用高空间分辨率遥感数据来估算灌木覆盖度，并估算灌木生物量。

(3)利用 Landsat 中分辨率卫星数据来估算灌木覆盖度，并估算灌木生物量。

(4)通过比较利用高分辨率数据获取覆盖度，再估算生物量；利用 Landsat 数据估算覆盖度，再估算生物量；利用植被指数—生物量模型直接估算生物量的估算精度，并分析各方法的优缺点，为干旱/半干旱地区灌木植被生物量大区域遥感估算提供方法借鉴。

4.3 研究区灌木树种生物量模型研究

4.3.1 灌木异速生长方程

由于林木生物量的测定需要将林木进行收割、烘干等处理，获取生物量非常费时费力，最常用的生物量估计方法就是建立生物量模型，利用与林木生物量相关的胸径、树高等因子对生物量进行估计。生物量模型大多采用异速生长方程（或称相对生长方程），该方程主要是以实地测量数据为基础，建立特定树种的测量参数（如地径、胸径、树高、冠幅等）与实测生物量之间的统计模型。

对于本书的灌木植被类型，基底断面积（0.1 m 高处灌木所有枝干的断面积总和）、树高以及冠幅（东西向与南北向冠幅的平均值）均作为自变量与单木生物量（kg）分别进行回归分析，由于植被结构参数与植被生物量之间存在非线性的关系，且通过本试验数据证明使用对数变换比不使用对数变换建立的异速生长方程精度高，因此本书对所有变量先进行对数变换之后再进行异速生长方程建模。由于测量样方中三种优势树种形态结构类似并占据所有树种的91%，本书将所有树种数据综合进行异速生长方程建模，并利用三种灌木结构参数（基底断面积、树高、冠幅）对生物量进行了一元回归与多元回归建模分析，图 4-11 表示了分别利用三种灌木结构参数对生物量进行一元回归建模的结果，表 4-6 中列出了一元回归模型与多元回归模型方程以及相应精度。从图 4-11 中可以看出，对于单一变量来说，基底断面积与生物量的回归模型精度最高（$R^2=0.9443$，$RMSE=4.94$ kg），说明基底断面积是与该干旱区域灌木生物量最为相关的结构参数，也是解释生物量变率的最佳变量，其次冠幅参数与生物量的相关性（$R^2=0.8979$，$RMSE=5.16$ kg）比树高参数与生物量的相关性（$R^2=0.7841$，$RMSE=8.01$ kg）高，这说明干旱区灌木树种的冠幅结构参数与树高参数相比，更能够解释生物量的变化情况，且灌木高度的变化速率远低于生物量的变化速率。

表 4-6 列出了一元/多元灌木异速生长方程以及相应的精度水平，从表中的估算误差（*RMSE*）可以看出，一元模型的估算误差均大于基于多个灌木参数构建的多元模型的估算误差，但加入高度信息的二元回归模型的精度水平并没有得到显著的提高，而且多元模型的显著性（*F* 值），相对于相应参数一元模型的显著性有所下降。这说明该区域的灌木生物量完全可以利用单一灌木参数进行回归，所选灌木结构参数中基底断面积最佳，树冠冠幅其次，最后是树高。其中，冠幅与树高参数可以利用遥感手段直接估算得到，从而实现利用遥感方法来估算大区域的灌木单木生物量。

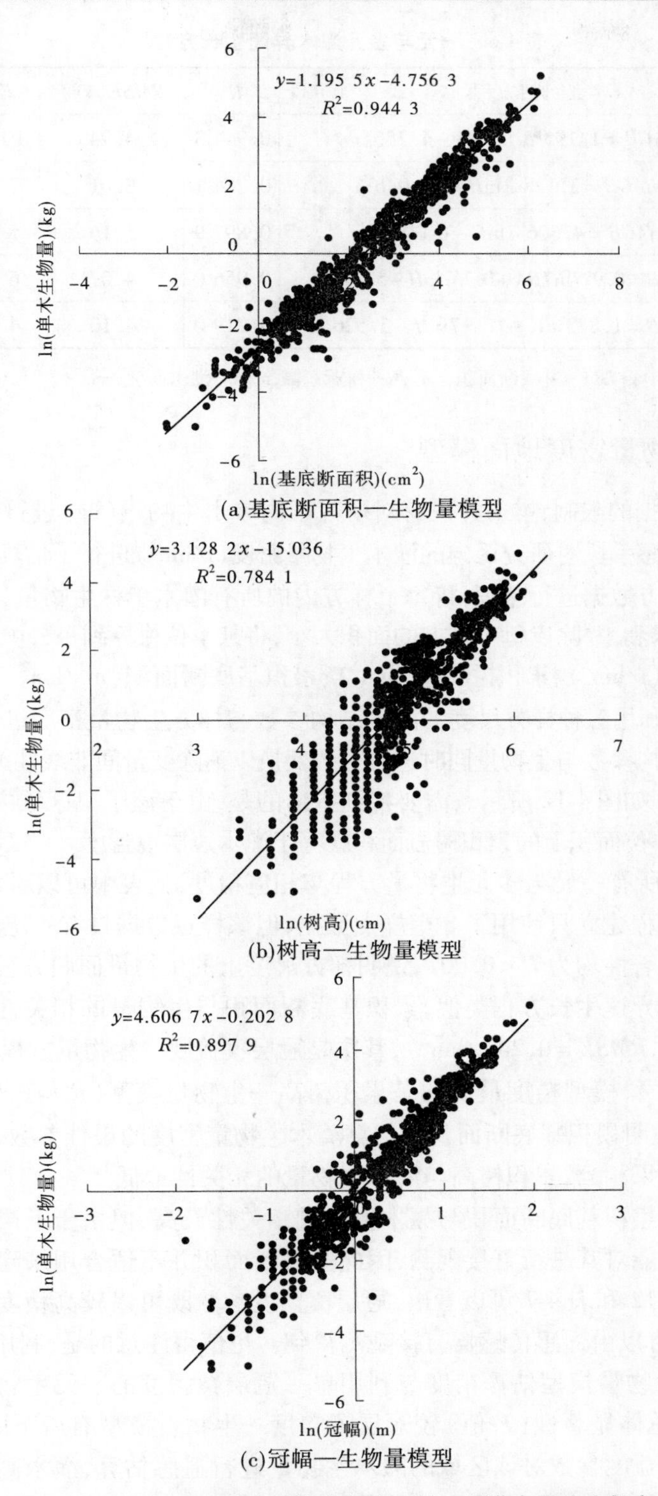

(a)基底断面积—生物量模型

(b)树高—生物量模型

(c)冠幅—生物量模型

图 4-11　利用三种灌木结构参数建立的一元灌木异速生长方程

表 4-6 一元与多元灌木异速生长方程

样本个数	回归方程	R^2	$RMSE$(kg)	F 值	P 值
626	$\ln AGB = 1.1955 \ln TBA - 4.7563$	0.944 3	4.94	10 585	<0.001
	$\ln AGB = 3.1282 \ln H - 15.036$	0.784 1	8.01	2 265	<0.001
	$\ln AGB = 4.6067 \ln C - 0.2028$	0.897 9	5.16	5 487	<0.001
	$\ln AGB = 0.977 \ln TBA + 0.737 \ln H - 5.802$	0.956 0	4.07	6 804	<0.001
	$\ln AGB = 1.883 \ln C + 1.117 \ln H - 5.526$	0.919 0	4.10	4 061	<0.001

注:*AGB*—单木生物量,kg;*TBA*—基底断面积,cm^2;*C*—树冠冠幅,m;*H*—灌木高度,cm。

4.3.2 灌木生物量密度地面模型

由于可获取数据的限制,本书并没有对研究区内单木生物量(kg)进行遥感估算研究,本书主要是利用遥感手段对研究区内的灌木生物量密度(t/hm^2)进行了估算研究。首先,对实地测量的8个样方数据进行整理,将每个样方内的所有灌木单株生物量、树高、基底断面积、树冠面积进行求和,并除以每个样方的面积大小,将其单位换算到每公顷,从而得到8个样方的生物量密度(t/hm^2)、累积树高(m/hm^2)、累积基底断面积(m^2/hm^2)、累积树冠面积(hm^2/hm^2)。本书利用三种样方尺度的灌木结构参数与样方生物量密度进行回归分析,建模过程中对灌木结构参数与生物量同时进行对数变换以消除变量间非线性关系对建模的影响,回归建模散点图如图4-12所示。需要特别指出的是,由于该干旱区域内灌木稀疏且没有相互遮挡,因此单位面积上的累积树冠面积就等于灌木冠层覆盖度。

表4-7列出了所有一元与多元生物量方程与相应精度,从表中可以看出,虽然对于本书的灌木生物量方程建立只使用了8个样点数据,但该样点数据具有一定的区间范围,且所有回归模型的显著性均为 $P<0.001$,说明样方尺度上的生物量回归方程也具有显著的统计意义。与灌木异速生长方程类似,累积基底断面积与生物量的相关性与估算精度均最高($R^2=0.9959$,$RMSE=0.24\ t/hm^2$),其次是冠层覆盖度—生物量方程($R^2=0.9868$,$RMSE=0.76\ t/hm^2$),模型精度最低的是累积树高—生物量模型($R^2=0.9135$,$RMSE=1.96\ t/hm^2$)。这说明累积基底断面积是估算灌木生物量密度的最佳参数,冠层覆盖度与累积基底断面积效果相当,累积树高与灌木生物量的相关性最低。

虽然该研究区累积基底断面积与灌木生物量相关性最高,但由于上层冠层的遮挡导致遥感传感器并不能对其进行直接观测,因此基底断面积并不适合用来建立生物量遥感估算模型。从图4-12和表4-7可以看出,冠层覆盖度参数既可以较高精度地估算灌木生物量,而且该参数可以由遥感传感器直接观测得到。更值得注意的是,利用冠层覆盖度与累积树高的二元生物量模型估算精度与利用单一冠层覆盖度的一元生物量模型精度相当,且二元模型的总体显著性(F 值)较冠层覆盖度—生物量模型有所下降,这说明可以利用单一的冠层覆盖度参数对该区域的灌木生物量进行遥感估算,灌木高度对生物量估算并没有起到显著的作用。由于本书遥感数据的限制,无法对灌木的平均高、株密度、累积高等参数进行获取,因此本书仅选择冠层覆盖度这一结构参数对研究区内的灌木生物

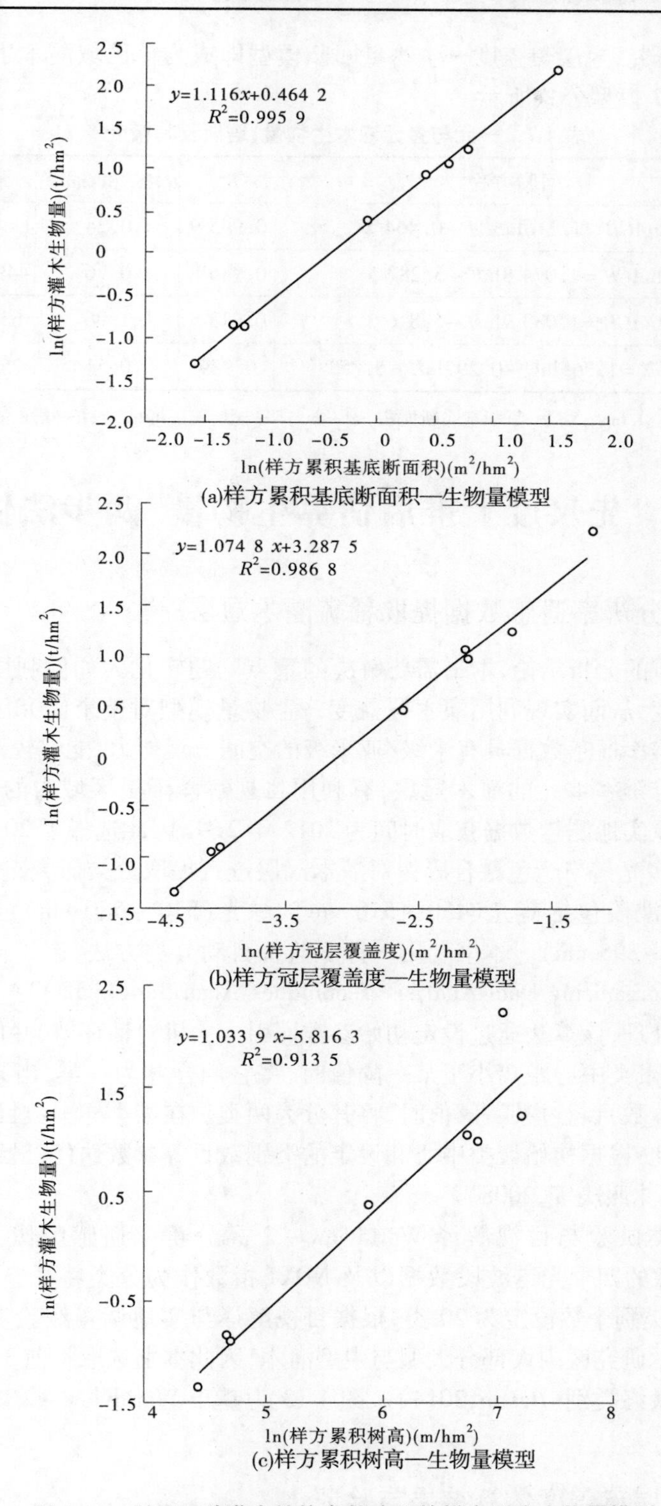

(a)样方累积基底断面积—生物量模型

(b)样方冠层覆盖度—生物量模型

(c)样方累积树高—生物量模型

图 4-12　利用三种灌木结构参数建立的样方尺度生物量模型

量进行遥感估算研究，冠层覆盖度—生物量回归模型即成为该区域灌木生物量密度遥感估算模型，如表4-7模型公式所示。

表4-7 一元与多元灌木生物量，培训及其精度

样本个数	回归方程	R^2	$RMSE$(t/hm^2)	F值	P值
8	$\ln AGB = 1.116\ln SBA + 0.4642$	0.9959	0.24	1444.97	<0.001
	$\ln AGB = 1.0748\ln C + 3.2875$	0.9868	0.76	449.053	<0.001
	$\ln AGB = 1.0339\ln H - 5.8163$	0.9135	1.96	63.372	<0.001
	$\ln AGB = 1.365\ln C - 0.297\ln H + 5.853$	0.989	0.51	259.75	<0.001

注：AGB—生物量密度，t/hm^2；SBA—累积基底断面积，m^2/hm^2；C—冠层覆盖度(%)；H—累积灌木高度，m/hm^2。

4.4 "先尺度上推后估算生物量"两步法估算

4.4.1 基于高分辨率遥感数据提取稀疏灌木冠层

根据以上章节的分析结论，本书需要解决的重点问题转化为如何利用遥感数据获取精确的灌木覆盖度，从而实现利用灌木覆盖度—生物量模型对整个研究区的生物量进行估算。高空间分辨率遥感数据具有米级/亚米级的空间分辨能力，能够较清晰地显示出大于遥感数据最小分辨率单元的灌木冠层，有利用目视解译干旱区域内的稀疏灌木冠层。由于本书的生物量实地测量数据获取时间为2012年2月，因此选择了2012年1月31日的Worldview－2多光谱与全色融合影像对灌木冠层进行提取分类研究，该数据空间分辨率为0.5 m，光谱波段包括蓝光(450～510 nm)、绿光(510～580 nm)、红光(630～690 nm)、近红外(770～895 nm)。本书利用一种非监督自动分类方法，迭代自组织数据分析算法(Iterative Selforganizing Data Analysis Techniques Algorithm，ISODATA)对高分辨率影像进行自动分类处理，该算法通过设定初始参数而引入人机对话环节，并使用归并与分裂的机制，当某两类聚类中心距离小于某一阈值时，将它们合并为一类，当某类标准差大于某一阈值或其样本数目超过某一阈值时，将其分为两类。在某类样本数目少于某阈值时，需将其取消。如此，根据初始聚类中心和设定的类别数目等参数迭代，最终得到一个比较理想的分类结果(沈照庆等，2008)。

通过反复分类试验与目视解译Worldview－2高分辨率遥感影像，本书最终采用Worldview－2影像的四个光谱波段数据以及NDVI指数作为分类特征空间，运算迭代次数设定为2，分类类别个数设定为20类，根据目视解译与实地调查经验发现分类结果中的前3类可以表示研究区内大部分大型与中型灌木，因此本书选取将前3类进行合并，并作为灌木冠层的最终类别(Bastin，2014)。图4-13为基于Worldview－2影像自动识别的灌木冠层像素。

4.4.2 灌木冠层覆盖度估算结果与验证

为了得到30 m空间尺度的灌木覆盖度(累积树冠面积)参数，将灌木冠层分类结果

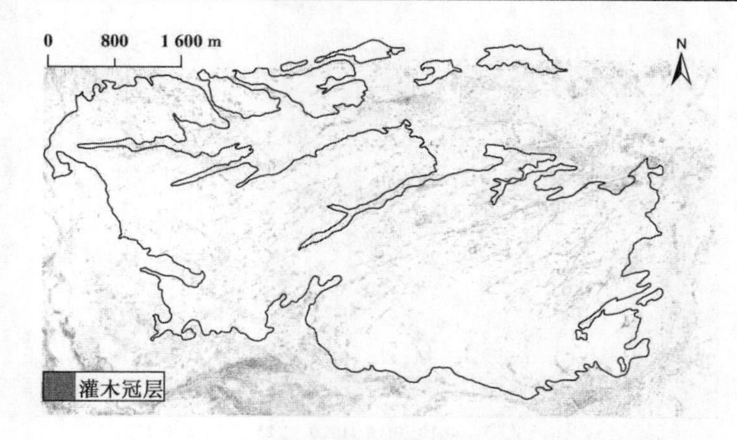

图4-13 Worldview-2融合影像灌木冠层分类结果(分辨率:0.5 m)

尺度上推到30 m空间分辨率,在尺度上推过程中计算30 m×30 m网格内的灌木冠层像素所占比例,并将此作为该网格的灌木覆盖度。尺度上推后的灌木冠层覆盖度如图4-14所示,从图中可以明显看出大部分像素的灌木覆盖度均处于低值区域,研究区内平均灌木覆盖度为7.5%,最高覆盖度为0.725,最低覆盖度为0.003,标准差为0.086,这也说明该研究区内大部分地区的灌木覆盖度为中低覆盖度水平。

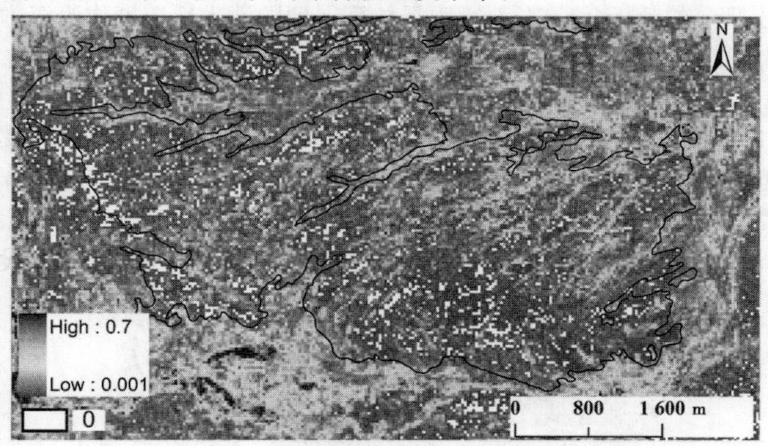

图4-14 基于Worldview-2灌木冠层分类结果尺度上推得到的灌木冠层覆盖度(分辨率:30 m)

为了对Worldview-2影像估算得到的冠层覆盖度进行精度验证,本书利用实地测量样方的灌木覆盖度与高分辨率卫星估算得到的灌木覆盖度进行对比分析,精度验证结果如图4-15所示,相关系数为0.992 3,均方根误差仅为1.2%,说明利用高分辨率卫星对灌木冠层进行自动分类识别后,尺度上推得到的灌木覆盖度数据具有较高精度,但从图4-15中也可以看出,高分辨率卫星自动提取灌木覆盖度的方法对真实覆盖度有一定的低估,这主要是因为高分辨率卫星数据虽然具有亚米级的空间分辨率,但对于研究区内较小的灌木(冠幅<1.0 m)群落仍然难以分辨,且遥感影像为栅格化数据,对冠层边缘信息有弱化作用。总体来看,基于高分辨率卫星自动提取的灌木冠层覆盖度具有较高的可信度,本书认为可以作为灌木生物量模型的输入数据对生物量进行估算。

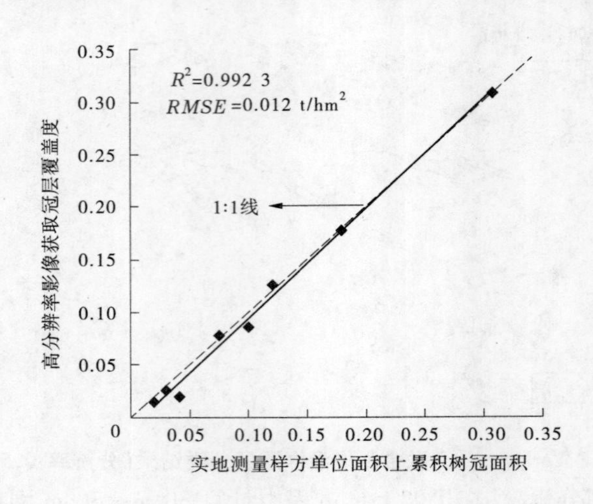

图 4-15　高分辨率影像提取的冠层覆盖度与实地测量的灌木覆盖度进行对比分析

4.4.3　灌木生物量估算结果与验证

根据以上部分的分析,将高分辨率卫星估算得到的灌木覆盖度作为灌木生物量密度遥感模型的输入数据对整个研究区的灌木生物量进行估算。估算结果空间分布图如图 4-16所示,生物量最高值为 18.95 t/hm²,平均值为 1.74 t/hm²,最低值为 0.07 t/hm²,标准差为 4.127 t/hm²,研究区木质部分总生物量为 2 754.59 t。同时利用实地测量样方的灌木生物量对估算结果进行了精度验证,其中生物量估算值为对应采样样方范围的所有 30 m 像素的生物量平均值,验证结果如图 4-17 所示,相关系数为 0.954 2,均方根误差为 0.61 t/hm²,可以看出该估算结果具有较高的精度,并且生物量的估算精度由灌木覆盖度的估算精度决定。

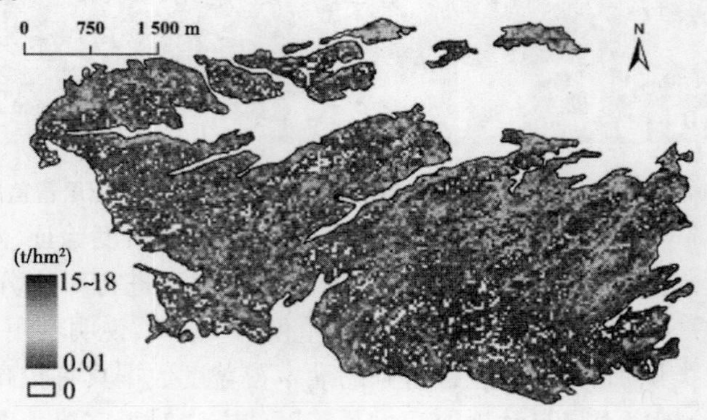

图 4-16　基于高分辨率遥感数据估算的灌木生物量(分辨率:30 m)

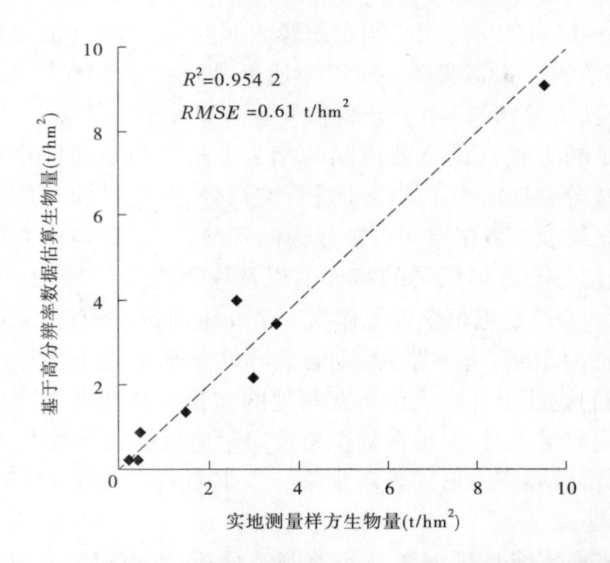

图4-17　基高分辨率卫星数据估算的灌木生物量的精度验证

4.5　"先像元分解后估算生物量"两步法估算

由上述分析证明高空间分辨率遥感数据可以对干旱区稀疏灌木的生物量进行较精确的估算,而对于 Landsat 中分辨率卫星数据来说,像素光谱特征反映的是像素对应范围内(30 m×30 m)所有地物光谱信号的混合特征,由于该区域灌木覆盖度较低(见图4-14),所以来自于灌木冠层的光谱信号相对于其背景(干枯草、绿草、裸地)信号来说为弱信号。针对这一问题,并借鉴前人研究成果(Jiapaer et al,2011;Silván - Cárdenas et al,2010),本书探讨了运用混合像元光谱分解技术对干旱区稀疏灌木光谱信号进行分离,并估算灌木类别丰度信息的潜力。运用混合像元光谱分解技术需要有一定的假设:在一个给定的地理场景里,地表由少数的集中地物(端元)组成,并且这些地物具有相对稳定的光谱特征。因此,遥感图像的像元反射率可以表示为端元的光谱特征和这个端元面积比例(丰度)的函数,这个函数就是混合像元分解模型。近年来,研究人员提出了许多有效的分解模型,主要有线性混合光谱模型、模糊监督分类模型、神经网络模型等。其中比较常用的是线性混合光谱模型。混合像元分解过程一般为:首先对遥感图像进行预处理(几何校正、大气校正、去噪等),然后在图像上确定端元并获取端元光谱,再选择一种光谱分解模型,在每个像素中获取每个端元波谱的相对丰度图,最后从丰度图上提取不同组成比例的像元。

4.5.1　Landsat 多时相组合端元光谱选取策略

针对研究区实际情况,本书提出了多时相 Landsat 影像端元选取策略,实现了对研究区内 30 m 分辨率端元像素光谱的提取。如灌木生物量估算流程图(图4-10)所示,本书首先对 Landsat 中分辨率数据利用最小噪声分离(Minimum Noise Fraction Rotation,MNF)和纯净像元指数处理(Pixel Purity Index,PPI)对影像中的较纯净像元进行自动提取。

MNF 变换(Green et al,1988)用于判定图像数据内在的维数(波段数),分离数据中的噪声,减少随后处理中的计算需求量。MNF 本质上是两次层叠的主成分变换。第一次变换(基于估计的噪声协方差矩阵)用于分离和重新调节数据中的噪声,这步操作使变换后的噪声数据只有最小的方差且没有波段间的相关。第二步是对噪声白化数据(Noise-whitened)的标准主成分变换。为了进一步进行波谱处理,通过检查最终特征值和相关图像来判定数据的内在维数。数据空间可被分为两部分:一部分与较大特征值和相对应的特征图像相关,其余部分与近似相同的特征值以及噪声占主导地位的图像相关。PPI 指数算法(Chang et al,2006)是把每个像元作为一个 n 维向量,所有像元就组成了一个向量空间 V。在这个向量空间的基并不唯一,则必然存在全部由位于边界位置的向量组成的基,因此可以用它们的线性组合来表示所有其他的向量。这些处在边界位置的向量在投影到随机产生的单位向量上时,出现在随机单位向量边缘的概率最大,如果有大量的随机单位向量,这种概率将以频率的形式表现出来。本书对所有所选的 13 景 Landsat 影像进行 MNF 与 PPI 变化处理。

根据高空间分辨率影像目视解译与实地调查分析,本书确定了四种端元类型,从图 4-4 中可以清晰分辨出研究区内的主要四种地物类型,深绿色的群落为灌木,淡绿色的均质区域为绿色草地,黄色的均质区域为干枯黄色草地,高亮的白色为受到侵蚀的土壤。在该研究区内降水量无明显变化规律,且干旱区域草本植被的绿度易受到土壤湿度变化的影响,在 30 m 空间分辨率内绿色草本植被与干枯草本植被共同存在,且它们的所占比例会随着土壤湿度的变化而快速变化,导致两类地物类型发生变化。因此,在该研究区内难以找到 30 m 空间分辨率的绿色草本植被与干枯草本植被的纯净像元,鉴于此问题,本书提出了利用多时相组合的 Landsat 影像对绿色草本植被与干枯草本植被的纯像元进行提取。由于草本植被对土壤湿度反应较为敏感,且土壤湿度越高时草本植被越能够吸收到充足的水分,此时具有明显的绿色健康植被光谱特征,而当土壤湿度越低时草本植被不能吸收足够的水分,此时具有明显的干枯植被光谱特征。因此,本书选取时间序列影像中获取时间前期降水量最高(214.6 mm)的 Landsat 影像(2009-11-06)与相应高分辨率遥感数据(2009-11-17)对绿色草本植被的端元光谱进行提取,选取获取时间前期降水量最低(3.4 mm)的 Landsat 影像(2010-03-30)与相应高分辨率遥感数据(2009-11-17)对干枯草本植被的端元光谱进行提取。值得注意的是,研究区内灌木覆盖度较低,所以灌木纯净像元多来自研究区的附近区域。具体端元选取策略如图 4-18 所示,综合高分辨率影像的纹理特征和 Landsat 影像 NDVI 阈值对由 MNF 和 PPI 选取得到的纯净像元进行二次筛选,对最湿润和最干旱的 Landsat 时相通过目视解译高分辨率遥感数据的纹理特征和 Landsat NDVI 阈值(0.25)选取均匀的绿色草本层与干枯草本层,将其端元像素的光谱平均值作为最终的端元光谱,并将其设为不变端元光谱;由于灌木与土壤的光谱特征会随着土壤湿度的变化而变化,所以本书对每一景 Landsat 时相都进行灌木和土壤端元的选择。

图 4-19 展示了 Landsat 影像(2011-08-08)的四个端元的光谱特征,从图中可以看出,绿色灌木的反射率值比正常植被反射率低,这主要是由于该地区灌木高度异质性较大且灌木较为稀疏,不可避免地产生大量阴影,从而导致了灌木群落的像素光谱反射率较低,而且该景 Landsat 影像的获取时间处于干旱时期,灌木的绿度有所下降。由于本研究区内

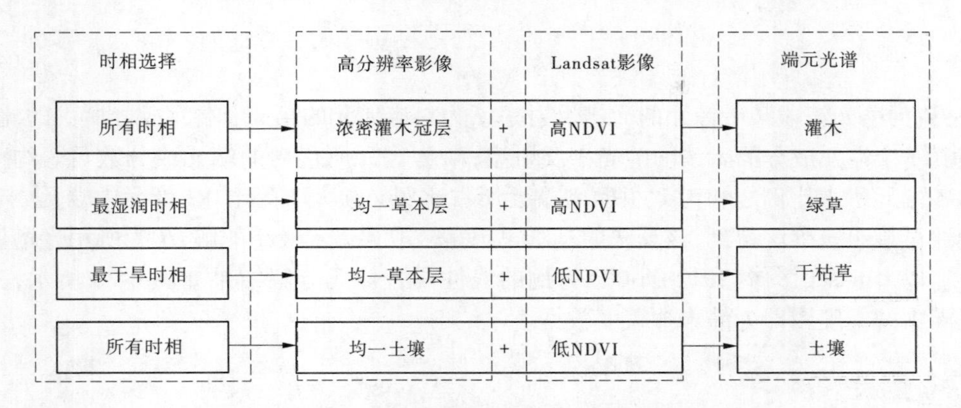

图4-18 Landsat多时相组合端元选取策略

所有灌木都存在这一问题,所以将含有阴影的灌木像素光谱作为端元光谱进行混合像元分解。其中绿色草地与干枯草地端元光谱为固定不变的值(灰色曲线),土壤与绿色灌木端元光谱会随着Landsat时相的变化而变化,故将这一方法称为多时相端元选取方法,每景Landsat影像端元光谱提取后可以对整个Landsat时间序列的所有影像进行混合像元分解。

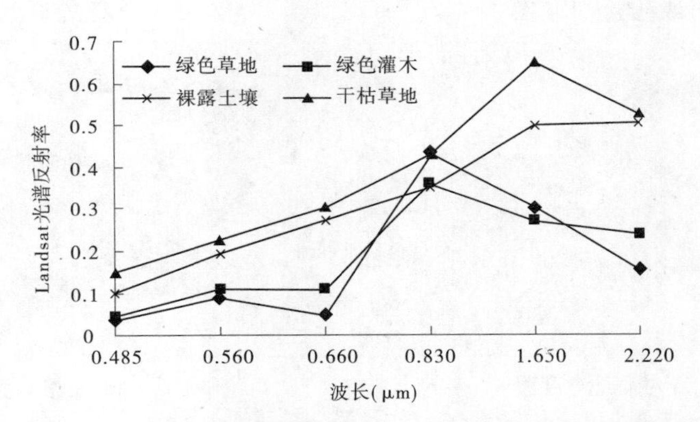

图4-19 基于Landsat TM影像(获取时间:2011-08-08)提取的四端元光谱特征曲线

4.5.2 线性混合光谱分解模型

对于线性混合光谱模型,假设其在不同物质之间不存在相互作用,位于同一像元区域的波谱是纯净物质(端元)波谱的线性组合,是根据它们的组成比例进行加权,获取线性组合的组成比例就是混合像元分解过程。本书利用带约束条件的线性混合光谱模型对Landsat影像像元进行混合像元分解,从而得到亚像元类别与相应的类别丰度信息(Silván - Cárdenas et al,2010)。光谱混合模型如式(4-4)所示,约束条件如式(4-5)所示。

$$R_k = \sum_{i=1}^{M} f_i r_{i,k} + e_k \tag{4-4}$$

$$\sum_{i=1}^{M} f_i = 1;\ 0 \leqslant f_i \leqslant 1 \tag{4-5}$$

$$\varepsilon_i = \sqrt{\sum_{k=1}^{B} e_k/B} \tag{4-6}$$

式中：R_k为第 k 波段某一像元的光谱反射率；f_i为对应像元的第 i 个端元成分所占的比例；$r_{i,k}$为第 i 个端元成分第 k 波段的光谱反射率；M 为像元所包含的端元成分数目。约束条件为各端元所占比例之和为 1，并且各端元所占比例必须大于等于 0。像元中端元成分的比例通过最小二乘法得到，该算法的基本思想是求取误差ε_i最小的解，B 为所用光谱波段总数。以 Landsat 影像（2011-08-08）为例的线性混合像元分解结果如图 4-20 所示，其中绿色灌木的丰度图即为灌木覆盖度数据。

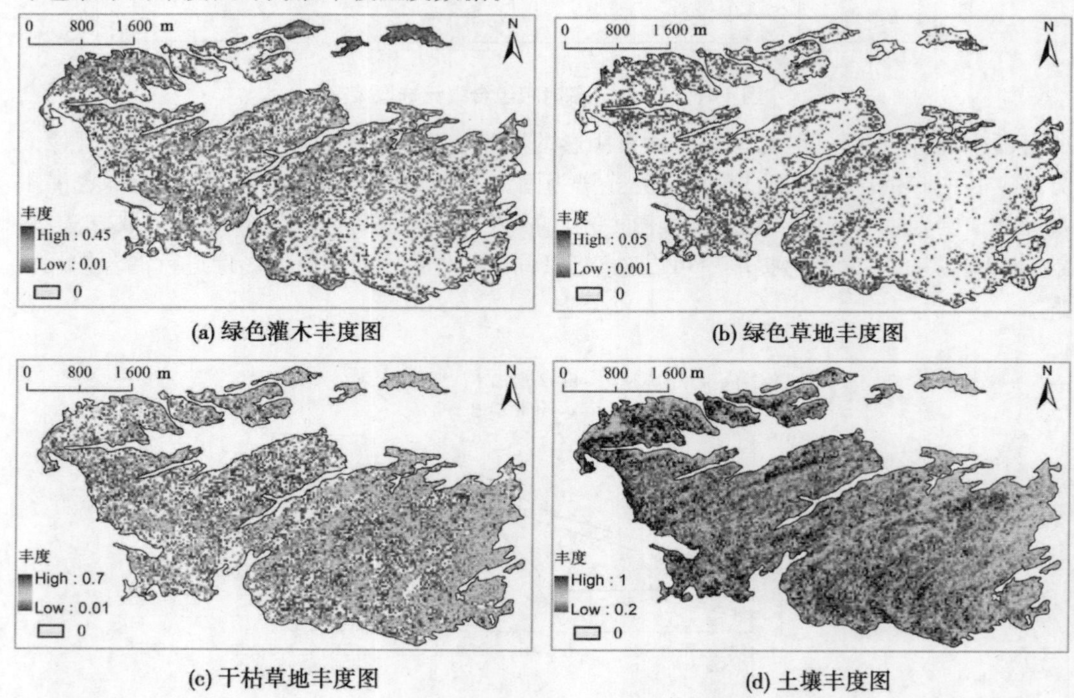

(a) 绿色灌木丰度图　(b) 绿色草地丰度图

(c) 干枯草地丰度图　(d) 土壤丰度图

图 4-20　基于 Landsat TM 影像（获取时间：2011-08-08）线性光谱混合分解四端元类别丰度图

4.5.3　前期降水量对 Landsat 线性混合像元分解精度的影响

由于 Landsat 影像的重复观测周期为 15 d，若假设灌木覆盖度与生物量在一定时间内保持不变，则存在与实地样方生物量获取时间相邻的多景 Landsat 影像可用。因此，选择哪一个 Landsat 时相来对灌木覆盖度进行估算则成为需要解决的问题。若要解决这一问题，无疑需要分析 Landsat 时相选择对线性混合像元分解精度的影响。为了进行充分的分析，得出客观的分析结论，本书利用了长时间跨度的多景遥感影像进行试验，避免只利用一个时期影像而得出片面的结论。

本书利用了四个历史时期的高分辨率遥感影像与长时间序列 Landsat 影像进行分析，其中 Landsat 影像均选择了获取时间与高分辨率影像获取时间最为接近的时相，所用影像如表 4-1 和表 4-2 所示。首先对 Landsat 时间序列影像进行相对辐射校正处理以消除传感器变化、大气条件变化、太阳角度以及观测角度变化对地表反射率引起的变化，再利用前文所述的多时相 Landsat 影像端元选取策略对每一景 Landsat 影像的端元光谱进行提取，并利用线性混合像元分解模型对每一景 Landsat 影像进行混合像元分解，同时计算得到四个端元的丰度信息，其中灌木端元丰度即为灌木覆盖度。

四个时期的高分辨率影像均采用 3.3.1 节介绍的自动提取灌木冠层方法对高分辨率影像中的灌木进行提取，并将其尺度上推到 30 m 提取灌木覆盖度数据。根据 3.3.1 节对灌木覆盖度的估算结果验证结论，基于高分辨率遥感数据得到的灌木覆盖度数据可信度较高，则本书利用该方法得到的灌木覆盖度数据集作为“真值”，将其与 Landsat 影像估算得到的灌木覆盖度进行比较。为了对 Landsat 影像估算的灌木覆盖度的均方根误差进行定量计算，本书在研究区内随机选取了 30 个像素点，参考多期的高分辨率遥感影像，这些像素点的灌木覆盖度区间跨度较大，能够反映灌木覆盖度估算值的总体精度。图 4-21 展示了长时间序列中不同 Landsat 影像估算的灌木覆盖度精度与其对应的前期降水量情况，从图中可以清晰地看出，对于不同的 Landsat 时相，利用线性混合像元分解方法估算的灌木覆盖度精度变化较大，这就说明 Landsat 时相的选择对于干旱区灌木覆盖度遥感估算精度有显著影响。

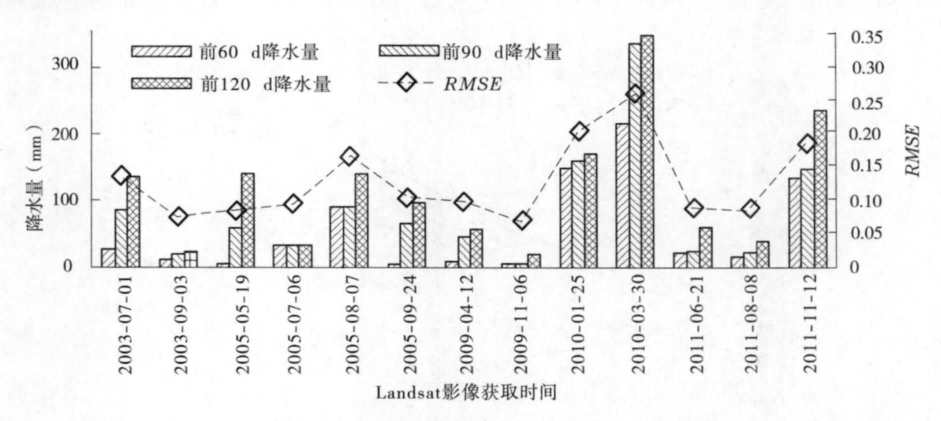

图 4-21　时间序列 Landsat 影像灌木覆盖度估算精度与影像获取时间前期 60 d、90 d、120 d 内的降水量

为了进一步探讨利用 Landsat 影像估算灌木覆盖度精度变化的原因，本书将土壤水分因子作为主要影响因素进行综合分析，因为该区域影响植被生长变化的最突出因素为土壤水分，土壤水分的变化会引起干旱区植被的强烈变化，尤其是对土壤水分反应敏感的草本植被。但土壤水分空间数据难以获取，由于该区域蒸发量较大，土壤水分含量在很大程度上取决于地区降水量，因此本书直接利用 Landsat 影像获取时间之前(60 d，90 d，120 d)的降水量与对应 Landsat 影像混合像元分解精度进行分析，从图 4-21 中可以明显看出存在这样的趋势，即 Landsat 影像获取时间前期降水量越小，则该影像利用线性混合像元分解法估算灌木覆盖度的精度越高，在这一时间序列跨度上，2009 年 11 月 6 日获取的 Landsat 影像前期降水量最低，且它的灌木覆盖度估算精度最高($RMSE=0.068$)；2010 年 3 月 30 日获取的 Landsat 影像前期降水量最高，且它的灌木覆盖度估算精度最低($RMSE=0.261$)。这充分说明了前期降水量大小会对利用线性混合像元分解方法估算灌木覆盖度精度产生影响,因此本书建议在利用 Landsat 影像和线性混合像元分解法对灌木覆盖度进行估算时,尽量选择前期降水量较少的 Landsat 时相。

由于灌木植被根系发达,在干旱时期可以从土壤深层处吸收足够的水分维持生存,因此在干旱时期内灌木植被仍能进行正常光合作用,一定浓度的叶绿素使得灌木冠层仍然保持绿色,如图 4-21 所示。而对于草本植被来说,其根系只能吸收浅层土壤的水分来维持生存,若降水量长期处于较低水平,浅层土壤水分蒸发耗尽导致草本植被处于长期缺水状态,叶片叶绿素浓度降低,绿色草本植被迅速变为干枯草本植被并且其光谱特征发生巨大变化,此时对于灌木植被来说,其他背景成分(干草、土壤)的光谱特征均与自身光谱特征差距达到最大,可以利用线性光谱混合像元分解方法对灌木植被的丰度信息进行准确估算。在降水量充足的情况下,灌木植被与草本植被均能够吸收到足够的水分,其叶片中的叶绿素均能够进行正常的光合作用,此时灌木植被与背景(绿色草本植被)光谱特征较为接近,难以利用线性光谱分解方法对灌木植被的光谱信号进行分离,准确估算灌木植被的丰度信息。图 4-22 展示了干旱时期(2011-08-08)与湿润时期(2010-03-30)Landsat TM 影像使用的四端元光谱变化情况,其中绿色草地与干枯草地的光谱特征是固定不变的,土壤与灌木的光谱特征发生变化,从图4-22中可以看出,绿色灌木端元的光谱特征在干旱

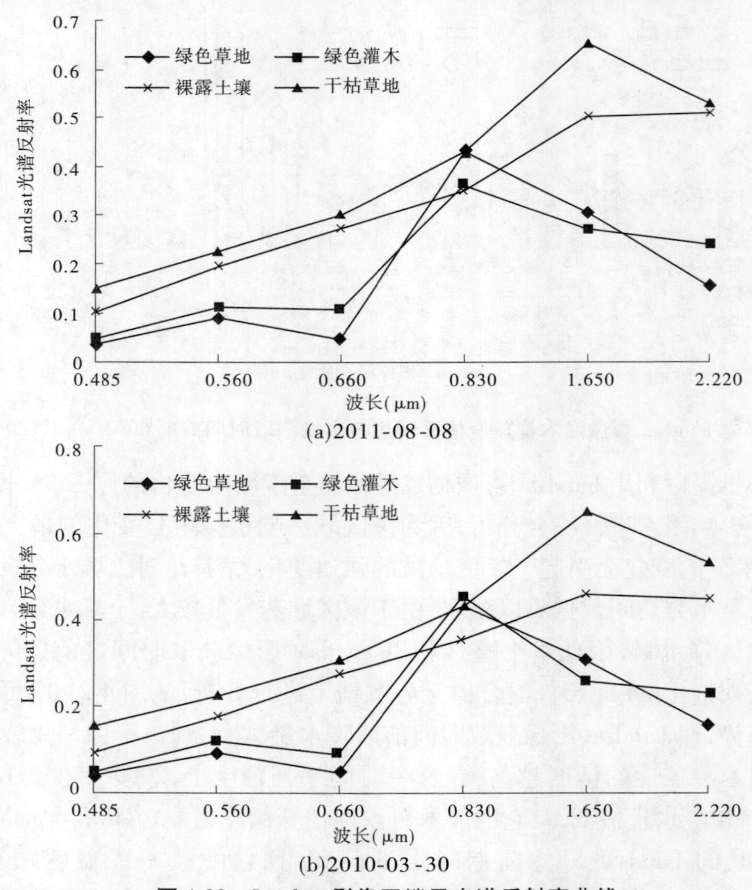

图 4-22 Landsat 影像四端元光谱反射率曲线

时期与绿色草地端元成分的光谱特征相似性小于在湿润时期与绿色草地端元的光谱特征相似性。值得注意的是,虽然在干旱时期同时使用了绿色草地与绿色灌木两个端元光谱,但由于绿色草地成分较少,且两个端元光谱特征差异较大,使得利用四端元光谱混合像元分解仍然能够得到较高的估算精度(见图4-20)。

图4-23为时间序列中最干旱Landsat时相(2009-11-06)和最湿润Landsat时相(2010-03-30)的灌木覆盖度精度验证散点图,其中将由高分辨率遥感数据获取的灌木覆盖度作

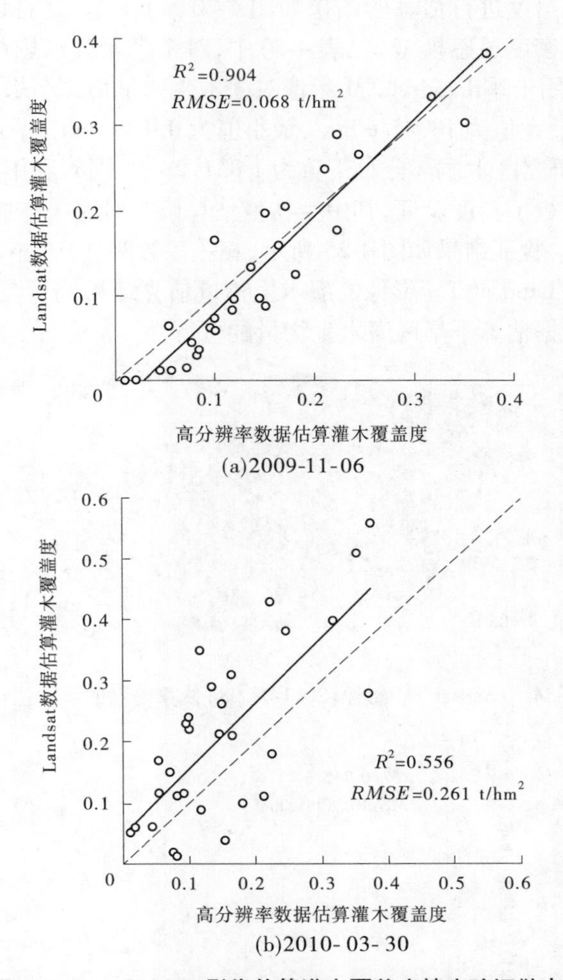

图4-23 Landsat TM影像估算灌木覆盖度精度验证散点图

为灌木覆盖度的"真值",从图4-23中可以看出,干旱时相估算的灌木覆盖度与真值覆盖度基本分布在1∶1线附近,但对于低覆盖度区域出现明显的低估现象,这主要是因为在低灌木覆盖度区域,背景(土壤、干枯草地)的强光谱信号对绿色灌木植被冠层信号的有效分离有较大影响,难以利用线性光谱混合像元分解模型对弱信号比例进行准确估算。而湿润时相估算的大部分灌木覆盖度均高于真值覆盖度,且散点图分布较为分散,这主要是因为此时绿色草地与绿色灌木植被同时存在于像素中,且它们的光谱特征基本相似,导致

线性混合像元分解模型对绿色灌木的丰度高估，但土壤湿度与坡度、坡向等地理因素也存在较大关系，所以不同区域绿色灌木具有不同的估算精度。

4.5.4　灌木生物量估算结果与验证

基于上述分析结论，本书选择了与灌木生物量采集时间最为接近的且前期降水量最少的 Landsat 影像(2011-08-08)对灌木生物量进行估算。基于该景影像利用线性混合像元分解方法对灌木覆盖度进行估算的结果如图 4-20(a)所示，并将该灌木覆盖度数据代入到灌木生物量遥感密度遥感模型(见表 4-7)中，对整个研究区内的灌木生物量密度进行估算，图 4-24 为利用干季 Landsat TM 影像对灌木生物量估算结果。根据该估算结果进行统计，灌木生物量最大值为 18.45 t/hm^2，最小值为 0.12 t/hm^2，平均值为1.09 t/hm^2，标准差为 3.54 t/hm^2，研究区木质部分总干重为 1 831.28 t。同时利用实地测量样方的灌木生物量对估算结果进行了精度验证，其中生物量估算值为对应采样样方范围的所有 30 m 像素的生物量平均值，验证结果如图 4-25 所示，相关系数为 0.935 6，均方根误差为 0.898 t/hm^2，可以看出利用 Landsat TM 影像的灌木生物量估算结果同样具有较高的精度，说明利用中分辨率卫星数据估算干旱区灌木生物量的可行性。

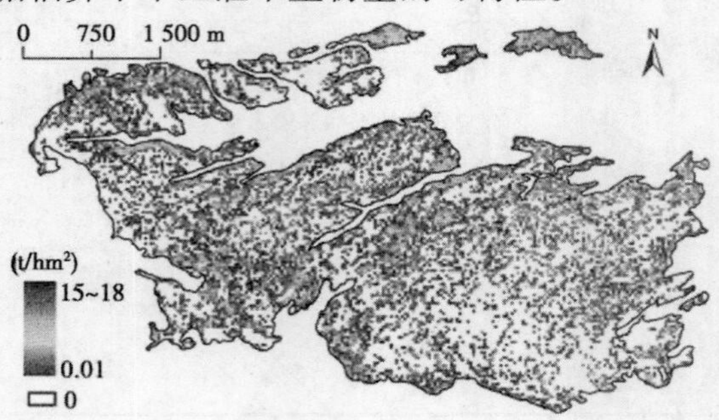

图 4-24　Landsat TM 影像(2011-08-08)估算得到的灌木生物量

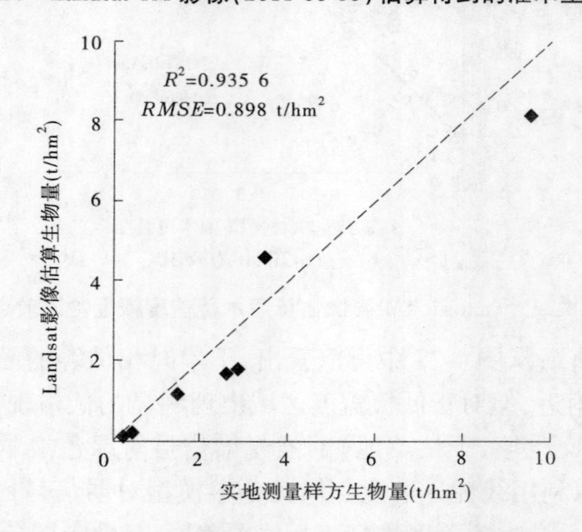

图 4-25　Landsat TM 影像估算灌木生物量验证散点图

4.6　基于 Landsat 植被指数模型的灌木生物量估算

为了讨论利用大于目标物尺度的中分辨率观测数据直接对稀疏灌木生物量估算的适用性，本书利用 Landsat TM 数据的光谱波段分别计算 EVI、RVI、NDVI 植被指数，并与实地测量样方内的生物量密度进行回归建模，回归结果表明 NDVI 植被指数的回归模型精度最高，因此将该模型作为生物量估算模型，如式(4-7)所示：

$$AGB = 85.727NDVI - 6.2269(R^2 = 0.76) \tag{4-7}$$

其中，所用 *NDVI* 值代表的是对应采样样方范围的所有 30 m 像素的 *NDVI* 平均值；*AGB* 为地上生物量，t/hm^2。图 4-26 为利用 *NDVI*—生物量模型估算得到的区域灌木生物量。利用实地测量样方生物量对该方法估算得到的生物量进行精度验证，结果如图 4-27 所示。其中所用生物量估算值为对应采样样方范围的所有 30 m 像素的生物量平均值。

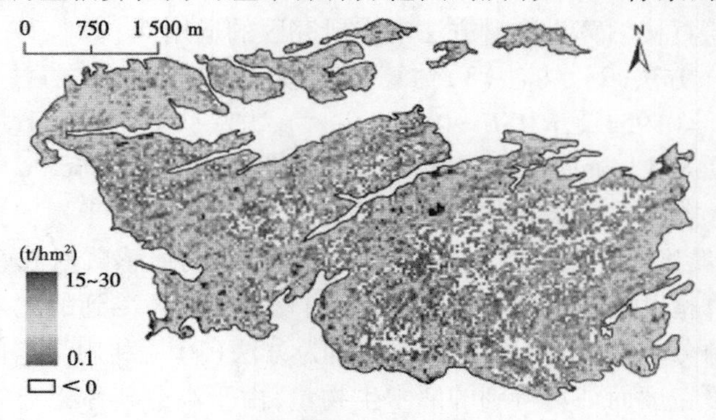

图 4-26　*NDVI*—生物量模型估算结果图(分辨率:30 m)

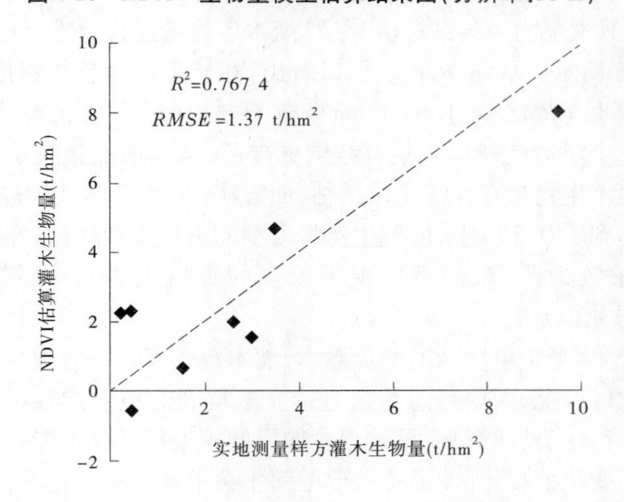

图 4-27　*NDVI*—生物量模型估算结果验证散点图

4.7　不同方法估算结果比较

本书将三种不同的估算方法进行对比分析，总结不同方法的优缺点。方法(1)利用高空间分辨率遥感卫星数据对灌木冠层进行自动分类，并利用尺度上推方法得到灌木覆盖度，再结合灌木覆盖度—生物量遥感模型对研究区内的灌木生物量进行估算(4.4节)，该方法主要实现了“先尺度上推后估算生物量”两步法估算生物量；方法(2)利用Landsat TM影像和线性混合像元分解方法实现对30 m尺度像元的像元分解，得到亚像元灌木类别的丰度信息，再结合灌木覆盖度—生物量遥感模型对研究区内的灌木生物量进行估算(4.5节)，该方法主要实现了“先像元分解后估算生物量”两步法估算生物量；方法(3)利用Landsat TM影像的NDVI数据和样方生物量数据建立NDVI—生物量模型，并对研究区内的生物量进行估算(4.6节)，该方法主要作为对比试验，用于分析利用大于目标冠层尺度遥感数据观测值直接估算生物量方法对本研究区的适用性。

由对方法(1)、方法(2)、方法(3)估算精度验证的对比可知，方法(1)具有最高的生物量估算精度($R^2=0.954\ 2$，$RMSE=0.61\ t/hm^2$)，方法(2)的生物量估算精度次之($R^2=0.935\ 6$，$RMSE=0.898\ t/hm^2$)，而方法(3)的生物量估算精度最低($R^2=0.767\ 4$，$RMSE=1.37\ t/hm^2$)，且生物量估算结果中还包括了负值，这明显有悖于现实情况。由于实地测量样方个数有限，精度验证结果只能反映样方测量位置的遥感数据估算精度，为了能够对整个研究区的估算精度进行整体评价，本书将方法(1)估算得到的灌木覆盖度数据作为该区域灌木木质部分生物量的“真值”，这是因为方法(1)是利用高空间分辨率遥感卫星数据获取的灌木覆盖度而估算得到的灌木生物量，由于高分辨率遥感数据获取的灌木覆盖度具有较高的精度，因此该方法得到的灌木生物量同样具有较高的可信度。方法(2)与方法(3)估算的灌木生物量与方法(1)估算灌木生物量进行像素对像素的逐一比较，验证散点图如图4-28所示。从图4-28中可以看出，在研究区内整体精度水平上，方法(2)估算灌木生物量精度($RMSE=1.64\ t/hm^2$)高于方法(3)估算的灌木生物量($RMSE=4.96\ t/hm^2$)，方法(2)与方法(1)的估算结果更接近(像素散点接近于1∶1线附近)，但仍然有大量像元的灌木生物量存在一定的低估，而方法(3)中虽然基于样方NDVI与样方实测生物量相关性达到了0.7以上，但该生物量模型的可扩展性较差，导致研究区内估算结果高估和低估现象较为严重，甚至出现了较多的负值生物量，该结果与Aranha et al(2008)的研究结果相似。

这说明对于干旱/半干旱区域的稀疏灌木，灌木覆盖度这一植被结构参数变量能够充分解释生物量变化的情况，而由遥感数据直接获取得到的植被指数(如NDVI)由于受到土壤、干枯草地等背景光谱的影响，导致混合像元的植被指数并不能较好地解释亚像元类别灌木生物量实际变化情况，即使遥感获取的灌木覆盖度具有一定的误差，对生物量估算结果具有误差累积作用，但灌木覆盖度—生物量模型方法的估算精度仍然大于NDVI—生物量模型方法的估算精度，这说明NDVI—生物量模型本身的误差远大于灌木覆盖度遥感估算的误差和灌木覆盖度—生物量模型本身的误差。对于灌木覆盖度的遥感估算，高空间分辨率遥感数据对灌木覆盖度的估算精度要高于中分辨率遥感数据对灌木覆盖度的估

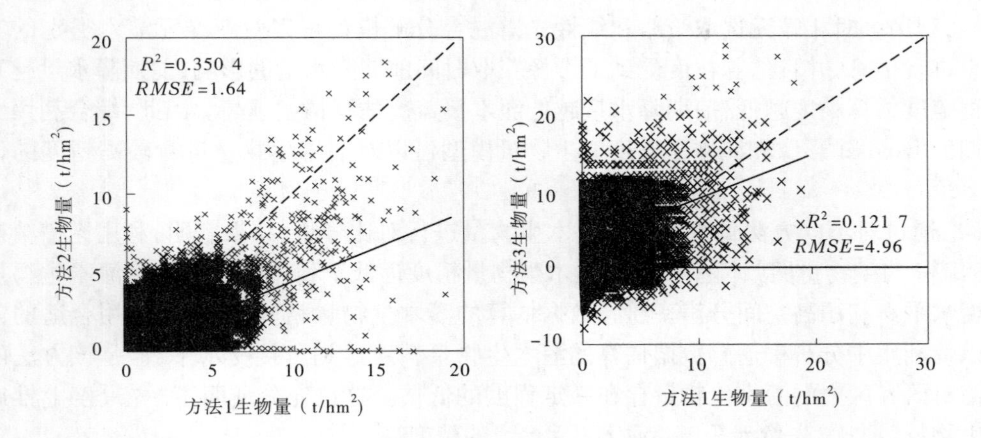

图 4-28　方法(2)与方法(3)估算结果分别与方法(1)估算结果进行逐像素比较验证散点图

算精度，这是因为高空间分辨率遥感数据对灌木覆盖度估算的过程为一个尺度上推过程，高空间分辨率数据本身可以提供高分辨率的先验知识(如灌木类别)，从而能够得到较精确的大尺度灌木覆盖度数据。然而中分辨率遥感数据对灌木覆盖度进行估算是一个像元分解的过程，需要足够多的先验知识才能够获取得到亚像元类别和相应丰度信息，从而给灌木覆盖度的估算带来了困难。本书提出的中分辨率遥感数据估算干旱区灌木覆盖度的方法能够提高干旱区稀疏灌木覆盖度估算精度，从而保证了利用中分辨率遥感数据估算灌木生物量的精度。但由于中分辨率数据本身的光谱与空间分辨率特点，像素内部非目标光谱和目标光谱的混合不可避免地给亚像元灌木覆盖度估算带来一定的误差，如一定程度的灌木覆盖度低估。

4.8　研究总结

本章以澳大利亚中部干旱/半干旱区为例，基于大量实地测量数据以及多尺度遥感数据对干旱区的稀疏灌木植被生物量进行遥感估算方法研究。

(1)首先分别以单木尺度和样方尺度探讨了灌木生物量与灌木植被结构参数的相关性，结果表明，对于单木尺度的灌木植被结构参数与灌木生物量(kg)相关性从大到小排序为：基底断面积(cm^2)＞冠幅(m)＞树高(cm)；对于样方尺度的灌木植被结构参数与灌木生物量密度(t/hm^2)相关性从大到小排序为：累积基底断面积(m^2/hm^2)＞冠层覆盖度(%)＞累积树高(m/hm^2)。由于灌木的累积基底断面积实地难以测量并且遥感传感器无法对其进行直接观测，因此对于遥感估算灌木生物量来说，灌木覆盖度可以代替累积基底断面积作为估算灌木生物量的植被结构参数。

(2)利用高空间分辨率遥感数据对稀疏灌木生物量进行估算研究，结果表明，利用自动分类算法可以对高空间分辨率影像中的灌木冠层进行有效识别，并通过尺度上推可以获取得到较高精度的灌木覆盖度数据，从而利用灌木覆盖度—生物量模型估算得到高精度的灌木生物量。

(3)利用 Landsat TM 中分辨率(30 m)遥感数据对稀疏灌木生物量进行估算研究,结果表明,利用多时相端元选取策略和线性光谱混合分解模型可以对亚像元灌木类别的丰度信息进行估算,并且估算精度受到了影像获取时间前期降水量的影响,前期降水量越高灌木覆盖度估算精度越低,前期降水量越低灌木覆盖度估算精度越高。因此,综合利用干旱时期的 Landsat 影像和灌木覆盖度—生物量模型可以对灌木生物量进行较高精度的估算。

(4)通过对不同方法估算的稀疏灌木生物量进行对比分析,结果表明,利用光谱植被指数 NDVI 与生物量回归模型估算的灌木生物量精度远低于利用两步法估算灌木生物量的精度水平。利用高空间分辨率遥感数据估算的灌木生物量精度最高,且运用合适的方法可以使利用中分辨率遥感数据估算的灌木生物量精度达到可接受水平,但是该方法的估算值对研究区内的灌木生物量存在一定程度的低估。这也充分证明了"先尺度上推后估算生物量"要比"先像元分解后估算生物量"的精度高。

第5章　基于机载Lidar和高光谱数据的农田防护林生物量估算方法与应用

5.1　研究区与数据

5.1.1　研究区概况

黑河流域是我国西北干旱区第二大内陆河流域,发源于祁连山区,流经青海、甘肃和内蒙古三省区。黑河中游位于97°20′~102°12′E,38°08′~39°57′N,在河西走廊中部,莺落峡至正义峡之间流经甘肃山丹、民乐、张掖甘州区、临泽、高台、肃南等区县(见图5-1)。该区域属于典型的温带大陆性气候,降水量小,而蒸发量很大,年均气温7.6 ℃,年均降水量113.8 mm,主要集中在5~9月,占全年降水量的70%~80%。光热资源丰富,日照时间长达3 000~4 000 h(王志慧,2013)。这里有整个黑河流域最好的绿洲,以人工种植的各种农作物和防护林为主,属于灌溉农业,且内部空间异质性较大。农田防护林是为了适应农业生态系统健康发展的需要而建设的网络状树木群体,是当前改善农区自然环境积极而有效的生物工程。黑河流域中下游地区极度干旱,风沙危害严重,在黑河流域干旱地区建设农田防护林,作为绿洲农业的生态屏障,具有重要的作用。研究区内的农田防护林仅分布在灌渠与道路两旁,或农田田块边界处,总体分布纵横交错,形成了绿洲内部特有的农田防护林网结构,如图5-2所示。

5.1.2　数据获取

5.1.2.1　样地数据获取

本试验区的地面调查数据来自于“黑河流域生态-水文过程综合遥感观测联合试验(HIWATER)”(Cheng et al,2014;Li et al,2013),地面调查时间为2014年8月,为期6 d。具体数据获取过程为:首先参考Google Earth中的高分辨率卫星影像与野外实地勘察结果,获取了研究区内防护林分布与树种类别的先验知识。从实地勘察情况来看,该区域防护林的主要树种为杨树(*Populus* L.)(二白杨 *Populus gansuensis*、新疆杨 *Populus alba*)、柳树(*Salix babylonica* L.)、槐树(*Sophora japonica* Linn.)三种类型,其中杨树所占比例最大,为优势树种,柳树和槐树只分布在研究区内的部分区域,且数量较少。在考虑到乔木树种类别对生物量估算的精度影响和有限的时间、人力、物力资源,本试验区选取了50个杨树样方、3个柳树样方、3个槐树样方进行乔木植被结构参数数据采集,其中每个样方均设定为30 m×30 m正方形区域,样方地理位置如图5-3所示,在实地布设样方时为了能够得到具有显著统计意义的生物量回归模型,按照生物量大小分为高、中、低三个梯度进行样方布设。

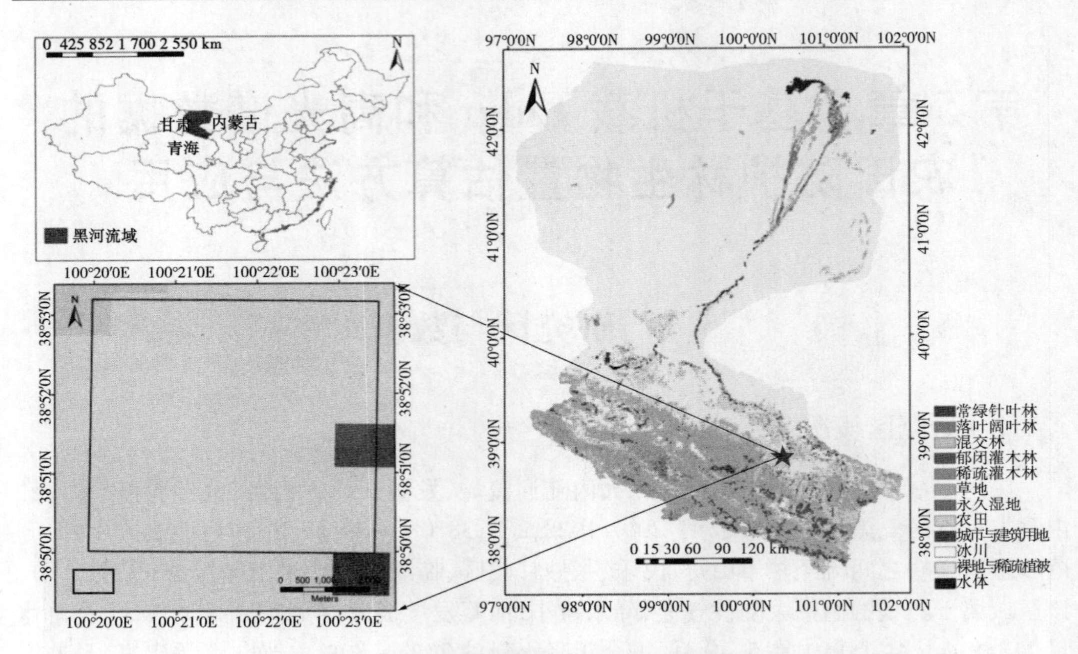

图 5-1　中国黑河流域中游研究区地理位置

图 5-2　黑河流域中游灌溉区防护林与农田交错分布(2014 年 8 月)

对每一个样方进行每木检尺,对乔木的种类、乔木总数进行识别并记录,使用垂直目视法利用皮尺对每棵乔木的冠幅(东西向、南北向)进行测量,同时对每棵乔木的胸径(离地 1.3 m 高处)进行测量,如图 5-4(a)所示,并利用激光测高仪对样方内每棵乔木的树高进行测量,如图 5-4(b)所示。

5.1.2.2　航空高光谱遥感数据获取

高光谱成像光谱仪能在电磁波谱的紫外、可见光、近红外和短波红外区域,获取许多非常窄且光谱连续的图像数据,每个像元都可以画出一条完整、连续的光谱曲线,表征地物对电磁波的反射、散射、透射及吸收特征。其成像光谱仪探测器积分时间长,增加了像元的凝视时间,大大提高了系统灵敏度和信噪比,从而提高了系统的空间分辨率和光谱分辨率;获得的数据不是传统意义上某个多光谱波段内辐射量的总和,而是看成对地物连续光谱中抽样点的测量值(刘丽娟,2012)。

2012 年 6 月 29 日,黑河生态水文遥感试验(HIWATER)项目组在黑河流域中游的核心观测区域,利用运 - 12 飞机,搭载航空光学传感器开展了可见光/近红外、短波红外高

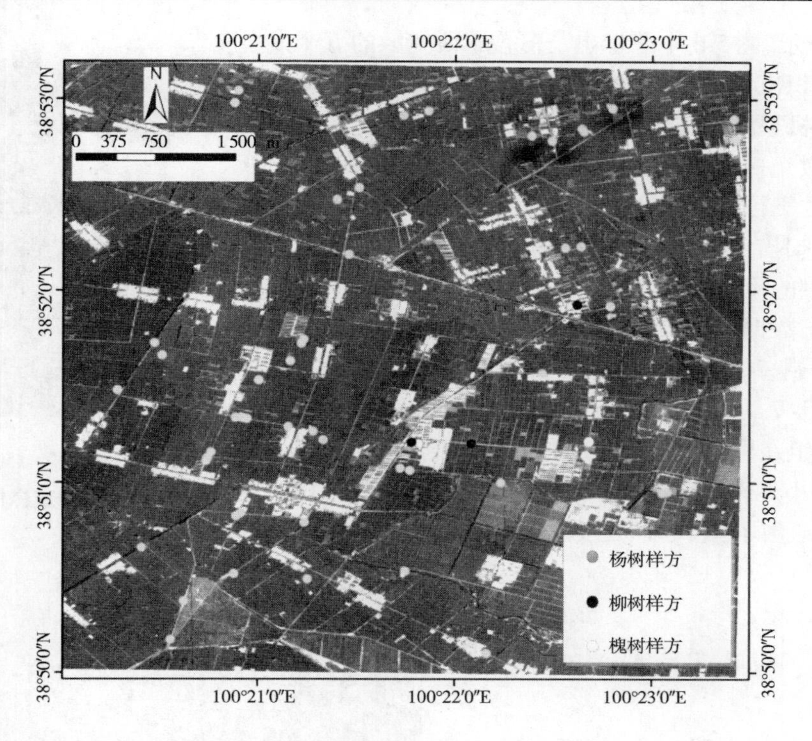

图 5-3　研究区航空高光谱影像(R:769 nm,G:683 nm,B:554 nm)
以及三种不同树种的实地测量样方(30 m×30 m)

(a) 利用皮尺对乔木胸径测量

(b) 利用激光测高仪对乔木树高进行测量

图 5-4

光谱航空遥感数据获取飞行试验(肖青,2012)。试验飞行采用的机载高光谱传感器是从加拿大 ITRES 公司引进的 CASI－1500(Compact Airborne Spectrographic Imager,紧凑型机载光谱成像仪),图 5-5 展示了该光谱成像仪的硬件设备。整个机载系统由 CASI 传感器、中央控制器及一系列的几何校正和辐射校正仪器(PAV30 三轴稳定平台、POSAV310 和 IMU 惯导与定位系统、ILS 太阳辐照度测量)等组成。CASI－1500 能够提供的幅宽达到了 1 500 个像元,并且允许用户自定义设置光谱分辨率与空间分辨率,光谱波段最多可以设置 288 个,而空间分辨率最高可以设置为 0.25 m。

此次航空飞行观测的绝对海拔为 3 500 m(相对高度 2 000 m),根据试验的需要进行了 CASI 成像参数设定。所获取的 CASI 高光谱影像波长范围为 380～1 050 nm,波段数为 48 个波段,光谱分辨率为 7.2 nm,空间分辨率为 1 m,视场角为 40°。飞行条带地理范围如图 5-6 所示，图 5-6 中只标出了覆盖本研究区的五个航空条带，并标识出了航空条带飞行的方向和拍摄起始时间。

图 5-5　CASI－1500 机载高光谱成像仪

5.1.2.3　机载激光雷达遥感数据获取

机载激光扫描系统通过在飞机上搭载激光扫描设备，沿着飞机的飞行方向对地物实现激光沿航线方向的纵向扫描，再通过扫描转镜实现横向扫描；同时，通过利用 GSP 定位系统提供的飞机精确方位数据和 INS 惯性导航系统提供的飞机姿态数据，获取一个大范围带状区域内的地物点云数据（刘丽娟，2012）。

2012 年 7 月 19 日，黑河生态水文遥感试验（HIWATER）项目组在黑河流域中游的核心观测区域，利用运－12 飞机，搭载小光斑机载激光雷达传感器开展了 LiDAR 航空遥感飞行试验（肖青，2014）。本次飞行试验使用的是 Leica

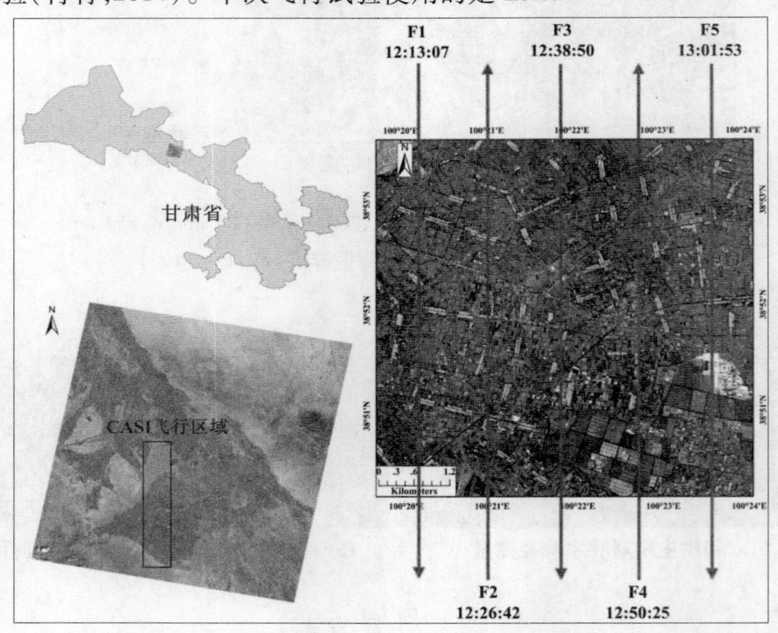

图 5-6　CASI－1500 飞行条带区域

公司生产的 ALS70 机载激光扫描系统，图 5-7 展示了该激光扫描系统的硬件设备。该系统最大脉冲频率为 250 kHz，最大扫描频率为 100 Hz，并配备一台数字面阵相机，可同时获取激光点云和 CCD 影像数据，ALS70 激光波长为 1 064 nm，可以记录多次回波（1、2、3 和末次），垂直测量精度 5～30 cm，视场角为 75°。此次中游地区航空 LiDAR 观测的飞行绝对海拔为 2 700 m（地面最低点 1 412 m，地面最高点 1 655 m），平均点云密度为 4 点/m^2。传感器观测范围如图 5-8 所示。

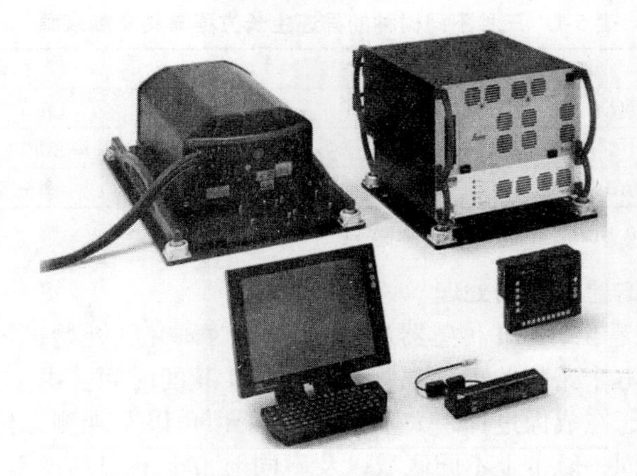

图 5-7　Leica ALS70 机载激光扫描系统

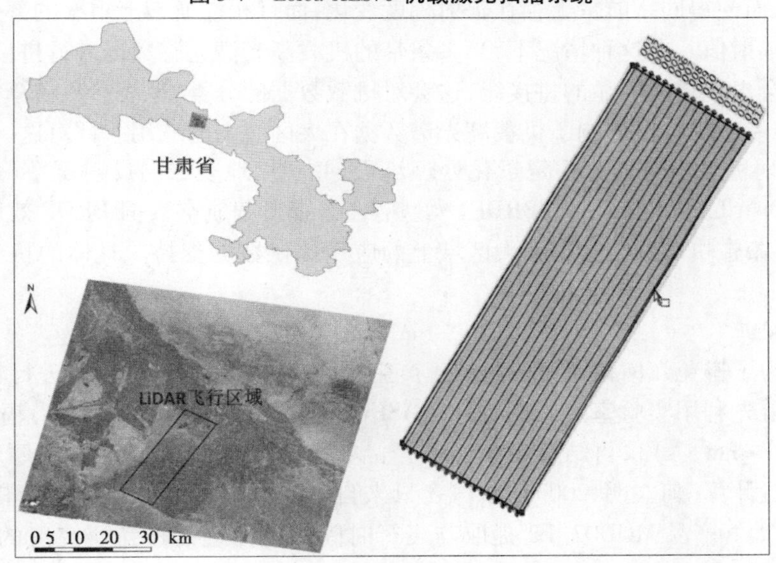

图 5-8　机载激光雷达飞行条带区域

5.1.3　数据预处理

5.1.3.1　样地数据处理

首先对地面调查数据进行分类汇总，总共测量了三种树种的样方，其中杨树样方 50 个，共有 760 棵杨树；柳树样方 3 个，共有 59 棵柳树；槐树样方 3 个，共有 52 棵槐树。由于该地区乔木林属于黑河中游灌溉防护林，不能随意对其进行砍伐，无法对乔木的生物量进行直接获取，因此本研究选用了前人研究中总结发表的乔木异速生长方程对不同树种的地上生物量进行估算，三种树种的异速生长方程如表 5-1 所示，该方程可以利用实地测量的胸径、树高参数对每棵乔木的地上生物量（kg）进行估算，然后对每个样方的乔木累积高、累积树冠面积、平均高、平均树冠面积、株密度、生物量密度进行计算，并将单位换算到每公顷。其中树冠面积计算公式如式（4-1）与式（4-2）所示。

表 5-1　三种不同树种的异速生长方程与其文献来源

树种	异速生长方程	文献来源
杨树	$AGB = 0.114\,664 DBH^{2.386\,436}$	Liu et al,2014
槐树	$AGB = 0.171 DBH^{2.112}$	Liu et al,2014
柳树	$AGB = 0.049\,550\,2(DBH^2H)^{0.952\,453}$	李海奎,2010

注:AGB—地上生物量,kg;DBH—胸径,cm;H—树高,m。

5.1.3.2　航空高光谱遥感数据处理

从图 5-8 中可以看出,CASI 传感器从 12:13:07 对研究区开始进行观测,每个条带耗时约为 13 min,完成五个条带的飞行观测则需要近 1 h 的时间。由于飞机飞行轨迹的变化与观测时间的冗长,在成像过程中太阳方位角、天顶角以及观测方位角、天顶角始终发生变化,这就导致了同一航带上不同区域以及不同航带上的观测像素的太阳与观测几何角度不同,从而使得同一航带上存在辐射梯度变化,而且相邻航带上重叠的部分会有不同方向的反射辐射值。在这种情况下,当多条带的机载高光谱遥感数据进行拼接处理时,相邻条带之间会出现较为明显的拼接线,这会对机载数据的分类、地表参数估算等应用造成一定影响,在一定程度上影响了机载高光谱数据在大区域上的应用。针对这一问题,本书提出了一系列机载高光谱数据定量化处理流程,并利用地表二向反射函数(Bidirectional Reflectance Distribution Function,BRDF)模型对多条带机载航空数据 BRDF 效应进行归一化处理,为多条带机载航空数据在大区域上的应用提供数据支持。具体的机载高光谱数据处理流程如下。

1. 大气校正

本研究为了避免几何校正对辐射校正产生影响,首先对高光谱数据进行辐射定标与大气校正。首先利用实验室定标系数将 CASI 高光谱数据的 DN 值转换为辐亮度值(单位:μW/(cm^2 · nm · s)),再结合 CE－318 产品数据对 550 nm 气溶胶光学厚度以及水平气象视距进行计算(何立明,2003),水汽含量来自于 CE－318 产品数据(任华忠,2012),利用 MODIS 大气产品 MOD07_L2 提取与飞行时间最为接近的覆盖研究区的臭氧含量。本研究分别采用了 6S 模型与 FLAASH 模型两种大气校正方法对 CASI 高光谱遥感数据进行大气校正处理。6S 模型中需要输入传感器观测角度、太阳观测角度、气溶胶类型、目标高度、传感器高度、光谱相应函数,输入的大气参数包括 550 nm 气溶胶光学厚度、水汽含量、臭氧含量;FLAASH 模型中需要输入影像中心经纬度坐标、观测时间、传感器高度、目标高度、气溶胶类型、水平气象视距,水汽含量选择 940 nm 波段自动估算,并选择光谱平滑(Spectral Polishing)功能。图 5-9 为 6S 模型与 FLAASH 模型对 CASI 大气校正后的光谱反射率(玉米、水泥地)与同步实地测量的 ASD 光谱反射率进行比对结果,从图 5-9 中可以看出,对于玉米植被 FLAASH 模型和 6S 模型在可见光波段范围的反射率有所低估,在近红外波段范围 FLAASH 模型的光谱平滑功能使得光谱反射率更加接近于 ASD 光谱,对于水泥地 FLAASH 模型校正结果更接近于 ASD 光谱曲线,但近红外波段反射率有所高估。总体来看,6S 模型与 FLAASH 模型大气校正结果相差不大,相比之下,FLAASH 大气校正的地表反射率与实测的 ASD 反射率更为接近,因此本书选择利用基于 FLAASH 模型大气校正的地表反射率产品进行后期的处理与分析,图 5-10 展示了航空条带中不同土地利用类型的CASI光谱反射率，从图5-10中可以看出，CASI航空高光谱地表反射率数据可以反映出不同土地利用类型的光谱特征。

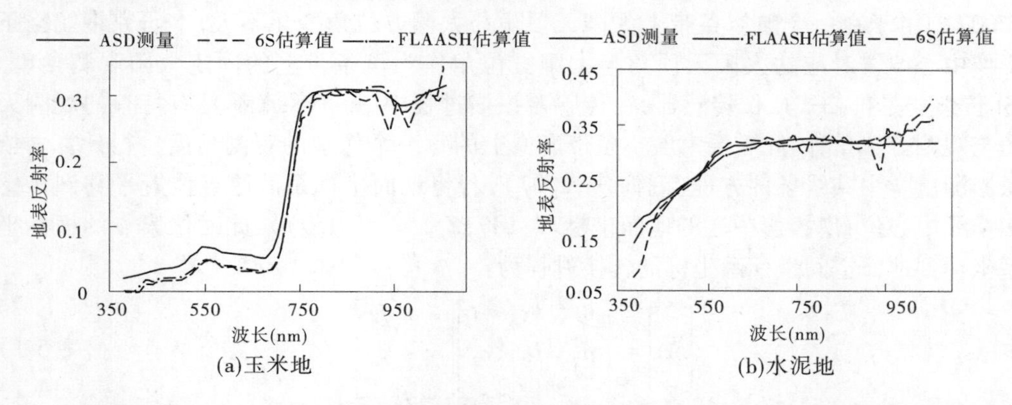

图5-9　6S模型与FLAASH模型大气校正后CASI地表反射率与同步测量ASD反射率比较

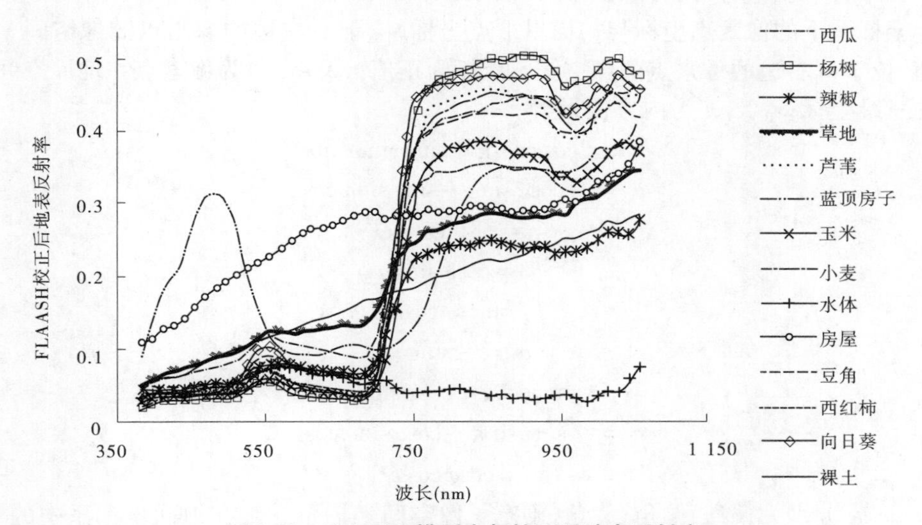

图5-10　FLAASH模型大气校正后地表反射率

2. 几何校正

首先利用Itres公司开发的航空数据预处理软件procMgr对大气校正后的地表反射率产品进行几何校正处理，该软件需要输入POS记录数据、DEM数据以及预先计算的内外方位元素数据。该软件几何校正后不同航空条带之间的几何配准仍有偏差，为了使不同条带间能够达到一定的配准精度，本研究以HIWATER项目组提供的0.5 m分辨率无人机CCD影像（马明国，2011）为基准，利用手工选取控制点的方式，对覆盖研究区的5条航空条带（1 m）进行精几何校正，校正后均方根误差小于3 m，能够达到理想的配准效果。

3. 太阳－观测几何条件计算

假设航空条带飞行方向为正南—正北，此时可以对每个像素的观测几何参数进行定义。对于传感器观测方位角，星下点西方向的像素为90°，东方向的像素为270°；对于传感器观测天顶角（扫描角），可以利用飞机相对航高和像素到星下点的距离进行计算得到。太阳天顶角、方位角可以利用航空影像中心地理坐标以及影像拍摄时间来计算得到。

太阳天顶角、方位角可以利用地理坐标位置以及影像的拍摄时间来计算得到（田辉等,2007），由于在一个航空条带上太阳天顶角与太阳方位角变化不大，本研究将航空条带影像中心位置对应的太阳天顶角与太阳方位角作为该条带上的固定太阳观测角度。CASI 传感器是推扫式成像传感器，在传感器扫描过程中，每个像素都具有特有的观测天顶角与观测方位角，因此需要对航空条带影像上的每一个像素的观测角度进行计算。依据摄影测量学中共线条件方程（闫海庆,2007），若将地面坐标系的原点位置平移到传感器扫描线中心位置（投影中心的地面坐标（X_s, Y_s, Z_s）=（0,0,0）），此时像素点的框标坐标系坐标到地面空间坐标系坐标的转换过程为：

$$\begin{bmatrix} X \\ Y \\ Z \end{bmatrix} = \begin{bmatrix} a_1 & b_1 & c_1 \\ a_2 & b_2 & c_2 \\ a_3 & b_3 & c_3 \end{bmatrix} \begin{bmatrix} x - x_0 \\ y - y_0 \\ -f \end{bmatrix} \tag{5-1}$$

其中，($x-x_0, y-y_0, -f$)为像素点在像空间坐标系中的三维坐标；(x, y)与(x_0, y_0)分别为框标坐标系下的像素点坐标与扫描星下点坐标，位于 x_0 左边的像素点的像空间 x 坐标为负值，位于 x_0 右边的像素点的像空间 x 坐标为正值；(X, Y, Z)为像素点在地面空间坐标系中的三维坐标；x_0、y_0、f 为内方位元素。

$$a_1 = \cos\varphi\cos\kappa - \sin\varphi\sin\omega\sin\kappa$$
$$a_2 = -\cos\varphi\sin\kappa - \sin\varphi\sin\omega\cos\kappa$$
$$a_3 = -\sin\varphi\cos\omega$$
$$b_1 = \cos\omega\sin\kappa$$
$$b_2 = \cos\omega\cos\kappa$$
$$b_3 = -\sin\omega$$
$$c_1 = \sin\varphi\cos\kappa + \cos\varphi\sin\omega\sin\kappa$$
$$c_2 = -\sin\varphi\sin\kappa + \cos\varphi\sin\omega\cos\kappa$$
$$c_3 = \cos\varphi\cos\omega$$

其中，φ、ω、κ 分别为偏角、倾角、旋角，确定了像空间坐标系三轴在地面坐标系中的方向，称为外方位元素。

像素点的观测天顶角与方位角计算公式如下式所示：

$$\theta_v = \arctan\left(\sqrt{\frac{X^2 + Y^2}{Z^2}}\right) \tag{5-2}$$

$$\varphi_v = \arctan\left(\frac{X}{Y}\right) + \pi \tag{5-3}$$

其中，θ_v、φ_v 分别为该像素点的观测天顶角与观测方位角，由于 CASI 传感器为推扫式传感器，对地表进行逐行的扫描成像，因此在同一行上的不同像素在像空间坐标系中（$y-y_0$）坐标均为 0。

对于本书的实际情况，由于飞机在飞行过程中一直保持正南正北方向飞行，且飞行姿态保持较平稳，因此外方位元素角度极小，为了简化每个像素的观测角度计算过程，本书将三个外方位元素角度定义为 0°。因此，本书计算得到的 Y 值均为 0，而 X 具有正负值，

定义 X 为正值时，观测方位角为（$-\pi/2+\pi$），X 为负值时，观测方位角为（$\pi/2+\pi$）。转换到地面空间坐标系中则表现为星下点西方向的像素观测方位角为 90°，东方向的像素观测方位角为 270°。

4. 地表覆盖类型先验知识

本研究在利用地表二向反射模型对机载航空数据进行 BRDF 归一化处理时充分考虑了地表覆盖类型对 BRDF 模型的影响，对不同的地表覆盖类型分别进行 BRDF 模型模拟。为了得到地表覆盖类型先验知识，本书利用 CASI 高光谱数据的近红外波段（769 nm）和红光波段（683 nm）计算 NDVI 值，将大于 0.2 的 NDVI 像素定义为植被像元，小于 0.2 的像素定义为非植被像元（赵英时，2003）。

5. BRDF 模型

双向反射分布函数（Bidirectional Reflectance Distribution Function，BRDF）用来定义给定入射方向上的辐射照度如何影响给定出射方向上的辐射率。BRDF 的物理意义是来自方向地表辐照度的微增量与其所引起的方向上反射辐射亮度增量之间的比值（赵英时，2003）。BRDF 特性解释了遥感接收的辐射亮度，除来自地球表面地物几何形态特征和光谱特征的影响外，还与太阳入射和传感器观测的角度有关。因此，科学家们试图发展可以描述地物目标二向性反射特性的 BRDF 模型，用以解释此种现象。自 20 世纪 70 年代以来，陆表 BRDF 模型得到了广泛的发展，概括而言，主要包括物理模型、经验/半经验模型和计算机模拟模型。物理模型是指通过研究光与地表相互作用的物理过程建立的地表二向反射模型，是对客观世界的数学描述，模型参数具有明确的物理意义。依据模型的物理机制侧重点或物理过程数学化方式不同，可将物理模型进一步分为辐射传输模型和几何光学模型。经验模型是指用数据通过数学函数来拟合二向反射分布形状的模型，也称为统计模型，其特点是模型涉及参数较少，表达式简单而本身无须具备明确的物理意义。经典的经验模型为 Walthall 模型（Walthall et al，1985）。由于经验模型是建立在大量的实测数据上的，缺乏对物理机制的足够理解和认知，代表性差，很难得到普适性的经验模型来描述地表的二向反射特性。半经验模型介于经验模型和物理模型之间，通过对物理模型的近似和简化，降低了模型的复杂度，因此既保留了一定的物理意义，又兼有易于计算的优点，因此模型得到了充分的应用。最具代表性的半经验模型则是核驱动模型（Roujean et al，1992）。

核驱动模型充分利用了辐射传输模型在描述体散射特性上的优势和几何光学模型在刻画面散射特性上的优势，是两种模型的线性混合，并将其中与方向无关量分离（各向同性核）。模型表达为由土壤朗伯散射的各向同性核、面散射的几何光学核、浑浊介质散射的体散射核线性加权（Roujean et al，1992），是一种线性的半经验模型。核驱动模型可以由多种几何光学核和体散射核组合而成，不同的核组合可以描述不同地表的反射特性。常用的几何光学核有 RoujeanGeo（Roujean et al，1992），基于 Li – Strahler 几何光学模型得到 Li 系列核如 Li – Sparse（Wanner et al，1995），Li – Dense（Wanner et al，1995）；体散射核如基于 Ross 辐射传输理论发展的 Ross – Thin（Wanner，1995）和 Ross – Thick（Roujean et al，1992）。线性的方程可以通过最小二乘法拟合，易于求解。因此，核驱动模型被广泛应用于卫星遥感 BRDF/Albedo 估算（Strahler et al，1999）。

本书对 BRDF 效应进行模拟所选用的模型为半经验核驱动二向反射模型，核的组合为 Ross - Thick 核和 Li - Sparse 核。两个核模型的具体计算公式如下：

$$\hat{\rho}(\theta_s,\theta_v,\varphi,k,\lambda)=f_{iso}(k,\lambda)+f_{vol}(k,\lambda)K_{vol}(\theta_s,\theta_v,\varphi,k,\lambda)+f_{geo}(k,\lambda)K_{geo}(\theta_s,\theta_v,\varphi,k,\lambda) \tag{5-4}$$

其中，Ross - Thick 核计算过程如下：

$$K_{vol}=\frac{(\pi/2-\xi)\cos\xi+\sin\xi}{\cos\theta_s+\cos\theta_v}-\frac{\pi}{4}$$

$$\cos\xi=\cos\theta_s\cos\theta_v+\sin\theta_s\sin\theta_v\cos\varphi$$

Li - Sparse 核计算过程如下：

$$K_{geo}=O-\sec\theta'_s-\sec\theta'_v+\frac{1}{2}(1+\cos\xi')\sec\theta'_v$$

$$O=\frac{1}{\pi}(t-\sin t\cos t)(\sec\theta'_s+\sec\theta'_v)$$

$$\cos t=\frac{h}{b}\frac{\sqrt{D'^2+(\tan\theta'_s\tan\theta'_v\sin\varphi)^2}}{\sec\theta'_s+\sec\theta'_v}$$

$$D'=\sqrt{\tan^2\theta'_s+\tan^2\theta'_v-2\tan\theta'_s\tan\theta'_v\cos\varphi}$$

$$\cos\xi'=\cos\theta'_s\cos\theta'_v+\sin\theta'_s\sin\theta'_v\cos\varphi$$

$$\theta'_s=\tan^{-1}(\frac{b}{r}\tan\theta_s)$$

$$\theta'_v=\tan^{-1}(\frac{b}{r}\tan\theta_v)$$

式中：$\hat{\rho}$为拟合后的反射率；θ_s、θ_v、φ 分别为太阳天顶角、观测天顶角以及太阳与观测方向的相对方位角；k 为土地覆盖类型（植被与非植被），在本书中则表示植被与非植被两种地表覆盖类型；λ 为波长；K_{vol}、K_{geo}分别为 Ross - Thick 核和 Li - Sparse 核；f_{iso}、f_{vol}和f_{geo}是常系数，分别表示各向同性散射、体散射和几何光学散射这三部分所占比例。该模型中将树冠表示为椭球体，其长轴、短轴分别为 $2b$ 和 $2r$，球心到基准面距离为 h。按照 MODIS BRDF/Albedo产品算法设置参数，使模型中的 $b/r=1$，$h/b=2$。需要指出的是，为简化 BRDF 模型参数解算过程，本书所用的反射率观测值为航空数据在图像框标坐标系中某一列的同一土地覆盖类型像素的反射率平均值，因为本书假设同一列像素的观测方位角、观测天顶角、太阳方位角、太阳天顶角都相等，且同一列上的同一土地覆盖类型像素的 BRDF 效应相同。

6. 计算 BRDF 模型参数

本书提出利用多条带航空数据的联立方程组对 BRDF 模型参数进行解算。在对不同航空条带进行 BRDF 模拟过程中，同时考虑了航空条带间重叠部分反射率差异最小为限制条件，建立误差方程组，利用最小二乘法对 BRDF 模型参数进行解算，误差方程组如式(5-5)所示。从联立方程组形式可以看出，该模型实现了在考虑重叠部分反射率差异最小的条件下，对所有五个航空条带 BRDF 模型参数同时进行求解。

$$
\begin{cases}
V_1 = a_0 + a_1 k_{a1} + a_2 k_{a2} - g_a & w_1 \\
V_2 = b_0 + b_1 k_{b1} + b_2 k_{b2} - g_b & w_2 \\
V_3 = c_0 + c_1 k_{c1} + c_2 k_{c2} - g_c & w_3 \\
V_4 = d_0 + d_1 k_{d1} + d_2 k_{d2} - g_d & w_4 \\
V_5 = e_0 + e_1 k_{e1} + e_2 k_{e2} - g_e & w_5 \\
V_6 = a_0 + a_1 k_{a1} + a_2 k_{a2} - b_0 - b_1 k_{b1} - b_2 k_{b2} - (g_a - g_b) & w_6 \\
V_7 = b_0 + b_1 k_{b1} + b_2 k_{b2} - c_0 - c_1 k_{c1} - c_2 k_{c2} - (g_b - g_c) & w_7 \\
V_8 = c_0 + c_1 k_{c1} + c_2 k_{c2} - d_0 - d_1 k_{d1} - d_2 k_{d2} - (g_c - g_d) & w_8 \\
V_9 = d_0 + d_1 k_{d1} + d_2 k_{d2} - e_0 - e_1 k_{e1} - e_2 k_{e2} - (g_d - g_e) & w_9
\end{cases}
\tag{5-5}
$$

其中，k_{i1}，k_{i2} 为第 i 个条带影像的 BRDF 核函数，$k_1 = K_{\mathrm{vol}}$，$k_2 = K_{\mathrm{geo}}$；i_0，i_1，i_2（$i = a, b, c, d, e$）为第 i 个条带影像的 BRDF 模型 f_{iso}、f_{vol} 和 f_{geo} 拟合参数；g_i（$i = a, b, c, d, e$）为第 i 个条带影像的地表反射率值；V_i（$i = 1, 2, 3, 4, 5$）为第 i 个条带影像拟合值与观测值的残差值；V_j（$j = 6, 7, 8, 9$）为重叠影像拟合差值与观测差值的残差值。

方程组(5-5)也可以写成矩阵形式，如下所示：

$$
\begin{bmatrix} V_1 \\ V_2 \\ V_3 \\ V_4 \\ V_5 \\ V_6 \\ V_7 \\ V_8 \\ V_9 \end{bmatrix}
=
\begin{bmatrix}
1 & k_{a1} & k_{a2} & 0 & 0 & 0 & 0 & 0 & 0 & 0 & 0 & 0 & 0 & 0 & 0 \\
0 & 0 & 0 & 1 & k_{b1} & k_{b2} & 0 & 0 & 0 & 0 & 0 & 0 & 0 & 0 & 0 \\
0 & 0 & 0 & 0 & 0 & 0 & 1 & k_{c1} & k_{c2} & 0 & 0 & 0 & 0 & 0 & 0 \\
0 & 0 & 0 & 0 & 0 & 0 & 0 & 0 & 0 & 1 & k_{d1} & k_{d2} & 0 & 0 & 0 \\
0 & 0 & 0 & 0 & 0 & 0 & 0 & 0 & 0 & 0 & 0 & 0 & 1 & k_{e1} & k_{e2} \\
1 & k_{a1} & k_{a2} & -1 & -k_{b1} & -k_{b2} & 0 & 0 & 0 & 0 & 0 & 0 & 0 & 0 & 0 \\
0 & 0 & 0 & 1 & k_{b1} & k_{b2} & -1 & -k_{c1} & -k_{c2} & 0 & 0 & 0 & 0 & 0 & 0 \\
0 & 0 & 0 & 0 & 0 & 0 & 1 & k_{c1} & k_{c2} & -1 & -k_{d1} & -k_{d2} & 0 & 0 & 0 \\
0 & 0 & 0 & 0 & 0 & 0 & 0 & 0 & 0 & 1 & k_{d1} & k_{d2} & -1 & -k_{e1} & -k_{e2}
\end{bmatrix}
$$

$$
\times
\begin{bmatrix} a_0 \\ a_1 \\ a_2 \\ \cdots \\ \cdots \\ \cdots \\ \cdots \\ \cdots \\ e_0 \\ e_1 \\ e_2 \end{bmatrix}
-
\begin{bmatrix} g_1 \\ g_2 \\ g_3 \\ g_4 \\ g_5 \\ g_1 - g_2 \\ g_2 - g_3 \\ g_3 - g_4 \\ g_4 - g_5 \end{bmatrix},
\begin{bmatrix} w_1 \\ w_2 \\ w_3 \\ w_4 \\ w_5 \\ w_6 \\ w_7 \\ w_8 \\ w_9 \end{bmatrix}
$$

$$
V = AX - B, W
$$

$$X = (A^{T}WA)^{-1}A^{T}WB$$

$$RMSE = \sqrt{\frac{\sum v_i^2}{n}}$$

其中,W 是权重矩阵,此处定义为单位阵;X 即为特定波长与特定地表覆盖类型对应的 BRDF 模型参数矩阵,该联立方程组实现了对所有航空条带 BRDF 模型参数的同时解算,共有 15 个参数(5 个条带的f_{iso}、f_{vol}、f_{geo});n 为观测值的总数;$RMSE$ 为航空样带($i=1,2,3,4,5$)BRDF 模型拟合结果的均方根误差。

7. BRDF 归一化

本书利用乘法归一化因子(Kennedy et al,1997)对航空条带反射率进行角度归一化处理,将不同角度的方向性反射率均归一化到天顶方向观测的反射率值。

$$K(\theta_s,\theta_v,\varphi,k,\lambda) = \hat{\rho}(\theta_s,\theta_v,\varphi,k,\lambda)/\hat{\rho}(\theta_s = \theta_s,\theta_v = 0°,\varphi = \varphi,k,\lambda) \quad (5\text{-}6)$$

$$\rho(\theta_s,\theta_v,\varphi,k,\lambda)_{norm} = \rho(\theta_s,\theta_v,\varphi,k,\lambda)/K(\theta_s,\theta_v,\varphi,k,\lambda) \quad (5\text{-}7)$$

其中,$\hat{\rho}$为在任意太阳－观测几何条件下的拟合反射率;$\hat{\rho}(\theta_s=\theta_s,\theta_v=0°,\varphi=\varphi,k,\lambda)$为在固定太阳天顶角与方位角、天顶方向观测条件下的拟合反射率,本书将 F3 条带的太阳天顶角与方位角作为固定值θ_s、φ;K 为乘法归一化因子;ρ_{norm}为由原始反射率归一化到相同太阳角度以及天顶方向观测的反射率值。

8. BRDF 归一化结果评估

利用上述定量化处理流程方法对五条 CASI 航空高光谱条带影像进行大气校正与 BRDF 归一化处理,将影像中的像素反射率均归一化到相同太阳－观测几何条件下的地表反射率。

为了评估 BRDF 归一化后的视觉效果,将 BRDF 归一化前和归一化后的航空条带地表反射率数据分别进行拼接处理,拼接过程不采用任何匀色与光谱平滑处理,并且将拼接结果与 2012 年 6 月 25 日成像的 ASTER 卫星影像(15 m)进行对比,其中,ASTER 数据与 BRDF 归一化后的地表反射率数据进行了相对辐射归一化处理,首先基于 ASTER 的光谱响应函数对 CASI 航空高光谱数据进行光谱重采样,再以采样后的 CASI 影像为基准影像,利用 IR－MAD 相对辐射校正对 ASTER 数据进行相对辐射校正,从而消除了 ASTER 卫星数据与 CASI 航空数据由于太阳－观测几何角度不同以及大气条件不同所带来的差异,由于两景影像观测时间相近(4 d),地表覆盖类型视为没有发生变化。图 5-11 展示了拼接航空影像的假彩色合成图和 ASTER 影像假彩色合成图,所用合成波段均为最接近光谱波段。从图中可以看出,BRDF 归一化前的拼接影像中存在明显的拼接线,而经过 BRDF 归一化后的拼接影像中拼接线完全消失,且具有非常好的整体视觉效果,与 ASTER 卫星影像的视觉效果相似。

为了评估 BRDF 归一化处理对航空影像地表反射率在空间维度上的影响,本书对 BRDF 归一化前与归一化后拼接影像的穿轨方向反射率变化情况进行了对比。以近红外波段为例,对 CASI 影像 812 nm 波段反射率拼接图像与 ASTER 影像 807 nm 波段反射率图像的列像素平均值进行统计,并对列平均值在穿轨方向的变化轨迹进行了对比,如图 5-12所示,横坐标为距离长度。

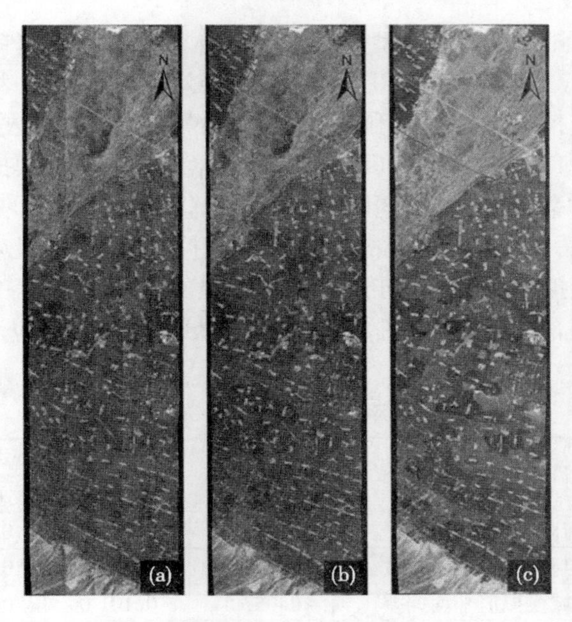

(a)原始影像拼接(R:812 nm,G:669 nm,B,554 nm);

(b)经过 BRDF 归一化处理后影像拼接(R:812 nm,G:669 nm,B:554nm);

(c)ASTER 卫星影像(R:807 nm,G:661 nm,B:556 nm)

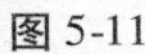
图 5-11

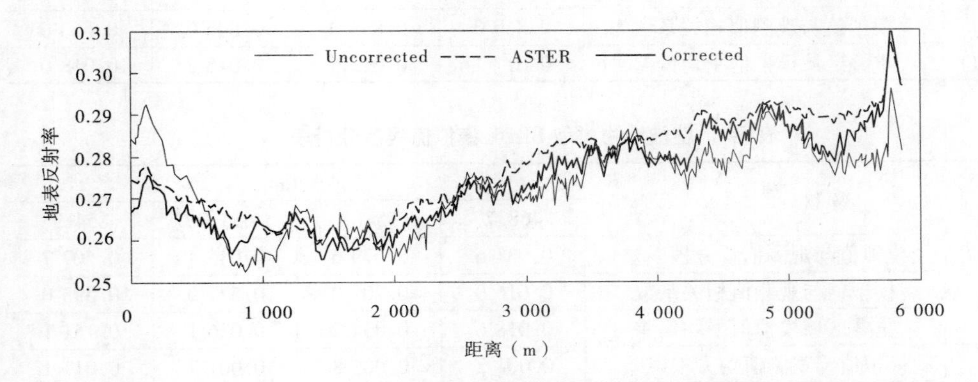

图 5-12　769 nm 波段反射率拼接图像列平均值在穿轨方向上的变化轨迹

由于航空影像获取过程太阳方位角度变化范围为 133°~166°(90°为正东方向),因此 CASI 传感器向西方向观测靠近热点方向,向东方向观测远离热点方向。从图 5-12 可以看出,BRDF 归一化后单个航空条带影像的西方向像素反射率有所降低,而东方向像素反射率有所升高,而且整个拼接影像地表反射率在穿轨方向上的变化趋势与 ASTER 卫星影像反射率变化趋势较为接近。这也说明本书 BRDF 归一化方法对单个航空条带影像的 BRDF 效应与条带之间的 BRDF 效应均进行了纠正。

为了定量评价 BRDF 归一化后航空影像反射率的变化情况,本书利用了模拟值与观测值均方差误差、模拟值与观测值相关系数以及重叠区域模拟值的平均偏差来对 BRDF 归一化前后所有条带内不同土地覆盖类型的平均地表反射率变化情况进行评估。表 5-2

和表 5-3 分别表示了非植被地物类型和植被地物类型在四个通道(468.7 nm、554.7 nm、654.8 nm、854.9 nm)地表反射率 BRDF 模拟值的误差分析结果,从表中可以看出,无论是植被地物类型还是非植被地物类型,利用单一条带分别对 BRDF 参数进行解算后对反射率的模拟值精度最低,所有条带对 BRDF 参数进行解算后对反射率的模拟值精度最高,而所有条带 + 重叠区域反射率最小条件对 BRDF 参数进行解算后对反射率的模拟值精度位于前两者之间,但在三种方法中该方法的航带重叠区域的模拟值平均偏差最小,这说明了该方法在对 BRDF 效应进行模拟的同时对不同航带边缘重叠区域的反射率有一定的平滑作用,使得拼接后影像没有明显的拼接线(见图 5-11),为大区域的航空数据应用提供了数据处理方法。

表 5-2　非植被地物类型 BRDF 模拟值误差分析

项目		波长(nm)			
		468.7	554.7	654.8	854.9
单一影像解算	模拟值与观测值均方根误差	0.157 6	0.213 7	0.252 7	0.267 7
	模拟值与观测值相关系数	0.739 0	0.670 0	0.617 0	0.483 0
	重叠区域模拟值平均偏差	0.067 5	0.101 0	0.132 3	0.121 4
所有影像解算	模拟值与观测值均方根误差	0.003 6	0.004 6	0.005 6	0.007 9
	模拟值与观测值相关系数	0.880 0	0.862 0	0.846 0	0.748 0
	重叠区域模拟值平均偏差	0.012 3	0.015 0	0.017 4	0.018 6
所有影像解算 + 重叠区域最小条件	模拟值与观测值均方根误差	0.003 9	0.005 0	0.006 3	0.009 0
	模拟值与观测值相关系数	0.860 0	0.833 0	0.806 0	0.663 0
	重叠区域模拟值平均偏差	0.011 1	0.013 5	0.015 2	0.018 0

表 5-3　植被地物类型 BRDF 模拟值误差分析表

项目		波长(nm)			
		468.7	554.7	654.8	854.9
单一影像解算	模拟值与观测值均方根误差	0.031 6	0.079 6	0.045 4	0.507 7
	模拟值与观测值相关系数	0.616 0	0.702 0	0.577 0	0.598 0
	重叠区域模拟值平均偏差	0.018 6	0.034 2	0.026 1	0.151 1
所有影像解算	模拟值与观测值均方根误差	0.001 2	0.001 8	0.001 7	0.011 1
	模拟值与观测值相关系数	0.910 0	0.914 0	0.913 0	0.710 0
	重叠区域模拟值平均偏差	0.007 5	0.012 5	0.018 9	0.023 0
所有影像解算 + 重叠区域最小条件	模拟值与观测值均方根误差	0.001 5	0.002 1	0.002 3	0.011 8
	模拟值与观测值相关系数	0.865 0	0.890 0	0.871 0	0.667 0
	重叠区域模拟值平均偏差	0.007 0	0.011 0	0.010 2	0.020 8

5.1.3.3　小光斑机载激光雷达数据处理

本书使用的小光斑机载激光雷达点云数据(见图 5-13)由 HIWATER 航空飞行遥感试验项目组提供(肖青,2014)。机载激光雷达数据处理包括数据前处理和数据后处理,数据前处理一般由专门的数据提供商完成,包括 LiDAR 波形数据的精确位置解算和 LiDAR 波形数据的点云化等内容,用户得到点云化产品;数据后处理由用户根据各自需要完成,主要是对点云数据进行滤波分类,从激光点云中分离出地形表面激光脚点数据子集以及区域不同地物激光脚点数据子集(刘丽娟,2012)。本书利用 Terrscan V4.005(Terrasolid, Helsinki, Finland)软件,通过迭代、孤立点、阈值等算法滤波对点云数据进行地面点与非地面点的分离,处理过程中不断进行参数检校与人工编辑,达到最佳的点云分类效果,最终生产成地面点与非地面点点云产品。对已分类的地面点与非地面点点云数据通过不规则三角网(TIN)插值运算生成数字高程模型(Digital Elevation Model, DEM)和数字表面模型(Digital Surface Model, DSM),该数据为栅格数据,空间分辨率为0.5 m(见图5-14),以便后期与CASI航空数据进行匹配使用。

图5-13　机载激光雷达点云图

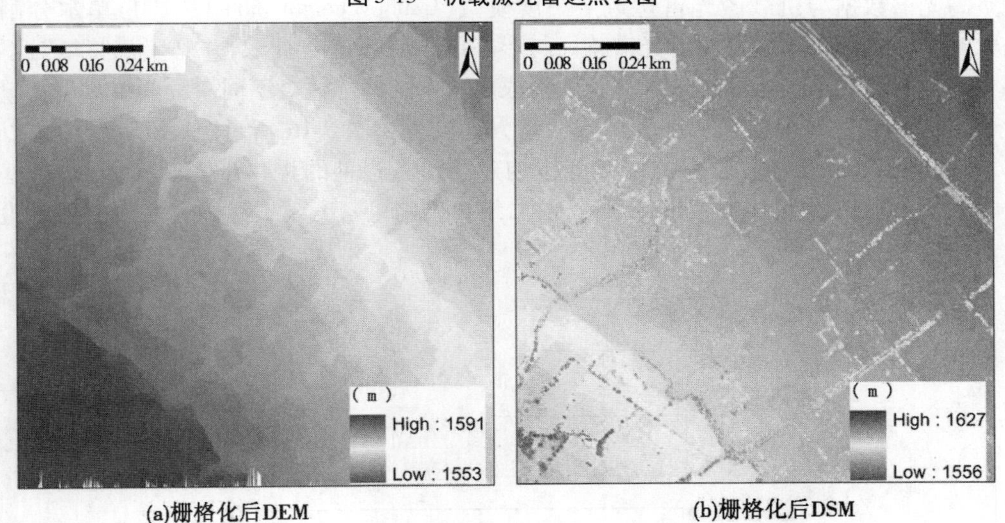

(a)栅格化后DEM　(b)栅格化后DSM

图5-14

5.2　研究技术路线

本章基于在中国甘肃省内黑河流域中游地区防护林的野外调查实测数据,分别从单木尺度与样方尺度上分析了乔木生物量估算的敏感植被结构参数，并探讨了机载小光斑激光雷达数据与航空高光谱数据在防护林生物量估算方面的潜力。本章的研究目的主要是探讨如何利用小光斑激光雷达数据与航空高光谱数据对研究区内的稀疏乔木单木生物量(kg)和生物量密度(t/hm^2)进行高精度估算。由于在中分辨率像素中乔木与农田相互混合，无法利用混合像元分解方法估算亚像元乔木覆盖度，因此本章无法采用“先像元分解后估算生物量”方法对乔木生物量密度进行遥感估算。

首先在研究区内布设样方，通过对样方内所有乔木的实测，获取了所有乔木的树种以及结构参数数据，包括树高(m)、胸径(cm)、冠幅(m)，同时利用不同树种的异速生长方程对单木生物量(kg)进行估算，并计算样方尺度上的累积树冠面积(hm^2/hm^2)、累积树高(m/hm^2)、平均树冠面积(hm^2)、平均树高(m)、株密度(株/hm^2)、生物量密度(t/hm^2)。在单木尺度上，分别利用树高、冠幅与由胸径估算的生物量进行回归建模试验，通过对比分析，不同的树种选择了不同的结构参数对单木生物量进行遥感估算；在样方尺度上，分别利用累积树冠面积、累积树高、平均树冠面积、平均树高、株密度与生物量密度进行回归建模试验，通过对比分析，选择最佳的结构参数对生物量密度进行遥感估算。值得指出的是，由于特定树种的采样样方个数较少，无法进行不同树种的生物量密度模型建模，本书使用所有树种样方的结构参数数据与生物量密度进行建模回归，构建所有树种的生物量密度遥感估算模型。

图 5-15 表示利用 CASI 航空高光谱数据与机载激光雷达数据对乔木单木生物量估算的流程。通过对实地测量数据的回归分析构建不同树种的单木生物量模型，利用 CASI 航空高光谱数据与机载激光雷达冠层高度模型(Canopy height model, CHM)单木分割后提取的结构参数对不同树种的光谱特征与形态结构特征进行提取，并基于该特征对不同树种进行分类处理。再利用单木分割后提取的单木结构参数对不同树种的单木生物量进行遥感估算。乔木生物量密度的遥感估算方法流程如图 5-16 所示，从图 5-16 中可以看出，通过对实地测量样方数据的回归分析构建了所有树种的生物量密度模型，并对基于 CHM 分割后的单木结构参数进行尺度上推，结合生物量密度模型对研究区内的乔木生物量密度进行遥感估算。

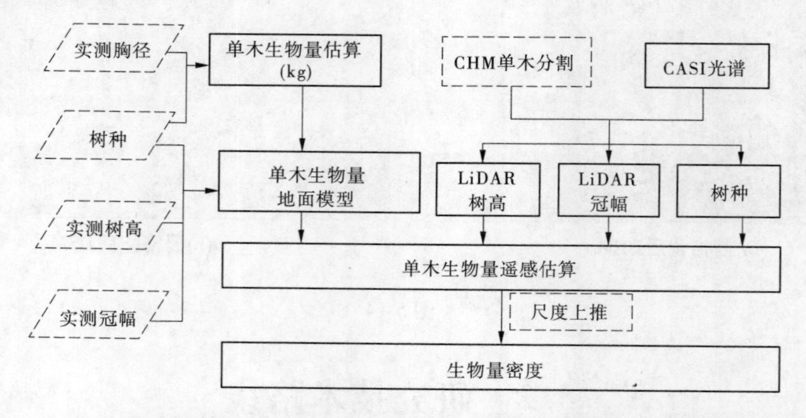

图 5-15　基于单木生物量(kg)遥感估算后尺度上推到生物量密度

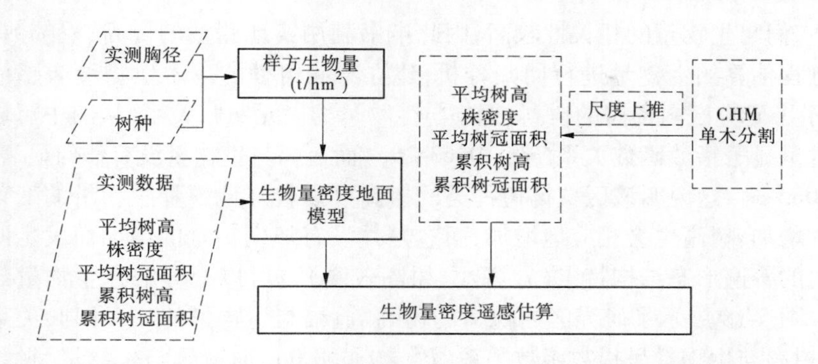

图5-16　所有乔木树种生物量密度（t/hm^2）遥感估算流程

本章的研究内容主要有：

（1）通过分析实地测量数据，建立单木尺度上的生物量遥感估算模型与样方尺度上的生物量密度遥感估算模型。

（2）基于航空高光谱数据与机载激光雷达数据对研究区CHM进行提取，并利用无效值填充和平滑滤波对CHM进行处理，最后利用分水岭分割算法对稀疏乔木进行单木分割，并同时提取相应的单木结构参数（树高、冠幅）。

（3）基于CHM分割后结果，利用光谱特征与形状特征对研究区内的三种主要树种进行分类。

（4）利用CHM分割后提取的乔木结构参数对单木生物量和生物量密度进行遥感估算，并对生物量估算结果进行精度验证。将单木生物量进行尺度上推转换为生物量密度，与生物量密度遥感估算模型得到的生物量密度进行比较，并分析各方法的优缺点，为稀疏乔木植被生物量大区域遥感估算提供方法借鉴。

5.3　研究区乔木树种生物量模型研究

5.3.1　各乔木树种单木生物量地面模型

由于林木生物量的测定需要将林木进行收割、烘干等处理，获取生物量非常费时费力，最常用的生物量估计方法就是建立生物量模型，利用与林木生物量相关的胸径、树高等因子对生物量进行估计。生物量模型大多采用异速生长方程（或称相对生长方程），该方程主要是以实地测量数据为基础，建立特定树种的测量参数（如地径、胸径、树高、冠幅等）与实测生物量之间的统计回归模型。对于本书情况，研究区内的乔木不允许被砍伐，因此本书采用了前人在实地生物量收割试验基础上建立的不同树种异速生长方程对该区域内的对应树种乔木进行单木生物量估算，三种主要乔木树种（杨树、槐树、柳树）所用的异速生长方程如表5-1所示。利用该方程估算得到的生物量与真实生物量的绝对值之间存在一定的偏差，但该偏差为系统偏差，并不影响对估算方法的精度评价和不同方法之间的相对精度关系比较。

为了建立单木生物量遥感估算模型，由于树高与冠幅参数可以由遥感传感器直接观测得到，且它们与生物量的相关性较高，因此本书利用实地测量的树高、冠幅数据与基于异速生长方程估算的生物量进行回归分析，建立不同树种的单木生物量遥感估算模型。图 5-17 展示了研究区内杨树的树高、冠幅与生物量的一元回归关系，从图中可以看出，树高与生物量呈显著指数函数关系（R^2 = 0.634 6），而冠幅与生物量没有任何显著的统计关系（R^2 = 0.085 3），这说明该区域杨树种类的树高可以较好地解释生物量的变化情况，随着生物量的增加，树高也会相应地增加，而冠幅并没有随生物量的增加而发生明显变化。该区域杨树的普遍形态结构特点（冠幅小、树高较高）也可以充分解释生物量与树高、冠幅的关系。图 5-18 展示了研究区内槐树的树高、冠幅与生物量的一元回归关系，从图中可以看出，树高与生物量呈指数函数关系（R^2 = 0.658 0），而冠幅与生物量呈线性函数关系（R^2 = 0.617 7），这说明该区域的槐树树高与冠幅均能较好地解释生物量的变化情况，且树高的解释能力优于冠幅；图 5-19 展示了研究区内柳树的树高、冠幅与生物量的一元回归关系，从图中可以看出，树高、冠幅与生物量均呈指数函数关系，且冠幅对生物量变化的解释能力（R^2 = 0.724 5）高于树高的解释能力（R^2 = 0.656 1）。

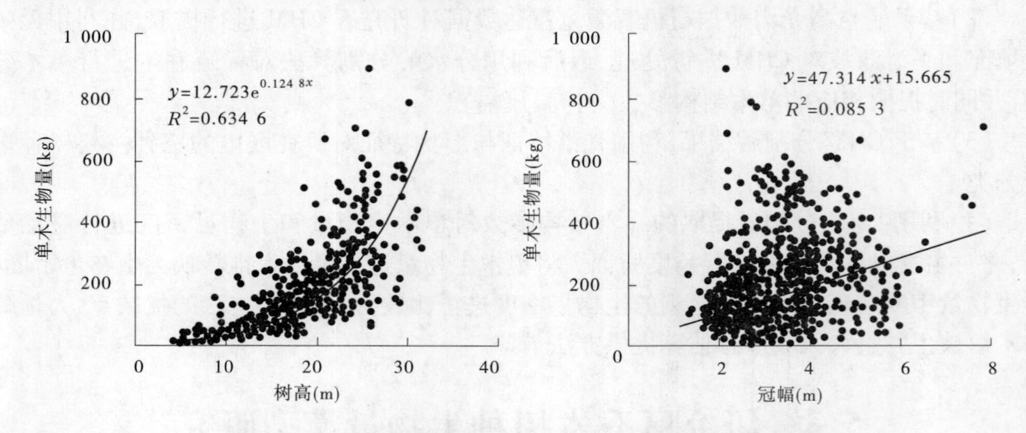

图 5-17　杨树树种树高、冠幅与单木生物量一元回归分析

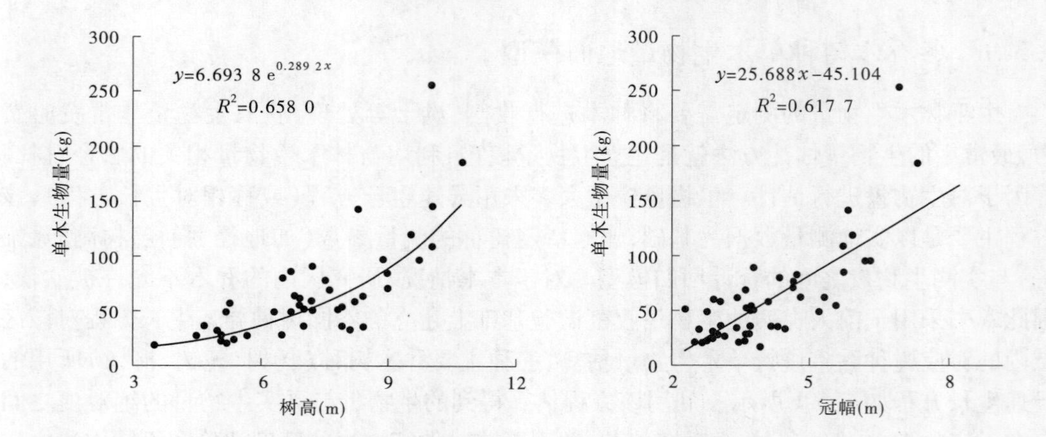

图 5-18　槐树树种树高、冠幅与单木生物量一元回归分析

为了获取最佳的单木生物量遥感模型，本书针对不同树种，利用树高、冠幅实测数据

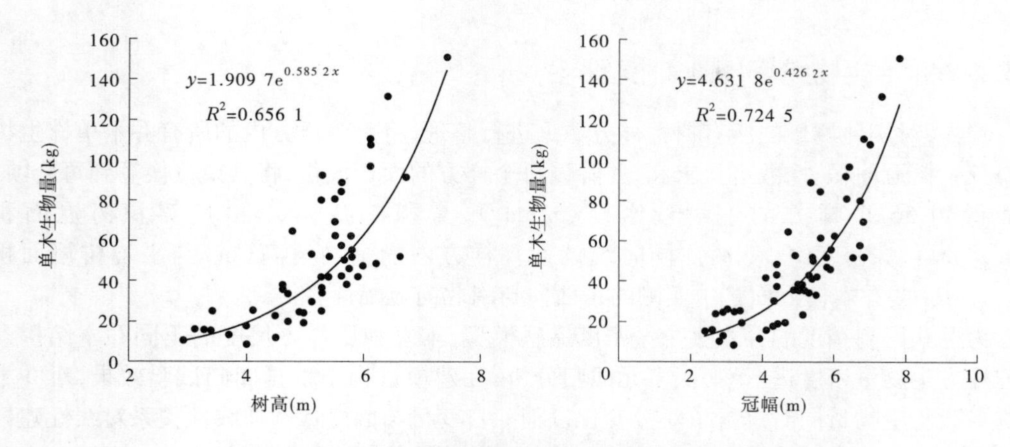

图5-19　柳树树种树高、冠幅与单木生物量一元回归分析

与单木生物量进行了一元和多元回归建模分析，回归模型方程与精度分析结果如表5-4所示。从表中可以看出，对于杨树树种，使用树高与冠幅对数变换后的二元生物量回归方程估算误差最低（$RMSE=253.82$ kg），因此将其作为杨树单木生物量遥感估算方程，但该方程与只利用高度建立的一元回归模型精度相当，说明加入冠幅信息也并没有显著提高生物量估算精度；对于槐树树种，使用树高与冠幅对数变换后的二元生物量回归方程估算误差最低（$RMSE=23.85$ kg），因此将其作为槐树单木生物量遥感估算方程；对于柳树树种，使用树高与冠幅对数变换后的二元生物量回归方程具有最高的决定系数，但其估算误差并不是最低，而仅使用冠幅参数的一元生物量回归方程估算误差表现最低（$RMSE=15.47$ kg），本书以均方根误差最小为原则将其作为柳树单木生物量遥感估算方程。

表5-4　三种主要树种的单木生物量模型

树种	n	回归方程	R^2	$RMSE$(kg)	F 值
杨树	756	$AGB=12.723e^{0.124\,8h}$	0.634 6	262.90	1 314.8
		$AGB=47.314w+15.665$	0.085 3	339.21	68.212
		$AGB=43.813h+83.320w-658.073$	0.496	289.31	372.74
		$\ln AGB=2.196\ln h+0.524\ln w-1.248$	0.654	253.82	713.37
槐树	52	$AGB=6.693\,8\,e^{0.289\,2h}$	0.658	27.38	96.205
		$AGB=25.688w-45.104$	0.617 7	27.3	80.784
		$AGB=10.044h+17.184w-80.339$	0.697	24.32	56.247
		$\ln AGB=1.3\ln h+0.853\ln w+0.259$	0.743	23.85	70.847
柳树	59	$AGB=1.909\,7\,e^{0.585\,2h}$	0.656 1	19.55	108.76
		$AGB=4.631\,e^{0.426\,2w}$	0.724 5	15.47	149.92
		$AGB=9.291h+14.08w-70.682$	0.684	17.243 17	60.716
		$\ln AGB=1.317\ln h+1.212\ln w-0.378$	0.748	16.191 42	83.134

注：h—树高，m；w—冠幅，m；AGB—乔木地上生物量，t/hm^2。

5.3.2 乔木生物量密度地面模型

首先,对实地测量的所有树种样方数据进行整理,将每个样方内的所有乔木单株生物量、树高、树冠面积、株数进行求和,并除以每个样方的面积大小,将其单位换算到每公顷,从而得到56个样方的生物量密度(t/hm²)、累积树高(m/hm²)、累积树冠面积(hm²/hm²)、株密度(株/hm²),同时统计计算样方内的平均树高(m)与平均树冠面积(m²)。其中,乔木树冠面积由实测的东西向与南北向冠幅计算得到。

为了获得高精度的乔木生物量密度遥感模型,本书利用样方尺度的不同乔木结构参数与样方生物量密度进行一元、多元回归分析,在建模过程中根据回归试验效果,对乔木结构参数与生物量同时进行了对数变化以消除自变量与因变量间非线性关系对线性建模的影响,图5-20仅展示了使用所有树种样方的累积树高与累积树冠面积对生物量密度的一元回归建模过程,所有回归方程与精度分析如表5-5所示。从图5-20中可以看出,该区域的累积树高参数与生物量密度具有较高的相关性($R^2=0.736\,5$),且能够较好地解释样方生物量密度变化情况,而累积树冠面积参数与生物量密度之间相关性较低($R^2=0.465\,9$),不能很好地解释样方生物量密度的变率。

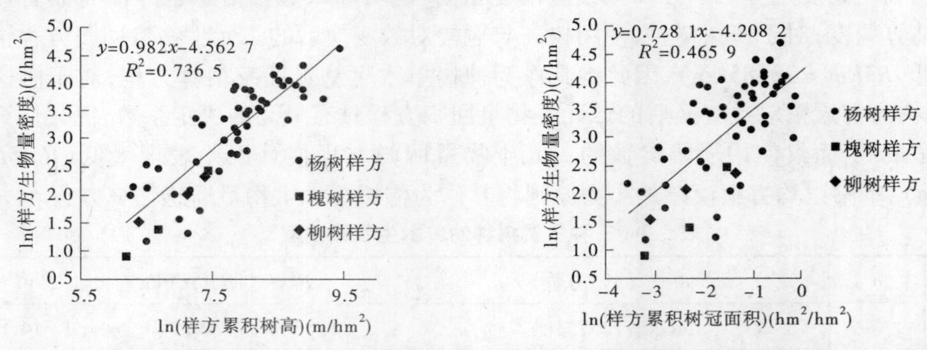

(a)样方累积树高与生物量密度一元回归模型　(b)样方累积树冠面积与生物量密度一元回归模型

图5-20　基于累积树高与累积树冠面积对乔木生物量密度的一元回归建模

从表5-5中的对比可以看出,利用累积树高与累积树冠面积的二元生物量模型估算精度($RMSE=11.984$ t/hm²)与利用单一累积树高的一元生物量模型精度($RMSE=13.028$ t/hm²)相当,且二元模型的总体显著性(F值)较累积树高—生物量模型有所下降。利用平均树高与株密度的二元回归模型估算精度($RMSE=10.413$ t/hm²)要高于仅利用累积树高的一元回归模型精度,但利用平均树冠面积与株密度的二元回归模型估算精度水平仍较低($RMSE=15.607$ t/hm²)。利用平均树高、株密度、平均树冠面积的三元回归模型估算精度达到最高($RMSE=9.682$ t/hm²),但与利用平均树高和株密度的二元回归模型相比,平均树冠面积参数并没有显著提高三元回归模型估算精度,且三元模型的总体显著性(F值)有所下降。这足以说明该区域乔木的树冠面积信息对生物量估算并没有起到显著作用,树高才是估算乔木生物量的关键因子,这与澳大利亚中部稀疏灌木生物量估算的结论正好相反。

表5-5　一元与多元乔木生物量密度模型及其精度列表

n	生物量遥感估算模型	R^2	$RMSE$(t/hm^2)	F值
56	$\ln AGB = 0.982\ln H - 4.5627$	0.736 5	13.028	150
	$\ln AGB = 0.7281\ln C + 4.2082$	0.465 9	18.007	47
	$\ln AGB = 1.473\ln h + 0.823\ln d - 5.103$	0.822	10.413	122.09
	$\ln AGB = 0.517\ln c + 0.91\ln d + 1.921$	0.53	15.607	29.8
	$\ln AGB = 0.857\ln H + 0.164\ln C - 3.333$	0.748	11.984	78
	$\ln AGB = 1.362\ln h + 0.863\ln d + 0.154\ln c - 3.983$	0.832	9.682	85.95

注:AGB—生物量密度,t/hm^2;H—累积树高,m/hm^2;C—累积树冠面积,hm^2/hm^2;h—平均树高,m;c—平均树冠面积,m^2;d—株密度,株/hm^2。

5.4　基于航空光学数据与LiDAR的单木结构参数提取

基于上述分析可知,不同尺度的乔木结构参数与单木生物量(kg)和生物量密度(t/hm^2)有显著的相关性,因此研究的重点问题则转换为如何利用遥感数据获取较为精确的单木结构参数。针对这一问题,本书利用了航空高光谱数据和机载LiDAR数据对单木结构参数进行提取,并通过尺度上推方法将单木结构参数转换为样方尺度的结构参数。单木结构参数提取流程图如图5-21所示。

首先通过结合冠层控制阈值法和航空光学影像对研究区内的乔木CHM区域范围进行提取,并通过无效值填充对提取后的CHM进行优化,再利用一系列的形态学运算、树冠曲面平滑算法、树顶点提取算法以及分水岭分割算法对CHM进行单木分割处理,并同时提取每棵单木的树高、冠幅、树顶点位置等结构参数。

5.4.1　结合光谱指数和冠层控制的乔木CHM提取

数字高程模型(Digital Elevation Model,DEM)是用一组有序数值阵列形式表示地面高程的一种实体地面模型,数字表面模型(Digital Surface Model,DSM)是包括地表上的人工建筑物、树木、草地等的地面高程模型。机载激光雷达(LiDAR)技术正是因为能够快速准确地获取地表目标物三维坐标信息,提取高精度的数字高程模型和数字表面模型,近几年LiDAR硬件开发技术和应用领域均得到了迅猛的发展。DEM和DSM的生成需要有效区分LiDAR点云数据集中的地面点和非地面点,目前针对这方面点云分类研究已经非常成熟,也形成了相关的点云处理标准规范,尤其是针对DEM的生成已经基本实现了自动化,并能够得到非常高的精度。DSM表达的是地表形状的真实起伏状况,一般利用激光雷达数据中的首回波点云对地表目标的信息进行提取。归一化数字表面模型(Normalized Digital Surface Model,NDSM)是由DSM与DEM相减后得到的,其代表了地表点相对于地面点的高度。冠层高度模型(Canopy Height Model,CHM)是对地表上特定植被冠层高度的一种栅格化的表达方式,CHM反映了植被冠层在垂直方向上的高度变化和水平方向上

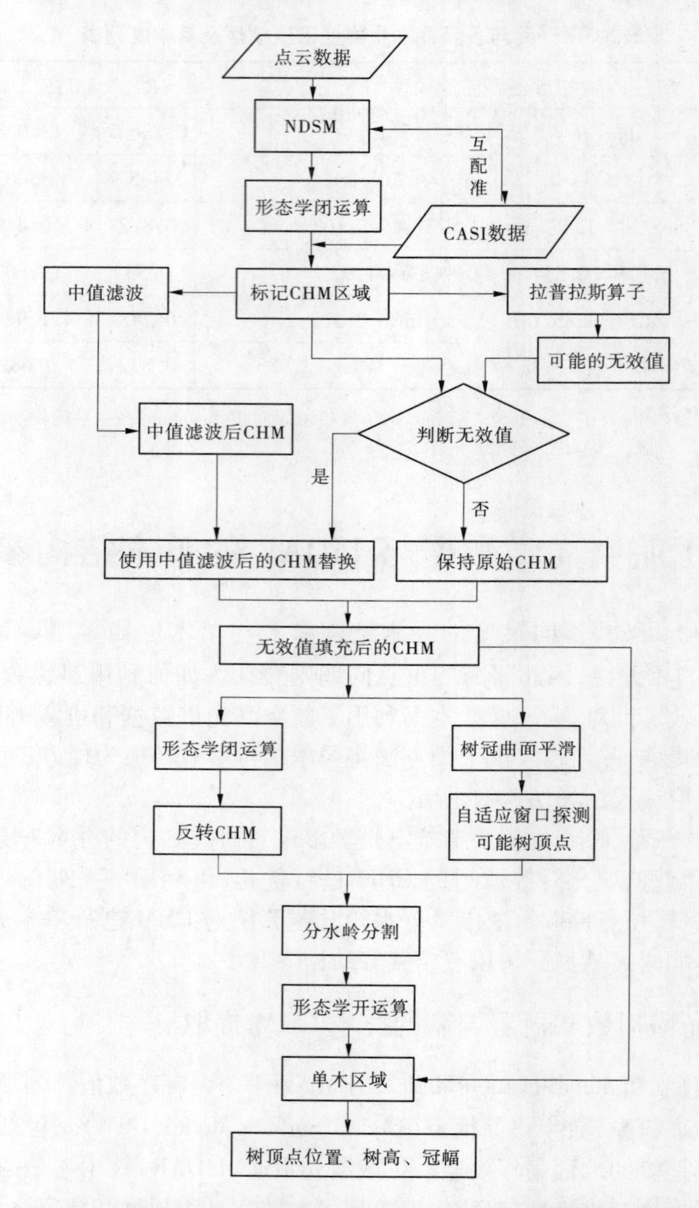

图 5-21 基于航空光学数据与 LiDAR 提取单木结构参数流程图

的分布状态。如果研究区只包括一种植被类型,NDSM 就等于该植被类型的 CHM,若研究区内包括多种地物类型,则需要从 NDSM 中提取特定植被类型的 CHM。

由于该研究区内的地物类型多样,包括树木、农田、非植被(建筑、道路、裸地等),由 DSM 与 DEM 相减得到的 NDSM 中包括了树木与非树木(建筑物、农田、道路),为了仅对树木冠层高度模型进行下一步处理,需要对研究区内非树木的信息如建筑、道路、农田进行剔除,从而提取出树木冠层高度模型。树木与非树木的区分仅仅依靠高程信息是很难完成的,这就需要同时结合不同地物的光谱特征信息。针对本书研究区实际情况,本书使用冠层控制阈值法与光谱指数阈值法相结合的方式对树木冠层高度模型进行提取。

5.4.1.1　NDSM与航空光学影像配准

本书首先将NDSM(0.5 m)与CASI航空光学数据(1.0 m)进行空间几何配准。由于机载LiDAR和高光谱数据是非同步获取的,因此在将两数据源进行融合应用之前需要对其先进行相互配准。由于激光雷达NDSM栅格数据为近似正射投影,而CASI航空高光谱数据为中心投影,因此本书以NDSM为基准选取地面控制点计算CASI航空高光谱影像的外方位元素,同时结合CASI-1500传感器的内方位元素和DEM数据利用RPC模型对航空高光谱影像进行正射纠正,消除因地形起伏和中心投影造成的图像变形。图5-22展示了CASI高光谱影像几何校正前后比较,校正后的几何精度小于3 m,保证了NDSM与CASI航空数据协同应用的配准精度。

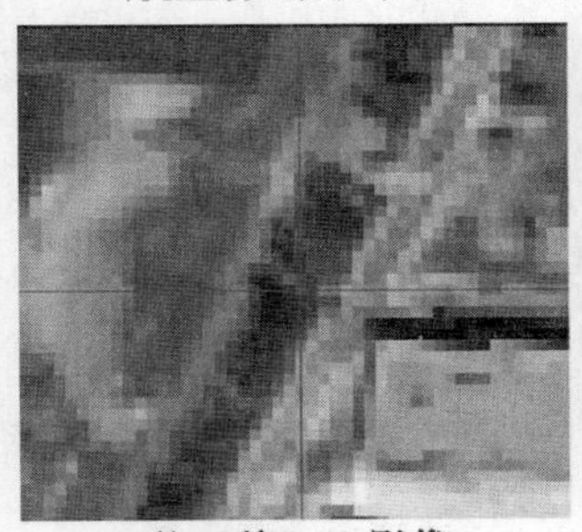

(a)校正前CASI影像

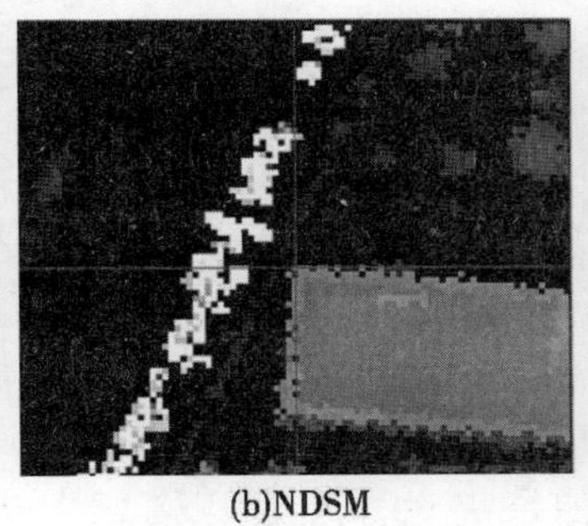

(b)NDSM

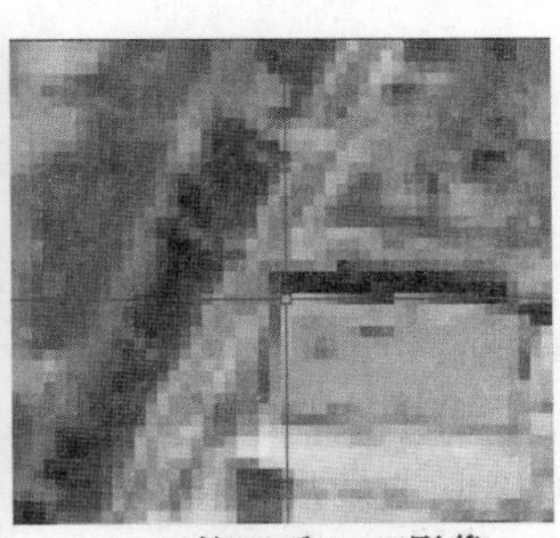

(c)校正后CASI影像

图5-22　基于NDSM对CASI航空高光谱影像的正射纠正

5.4.1.2　冠层控制

"冠层控制"的提出需要建立一个假设,即树冠轮廓从天顶方向观测是一个近似圆形或椭圆的形状,结合大量航空高分辨率影像的核实验证,这个假设是可靠的(赵旦,2012;Zhao et al,2013)。对于机载激光雷达数据栅格化后的DSM来说,它正是从垂直天顶方向对树木形态的一种表达,是比常见的正射影像更为精确的"正射影像"。结合假设,冠层控制阈值法就是利用一个简单阈值将一定区域内的树冠轮廓覆盖范围进行提取。通过前人研究表明,该方法可以有效处理CHM中大量存在的无效值和冠层间隙,将无效值划分为树冠轮廓以内,而将冠层间隙划分到树冠轮廓以外,从而提高了CHM区域轮廓提取精度。

形态学图像处理方法已经是图像处理领域的常用方法之一,已经被广泛应用于各个领域中,如生物医学图像处理、目标探测、计算机视觉和模式识别等。形态学在图像处理领域属于非线性图像处理分析的一个分支,关注图像的几何结构,该理念最先由法国数学家Georges Matheron和Jean Serra于1964年提出(Dougherty et al,2003)。形态学的基础为集合论、格论、拓扑学和随机函数,形态学通常应用于数字图像,在连续和离散空间中引入了拓扑和几何的连续空间概念如尺寸、形状、凹凸性、连通性和地学距离等。形态学图像处理包含一系列与以上特性有关的图像变换运算。"冠层控制"需要首先对NDSM进行数字形态学图像处理,形态学的运算很多,但它们均可以利用一组代数运算算子组合而成,它的基本算子有四个:腐蚀(Erode)、膨胀(Dilate)、开(Opening)和闭(Closing)运算。腐蚀操作收缩图像,而膨胀操作扩展图像。开操作能够平滑目标的轮廓、剪短狭窄的沟壑同时消除微小的突出；闭操作同样能够平滑目标的轮廓，不同的是它表现为填充狭窄的沟壑与细长的裂缝、移除小的空洞并且连接轮廓的中断（Dougherty et al，2003；崔屹，2000）。基于前人研究成果和形态学滤波算法特点可以看出，闭操作运算法是冠层控制的最佳选择（赵旦，2012）。

形态学图像处理具体表现为一种邻域运算形式，一种特殊定义的邻域称之为“结构元素”（Structure Element），结构元素在形态变换中的作用相当于信号处理中的“滤波窗口”。在每个像素位置上它与二值图像对应的区域进行特定的逻辑运算，逻辑运算的结果为输出图像的相应像素。形态学运算的效果取决于结构元素的大小、内容以及逻辑运算的性质。用 $S(x)$ 代表结构元素，对给定灰度图像 $C(x)$ 中的像素腐蚀和膨胀的定义为：

腐蚀
$$E = C\Theta S = \{x : S(x) \subseteq C\} \tag{5-8}$$

膨胀
$$D = C \oplus S = \{x : S(x) \cap C \neq \emptyset\} \tag{5-9}$$

从公式可以看出，用 $S(x)$ 对 C 进行腐蚀的结果就是把结构元素 S 平移后使 S 包含于 C 的所有点构成的集合。用 $S(x)$ 对 C 进行膨胀的结果就是把结构元素 S 平移后使 S 与 C 的交集非空的点构成的集合。先腐蚀后膨胀的过程称为开运算。它具有消除细小物体，在纤细处分离物体和平滑较大物体边界的作用。先膨胀后腐蚀的过程称为闭运算。它具有填充物体内细小空洞，连接邻近物体和平滑边界的作用。

针对本书情况，NDSM 图像是灰度图像，所以需要使用灰度闭操作，根据树冠从垂直角度观测是近似圆形或者椭圆形的假设，结构元素选择近圆形结构元素，如图 5-23 所示。因此，一幅原始 NDSM 灰度图像 C 进行以结构元素为 S 的形态学灰度闭操作可以表达为：

$$C_{\text{close}} = C \cdot S \tag{5-10}$$

0	1	1	1	0
1	1	1	1	1
1	1	1	1	1
1	1	1	1	1
0	1	1	1	0

图 5-23　典型 5×5 近圆形结构元素

5.4.1.3　提取乔木 CHM 区域

冠层控制阈值法是引入一个冠层阈值 T_{close}，将 C_{close} 上大于 T_{close} 的像素划分为树木冠层区域，反之则不是。该阈值主要由目标区域的树木枝下高决定（赵旦，2012），通过对本研究区的实地调查和激光雷达数据分析，T_{close} 设定为 3 m 较为合适。但对于本书特殊情况，由于该防护林区域内分布有大量的建筑物，而且树木高度与建筑物高度相似，因此难以利用冠层阈值法对树木冠层和建筑物进行有效分离。本书基于植被与非植被的光谱差异特点，利用 CASI 航空高光谱数据计算得到比值植被指数（RVI），并结合植被指数阈值（$T_{\text{RVI}} = 2.0$）对树木与建筑物进行进一步的分离。对乔木 CHM 区域的判断准则如式（5-11）所示，若某一 NDSM 像素同时满足下述条件，则将其划分为乔木 CHM 像素。

$$\begin{cases} \text{Mean}(RVI_{3\times3}) > T_{\text{RVI}} \\ C_{\text{tree}}(i,j) = C_{\text{close}}(i,j) > T_{\text{close}} \end{cases} \tag{5-11}$$

其中，C_{tree} 为提取后的乔木 CHM；$\text{Mean}(RVI_{3\times3})$ 为 $C_{\text{close}}(i,j)$ 像素在地理位置上对应的 RVI 像素的 3×3 邻域 RVI 平均值，该方法可以有效消除航空光学数据与 NDSM 配准偏差和分辨率不一致带来的像素定位误差。

图 5-24 展示了 NDSM 与提取后的乔木 CHM，从图中可以看出，原始的 NDSM 中包括

了防护林、建筑物与农田等多种地物类别,而经过分离后的C_{tree}只包括了防护林高度模型,且后期的所有图像处理操作均应用于C_{tree}内部。

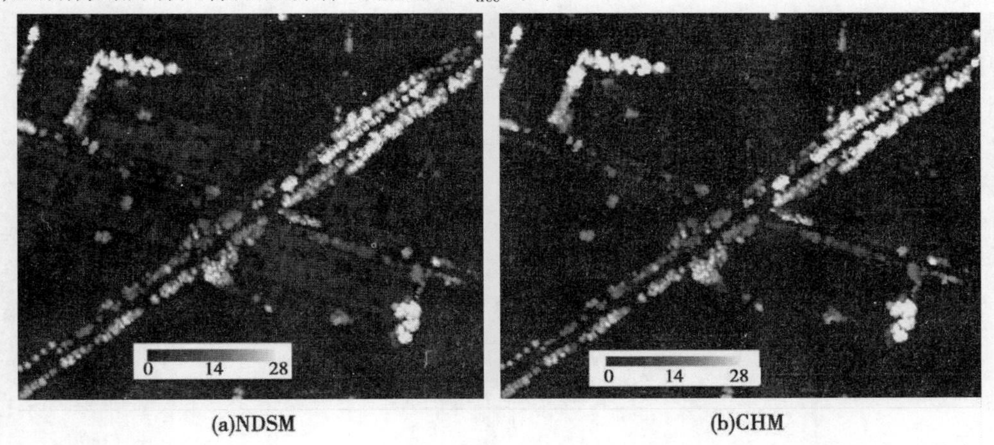

(a)NDSM (b)CHM

图5-24 结合冠层控制阈值和航空光学影像提取乔木CHM区域

5.4.2 CHM无效值探测与填充

激光雷达CHM中的无效值被定义为激光脉冲透过了植被体而命中地面并返回传感器,而且在结合不同航线的数据集时通常会产生大量的无效值(Leckie et al,2003)。Gaveau et al(2003)利用原始机载激光点云对阔叶林冠层高度进行估算时,试验区的灌木冠层高度被平均低估了0.91 m,而乔木冠层高度被平均低估了1.27 m;使用栅格化后的CHM对灌木冠层高度估算时被低估了1.02 m,对乔木冠层高度进行估算时被低估了2.12 m。因此,他们认为激光脉冲的穿透深度直接造成了激光点云的无效值,点云的空间插值栅格化对误差进行了轻微的放大。赵旦(2012)的相关研究发现,不仅树冠内部的地面回波,低矮灌木、幼木和树冠边缘回波都会导致无效值的产生。因此,无效值普遍存在于激光雷达点云数据中,而且它们的存在会对后续数据处理与分析的精度产生较大的影响,尤其是对于栅格化后的CHM数据,因此对CHM中的无效值进行填充是非常有必要的,使得CHM能够更真实地表达出地表植被冠层的高度变化情况。

本书虽然对乔木CHM范围进行了提取,但CHM中仍然存在着大量的高度突变像素,这些像素的高度值与周围的像素值差距较大。这些高度异常像素点主要由两大原因造成:①树木冠层本身的离散分布,如树冠之间的间隙、树冠周围或树冠之间的低矮目标(地表、幼树、灌木层等)(实线圈);②激光点穿透植被冠层打到地面或低矮的枝干后返回,扫描角的影响导致部分树冠信息的缺失、激光雷达数据的异常、CHM的插值误差等(虚线圈)。第一种情况是属于冠层间隙,也是树冠表面信息的真实表达,是树木冠层的自然现象,不需要进行进一步处理,在CHM图像中可以看到冠层间隙往往是由连续的像素集组成的。而第二种情况并不是树木冠层信息的真实反映,也就是所谓的CHM无效值,它会影响对CHM的进一步分析和处理,因此需要对其进行探测与填充处理。在CHM图像中可以看出无效值均是由单个或若干个突变像素形成的。无效值与真实的冠层间隙信息能够通过人眼进行很好的识别,但难以利用计算机程序算法进行有效区分,冠层间隙和多像素的无效值通常会在程序处理过程中带来混淆。由于 LiDAR 点云的高程分辨率限制(一般为 2 ~3 m),因此可以将 CHM 上的无效值定义为:如果在树冠区域内部有一个或几个像素的高程值比其邻域周围像素低 3 m 或者更多,则这个或这些像素是无效值(赵旦,2012)。

本书在提取的 CHM 范围基础上,运用拉普拉斯算子和中值滤波对 CHM 内的无效值像素进行探测和填充(Zhao et al,2013),通过研究表明,该方法组合可以对 CHM 中的无效值进行有效探测和填充,流程图如图 5-21 所示。首先利用拉普拉斯(Laplacian)变换在原始 CHM 上查找可能的无效值。拉普拉斯变换是图像处理锐化方法,是一种最简单的各向同性微分算子,通常用来强调图像中灰度值的突然变化的区域。一个二维图像函数 $f(x,y)$ 的拉普拉斯变换定义为:

$$\nabla^2 f = \frac{\partial^2 f}{\partial x^2} + \frac{\partial^2 f}{\partial y^2} \tag{5-12}$$

数字图像均为离散图像,根据二阶微分处理方法,可将式(5-12)转换为最简单的离散表达形式:

$$\nabla^2 f = f(x+1,y) + f(x-1,y) + f(x,y+1) + f(x,y-1) - 4f(x,y) \tag{5-13}$$

若同时考虑对角线邻域方向,则将新添加项加入到式(5-13)中,其形式与式(5-13)类似,只是其坐标轴方向改为对角线方向:

$$\begin{aligned}\nabla^2 f = {} & f(x+1,y) + f(x-1,y) + f(x,y+1) + f(x,y-1) + \\ & f(x+1,y+1) + f(x+1,y-1) + f(x-1,y+1) + \\ & f(x-1,y-1) - 8f(x,y)\end{aligned} \tag{5-14}$$

另外,拉普拉斯算子还可以表示成模板的形式,如图 5-25 所示,该模板对应于式(5-14)。

从模板形式容易看出,如果在图像中一个较暗的区域中出现了一个亮点,那么用拉普拉斯运算就会使这个亮点变得更亮。因为图像中的边缘就是那些灰度发生跳变的区域,所以拉普拉斯锐化模板在边缘检测中很有用。一般增强技术对于陡峭的边缘和缓慢变化的边缘很难确定其边缘线的位置,但此算子却可用二次微分正峰和负峰之间的过零点来确定,对孤立点或端点更为敏感,因此特别适用于以突出图像中的孤立点、孤立线或线端点为目的的场合。

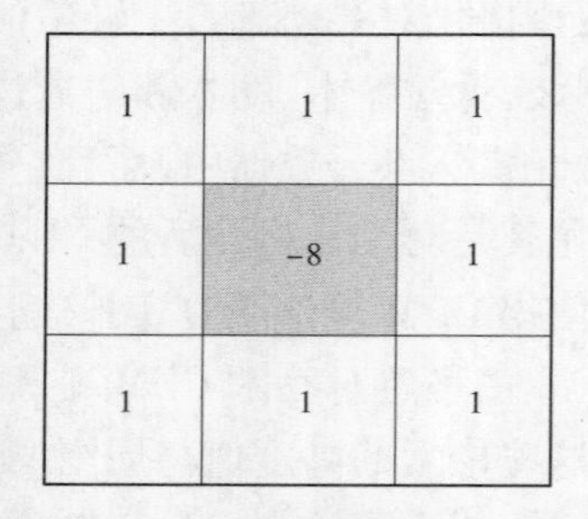

图 5-25　本书使用拉普拉斯算子模板

根据 CHM 无效值的高程突变特点,本书利用拉普拉斯变换对 CHM 图像中灰度值突然变化的孤立像素点进行突出,并利用这一性质对突变点位置进行查找。对于一幅 CHM 图像 C,应用拉普拉斯扩展对角线邻域模板 L(见图 5-25),可以得到经过拉普拉斯变换后的灰度影像 C_{Lap},如下式所示:

$$C_{\mathrm{Lap}} = CL \tag{5-15}$$

变换后的影像中,无效值点与冠层间隙点均变得更加突出,此时则需要引入一个阈值

T_{Lap}对无效值进行提取。根据上述无效值点的定义与所用拉普拉斯模板，将T_{Lap}设定为 -24(赵旦,2012)，若小于T_{Lap}的像素则认为是 CHM 无效值，若大于T_{Lap}的像素则认为是非无效值。

但针对本研究区的实际情况，研究区内杨树为优势树种，而该区域杨树形态结构特点为冠幅小，树高高，整体形状呈尖锥形，因此在树木上的激光点云高度下降速度较快，尤其是树木高度较高的部分。通过试验发现，若将T_{Lap}统一设定为 -24，会导致 CHM 无效值提取过多，从而对后续 CHM 处理造成影响。本书根据研究区实际情况，提出分段高度设置不同的T_{Lap}阈值，对 CHM 无效值像素进行提取，提取规则如式(5-16)所示，若像素同时满足下述所有条件则为无效值像素，I_{invalid}为 CHM 无效值像素的下标：

$$I_{\text{invalid}} = \begin{cases} C_{\text{Lap}}(i,j) < -32, C_{\text{close}}(i,j) > 15 \text{ m} \\ C_{\text{Lap}}(i,j) < -24, C_{\text{close}}(i,j) \leqslant 15 \text{ m} \\ C_{\text{Lap}}(i,j) \in C_{\text{tree}} \end{cases} \tag{5-16}$$

根据实地调查数据分析和反复试验效果对比，将高度大于 15 m 冠层的T_{Lap}设置为 -32，将高度不大于 15 m 的冠层的T_{Lap}设置为 -24，可以避免在高层乔木冠层内部提取出过多虚假的无效值像素。

探测出无效值像素后，本书利用中值滤波对原始 CHM 进行平滑处理。中值滤波是基于排序统计理论的一种能有效抑制噪声的非线性信号处理技术，基本原理是把数字图像或数字序列中一点的值用该点的一个邻域中各点值的中值代替，让周围的像素值接近真实值，从而消除孤立的噪声点。对于二维图像，中值滤波将每一像素点的灰度值设置为该点某邻域窗口内的所有像素点灰度值的中值。中值滤波是在“最小绝对误差”准则下的最优滤波。对于原始 CHM 图像 C 进行中值滤波后可得到 C_{Median}，滤波过程为：

$$C_{\text{Median}} = Median(C) \tag{5-17}$$

经过中值滤波后，原始 CHM 所有像素的高度值均发生了改变，但同时 CHM 无效值点的高度值也得到了较好的填充，因此可以使用C_{Median}上的高度值对无效值像素进行填充，填充过程为：

$$C[I_{\text{invalid}}] = C_{\text{Median}}[I_{\text{invalid}}] \tag{5-18}$$

其中，$C[I_{\text{invalid}}]$为原始 CHM 中无效值的像素值；$C_{\text{Median}}[I_{\text{invalid}}]$为经过中值滤波后的无效值的像素值，从而得到无效值填充后的 CHM(C_{filled})。

图 5-26 展示了未经过无效值填充的 CHM(a)、拉普拉斯变换后 CHM(b)、中值滤波后 CHM(c)以及利用本书无效值探测与填充方法处理后的 CHM(d)。从图中可以看出，原始 CHM 的冠层内部存在有大量的无效值“黑洞”，经过拉普拉斯变换后，这些无效值像素被转换成了较小的负值，从而在图像中突显出来。中值滤波可以对原始 CHM 进行平滑，从而近似恢复 CHM 内部无效值的“真值”。经过无效值探测与填充后的 CHM 既保留了原始 CHM 中非无效值的高度值，也对探测出的无效值进行了较好的填充。结果表明，采用该算法流程能够对大部分的无效值进行有效填充，同时保留冠层间隙和边界信息。

5.4.3　CHM 平滑处理与树顶点探测

为了对 CHM 进行单木分割，首先需要对 CHM 中的潜在树顶点进行探测(赵旦，

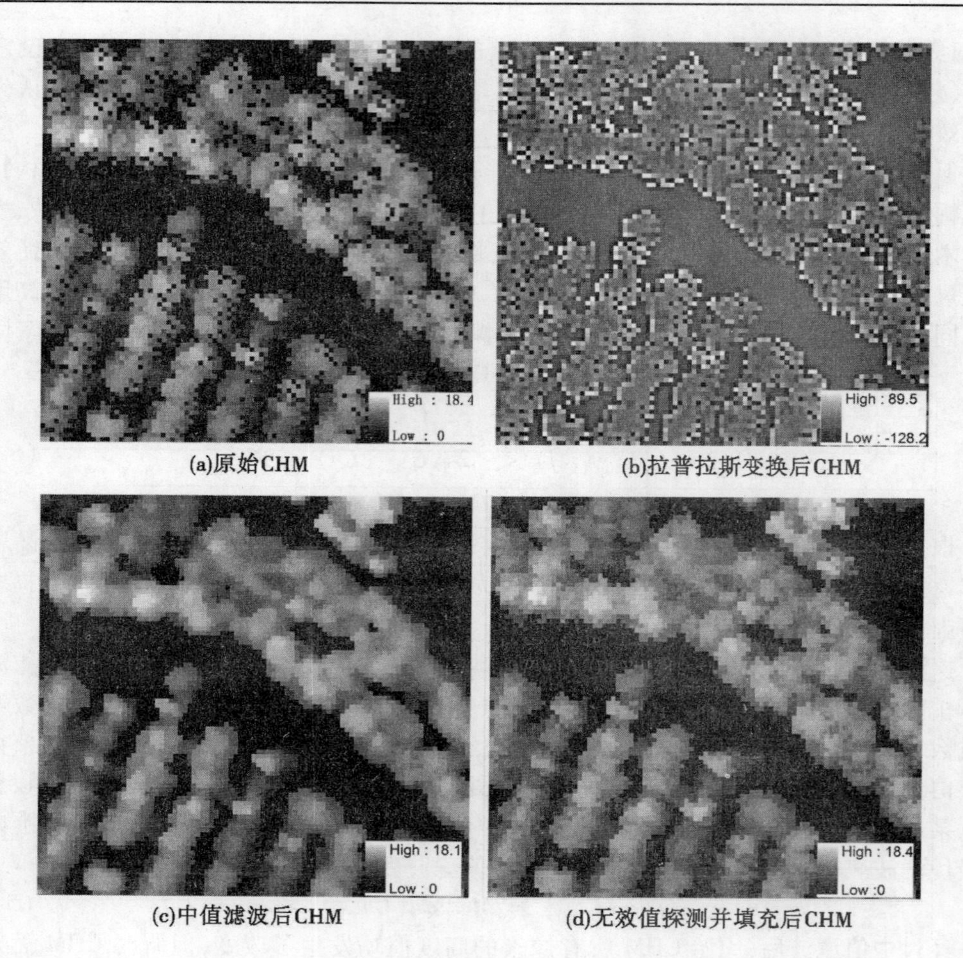

(a)原始CHM　(b)拉普拉斯变换后CHM

(c)中值滤波后CHM　(d)无效值探测并填充后CHM

图 5-26

2012)，但由于无效值填充后的C_{filled}表面仍然较为粗糙，会影响树顶点探测的精度。在前人已有的方法中，有利用局部最大值法对树顶点进行查找的，但会带来欠识别。赵旦(2012)在中值滤波后的CHM基础上使用了结合外部标记的局部极值法，如果目标像素的外边界像素都等于或小于目标像素，则是局部极值。通过在天然林区域的试验证明，该方法具有较为理想的效果，但在具体处理过程中该方法是先利用局部极值法对中值滤波后CHM中的潜在树顶点进行提取，此时提取的树顶点一般过多，在后期处理中再将提取的多余树顶点剔除掉。而针对研究区内乔木防护林，冠幅小、树高高，且在高层树冠之间高度起伏变化不大的特点，本书提出先对CHM进行树冠平滑处理，再利用自适应窗口局部极值探测方法对CHM中的树顶点进行查找。

根据相邻冠层像素之间的高度相近原则，本书利用邻域加权平均滤波法对CHM进行平滑，具体计算公式如下所示：

$$\hat{C}_{w/2,w/2} = \sum_{i=1}^{w}\sum_{j=1}^{w} W_{ij} \cdot C_{ij} \tag{5-19}$$

其中，

$$W_{ij} = (1/T_{ij}) / \sum_{i=1}^{w} \sum_{j=1}^{w} (1/T_{ij})$$

$$T_{ij} = S_{ij} \cdot D_{ij}$$

$$S_{ij} = |C_{ij} - C_{w/2,w/2}| / (a+b)$$

$$D_{ij} = \sqrt{(i-w/2)^2 + (j-w/2)^2} / (a+b)$$

式中：w 为窗口宽度；$\hat{C}_{w/2,w/2}$ 为平滑后的窗口中心高度值；W_{ij} 为窗口中像素 (i,j) 的权重值；C_{ij} 为窗口中属于 C_{tree} 范围内的像素的高度值；S_{ij} 与周围像素和中心像素的梯度有关，若周围像素和中心像素的高度值相差越小，对中心值像素的高度值影响权重越大；D_{ij} 与周围像素与中心像素之间的空间距离有关，若周围像素与中心像素的地理位置相差越小，对中心值像素的高度值影响权重越大；a、b 为调节系数，可以有效控制平滑程度。在本研究中通过反复试验效果对比，将 a、b、w 参数设置为 $a=1$，$b=1$，$w=3$。图 5-27 分别展示了没有做任何平滑处理的 CHM、中值滤波平滑 CHM、本书方法平滑 CHM。

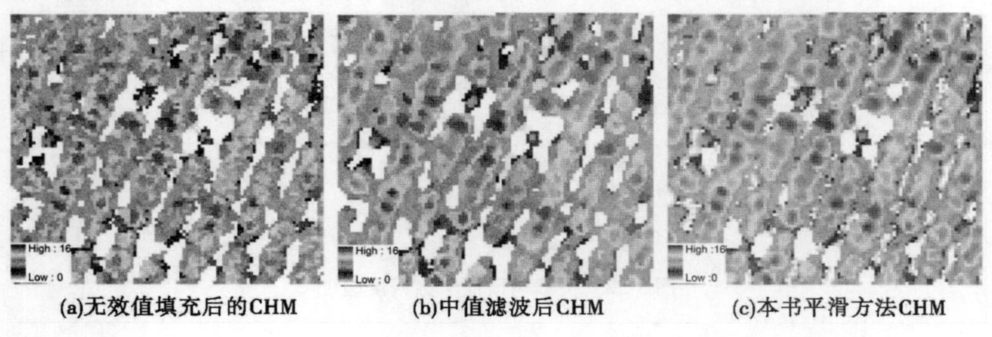

(a)无效值填充后的CHM　　(b)中值滤波后CHM　　(c)本书平滑方法CHM

图 5-27

本书首先利用上述树冠平滑算法对 C_{filled} 进行平滑处理，从而得到 C_S，再利用自适应窗口局部极值探测方法对 C_S 中的树顶点进行查找，表达树顶点位置的二值图像 B_{top} 可通过下式得到，若像素同时满足下述条件则将该像素值赋为 1，若不能同时满足所有条件则将该像素赋为 0。

$$B_{top} = \begin{cases} C_S(i,j) \in C_{tree} \\ C_S(i,j) \geq \mathrm{Max}[C_{S(3\times3)}(i,j)], C_S(i,j) > 15\ \mathrm{m} \\ C_S(i,j) \geq \mathrm{Max}[C_{S(5\times5)}(i,j)], C_S(i,j) < 15\ \mathrm{m} \end{cases} \tag{5-20}$$

其中，$\mathrm{Max}(C_{S(3\times3)}(i,j))$ 表示以 $C_S(i,j)$ 像素为中心的 3×3 邻域像素内最大值，$\mathrm{Max}(C_{S(5\times5)}(i,j))$ 表示以 $C_S(i,j)$ 像素为中心的 5×5 邻域像素内最大值。在提取树顶点试验中与实地测量样方株数进行对比发现，利用小窗口局部极值对树木密集区域的树顶点探测较为合适，而利用大窗口局部极值对树木稀疏区域的树顶点探测较为合适。针对这一特点，并结合本研究区树木分布情况，沿水渠两旁生长的树木较为密集且高度较高（15 m 以上），而建筑物旁边或田埂中间的树木较为稀疏且高度较低。根据这一树木分布情况的先验知识，本书利用树高作为阈值，对小于 15 m 高度的 C_S 区域利用 5×5 窗口进行树顶点搜索，而对大于 15 m 高度的 C_S 区域利用 3×3 窗口进行树顶点搜索。根据统计，本研究区内总共提取出了 96 074 棵单木。

为了对本书提出的 CHM 平滑算法进行评估，利用相同的树顶点探测算法对中值滤波后的 CHM 同样进行树顶点提取。以 56 个实地测量样方内的树木株数为真值，对基于本书平滑算法 CHM 提取的树顶点和基于中值滤波算法 CHM 提取的树顶点进行验证，验证结果如图 5-28 所示。从验证对比来看，利用本书平滑算法 CHM 提取的树顶点个数与实测树木株数基本分布在 1∶1线附近，估算精度较高（*RMSE* = 4.86 株），而利用中值滤波 CHM 提取的树顶点个数有一定程度的高估，估算精度 *RMSE* 为 9.2 株，这也说明中值滤波后的 CHM 表面仍然比较粗糙（见图 5-27），利用其对树顶点进行提取会出现高估的现象。

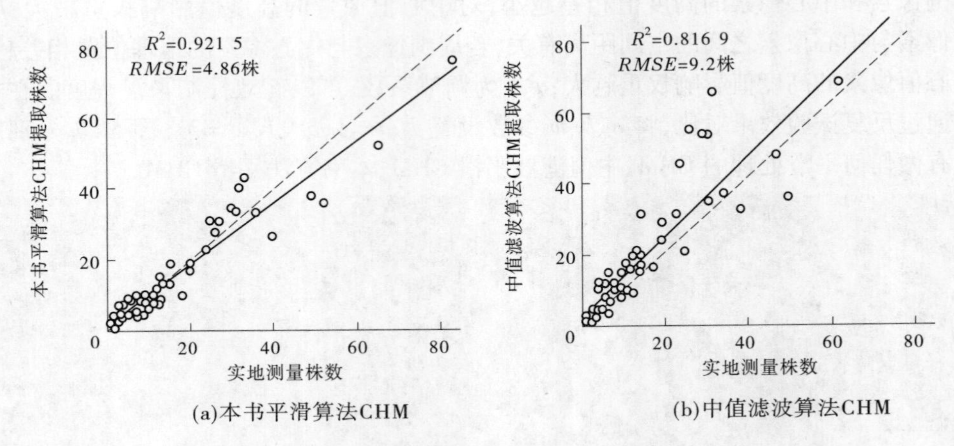

(a)本书平滑算法CHM (b)中值滤波算法CHM

图 5-28 提取树顶点个数精度验证

5.4.4 基于标记分水岭分割的人工稀疏林单木参数提取

图像分割算法已经被广泛应用到军事研究领域、医学影像分析、交通图像分析、遥感气象服务等。图像分割是指将数字图像细分为多个图像子区域的过程，该图像子区域由多个像素的集合构成。图像分割的目的是简化或者改变原始图像的表达方式，使得图像更容易识别和分析（Shapiro，2001）。图像分割算法根据颜色、灰度、形状和纹理等特征，可以把图像划分为若干互不交叠的对象，并保证这些图像特征在同一对象内具有相似性，而在不同对象间呈现出明显的差异性。理想的情况下，这些特征可以区分两个不同的图像目标。但是现实世界的图像往往十分复杂，而且由于受到获取设备分辨率、视角、噪声等影响，对象分割特征值通常无法唯一确定，因此没有一种分割算法可以对所有图像通用。目前图像分割领域已经开发了一些通用的分割算法：区域生长、边缘检测、聚类、分水岭分割以及多尺度分割等（赵旦，2012）。

分水岭分割算法已经在遥感图像处理领域得到了广泛的应用，Wang（2004）利用标记分水岭分割算法对高空间分辨率航空影像进行单木分割研究。该算法在 LiDAR 单木分割领域也得到了广泛的应用（Chen et al，2006；Zhao et al，2007；赵旦，2012）。分水岭分割方法，是一种基于拓扑理论的数学形态学分割方法，其基本思想是把图像看作是测地学上的拓扑地貌，图像中每一点像素的灰度值表示该点的海拔，每一个局部极小值及其影响区域称为集水盆，而集水盆的边界则形成分水岭。分水岭的概念和形成可以通过模拟浸入过程来说明。在每一个局部极小值表面,刺穿一个小孔,然后把整个模型慢慢浸入水中,随着浸入的加深,每一个局部极小值的影响域慢慢向外扩展,在两个集水盆汇合处构筑大坝,即形成分水岭。

分水岭变化通常在梯度图像上进行,由于真实的数字图像往往在梯度图像中表现出很多的局部极小值,这就会带来较多的集水盆,从而不可避免导致了分水岭的过分割现象。标记分水岭分割就是在分割前将局部极小值控制在合适的位置上,从而减少了局部极小值数量,能够有效减少分水岭过分割的问题。本书鉴于前人研究成果(赵旦,2012),利用标记分水岭分割方法对CHM进行单木分割处理。

5.4.4.1 标记分水岭分割算法

虽然原始CHM经过了无效值填充,但C_{filled}表面仍然比较粗糙,根据分水岭分割算法的表现特点,若将其直接应用于分水岭分割,则会导致严重过分割现象,因此需要对C_{filled}再进行一次平滑处理。鉴于前人经验,本书选取了形态学闭操作作为平滑方法(赵旦,2012),可以有效抑制分水岭过分割现象。对于C_{filled}进行形态学闭操作后的CHM为C_{close}。

在进行分水岭变化之前,需要将CHM进行一次反转,这是因为传统的分水岭分割算法是用来搜索低凹的水槽,但是CHM上的树冠是一种高凸的山峰状。针对C_{close}进行值反转的操作如下所示,从而得到新的CHM图像$C_{\text{close_R}}$

$$C_{\text{close\_R}} = \text{Max}(C_{\text{close}}) - C_{\text{close}} + \alpha \tag{5-21}$$

式中:α为常数,它用来增大后续操作中的内部标记值与$C_{\text{close_R}}$值的像素差。

为了实现标记分水岭分割,根据树顶点提取结果B_{top},将$C_{\text{close_R}}$上B_{top}对应像素的CHM值强制标记为0,并利用分水岭分割算法*Watershed*( )对标记后的$C_{\text{close_R}}$进行分水岭分割处理,再利用C_{tree}对它分割结果进行掩膜处理*Mask*( ),具体处理过程如下式所示:

$$W = Mask(Watershed(C_{\text{close\_R}}, B_{\text{top}}), C_{\text{tree}}) \tag{5-22}$$

5.4.4.2 单木结构参数提取

由于CHM上表面十分粗糙,分水岭分割结果通常与实际的树冠形状有较大差别,本书选用形态学的运算方法对分割后的图像进行优化,优化后的每个水槽被认为是独立的单木树冠。利用C_{filled}去对应水槽内所有的像素,取其中高度值最大的像素作为单木的树顶点位置(取代原先提取的B_{top}位置),该像素的高度值则为这一棵单木的树高。其次,计算每个水槽的东西向和南北向的最大距离,代表地面实测中东西向和南北向的冠幅,然后将这两个方向冠幅的平均值作为该树冠的最终冠幅。

图5-29为基于航空光学数据与LiDAR数据,利用一系列图像处理算法提取得到的单木结构参数(树高、冠幅),图中黑色十字中心代表了分割单木的树顶点位置,从图中可以看出不同的单木具有不同的树高值与冠幅值。

由于在样方实地测量过程中并没有对样方内的每一棵树木的地理位置进行精确定位,无法将LiDAR提取的单木与实地测量的单木进行一一对应,也就不能以单木树为单位对LiDAR提取的树高进行精度评估,因此本书则采取以样方尺度为基本单位对LiDAR提取的树高进行精度评估,统计在每一个实测样方范围内LiDAR提取乔木的树高平均值与冠幅平均值,并将其与实测样方数据的统计值进行对比,精度验证结果如图5-30所示。从图中可以看出,在样方尺度上,LiDAR提取的树高精度较高($RMSE = 1.79$ m),LiDAR

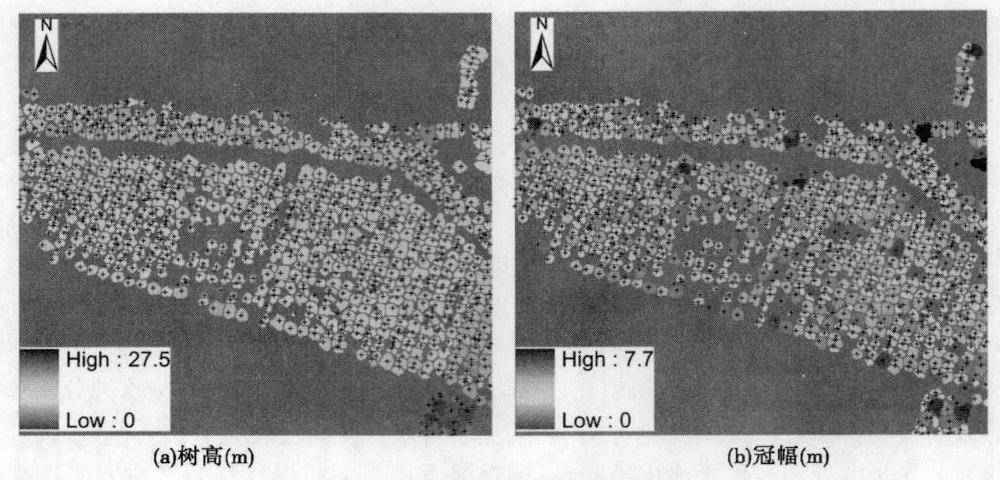

(a)树高(m)　(b)冠幅(m)

图 5-29　LiDAR 提取单木结构参数

提取树高的精度会随着树高的高度增加而下降,在树高较低的区间内(3～15 m),LiDAR 提取的树高与实地样方测量的树高基本分布在1∶1线附近,而在树高较高的区域(15～30 m),LiDAR 提取的树高与实地测量的树高偏差会逐渐加大,图中散点逐渐偏离 1∶1线;LiDAR提取的冠幅精度较低($RMSE$ = 1.03 m),且低估了冠幅平均水平,这主要是因为该区域的防护林乔木分布较为密集(尤其是树高较高的优势树种),冠层之间存在严重的相互遮挡(树冠相互叠加),LiDAR 观测到的冠层区域小于其真实的冠层轮廓,在图像分割处理中容易出现过分割和欠分割的问题,因此利用图像分割算法对 CHM 进行分割后的树冠冠幅不可避免地存在较大误差。

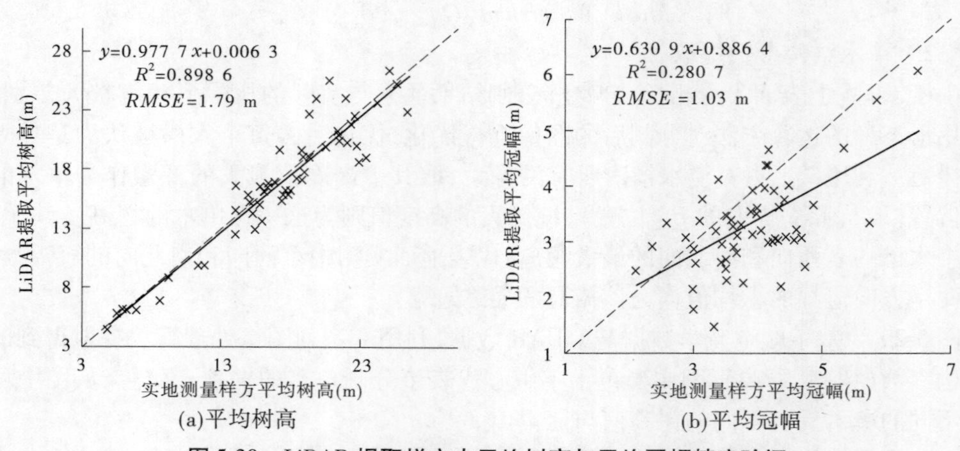

(a)平均树高　(b)平均冠幅

图 5-30　LiDAR 提取样方内平均树高与平均冠幅精度验证

根据本书单木参数提取结果精度验证的总体情况来看,在利用 CHM 对该区域防护林区进行单木分割图像过程中,对于单木个数的识别较为准确,而对于单木冠层轮廓的分割存在较大的误差。因此,建议利用 CHM 获取的单木株数与其对应的单木高度值作为估算生物量的结构参数。

5.5　基于光谱特征与形状特征的树种分类

本书基于树种类别对单木生物量进行遥感估算，在本研究区内的主要乔木树种为杨树、槐树、柳树。本书基于航空高光谱数据和 CHM 单木分割结果，提出利用树种的光谱特征和形状特征对它们分别进行识别。

5.5.1　基于光谱特征区分柳树与杨树/槐树

由于不同高度的树冠、树枝的相互遮挡和太阳－观测几何角度的原因，导致树冠内部在高空间分辨率影像中存在大量的阴影，而这些阴影的存在严重影响了对该树冠真实光谱特征的提取。针对这一问题，本书采用光谱维归一化变换（宫鹏等，1998）对 CASI 航空高光谱数据进行归一化处理。具体处理过程为：寻找到反射率曲线的最大值，并且计算所有波段反射率与此最大值的比值（赵静，2012）。该方法可以有效消除阴影和噪声对高空间分辨率航空数据反射率曲线的影响，使得反射率曲线能够较真实地表达同树种冠层光谱特征。

为了提取不同树种的光谱特征，基于 CASI 光谱维归一化数据，随机选取实测样方内的冠层像素光谱，为了光谱特征具有代表性，每个树种各选取 1 000 个像素进行光谱提取，并将同一树种的光谱曲线进行平均处理，三种树种的典型光谱特征如图 5-31 所示。从图中的光谱曲线可以看出，原始反射率已经归一化到了 0～1，近红外波段处（800～900 nm）的最高反射率被设定为1。从三种树种光谱特征的比较可以明显看出，槐树与杨树的光谱特征基本相似，无法利用光谱特征法对这两类树种进行分区，而柳树与槐树/杨树的光谱特征有较高的区分度，尤其在绿光波段位置（550 nm）。通过反复试验和效果比对，本书利用绿光反射率阈值（$\rho_{550} > 0.18$）法对研究区内的柳树进行分离。在具体处理过程中，将提取 CHM 树顶点位置对应的 CASI 像素 3×3 邻域的平均光谱，对该光谱的绿光反射率进行阈值判断，若反射率大于 0.18，则将该树冠定义为柳树。

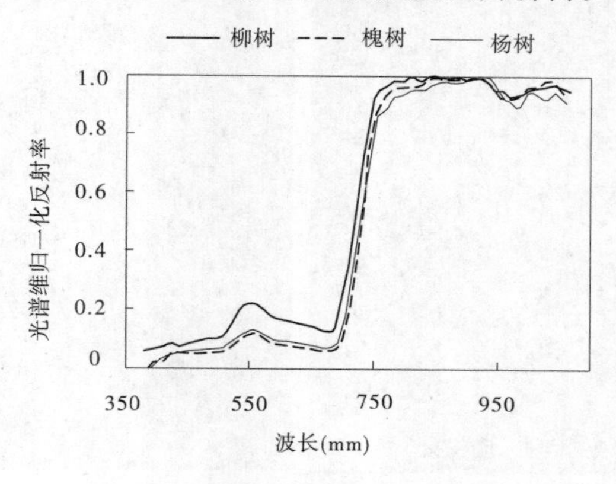

图 5-31　三种树种的典型光谱维归一化反射率光谱特征

5.5.2　基于形状特征区分杨树与槐树

对于剩余的部分则是杨树与槐树，针对该区域的杨树的形状结构特点为树冠小、高度高，而槐树的形状特点为树冠大、高度较低，因此本书利用树木的高度与冠幅构建了一个新的树木形状结构特征参数，该特征表示为高度与冠幅的比值。根据反复试验与效果比较，本书设置一个阈值$T_{h/c}$对杨树与槐树进行区分，阈值表达式如式(5-23)所示，将高幅比小于1.8的单木定义为槐树树种，将高幅比大于1.8的单木定义为杨树树种。

$$T_{h/c} = \frac{H}{C} < 1.8 \tag{5-23}$$

5.5.3　树种分类结果与验证

本书利用上述的树种分类规则对CHM单木分割后的结果进行处理，图5-32为研究区内三种树种分类结果的局部图。为了验证该分类结果的精度，本书利用实地调查样方树种数据对分类树种建立误差矩阵，其中图像分割后的样方内不同树种单木株数分别为

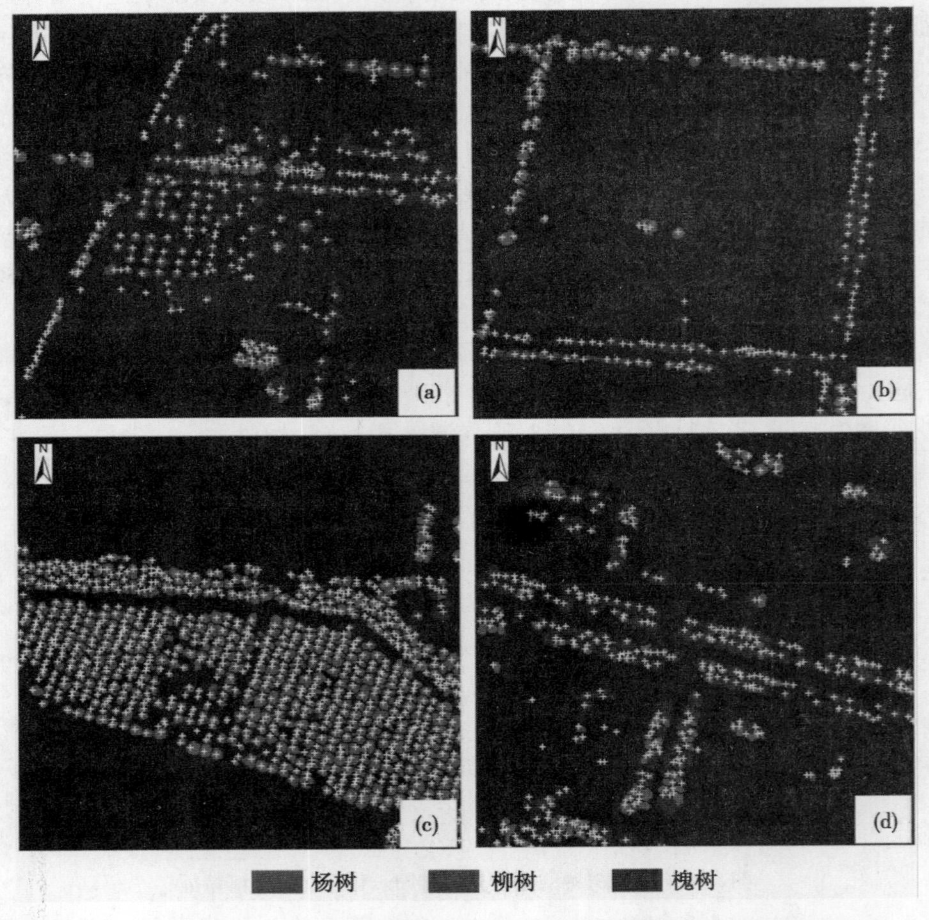

图5-32　基于光谱特征与形状特征的树种分类结果局部图

604棵杨树、49棵槐树、53棵柳树。以该数据为基准，分别对不同树种的分类进行验证，如表5-6所示。从表中可以看出，柳树的用户精度与生产者精度均最高，其次是杨树，槐树与杨树存在较严重混分，因此分类精度最低。分类结果总体分类精度达到了96.5%，Kappa系数为0.85，该精度可以满足不同树种单木生物量估算的需要。

表5-6　树种分类结果误差矩阵

误差矩阵		实地调查树种			总数	用户精度
		杨树	槐树	柳树		
分类树种	杨树	589	12	0	601	0.982
	槐树	15	37	1	53	0.698
	柳树	0	0	52	52	1
总数		604	49	53		
生产者精度		0.978	0.755	0.981		
总体分类精度=0.965　　Kappa系数=0.85						

5.6　“先估算生物量后尺度上推”两步法估算

5.6.1　单木生物量遥感估算结果

本书基于上述树种分类结果（见图5-32）、单木结构参数（树高、冠幅）（见图5-29）以及单木生物量遥感模型（见表5-4）对研究区内的单木生物量（kg）进行遥感估算。图5-33展示了单木生物量估算结果的局部图。从图中可以看出，不同的单木具有明显的生物量差异，统计结果表明，该研究区内的单木生物量平均值为129.73 kg，最大值为941.94 kg，最小值为7.09 kg，标准差为99.26 kg，研究区内木质部分总干重为12 463 t。

5.6.2　单木生物量尺度上推与验证

由于试验时间与人力物力资源的限制，野外实地测量单木结构参数时，并没有对每棵实测单木的地理位置进行精确定位，这样就导致实地测量的单木与CHM分割的单木无法一一对应，无法对单木生物量进行一对一的验证，因此本书只能在样方尺度上对遥感估算的生物量进行验证，并统计生物量估算精度。

首先，将单木生物量遥感估算结果进行尺度上推，计算30 m×30 m网格内的单木生物量总和（t），并除以土地面积（hm^2）得到生物量密度（t/hm^2），并将其赋值给30 m分辨率网格的像素值，尺度上推后的生物量密度结果如图5-34所示。从统计结果可知，平均生物量密度为11.59 t/hm^2，生物量最高值为277.45 t/hm^2，最低值为1.08 t/hm^2，标准差为19.52 t/hm^2。利用实地测量样方的乔木生物量对估算结果进行了精度验证，其中生物量估算值为对应采样样方的最邻近30 m像素的生物量值，验证结果如图5-35所示，均方根误差 *RMSE* 为15.09 t/hm^2。

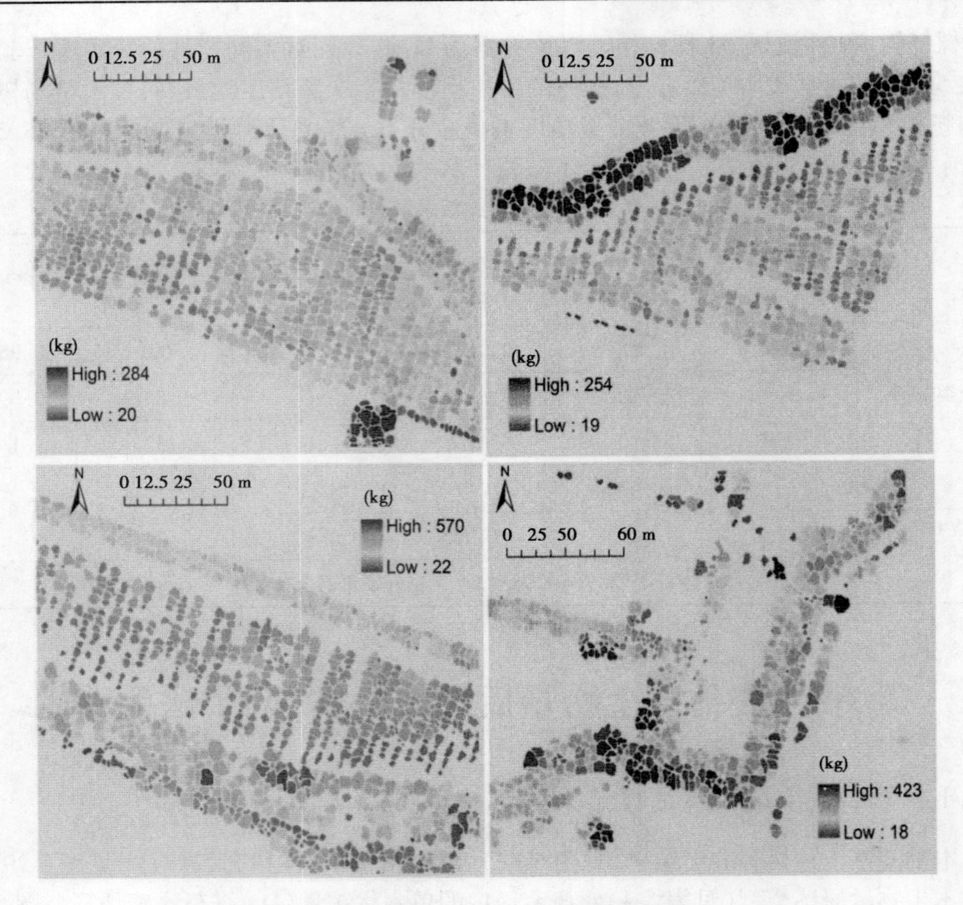

图 5-33　单木生物量(kg)遥感估算结果(0.5 m)

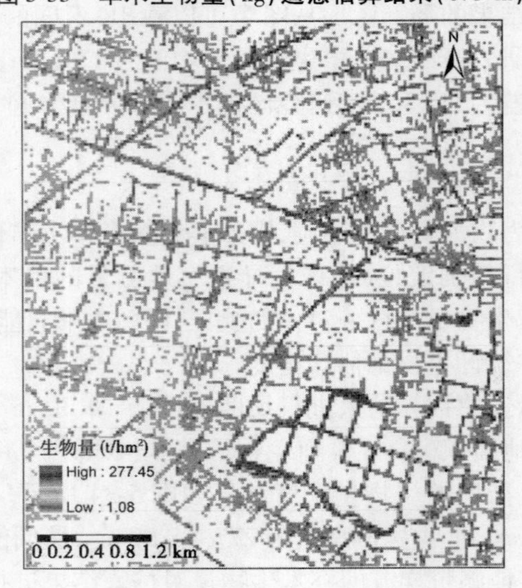

图 5-34　单木生物量尺度上推后的生物量密度(30 m)

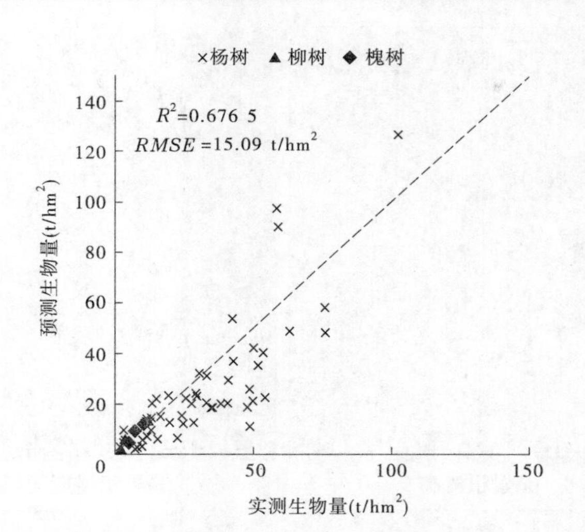

图 5-35　由单木生物量尺度上推得到的生物量密度精度验证

5.7　"先尺度上推后估算生物量"两步法估算

5.7.1　乔木结构参数尺度上推

本书基于乔木生物量密度遥感模型（见表 5-5）对研究区内生物量密度（t/hm²）进行遥感估算。为了利用生物量密度遥感模型，本书首先将单木结构参数（树高、冠幅）（见图 5-29）进行尺度上推，根据定义计算得到 30 m 空间分辨率的乔木结构参数数据（累积树高（m/hm²）、累积树冠面积（hm²/hm²）、平均树高（m）、平均树冠面积（m²）、平均冠幅（m）、株密度（株/hm²）），通过尺度上推得到的 30 m 尺度结构参数数据如图 5-36 所示。累积树高是由平均树高与株密度相乘得到的，累积树冠面积是由平均树冠面积和株密度相乘得到的，其中平均树高、平均冠幅以及株密度的估算精度已经在图 5-28 和图 5-30 中完成讨论。

5.7.2　生物量估算结果验证

将尺度上推后的乔木结构参数代入到表 5-5 中的生物量密度遥感估算模型中，并利用实地测量样方生物量数据对不同模型估算结果进行精度验证，验证中生物量估算值为实地样方所对应的最邻近像元的像元值，验证结果如表 5-7 所示，R^2代表了生物量估算值与样方生物量实测值之间的相关程度，$RMSE$ 为估算值的均方根误差。从表中可以看出，利用累积树高、平均树高、株密度的遥感估算模型估算精度普遍较高，而利用累积树冠面积、平均树冠面积、株密度的遥感估算模型估算精度均较低，这是因为 CHM 提取的累积树冠面积实为冠层覆盖度，并不是真正意义上的树冠面积。使用平均树高、株密度、平均树冠面积三元遥感估算模型估算精度最高（$RMSE$ = 10.560 t/hm²），但该模型估算精度并没有比利用平均树高与株密度的二元估算模型（$RMES$ = 10.592 t/hm²）有显著提高，这可以说明平均

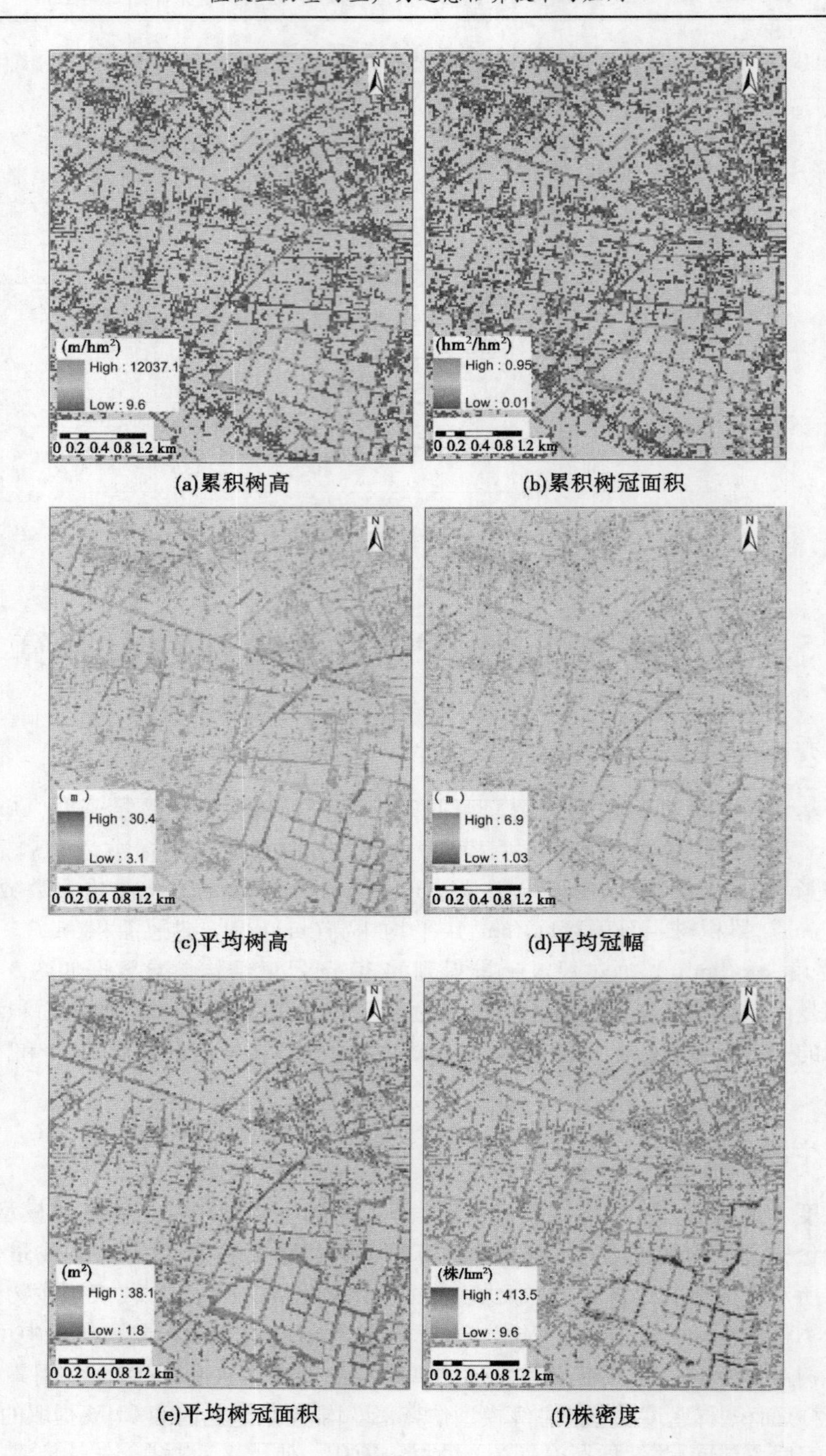

图 5-36　30 m 尺度乔木结构参数

树冠面积参数对于该区域乔木生物量的估算没有起到显著作用，树高是估算生物量的关键因子。基于误差最小的原则，本书选取三元遥感估算模型对整个研究区的生物量进行估算，估算结果如图 5-37 所示，从统计结果可知，平均生物量密度为 13.98 t/hm²，生物量密度最高值为 176.39 t/hm²，最低值为 0.21 t/hm²，标准差为 17.71 t/hm²。精度验证散点图如图 5-38 所示。

表 5-7　生物量密度遥感估算模型估算结果精度验证表

回归方程	R^2	$RMSE$(t/hm²)
$\ln AGB = 0.982\ln H - 4.5627$	0.770	10.824
$\ln AGB = 0.7281\ln C + 4.2082$	0.387	51.540
$\ln AGB = 1.473\ln h + 0.823\ln d - 5.103$	0.782	10.592
$\ln AGB = 0.517\ln c + 0.91\ln d + 1.921$	0.417	18.420
$\ln AGB = 0.857\ln H + 0.164\ln C - 3.333$	0.770	11.210
$\ln AGB = 1.362\ln h + 0.863\ln d + 0.154\ln c - 3.983$	0.786	10.56

注：AGB—生物量密度，t/hm²；H—累积树高，m/hm²；C—累积树冠面积，hm²/hm²；h—平均树高，m；c—平均树冠面积，m²；d—株密度，株/hm²。

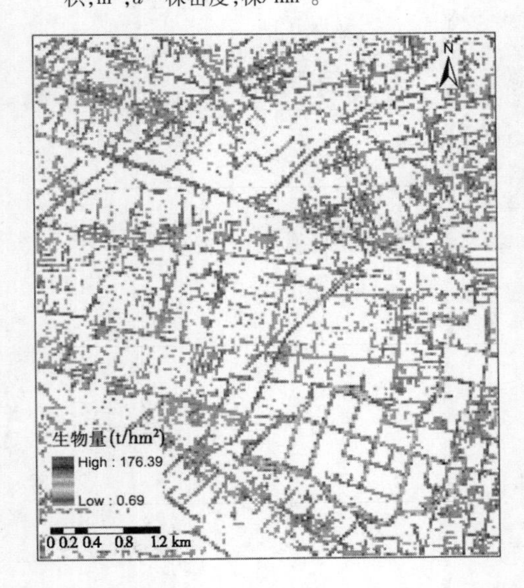

图 5-37　基于平均树高、株密度、平均树冠面积估算得到的生物量密度(30 m)

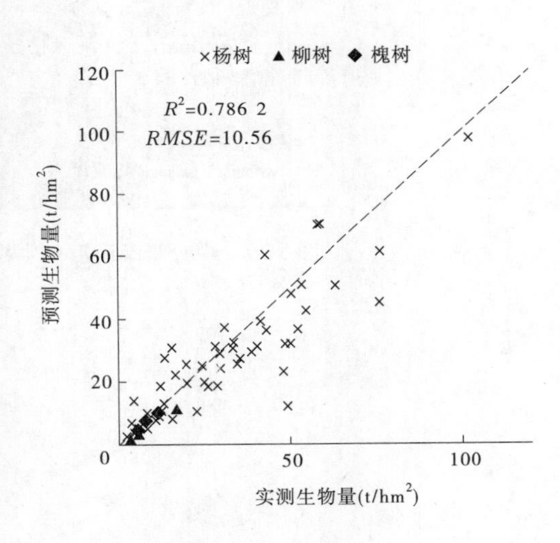

图 5-38　基于最优生物量密度遥感模型估算生物量精度验证

5.8　基于中分辨率高度模型的乔木生物量估算

为了讨论利用大于目标物尺度的中分辨率观测数据直接对稀疏乔木生物量估算的适用性，本书将 0.5 m 分辨率的 NDSM 尺度上推，模拟得到 30 m×30 m 空间尺度的遥感传感器观测值，该值表示了 30 m×30 m 空间范围内所有地表物体的平均高度。本书利用该模拟中分辨率高度值与实地测量样方生物量密度进行回归建模，由于生物量与高度非线性的关系，将两个变量先进行对数变化后再进行回归，回归模型如式(5-24)所示：

$$\ln AGB = 0.284 \times \ln H + 15.179 \quad (R^2 = 0.33) \tag{5-24}$$

其中，H 代表的是对应采样样方范围的所有 30 m 像素的高度平均值；AGB 为地上生物量，t/hm^2。图 5-39 为利用中分辨率高度—生物量模型估算得到的区域乔木生物量。利用实地测量样方生物量对该方法估算结果进行精度验证，结果如图 5-40 所示。其中所用生物量估算值为对应采样样方范围的所有 30 m 像素的生物量平均值。

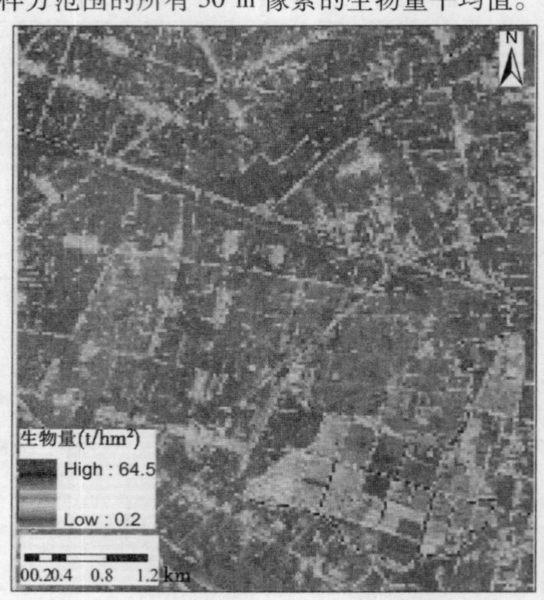

图 5-39　中分辨率高度—生物量模型估算生物量(30 m)

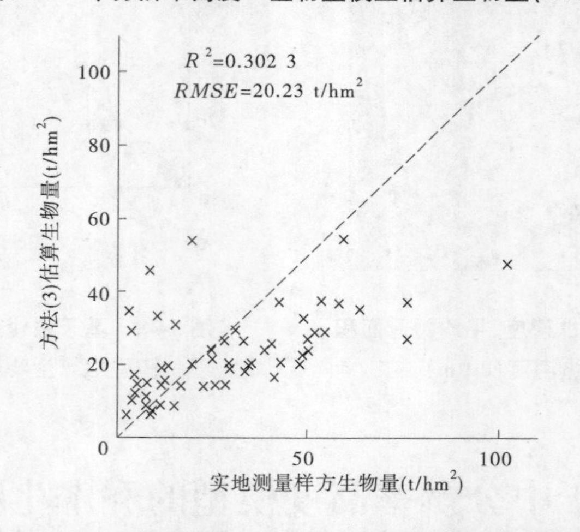

图 5-40　中分辨率高度—生物量模型估算结果精度验证

5.9 不同方法估算结果比较

本书将三种不同的估算方法进行对比分析，总结不同方法的优缺点。方法(1)首先将乔木 CHM 进行单木分割，并对单木参数进行提取，再将单木参数进行尺度上推而得到大尺度的结构参数，再利用生物量密度遥感模型对研究区内的生物量进行估算，该方法主要实现了“先尺度上推后估算生物量”两步法估算生物量；方法(2)首先对乔木 CHM 进行单木分割，并对单木参数进行提取，利用单木生物量遥感模型对单木生物量进行估算，再将单木生物量进行尺度上推得到大尺度的生物量密度(5.6 节)，该方法主要实现了“先估算生物量后尺度上推”两步法估算生物量；方法(3)利用模拟的中分辨率高度观测值与实测样方生物量进行回归建模，并基于该模型估算研究区生物量(5.7 节)，该方法主要作为对比试验，用于分析利用大于目标冠层尺度的中分辨率遥感数据观测值直接估算生物量方法对本研究区的适用性。

方法(1)与方法(2)的估算结果与精度验证已在前面章节进行了讨论，由相互比较可知，从实地测量样方数据验证精度来看，方法(1)的估算精度最高，方法(2)次之，方法(3)估算精度最低。由于实地测量样方个数有限，精度验证结果只能反映样方测量位置的遥感数据估算精度，为了能够对整个研究区的估算精度进行整体评价，本书将方法(2)与方法(3)估算的灌木生物量与方法(1)(精度最高)估算的灌木生物量进行像素对像素的逐一比较，验证散点图如图 5-41 所示。从图中可以看到，方法(1)与方法(2)估算结果在低生物量区间基本一致，随着生物量值的升高，方法(2)的估算值明显高于方法(1)的估算值。方法(3)与方法(1)估算结果相差较大，散点图基本偏离 1∶1线，在低生物量区间内方法(3)的估算值高于方法(1)的估算值，而在高生物量区间内方法(3)的估算值低于方法(1)的估算值，因此方法(3)存在较明显的低值高估和高值低估现象。

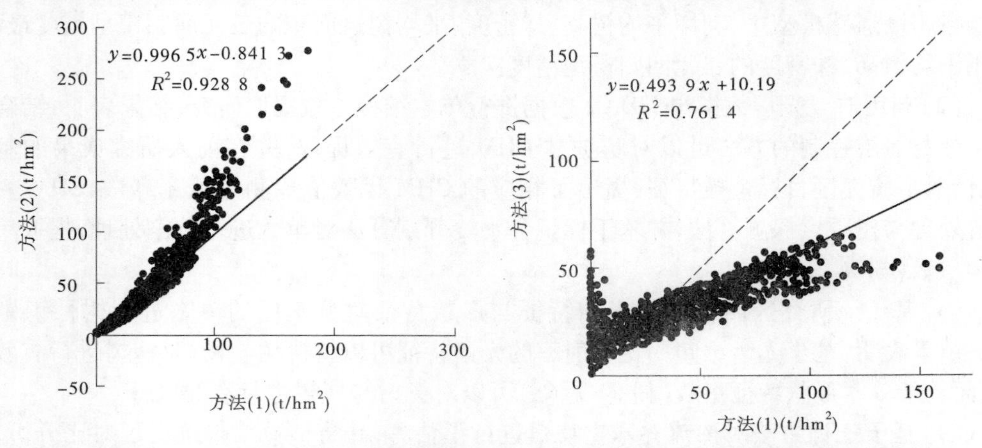

图 5-41　方法(2)与方法(3)估算结果分别与方法(1)估算结果进行逐像素比较验证散点图

这说明对于该稀疏乔木区域，乔木树高、株密度、树冠面积这些乔木结构参数变量能够充分解释生物量的变化情况，而对于中分辨率遥感数据直接获取的高度数据，由于受到建筑物、农田等的影响，导致混合像元的平均高度值并不能充分解释亚像元类别树木的生物量实际变化情况，即使遥感估算得到的乔木树高、株密度、树冠面积具有一定的误差，并对后期生物量的估算结果具有误差累积作用，但基于植被结构参数生物量模型方法的估算精度仍然大于混合像元高度—生物量模型方法的估算精度。对于利用小于目标物冠层尺度的遥感数据和尺度上推估算生物量的两种方法，方法(1)的精度要高于方法(2)的估算精度，这是因为方法(1)是先对单木结构参数上推到大尺度结构参数，再利用生物量密度遥感模型对生物量密度(t/hm^2)进行估算，该方法流程中虽然单木结构参数估算误差在尺度上推过程中会累积到大尺度结构参数中，但生物量密度遥感模型的应用可以将估算的生物量密度标定到与样方实测生物量密度相近的值，从而在一定程度上消除前一步骤中估算产生的误差。而方法(2)是利用单木结构参数和单木生物量模型估算得到单木生物量(kg)，再将其尺度上推到生物量密度(t/hm^2)，该方法流程中单木生物量估算产生的误差在尺度上推过程中会直接累积到生物量密度数据中，且无法消除。

5.10　研究总结

本章以中国黑河流域中游灌区防护林为例，基于大量实地测量数据、航空高光谱遥感数据以及小光斑机载激光雷达数据对灌区稀疏防护林的生物量进行遥感估算方法研究。

(1)首先分别以单木尺度和样方尺度探讨了乔木生物量与乔木植被结构参数的相关性，需要指出的是，本章所用乔木生物量是由实测胸径与乔木异速生长方程估算得到的。结果表明，对于不同树种单木结构参数与单木生物量(kg)相关性从大到小排序分别为：杨树，树高(m)>冠幅(m)；槐树，树高(m)>冠幅(m)；柳树，冠幅(m)>树高(m)。在构建单木生物量遥感模型中，杨树与槐树采用树高与冠幅的二元回归模型精度最高，柳树采用冠幅的一元回归模型精度最高。对于样方尺度的乔木植被结构参数与生物量密度(t/hm^2)相关性从大到小排序为：累积树高(m/hm^2)>累积树冠面积(hm^2/hm^2)。在构建生物量密度遥感模型中，利用平均树高、株密度、平均树冠面积的三元回归模型精度最高，利用平均树高、株密度的二元回归模型精度次之。

(2)利用航空光学数据与LiDAR数据进行单木结构参数提取研究，结果表明，结合光谱指数与冠层控制的方法可以对防护林CHM进行有效提取，并在前人研究成果的基础上，针对本研究区目标植被特征，提出了相应的CHM无效值探测与填充算法、CHM树冠平滑处理与树顶点探测算法，并基于标记分水岭分割算法对单木进行分割处理，提取单木结构参数(树高、冠幅)。

(3)基于该研究区内树种的光谱特征与形状特征对分割后的单木进行树种识别研究。结果表明，基于光谱维归一化反射率的光谱特征可以将柳树与杨树/槐树进行有效区分，而基于单木形状特征指数(树高/冠幅)可以对杨树与槐树进行有效区分。

(4)基于三种方法对稀疏乔木生物量进行了估算，并将估算结果进行了对比分析，结果表明，直接利用大尺度高度数据估算得到的生物量精度低于利用小尺度遥感数据和尺度上推估算得到的生物量精度。通过估算结果对比可证明，“先尺度上推后估算生物量”要比“先估算生物量后尺度上推”的估算方法精度高。

第6章　基于遥感光谱与时序信息的人工林生物量估算方法与应用

6.1　研究区和数据

6.1.1　研究区概况

自1978年起,我国以防风固沙、治理水土流失、改善“三北”地区的生态问题为主旨,在西起新疆、东至黑龙江的万里风沙线上建立了“三北”防护林,图6-1的浅色线区域为“三北”防护林工程涵盖行政省域。根据国家林业局统计数据,经过30多年来的巨大努力,“三北”防护林在改良工程区环境方面已经取得明显的生态效益,工程区森林覆盖率由1977年的5.05%提高到2010年的12.4%。因此,本章选择“三北”防护林作为研究对象,并以陕西榆林地区为重点区域,开展森林覆盖变化的时序定量遥感监测研究。一方面,可以针对植树造林这类森林覆盖变化,发展森林覆盖变化的时序监测方法;另一方面,可以通过遥感监测结果,监测评价和展示我国“三北”防护林生态工程的成效。

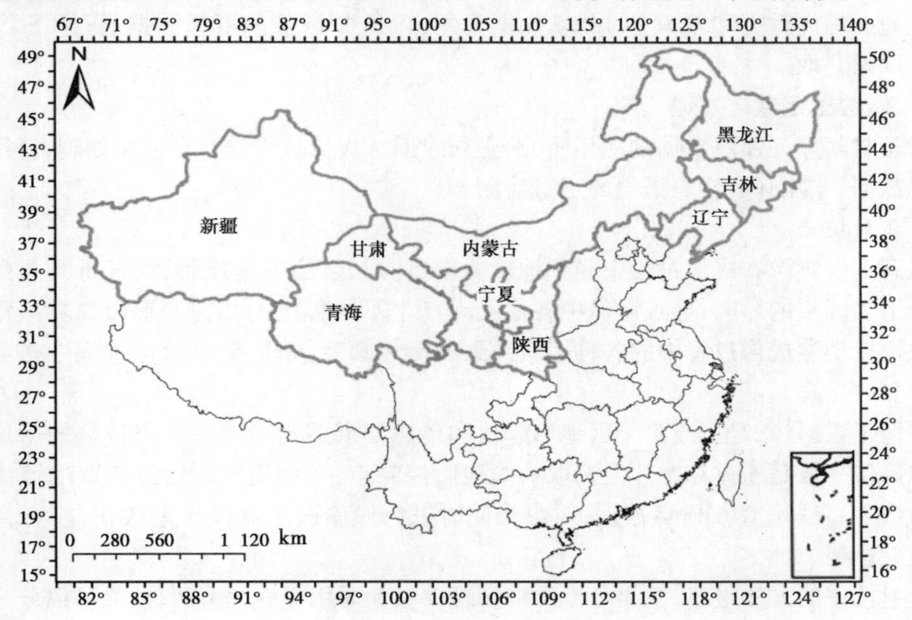

图6-1　“三北”防护林(浅色线区域)

榆林地区位于陕西省北端,介于107°28′~111°15′E、36°57′~39°34′N,东、北方向隔黄河分别与内蒙古、山西相望,西邻宁夏和甘肃,南邻延安市。下辖榆阳、绥德、神木、横山、佳县、子洲、靖边、米脂、吴堡、定边、清涧和府谷12个县(区),土地面积43 578 km²,占陕西省总面积的21.17%。在地貌上是毛乌素沙地向陕北黄土高原的过渡。榆林地区北部为风沙滩地区,占土地面积的42%,南部为黄土丘陵沟壑区,占58%。在气候类型上是半湿润向半干旱气候的过渡,具有春季干燥多风、夏季炎热短促、秋季多暴雨、冬季干冷漫长的特点。榆林地区自然景观复杂,是典型半干旱的亚洲季风气候,且森林覆盖相对稀疏。因此,在该区域开展森林覆盖变化监测,具有突出的应用价值和科学意义。

图6-2为2010年和1986年的Landsat 127－33/34两景卫星图像,较完整地覆盖了陕西省榆林市的6个县区(榆阳区、神木县、佳县、横山县、子洲县和米脂县)。从图6-2的多期卫星遥感影像可见,榆林地区植被覆盖得到了显著增加,图6-2(b)的1986年8月2日的Landsat影像可以清晰地发现几条风沙带,但图6-2(a)的2010年7月17日的影像表明,大部分风沙带得到了成功控制。图6-2(c)是6-2(a)和图6-2(b)两个局部区域的放大图,可以发现过去30多年植树造林取得了巨大成效,特别是2000年以后,在国家系列政策和项目扶持下,区域森林覆盖得到了快速增加。

6.1.2　数据源及预处理

6.1.2.1　数据源

考虑到Landsat系列卫星稳定运行了40年,并获取了连续稳定数据,可以清晰地刻画和重构榆林地区的森林覆盖变化历史。因此,本章以Landsat系列卫星为主要数据源,开展森林覆盖变化的时序定量遥感监测研究。1986年以后Landsat系列卫星数据以中国遥感卫星地面站的数据和USGS的共享数据为主,1986年以前的卫星数据通过USGS的共享数据网站获取。

6.1.2.2　数据定量化处理

对于时间序列遥感数据的应用研究,必须对遥感成像过程进行定量化处理,获得地表反射率数据,才能开展地表覆盖的定量监测。

1. 正射校正

遥感卫星影像在成像过程中受到地球曲率、地形起伏、透视投影、大气折光及摄影轴倾斜等诸多因素的影响,导致影像中各像元点产生不同程度的几何变形而失真。正射校正影像可以消除成像过程中的各种因素导致的影像畸变,是数据定量化过程中必不可少的工作。

所谓正射影像,是指改正了因地形起伏和传感器误差而引起的像点位移的影像。正射影像制作一般是通过在像片上选取一些地面控制点,并利用原来已经获取的该像片范围内的数字高程模型(DEM)数据,对影像同时进行倾斜改正和投影差改正,将影像重采样成正射影像。

正射校正的方法很多,主要分为严格物理模型和通用经验模型两种;又可以分为共线方程模型、基于反射变换的严格几何模型、改进型多项式模型、有理函数模型等,无论是哪种校正方法,控制点的选取都要求均匀分布。

本书使用澳大利亚联邦科学与工业研究组织(Commonwealth Scientific and Industrial Research Organization,CSIRO)开发的正射校正软件、30 m的数字高程模型(Digital Eleva-

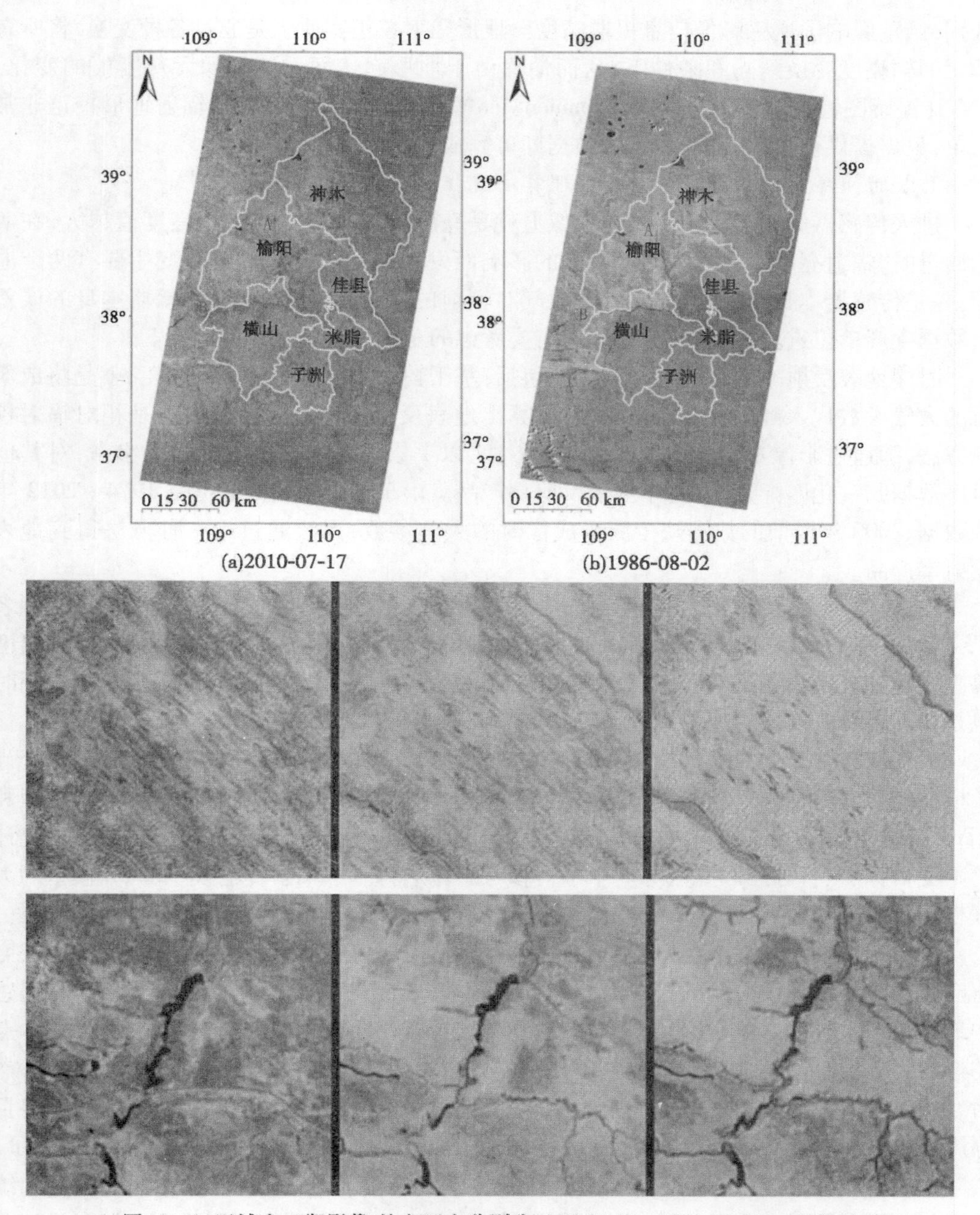

(c)图(a)、(b)区域中三期影像(从左至右分别为2010-07-17、2001-05-31、1986-08-02)

图 6-2　榆林地区的多期卫星影像(RGB:Bands742)

tion Model,DEM)对 Landsat 系列卫星影像数据进行配准校正。其中以从 USGS 上下载的 2009 年 6 月 30 日 L1 级数据作为参考影像,对其他影像进行校正,所有影像都重采样到 30 m 的空间分辨率。

研究区存在部分山地,由于地形起伏,使得对应像元接收到的地面有效光照有很大的区别，严重影响了遥感影像信息提取精度。地形辐射校正实质上是通过各种变换，将所有像元的辐亮度变换到同一条件下，从而消除由于地形起伏而引起的像元灰度值的变化。ENVI（遥感图像处理平台，The Environment for Visualizing Images）中的辐射地形校正非常简单，只需提供待校正影像和 DEM 数据即可完成。

2. 长时间序列地表反射率产品处理算法流程

进入传感器的辐射亮度反映在图像上就是亮度值，辐射强度越强，亮度值越大，在实际测量时，辐射亮度值会受到其他因素的影响而发生畸变。引起辐射畸变主要有两个原因：一是传感器本身产生的误差；二是大气对辐射的影响。一般来说，传感器本身的误差由数据生产单位进行校正，数据使用者需要考虑的是大气影响造成的畸变。

时序地表反射率产品处理方法主要包括：基于辐射传输方法的大气校正，就是将成像时的大气参数代入到辐射传输模型中，反算出地表反射率。另外一种方法是相对辐射校正方法，即通过影像本身的不变地物匹配方法，以 1 景地表反射率数据作为参考，对其他时序数据归一化匹配，获得时序地表反射率产品。由于本书采用的数据是 1974 ~ 2012 年的数据，2000 年以前的数据缺少测量成像时的大气参数，无法通过第一种方法得到地表反射率产品。

在进行相对辐射校正之前，需对参考影像进行正射校正和大气校正。大气校正，顾名思义就是消除大气和光照等因素对地物反射的影像，获得地物反射率、辐射率、地表温度等真实物理模型参数；消除大气分子和气溶胶散射的影响。大多数情况下，大气校正同时也是估算地物真实反射率的过程。

大气校正分为绝对大气校正和相对大气校正。常见的绝对大气校正方法有基于统计学模型的反射率估算；基于辐射传输模型的 MORTRAN 模型、LOWTRAN 模型、6S 模型和 ATCOR 模型等；基于简化辐射传输模型的黑暗像元法。相对大气校正常见的有基于统计的不变目标法、直方图匹配法等。本书对参考影像进行基于辐射传输模型的 6S 模型的大气校正。

相对辐射校正又称为相对辐射归一化处理，不需要大气状况等参数，是利用像元灰度值建立多时相影像波段间的校正方程，对遥感影像进行归一化处理，能够消除多时相遥感中地物辐射差异的影响，使影像间同一地物类型具有相同或相似的辐射量，有利于样本点的选取和分类精度的提高。基本原理是首先选定一幅质量较好的影像作为参考影像，然后利用参考影像和目标影像像元灰度值之间的关系，建立各波段之间的回归模型，并将目标影像逐波段归一化到参考影像，从而使目标影像与参考影像具有相同或相似的辐射量。

常用的相对辐射校正的方法有基于统计方法的辐射校正、最暗目标法辐射校正和统计回归法辐射校正。基于统计方法的辐射校正主要特点是利用参考影像和目标影像的各种统计特征量进行的两影像之间的相对校正，这些统计特征量有灰度均值、标准方差、灰度变化范围及其他统计量。最暗目标法又称为直方图最小值去除法，其基本思想是假设遥感影像上最暗地物（如水体）不随时间变化，将每个波段中最暗地物灰度值转换为零实现相对辐射校正。统计回归法要求在两景影像中找到没有发生地物类型变化且光谱性质稳定的同一地物样本点，利用其灰度值的线性相关关系对影像进行校正。这些传统的方法有减弱原始影像灰度值变化的趋势，对光谱特征的可分离性有很大的负面影响，不利于影像的解译。

针对传统相对辐射校正的缺陷，本书采用多元变化检测算法，提取未变化的像元点。该算法基于典型相关分析：两个不同时相的遥感影像 X 和 Y 之间变化或差异可以用它们之间的线性组合的差值 $D=a^{T}X-b^{T}Y$ 来表示，然后通过对系数向量 a 和 b 进行约束，并设置优化目标，得到变化信息的测度，最终得到未变化或变化最小的像元，即利用典型相关分析的多元变化检测提取多时相影像中没有发生变化的地物点，然后利用这些不变点建立线性回归方程，逐波段对多时相影像进行相对辐射归一化处理。多元变化检测具有线性不变性、可消除波段之间的相关性等特点，因此提取的未变化像元较为精确。

图6-3为利用时序卫星数据定量化软件模块，处理得到的榆林地区 Landsat TM 时序地表反射率图像。表6-1描述的是图6-3的4幅图像中水体和沙地的地表反射率数据，若不考虑地表光学特性差异，Landsat TM 4个时期、8个光学波段的最大相对归一化差异小于0.02。

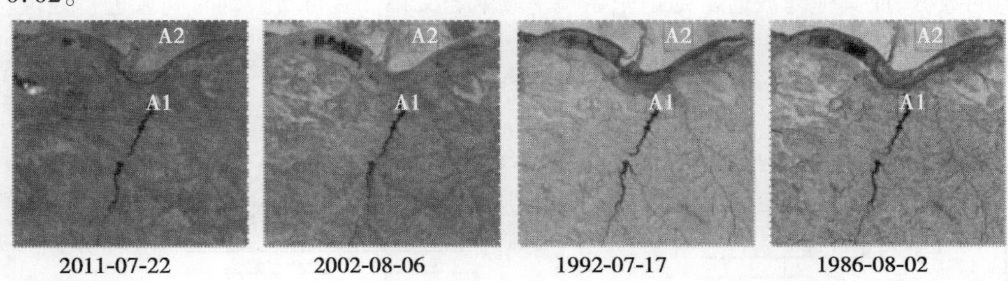

图6-3　相对辐射归一化处理的时序地表反射率产品(R:5,G:4,B:3)

表6-1　图6-3所示A1(水体)、A2(沙地)区域 Landsat 时序地表反射率(最大差异为0.02)

	水体				沙地			
	1986	1992	2002	2011	1986	1992	2002	2011
B1	0.036	0.045	0.049	0.050	0.088	0.102	0.109	0.091
B2	0.069	0.079	0.087	0.093	0.189	0.205	0.209	0.186
B3	0.049	0.048	0.060	0.049	0.245	0.264	0.267	0.252
B4	0.035	0.029	0.030	0.040	0.346	0.344	0.351	0.346
B5	0.034	0.041	0.046	0.032	0.410	0.423	0.432	0.425
B7	0.036	0.041	0.049	0.029	0.414	0.433	0.431	0.411

3. 时间序列数据滤波重建

遥感时间序列数据(Landsat、MODIS、SPOT等)应用广泛，由于卫星传感器自身的性能、大气条件、研究客观需要等，需要对时间序列数据进行去噪声处理，目前遥感时间序列数据滤波重建算法主要有最大值合成法(MVC)、时间窗口的线性内插算法(TWO)、基于非对称的高斯函数拟合法(AGFF)、谐波分析法(HAA)、局部最大值拟合法(LMF)以及 Savitzky – Golay 滤波。

其中，Savitzky – Golay 滤波是 Savitzky 和 Golay 提出的一种用最小二乘卷积拟合法平滑和计算一组相邻值或光谱值导数的方法。是一种低通滤波器，用途是平滑噪声数据。可以简单理解为一种权重滑动平均滤波，其权重由在滤波窗口范围内做多项式最小二乘拟合的多项式次数决定。该多项式的设计是为了保留高的数值而减少异常值。基本公式为：

$$Y_j^* = \frac{\sum_{i=-m}^{i=m} C_i Y_{j+1}}{N} \tag{6-1}$$

式中：Y 为原始数据；Y^* 为拟合值：C_i 为第 i 个点的权重；N 为窗口的大小，也指滑动数组的宽度（$N=2m+1$）；m 为滤波窗口的大小。该滤波函数的滤波效果由窗口大小和平滑多项式次数控制，较低的次数可以得到更平滑的效果，但保留异常值，较高的次数可以去掉异常值，但会造成新噪声出现。这种滤波与其他滤波最大的区别是直接处理来自时间域内的数据，而其他滤波通常则是先在频率域中定义特性后再转换到时间域进行处理。

6.2 研究技术路线

榆林人工林生物量估算技术路线见图 6-4。

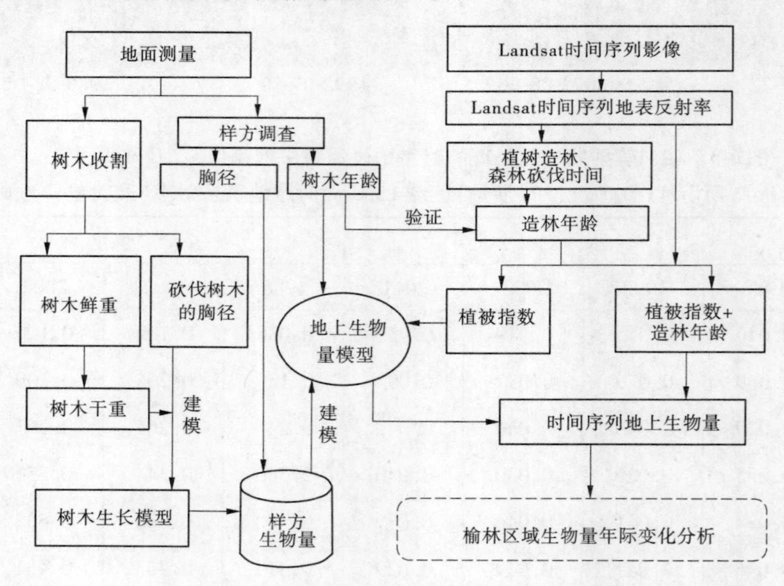

图 6-4 榆林人工林生物量估算技术路线

以 Landsat MSS/TM/ETM + 时间序列影像为主要数据源，或辅以 GLAS 植被高度产品数据，研究该地区大面积人工林生物量估算方法与流程，并对榆林地区的生物量变化情况进行监测分析。基于 1973 ~ 2013 年的 Landsat 地表反射率数据集，利用森林概率指数（IFZ）模型对 Landsat 不同时相的人工林区域进行定量遥感探测，并针对不同年际中的遥感数据时相差异、图幅数量差异、云覆盖与云阴影等问题，研究长时间序列卫星数据时间插值算法，实现长时间序列 IFZ 数据的集成。结合典型地表覆盖类型的遥感先验知识库，提取不同地物类型的光谱特征、IFZ 时间序列变化特征等，建立林地与造林时间的时间序列遥感识别规则、森林砍伐的时间序列遥感识别规则、耕地的时间序列识别规则以及非植被地物的遥感探测规则。结合人工林种植时间、植被指数、植被高度与实地测量样方的生物量数据发展适合于该地区的森林生物量估算模型。

使用 2007 ~ 2011 年的各生长季的卫星遥感影像，建立不同物候的林地样本反射率均值、方差和森林概率指数（IFZ）模型，并基于该多物候 IFZ 模型，选择日期最接近的模型，计算 1974 ~ 2013 年各期卫星影像的 IFZ 值。根据典型地物 IFZ 时间序列变化特征分析，建立了地表覆盖与森林变化信息的 IFZ 检测算法，实现了植树造林和森林砍伐时间、耕地类别、非植被地物类别的自动提取。

结合文献和地面实测样方生物量数据，选用了 NDVI、SR、EVI 三种植被指数，开展榆林地区地上生物量统计建模分析。考虑到树龄是影响植被指数 - 生物量模型的重要因素，经过优化分析，融合植被指数和树龄信息开展了生物量的时间序列遥感建模分析。

6.3　基于多时相光谱和物候特征的地物分类研究

6.3.1　遥感分类方法介绍

遥感影像通过亮度值或像元值的高低差异（反映地物的光谱信息）及空间变化（反映地物的空间信息）来表示不同地物的差异。遥感图像的分类就是通过计算机对遥感影像中各类地物的空间信息和光谱信息进行分析，选取特征，将影像中每个像元按照某种规则或算法划分为不同的类别，然后获取影像中与实际地物对应的信息，从而实现遥感影像的分类。一般可以分为两类：监督分类与非监督分类。将多源数据应用于影像分类中，发展成为基于专家知识的决策树分类。

6.3.1.1　监督分类

监督分类又称为训练分类法，即用被确认类别的样本像元去识别其他未知类别像元的过程。已被确认类别的样本像元是指那些位于训练区的像元。它就是在分类之前通过目视判读和野外调查，对遥感影像上某些样区中地物的类别属性有了先验知识，对每一种类别选取一定数量的训练样本，计算机计算每种训练样区的统计和其他信息，同时用这些种子类别对判别函数进行训练，使其符合于对各种子类别分类的要求；随后用分类好的判别函数对其他待分类数据进行分类，使每个像元和训练样本作比较，按不同的规则将其划分到与其最相似的样本类，以此完成对整幅影像的分类。常用的方法有最小距离分类法、多级切割分类法、特征曲线窗口法和最大似然比分类法。如 Hansen et al 利用监督决策树对多时相遥感影像进行分类，得到美国本土和阿拉斯加州的土地分类。

6.3.1.2　非监督分类

非监督分类也称为聚类分析或点群分析。它的前提是假设遥感影像上同类物体在同样条件下具有相同的光谱信息特征。非监督分类是在多光谱影像中搜寻、定义其自然相似光谱集群组的过程。非监督分类不需要人工选取训练样本，仅需要极少的人工初始输入，计算机按照一定规则自动地根据像元光谱或空间等特征组成集群组，然后分析者将每个组和参考数据比较，将其划分到某个类别中去。最常用的是 ISODATA 算法。如王绍强等对黄河三角洲河口地区 1992 年和 1996 年 9 月的 Landsat TM 影像进行非监督分类，误差矩阵的 Kappa 系数为 0.843 4。

6.3.1.3　基于定量分类规则的决策树分类

基于定量分类规则的决策树分类是基于遥感影像数据及其他空间数据，通过定量分类规则的总结、简单的数学统计和归纳方法等，获得分类规则并进行遥感分类。最大的特点是利用多源数据，基本思想是通过一些判断条件对原始数据集逐步进行二分和细化。如 Vogelmann et al 利用多时相 Landsat TM 数据及其他辅助数据得到了美国 20 世纪 90 年代的土地利用图。彭光雄等利用多时相影像研究农作物的识别。李存军等利用多时相 Landsat 近红外波段监测冬小麦和苜蓿种植面积，指出了 5 月下旬到 6 月初是区分小麦和苜蓿的最佳时期。张春贵等利用 2001 ~ 2005 年的 EOS/MODIS 卫星遥感资料，利用增强型植被指数的植被覆盖度计算模式，得到 2001 ~ 2005 年福建省植被覆盖度的年际动态变化情况。马丽等利用多时相 NDVI 及特征波段进行作物的分类研究，设计了决策树算法使得分类精度高达 98.67%。竞霞等利用多时相 NDVI 监测京郊冬小麦种植信息，提取精度达到 96.92%。

本章是利用多时相、定量化的 Landsat 卫星影像，结合外业调查及榆林市县级边界矢量图等非遥感数据，提取陕西省神木县不同地物光谱和物候特征，并设计了决策树分类算法，实现了陕西省神木县地物的高精度遥感分类。

6.3.2　试验分析

6.3.2.1　试验数据

根据影像云量情况，共选用了 4 景 Landsat TM 影像和 1 景 Landsat ETM + 影像，如表 6-2所示，开展 2011 年的陕西省神木县地表覆盖分类研究，由于云覆盖因素，2011 年和 2010 年没有合格的 9 月数据，故选用了 2009 年 9 月的 1 景 Landsat 影像，以获得自然植被完整生长季的卫星遥感数据，开展植被物候特征分析。运用的辅助数据包括 2011 年 10 月 20 ~ 22 日地面调查数据和 1∶10 万的榆林市县级边界矢量图。

表 6-2　使用的影像信息

Path/row：127/33			
获取日期	云覆盖(%)	卫星	来源
2011-05-27	0	Landsat 7	USGS
2011-06-20	3.38	Landsat 5	USGS
2011-07-22	0.09	Landsat 5	USGS
2011-08-07	0.07	Landsat 5	USGS
2009-09-15	0	Landsat 5	中国遥感卫星地面站

6.3.2.2　试验过程

本章数据除进行正射校正和相对辐射归一化处理外，由于 Landsat - 7 ETM + 机载扫描航矫正器(SLC)故障导致 2003 年 5 月 31 日之后获取的图像出现了数据条带丢失，严重影响了 Landsat ETM + 遥感影像的使用，本章还需对 2011 年 5 月 27 日的影像进行差值操作去除条带。如表6-2所示,2011年6月20日影像平均云覆盖为3.38%,本书运用局部替换技术进行去云处理。2009年9月15日影像与其他4幅影像来源不同,故以2011年7月22日影像做基准对其进行几何校正。数据处理流程如图6-5所示。

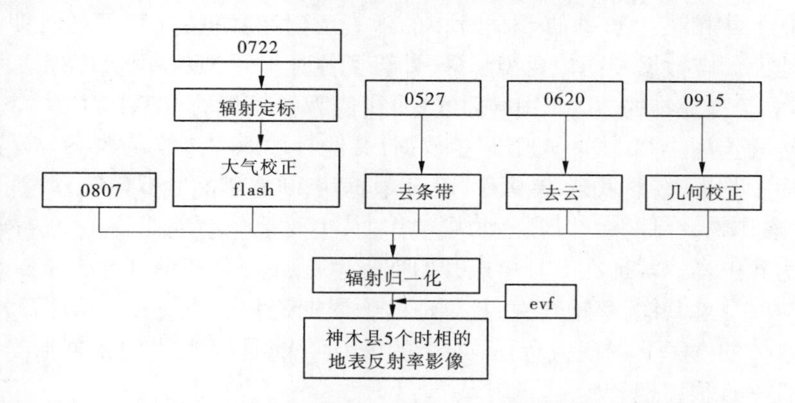

图6-5　数据处理流程(evf是神木县矢量边界图)

研究区内主要地物类型包括水体、沙地、城镇、耕地、林地、草地及灌丛共7类地物,地面调查数据显示,该区耕地主要种植冬小麦和春玉米等农作物。

对于水体、沙地、城镇等非植被地物,可以利用一个时期的光谱特征进行分类,而其他植被地物需要用物候特征进行分类。

1. 典型地物光谱特征分析

利用2011年7月22日大气辐射校正后的地表反射率产品,结合地面调查数据建立7种地物的感兴趣区域,表6-3列出了这7种地物(水体、城镇、沙地、灌丛、草地、林地和耕地)的地表反射率光谱的统计特性。

表6-3　2011年7月22日7种地物的地表反射率

波段	水体	城镇	沙地	灌丛	草地	林地	耕地	
							玉米	小麦
1	0.014 0	0.024 6	0.019 0	0.032 7	0.035 8	0.012 8	0.005 9	0.015 2
2	0.026 4	0.035 6	0.044 7	0.075 5	0.082 9	0.030 9	0.015 6	0.039 6
3	0.014 0	0.039 2	0.061 9	0.090 4	0.104 1	0.039 0	0.013 3	0.048 0
4	0.013 1	0.051 6	0.092 9	0.176 9	0.182 4	0.086 9	0.090 1	0.102 8
5	0.005 3	0.054 2	0.109 9	0.195 7	0.221 4	0.097 3	0.045 6	0.118 5
7	0.003 5	0.050 5	0.103 9	0.163 7	0.190 6	0.080 9	0.023 9	0.093 3

在TM3、TM4两个波段,不同地物的地表反射率光谱值(以下简称光谱值)的变化趋势有差异。其中,林地和耕地的光谱值在TM3波段很低,而在TM4波段明显升高;水体的TM3波段光谱值比TM4波段的大;城镇和沙地的光谱值TM4波段略大于TM3波段。在TM7波段,水体的光谱值很小,与其他地物的光谱值有明显差异。因此,可利用光谱值对地物进行区分。

2. 典型地物物候特征分析

Rouse et al第一次提出了归一化植被指数NDVI的概念,该指数为近红外波段和红光波段之差与两者之和的比值,见式(6-2),取值介于-1到1之间,该指数越大表示植被覆盖度越高。目前,时间序列的NDVI遥感影像数据被广泛用来表征地物的物候特征。

$$NDVI = (TM4 - TM3)/(TM4 + TM3) \tag{6-2}$$

利用2011年植被生长季的5个时相的地表反射率数据,计算了各时期的NDVI图像,并结合地面调查数据及图像目视解译,计算了各时相的NDVI时间序列数据,图6-6为陕西省神木县7种地物的NDVI物候曲线,曲线值为各时相的NDVI均值。其中,耕地由于年季差异,只选用了2011年4个时相数据,其他自然地物忽略了2009年与2011年的覆盖差异,用了5个时相(2011年9月NDVI数据用2009年的数据代替)。耕地主要包括两种季节性农作物,一种在6月收割的夏粮作物,主要是冬小麦;一种在9月收割的秋粮作物,主要为春玉米。林地在5月植被开始恢复生长,其NDVI曲线在5个时相内都比灌丛和草地都高;灌丛其次,草地再次,且草地的物候期比林地要短,5~6月开始生长,8月开始枯萎;水体的NDVI一直为负值,细小的波动可能是因为成像条件所导致;沙地的NDVI较小且一直很稳定。

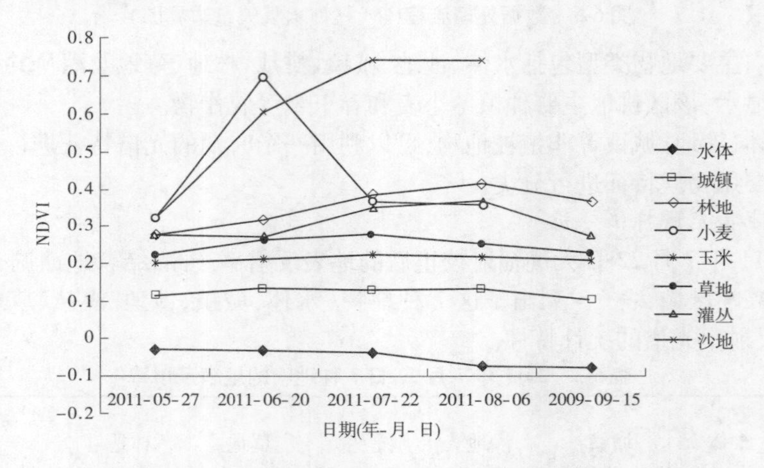

图6-6　研究区内主要地物的NDVI物候曲线图

3. 决策树判别规则建立与算法构建

1)非植被地物的分类规则

植被与非植被的区分比较简单,根据NDVI就可以对其进行大致的划分。本书中非植被包括水体、沙地和城镇,这3种地物的NDVI都偏小,通过给7月22日的影像的NDVI设置阈值*T*1,区分非植被与植被;由表6-3分析可知,这3种非植被地物的光谱反射率差异较大,利用在第7波段区反射率设置阈值*T*2,可以高精度提取沙地;考虑到阴影影响,本章选用了曹荣龙等提出的修订型水体指数RNDWI,对水体和城市居民地进行了区分。

$$RNDWI = (TM5 - TM3)/(TM5 + TM3) \tag{6-3}$$

由表6-4可以看出,水体的RNDWI很小,其他地物远比水体的大。因此,可以利用RNDWI设置阈值*T*3准确地划分出水体。经过反复的试验,最终确定$T1 < 0.39$ & $T2 < 0.1$ & $T3 < 0.01$划分成水体,$T1 < 0.225$ & $T2 \geq 0.2815$划分为沙地;$T1 < 0.159$ & $T2 <$

0.259 1 划分为城镇。

表 6-4　水体与其他地物的 RNDWI 比较

类别	RNDWI 均值	RNDWI 方差
水体	-0.45	0.23
其他	0.39	0.14

基于以上分析，利用 7 月 22 日影像得到的水体、城镇和沙地。对于其他植被地物，可以根据不同植被类型的物候差异，进行植被分类。

2）植被地物的分类规则

以冬小麦为主的夏粮作物在 6 月 NDVI 达到最大值，而以春玉米为主的秋粮作物在 8 月达到最大值，因此可以利用 6 月与 5 月的 NDVI 比值、8 月与 5 月的 NDVI 比值设置阈值 T4、T5 提取耕地。对表 6-5、表 6-6 进行分析得出，耕地的比值均为 2 以上，经过反复试验，最终确定（$T4>2$ 或 $T5>2$）& $T2<0.14$ 为耕地；林地和灌丛的 NDVI 变化趋势相差不大，但林地的 NDVI 均值总高于灌丛和草地，本章利用对 5、6、7、9 月的 NDVI 设定阈值 $T6$、$T7$、$T1$、$T8$ 提取林地，经过反复试验，最终确定 $T6>0.32$ & $T7>0.32$ & $T8>0.30$ 为林地，$T6<0.25$ & $T7<0.40$ & $T1<0.40$ 为草地，剩下的为灌丛。

表 6-5　4 种地物 6 月与 5 月 NDVI 比值

地物	小麦	林地	灌丛	草地
0620NDVI/0527NDVI	2.23	1.15	0.99	1.17

表 6-6　4 种地物 8 月与 5 月 NDVI 比值

地物	玉米	林地	灌丛	草地
0807NDVI/0527NDVI	2.44	1.52	1.36	1.12

3）决策树的设计

依据以上的判别规则，基于多时相 NDVI 和特征波段的决策树分类流程见图 6-7。

6.3.2.3　分类结果与精度验证

利用 ENVI 软件进行决策树分类操作，结果如图 6-8 所示。

利用上述决策树分类规则对该区域土地利用情况进行分类，执行决策树分类之后，需要对分类结果进行评价。ENVI 提供了多种评价方法，包括混淆矩阵、分类结果叠加和 ROC 曲线，本章采用混淆矩阵评价方法，利用地表调查和目视解译的真实地表覆盖样本，选取了 2 446 个分类检测样本，对分类后图像进行精度评价，计算的分类混淆矩阵如表 6-7所示。结果表明，本书结合地物光谱和物候特征分类算法能够对神木县主要地表覆盖进行高精度遥感分类，总体分类精度达 95.77%，Kappa 系数达 0.93。

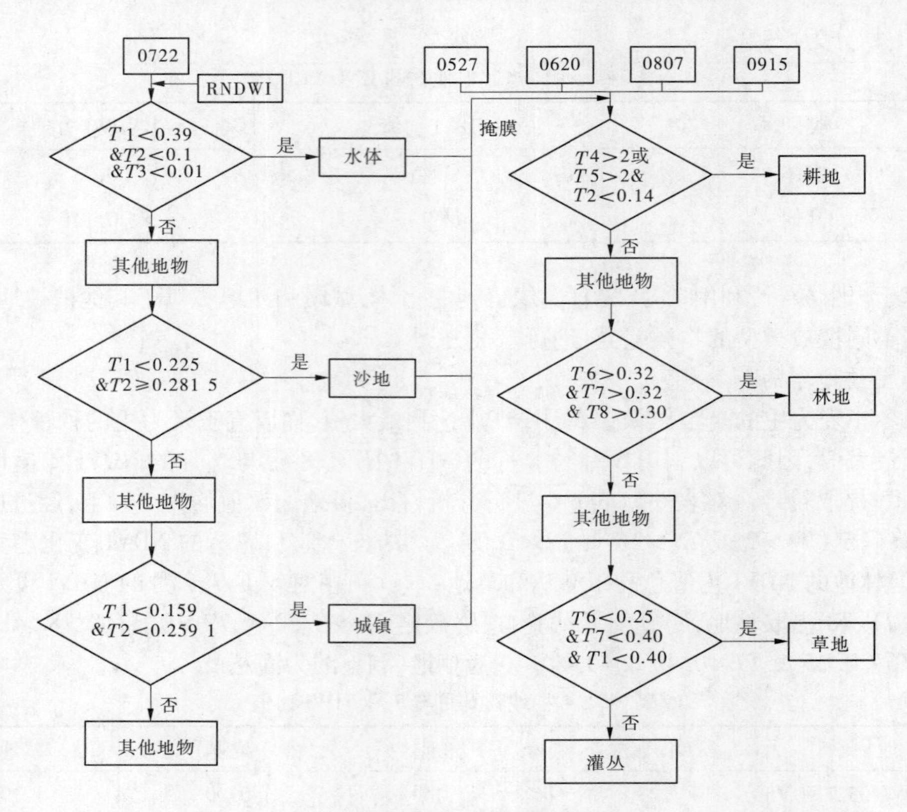

图 6-7　决策树分类图

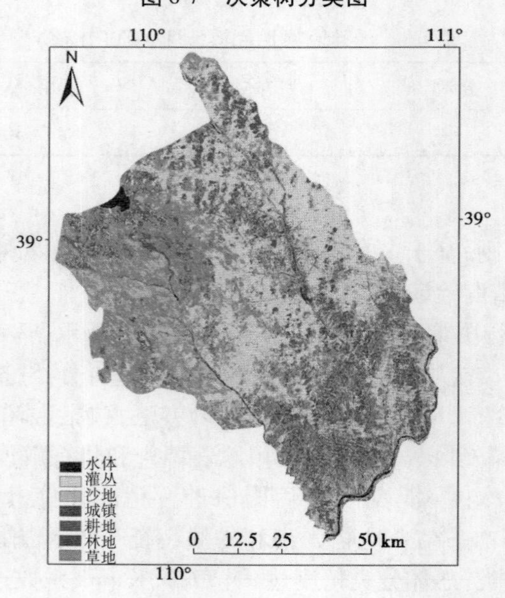

图 6-8　分类结果图

表6-7　分类精度表

类别	水体	灌丛	沙地	城镇	耕地	林地	草地
水体	100.00	0	0	0	0	0	0
灌丛	0	86.24	0	0.13	7.46	2.02	4.22
沙地	0	0	97.30	0	0	0	1.76
城镇	0	0	2.32	92.18	0	0	0
耕地	0	0.13	0	0	89.08	0	0
林地	0	5.53	0	0	3.47	95.00	0.64
草地	0	8.11	0.38	7.69	0	2.98	93.39
总体分类精度为95.77%,Kappa系数为0.93							

6.3.3　研究小结

多时相、中分辨率Landsat系列卫星遥感数据在地表覆盖分类中应用广泛,且能够快速、准确、客观地监测其变化。本节讨论了利用NDVI时间序列信息和多时相光谱信息相结合的方法对Landsat遥感影像进行分类,提取陕西省神木县不同地物光谱和物候特征,并采用了决策树分类算法,结合了地物的多时相光谱特征和物候特征,实现了陕西省神木县主要地物类型的高精度遥感分类,成功地将神木县分成水体、沙地、城镇、耕地、林地、草地及灌丛等7类地物,总体分类精度达95.77%,Kappa系数达0.93。本节研究结果表明,基于多时相光谱和物候特征的决策树分类能够有效克服单时相影像分类的缺陷,提高了分类精度。

6.4　人工林覆盖变化定量探测算法

6.4.1　森林概率指数(IFZ)的介绍及其性质

Huang et al提出了植被变化跟踪(VCT)模型对Landsat时间序列影像的森林变化历史进行自动填图,VCT是基于土地覆盖特征和森林覆盖变化的时间序列影像光谱特性的算法,已经被证实能够检测出大多数森林变化如火灾、城市发展以及作物收获引起的变化,利用森林概率指数(由式(6-4)和式(6-5))区分多光谱影像中的林地和非林地地物。

$$FZ_i = \frac{b_i - \overline{b}_i}{SD_i} \tag{6-4}$$

其中,$\overline{b}_i$和SD_i分别为林地样本波段i地表反射率的平均值和标准差;b_i为波段i的任一反射率值。林地样本来自第3章中被分类的林地和实地调查数据中的林地,每景影像中$\overline{b}_i$和SD_i由该景影像中的林地进行计算得到。FZ_i是将所有像素归一化的过程,这个过程可以减少由于成像大气条件和仪器等造成的林地光谱信号的时空变异性。

$$IFZ = \frac{1}{NB} \sum_{i=1}^{NB} (FZ_i)^2 \tag{6-5}$$

NB 是参与计算波段的数目，对于 Landsat TM 和 ETM + 影像，由于波段 1、2 与波段 3 具有高度的相关性，近红外波段值的改变与林地砍伐、再生长无明确关系，故使用 3、5、7 波段来计算 IFZ 的值，而 MSS 影像用 1、2 和 4 波段计算 IFZ（没有使用第 3 波段是因为在 TM 或 ETM + 影像中找不到相对应的波段）。

由于天气的限制（云、雾等）导致缺少部分森林生长季影像，我们收集的时间序列影像覆盖森林整个生长季节（5 ~ 9 月），因此需要考虑物候对 IFZ 的影响。对于榆林的半干旱黄土高原区的稀疏森林更需要考虑物候的影响。Huang et al 对不同时间获取的影像的森林样本的光谱特征进行归一化处理。然而对榆林地区的森林来说，很难找到近 40 年来稳定的森林样本，但这期间的森林生长和扰动不能忽略。因此，本节使用 2007 ~ 2011 年的多物候 IFZ 模型对物候差异进行归一化。

利用 6.3 节中被分类的林地和实地调查的林地，选取了永久林地样本（1 275 个像素）计算 IFZ，不同月份（5 ~ 9 月）的 IFZ 模型用 2007 ~ 2011 年的 5 个时期的参数，参数值如表 6-8 所示。对于 IFZ 时间序列影像，有云像素覆盖的区域，其 IFZ 值大于 6。ETM + 影像中的坏道区域的 IFZ 用其临近年际的值替代。

表 6-8　不同月份的影像计算 IFZ 使用的参数（$\bar{b}_i$ 和 SD_i）

时间		B1	B2	B3	B4	B5	B7
2007-05-24	Mean	0.050	0.094	0.105	0.215	0.233	0.198
	St. dev.	0.012	0.016	0.022	0.024	0.029	0.032
2010-06-17	Mean	0.028	0.065	0.082	0.206	0.218	0.172
	St. dev.	0.014	0.024	0.032	0.032	0.045	0.051
2011-07-22	Mean	0.026	0.062	0.086	0.235	0.237	0.182
	St. dev.	0.023	0.042	0.046	0.029	0.057	0.070
2007-08-12	Mean	0.057	0.101	0.108	0.251	0.254	0.204
	St. dev.	0.007	0.014	0.020	0.031	0.037	0.039
2008-09-15	Mean	0.049	0.097	0.115	0.237	0.277	0.236
	St. dev.	0.012	0.021	0.030	0.032	0.049	0.052

尽管考虑了物候的影响，对于永久森林（1974 ~ 2012 年间都是森林）还是有些小波动，如年际的气候差异、空间大气差异、生长阶段的差异等。因此，需要平滑 IFZ 曲线得到确切的造林及砍伐时间。Savitzky 和 Golay 提出了简化最小二乘法平滑噪声污染，本节中采用 Savitzky-Golay 滤波的 11 窗口二次多项式进行数据平滑。

FZ_i 和 IFZ 有如下性质：

（1）IFZ 的大小与某一像素是林地的可能性成反比，即 IFZ 越接近 0，该像元是林地的可能性越大；而 IFZ 值越大，越有可能是非林地，见图 6-9。

（2）假设林地像元在光谱空间中呈现正态分布，那么某一像元用 SDST（Standardized

Normal Distribution Table）推算是林地的可能性具有直接的相关性。*IFZ* 作为 FZ_i 的均方根也具有类似的相关性，在实地调查的林地样点中，98%的 *IFZ* 值小于2.0，99%小于2.5，90%小于1.2。因此，定义永久森林的 *IFZ* 值小于1.2，森林的 *IFZ* 在1.2到2.0之间，而 *IFZ* 为2.5是用来识别植树造林和非林地的界限。然而有些区域树林是种植在荒山或荒漠上，土地背景很亮以至于 *IFZ* 值高于裸地或农田。

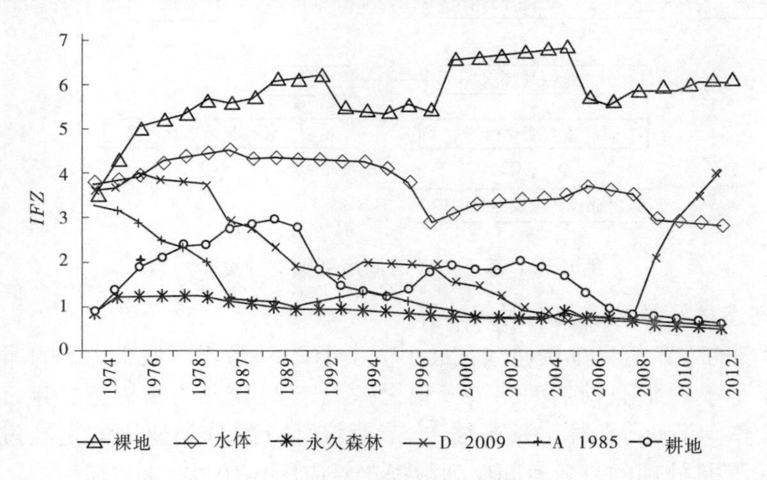

图6-9　林地、非林地及水体的 *IFZ*

（3）虽然落叶林和针叶林具有不同的光谱特征，但本书选用数据为植被生长季内的数据，同时低于其他非林地土地覆盖类型。因此，可以不用区分林地类型，直接使用 *IFZ* 的值去寻找林地的改变状况。

6.4.2　植被动态追踪算法

林地覆盖及其变化的时间序列影像的分析主要基于 *IFZ*，根据对不同森林覆盖类型的 *IFZ* 时间特性分析，建立以下规则对1974～2012年榆林六县森林覆盖变化进行时间估算，主要步骤见图6-10。

6.4.2.1　不变地物的监测

对于永久森林，其郁闭度必然很高，*IFZ* 一直保持很小（影像上有云雾覆盖除外），如果某像素的 *IFZ* 值一直小于2.0（容许3期例外），则被划分为永久森林。

对于非植被覆盖的地物，比如水体和裸地，*IFZ* 值通常在研究期间保持很高，如图6-9所示。本节首先根据水体和云的年际变化分析，如果某像素的 *IFZ* 值大于2.5超过26期，即容许少于3期云雾等的干扰，就标记为非植被像素。然后再区分水体和裸地。水体的光谱反射系数在近红外（NIR）和短波红外（短波红外成像）波段很低，无污染的水几乎为0，但裸地的光谱反射率在近红外很高（几乎总是大于30%）。考虑到水体的污浊程度（尤其是黄河），在Landsat TM/ETM+影像中，如果第7波段反射率值低于0.1才标记为水体。因此，如果这种情况在25期影像中发生5次或更多（MSS影像的分辨率很低，不用于水体的分类），这个像素就标记为水体，否则就分类为裸地。

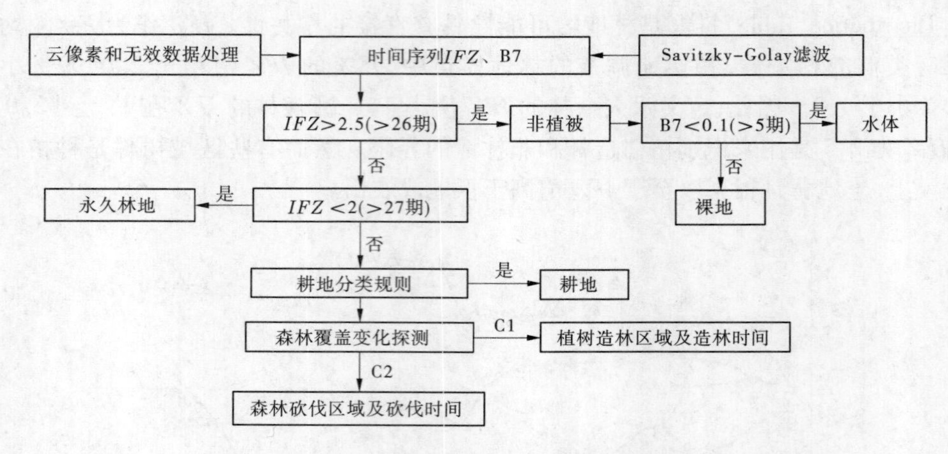

图 6-10　基于 *IFZ* 时间序列数据分类图

6.4.2.2　植树造林及林地砍伐的时间估算

如果某像素的 *IFZ* 值呈单调递减且最小值小于 2.5，当 *IFZ* 低于 2.5 的那年(前一年大于 2.5，该年小于 2.5，且前后两年 *IFZ* 值之差大于 2)定义为植树造林年，该像素定义为植树造林像素。考虑到森林增长平缓，本节对该部分的分类使用的是经过 Savitzky - Golay 滤波平滑工具处理的 *IFZ* 时间序列数据。对应图 6-10 中 C1 步骤。

森林砍伐后通常会导致 *IFZ* 值突增，如果某像素的 *IFZ* 值由低值(1.5 或更小)突增超过 2.5 且一直保持高值，则该像素定义为森林砍伐像素，突增年定义为砍伐年。对应图 6-10中的 C2 步骤。

6.4.2.3　耕地的检测

部分榆林地物类型受人类活动影响很大，在沙地和森林周围有大量的耕地。如果耕地有农作物覆盖，在作物的生长季节该区域的光谱特征和森林的非常接近。Landsat 时间序列影像可以根据不同作物的物候变化来对耕地进行分类。本节中选取的影像(5 ~ 9 月)涵盖了榆林地区整个农作物生长季，农作物在不同的生长阶段，光谱的反射率差别很大。如果某像素的 *IFZ* 曲线在某年的值小于 1.5，与前一年的差值大于 1.5 且在这曲线上任意连续三年的值大于 2.5，则该像素分类为耕地。

6.4.3　试验分析

6.4.3.1　试验数据

1. 遥感影像数据

榆林市覆盖了 Landsat TM/ETM + 2 行(row 33、row 34)3 列(path 126、path 127、path 128)，本节为避免各列之间的拍摄日期不同而选择了同一列(path 127)影像，完整地覆盖了榆林六县(神木、榆阳、佳县、横山、子洲和米脂)，总面积为 23 892 km^2。本节收集了 25 期(1986 ~ 2012 年)Landsat TM/ETM + 影像和 5 期 Landsat MSS 影像，如表 6-9 所示。由于 MSS 影像的覆盖区(footprint)和 TM/ETM + 的不一样，本节中的 MSS 影像选取的是 33、34 行和 136、137 列。这些数据来源于美国地质调查局(USGS，glovis. usgs. gov)和中国遥感卫星地面站(www. ceode. cas. cn)。

表6-9　选择的影像:127/33 和 127/34 选择的是相同日期的影像

Path/Row	获取日期
127/33 & 34	2012-06-30, 2011-07-22, 2010-07-17, 2009-06-30, 2008-09-15, 2007-08-12, 2007-05-24, 2006-09-10, 2005-07-29, 2004-09-12, 2003-08-17, 2002-08-06, 2001-05-31, 2000-05-20, 1998-07-02, 1996-06-10, 1995-06-08, 1994-08-24, 1993-06-18, 1992-07-17, 1990-08-29, 1989-09-11, 1988-09-24, 1987-05-17, 1986-08-02
137/33 & 34	1978-08-01, 1977-08-15, 1976-09-25, 1975-04-22, 1974-05-24
136/33 & 34	1978-09-23, 1977-07-07, 1976-06-26, 1975-06-14, 1973-11-24

2. 实地调查数据

实地调查数据分别于 2011 年 10 月 20 ~ 22 日以及 2012 年 5 月 24 ~ 28 日获取,共 27 个站点分布在佳县、榆阳、神木和横山县,记录的数据包括经纬度、树种、树密度、树高、胸径、树冠、造林及砍伐时间、周围景观照片,造林及砍伐时间由当地林业局人员在现场调查中提供,松树类的可以通过数树节来计算年龄。图 6-11 显示了一些典型造林地点的照片。

(a)1980年种植的樟子松

(b)1980年种植的油松

(c)2003年种植的圆柏

(d)2004年种植的油松

图 6-11　榆林地区不同植树造林地点

6.4.3.2　试验结果

基于 *IFZ* 时间序列影像的分类规则,将榆林六县分成了 56 类,包括水体、裸地、耕地、永久森林、26 类植树造林(1975 ~ 2010 年)以及 26 类森林砍伐(1975 ~ 2010 年)。图 6-12

显示的是榆林六县1974～2012年森林覆盖变化结果图，表明了近40年来植树造林在榆林六县取得的成效。

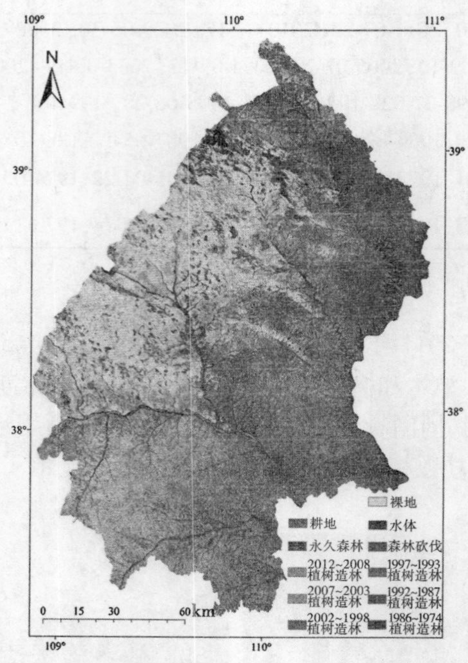

图6-12　榆林六县1974～2012年森林覆盖变化时间估算图

图6-13根据行政区域分别统计了榆林六县和佳县1974～2012年植树造林和森林砍伐的面积，在图6-13(a)中很明显有两个植树造林峰值，最大峰值出现在2001年，森林净增长面积为207 578 hm²，第二峰值出现在1977年，森林净增长面积为33 669 hm²。第二峰值出现的原因是"三北"防护林工程建设，第一峰值的出现是由于1999年朱镕基总理在视察延安时提出"退耕还林(草)、封山绿化"的政策(http://www.people.com.cn/GB/shizheng/16/20020723/782734.html)。图6-13中在2009年出现了较小的森林砍伐峰值(1 795 hm²)，这是城乡基础设施建设导致，如道路建设、矿业开发等。

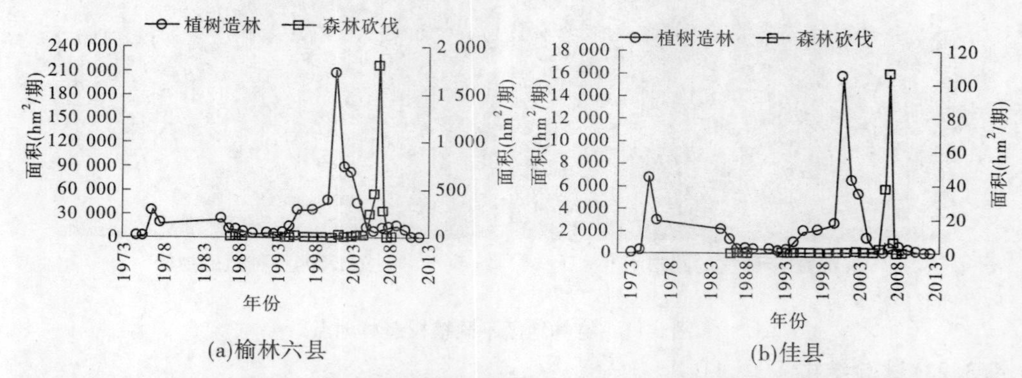

图6-13　1974～2012年榆林六县和佳县的植树造林(对应左纵轴)和森林砍伐(对应右纵轴)面积

表6-10中显示了榆林六县和佳县的森林覆盖面积及其变化，榆林六县和佳县的永久

森林面积分别是302 793 hm^2（占总体面积的11.8%）、44 983 hm^2（占22.1%），结果表明，榆林六县在近40年里森林面积增长迅速。由于政府的植树造林和森林砍伐数据不公开，这使得遥感监测数据无法与之相比较。本节中使用的地面调查验证数据由佳县林业局提供，包括1975～2010年佳县的森林覆盖面积及其覆盖度。根据佳县林业局资料，佳县1975年的森林面积为59 747 hm^2，2010年为115 380 hm^2，森林覆盖度由1975年的28%增长到2010年的56%。表6-10显示佳县森林面积由1974年的45 251 hm^2（覆盖度为22.2%）增长到2010年的98 483 hm^2（覆盖度为48.5%）。由于佳县的森林覆盖定义和本节的不同导致数据有所差异，从遥感时间序列影像解译得到的造林面积比林业局资料约低7%。榆林六县的森林覆盖面积由1974年的378 862 hm^2（14.8%）增加到2010年的1 103 743 hm^2（43.0%），这和榆林林业局提供的资料（截至2009年榆林12个县森林覆盖率为30.7%）相符合（http://www.ylxww.com/show.aspx? id=17589&cid=42）。

表6-10　榆林六县和佳县森林覆盖面积及其变化　（单位：hm^2）

年份	榆林六县				佳县			
	植树造林	森林砍伐	森林	覆盖度(%)	植树造林	森林砍伐	森林	覆盖度(%)
2010	8 883	0	1 103 743	43.0	118	6	98 483	48.5
2009	14 114	265	1 094 860	42.6	288	106	98 370	48.4
2008	12 300	1 795	1 081 011	42.1	497	37	98 188	48.3
2007	1 084	450	1 070 506	41.7	463	2	97 729	48.1
2006	6 892	244	1 060 115	41.3	127	1	97 268	47.9
2005	11 545	20	1 053 467	41.0	173	1	97 142	47.8
2004	42 241	8	1 041 942	40.6	1 260	0	96 969	47.7
2003	81 066	6	999 708	38.9	5 240	0	95 710	47.1
2002	87 552	3	918 648	35.8	6 513	0	90 470	44.5
2001	207 578	2	831 099	32.4	15 647	0	83 957	41.3
2000	44 079	1	623 523	24.3	2 557	0	68 311	33.6
1998	33 905	20	579 445	22.6	2 077	0	65 754	32.4
1996	33 639	0	545 561	21.2	1 872	0	63 677	31.3
1995	13 199	0	511 921	19.9	1 014	0	61 806	30.4
1994	4 392	0	498 722	19.4	264	0	60 791	29.9
1993	2 780	0	494 331	19.2	144	0	60 527	29.8
1992	5 242	0	491 550	19.1	397	0	60 383	29.7
1990	3 932	4	486 308	18.9	437	0	59 986	29.5
1989	7 660	10	482 380	18.8	571	0	59 549	29.3
1988	9 766	5	474 730	18.5	387	0	58 978	29.0

续表 6-10

年份	榆林六县				佳县			
	植树造林	森林砍伐	森林	覆盖度(%)	植树造林	森林砍伐	森林	覆盖度(%)
1987	9 755	0	464 970	18.1	1 272	0	58 591	28.8
1986	22 512	1	455 214	17.7	2 193	0	57 319	28.2
1978	17 472	2	432 702	16.8	2 939	0	55 126	27.1
1977	33 669	2	415 231	16.2	6 697	0	52 187	25.7
1976	1 845	2	381 564	14.9	240	0	45 491	22.4
1975	858	0	379 721	14.8	114	0	45 251	22.3
1974	225	0	378 862	14.8	0	0	45 137	22.2
永久森林			302 793	11.8			44 983	22.1

6.4.3.3　精度验证及评价

遥感影像地表覆盖产品的验证通常是基于独立的地面调查数据或者目视解译。本节中使用实地调查数据进行精度验证,选择了 17 个实地调查区域,共 4 139 个样本点。验证结果如表 6-11 所示,结果表明 *IFZ* 时间序列数据成功地估算了森林覆盖变化及覆盖变化的时间,其中耕地也被精确地分类,生产者精度(producer's accuracy)为 84.7%,用户精度(user's accuracy)达到 81.4%。将表 6-11 中的森林覆盖变化类型合并成六类,分别是水体、裸地、耕地、永久森林、植树造林及森林砍伐,如表 6-12 所示。结果表明总体分类精度为 89.1%,kappa 系数为 0.858,植树造林的生产者精度和用户精度分别为 78.4% 和 87.9%;森林砍伐的生产者精度和用户精度分别为 89.1% 和 100%。本节同时对从时间序列影像解译中得到的植树造林时间(26 类)和森林砍伐时间(26 类)进行了精度评价,如表 6-13 所示,22.2% 的数据监测的时间和实地调查的时间完全相同,86.5% 数据监测到的时间误差小于或等于 3 年/期。结果表明,Landsat 时间序列影像即使是在半干旱地区也能够监测人工造林的时间。

表 6-11　精度验证结果

类别	裸地	耕地	水体	2004 S1	2003 S2	2003 S3	2002 S1	1985 S1	1982 S1	1980 S2	1981 S1	1980 S4	1980 S1	1975 S2	1965 S1	永久森林	D2009 S1	合计
裸地	1 302			15	5	2	54											1 378
耕地		500				48	10				1		5		4	15	31	614
水体			306															306
2010	9																	9
2009	16																	16
2008	4						2											6
2007	1						4											5

续表 6-11

类别	裸地	耕地	水体	2004 S1	2003 S2	2003 S3	2002 S1	1985 S1	1982 S1	1980 S2	1981 S1	1980 S4	1980 S1	1975 S2	1965 S1	永久森林	D2009 S1	合计
2006	2	1		1			9											13
2005				16			25											41
2004	3	8		5		4	115											135
2003		3		1	4	41	64											113
2002		1			1	46	26	1										75
2001						71	20	3	1	1								96
2000		3				3	1	1								1		9
1998						2	1											3
1996						1	1		1					1		4		8
1995							1	1								1		3
1994		7																7
1993		1																1
1992										1								1
1990		2							2	1								5
1989		6					1	5	1	4			1			4		22
1988		1					3	7	5	4	2	7				11		40
1987		1					2	7	1	5	2	8		1				27
1986		16					2	70	14	45	8	7	1	19		5		187
1978		3					1	37	5	30	11		8	16		2		113
1977		2						11	2	23	9		8	5		3		63
永久森林		35				3		43	3	29	7		10	6	26	559	6	727
D2009																	116	116
合计	1 337	590	306	38	10	221	342	186	35	143	40	22	33	48	30	605	153	4 139

注:1977 ~ 2010 年的类别表示 1977 ~ 2010 年的植树造林类,D2009 表示 2009 年的森林砍伐,S1 ~ S4 表示森林类型,分别代表油松、杨树、圆柏和樟子松。

表 6-12　6 类地表覆盖及森林变化混淆矩阵

类别	裸地	森林	水体	植树造林	永久森林	森林砍伐	合计
裸地	1 302			76			1 378
耕地		500		64	19	31	614
水体			306				306
植树造林	35	55		877	31		998
永久森林		35		101	585	6	727
森林砍伐						116	116
合计	1 337	590	306	1 118	635	153	4 139

总体分类精度为 89.1%,Kappa 系数为 0.858。

表 6-13　森林变化的时间监测精度

时间	0	≤1 年	≤2 年	≤3 年	≤5 年
百分比(%)	22.2	57.8	73.6	86.5	97.4

6.5　榆林地区生物量的时序定量遥感监测

基于地物反射特性的光学遥感能够获得森林冠层覆盖信息，而森林冠层覆盖与森林生物量通常存在密切联系，特别是对于较稀疏的次生林，很多研究表明，反射率或植被指数与森林生物量存在显著的统计相关关系，因此基于反射率光学遥感的森林生物量遥感得到了较广泛的应用。但反射率/植被指数与森林生物量的统计关系因区域、时间、林地类型存在很大差异，部分研究表明，将反射率遥感与森林林分年龄组合起来，能够显著提高森林生物量的遥感探测精度(Zheng et al，2004，2007)。但这些研究依赖森林清查资料的林分年龄，时空空间分辨率相对粗糙。时序定量遥感为造林时间重构提供了一种新的机遇，将时序定量遥感数据集成起来，将能够提高森林生物量和碳储量时空动态的遥感估算精度。

6.5.1　森林生物量的时序遥感模型

6.5.1.1　森林生物量方差

在 2012 年 5 月，在榆林佳县选择杨树、槐树、樟子松、油松等 4 种主要造林树种，挑选不同胸径的树木，通过人工取样，获取了各树木的地上与地下的鲜重生物量，包括粗根、细根、树干、粗枝、细枝叶，并取部分样品回去进行烘干，计算各组分的干重和整棵树的干重生物量。在采样前后，我们还测量了每棵树的胸径、高度、冠幅，并通过年轮得到树龄。由于试验条件限制，樟子松和油松样本数较少，由于二者生长和生物量特性较接近，这两种树的样本放在一起建模，其他杨树和槐树独立建模。胸径易于测量且与生物量存在密切联系，被广泛应用于生物量方程建模。利用实测的松树、杨树、槐树的生物量和胸径数据，建立三种树木的生物量方程，如图 6-14 所示。

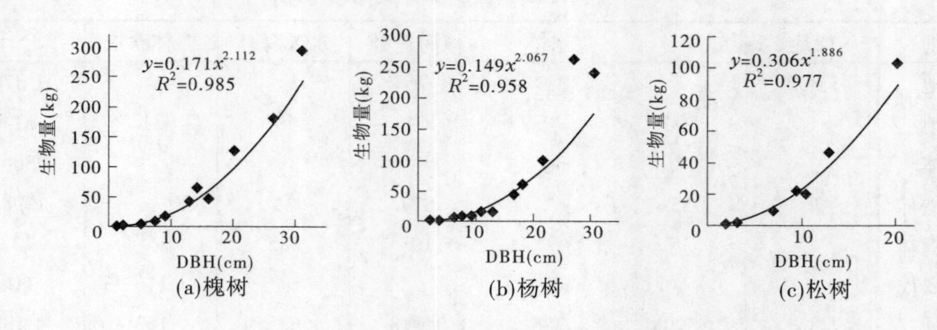

图 6-14　榆林地区生物量方差

6.5.1.2 基于植被植树和树龄信息的森林生物量遥感模型

2013 年 10 月,在榆林地区共调查了 28 个次生林样地,每个样地大小 30 m×30 m,调查了样地株数,并逐木测量了胸径,挑选 3 个代表性的树木,在树根部取 5 mm 直接的树芯,在室内显微镜下测量了树龄,并用最大树龄代表样地次生林的指数造林时间。

根据调查样地的 GPS 位置,从 2013 年 8 月 22 日 Landsat 8 反射率图像中提取样地反射率光谱,开展榆林地区生物量的时序遥感估算研究。通过文献和实测数据分析,选用了 NDVI、SR、EVI 三种植被指数,开展榆林地区地上生物量统计建模分析。考虑到树龄是影响植被指数 - 生物量模型的重要因素,经过优化分析,融合植被指数和树龄信息,开展了生物量的时序遥感建模分析。图 6-15 为植被指数模型和植被指数 + 树龄融合模型的精度分析散点图,结果表明,融合植被指数和树龄信息的生物量遥感模型精度与可靠性有了较大提高。以比值植被指数 SR 为例,比值植被指数 SR 解释了 50.1% 的生物量差异,而 SR 与树龄融合模型能解释 72.7% 的生物量差异。

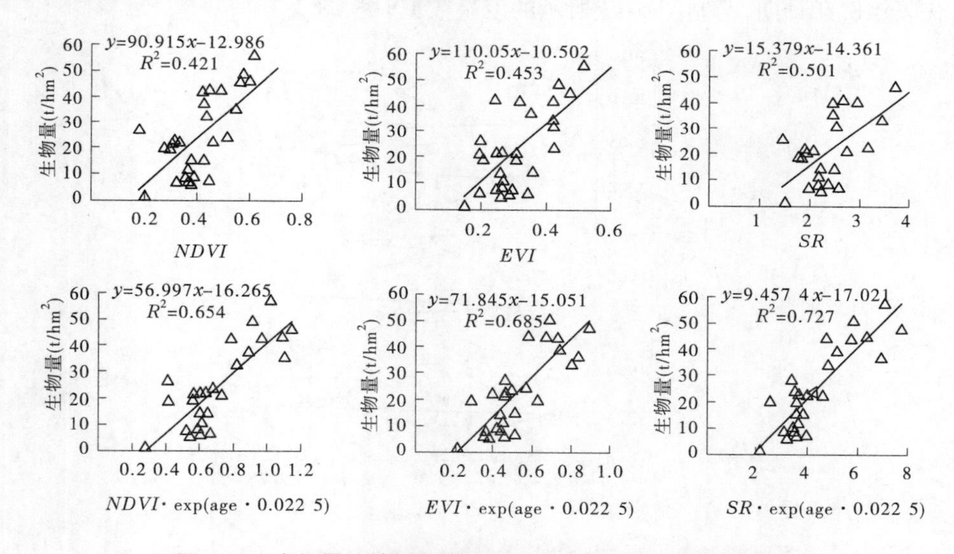

图 6-15 生物量植被指数模型和植被指数 + 树龄融合模型

6.5.2 榆林地区森林生物量动态的时序遥感监测

利用长时序定量遥感数据,获得了如图 6-14 所示的造林时间专题图。通过森林管理部门的造林时间对图 6-14 的验证结构表明时序定量遥感方法能够准确获得造林时间。在 2013 年 10 月调查试验中,获得了 28 个相对空间均匀、连片的次生林的年轮,并根据树干基部年轮获得树龄信息。基于树干基部年轮的树龄数据,对图 6-14 的造林时间进行了验证与比对,如图 6-16 所示。结果表明,榆林地区造林时间与树干基部年轮的树龄时间基本是一致的。

基于光学反射率方法的森林遥感参数估算受到物候的强烈影响和干扰,特别是温带落叶林,森林参数的遥感统计模型对物候有较苛刻的要求,且大部分研究都选用植被生长峰值期的遥感数据,开展森林参数遥感估算与应用工作。前一节也选用森林冠层 LAI 峰

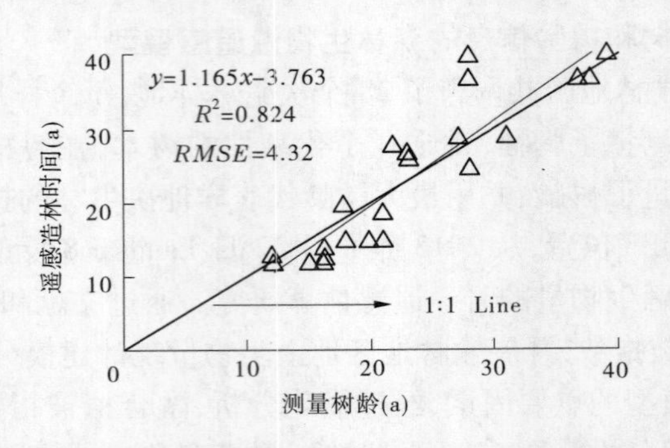

图 6-16 造林时间与树干基部年轮的实测树龄统计关系

值期(2013 年 8 月 22 日)的遥感数据,建立了生物量的遥感统计模型(见图 6-15),这种模型也只能应用到 LAI 峰值期的其他年份遥感数据。将表 6-2 所示的 31 期卫星数据,根据数据获取年份和日期,绘制图 6-17 所示的卫星数据时相图。

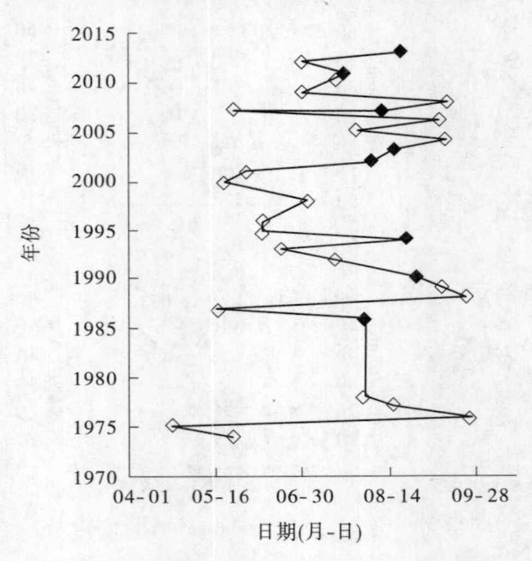

图 6-17 卫星遥感数据时相图(填充的散点框为筛选的卫星数据)

榆林地物森林 LAI 在 7 月底进入峰值期,9 月初 LAI 开始下降。根据表 6-9 和图 6-17,从 31 期卫星数据中,选择了森林冠层 LAI 峰值期的 8 期数据,结合图 6-15 所示的比值植被指数 + 树龄的生物量遥感模型,开展了榆林地区生物量的时序遥感估算,结果如图 6-18 所示。

对图 6-18 所示的榆林六县森林生物量进行空间统计,获得 1986 ~ 2013 年榆林六县森林生物量动态变化特征,如表 6-14 和图 6-18 所示。结果表明,近 30 年来榆林地区森林生物量得到了快速增加,榆林六县生物量从 1986 年的 0. 58 Gkg 增加到 2013 年的 2. 66 Gkg,增长了 4. 6 倍;1974 ~ 2013 年稳定的永久林地生物量呈稳步增加趋势,榆林六县永久林地生物量增加了 2. 8 倍;榆林六县森林平均生物量在 2002 年前后出现了下降而后又稳步增加,这是由于 2000 ~ 2003 年的大规模植树造林的结果。

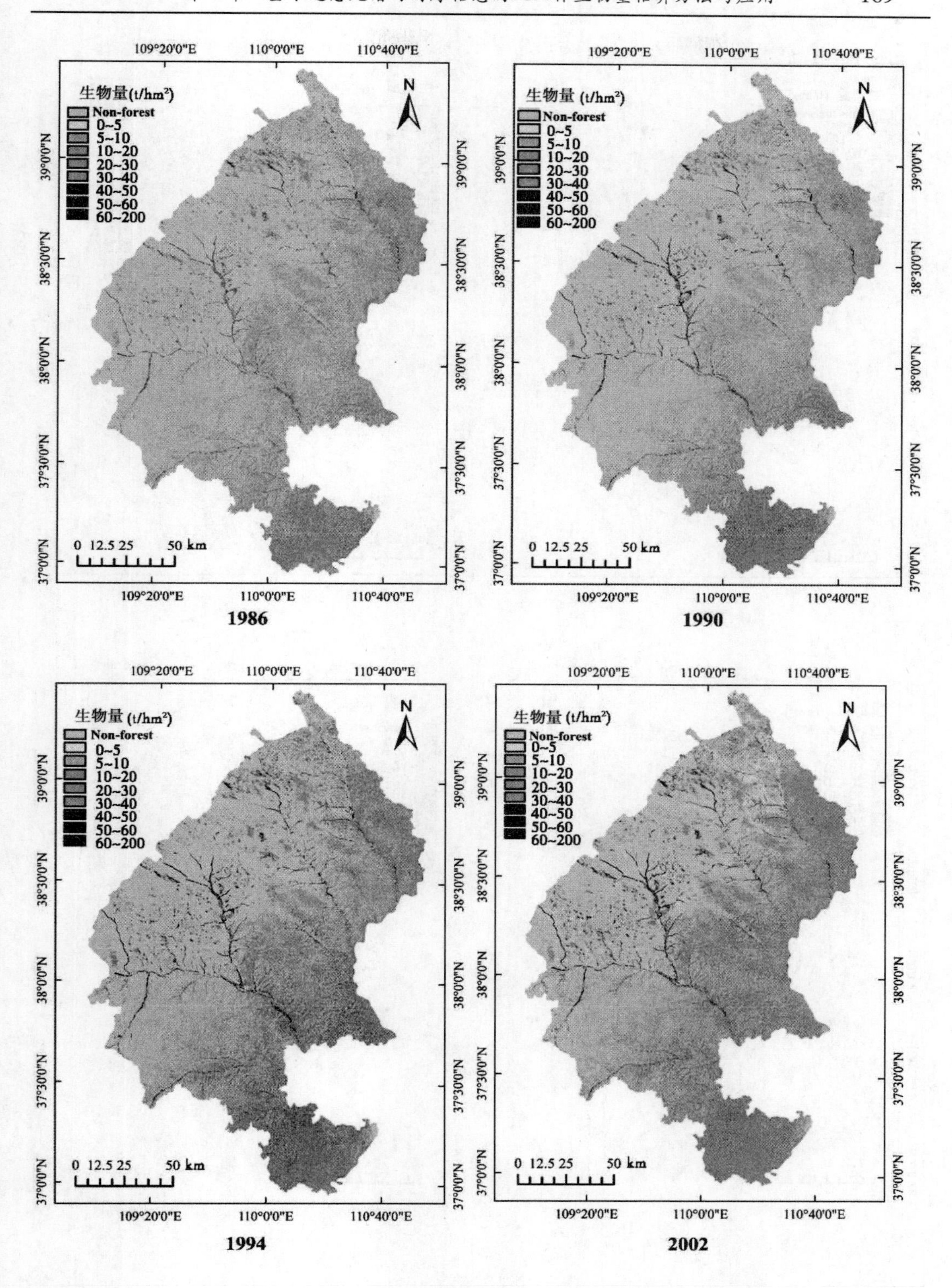

图 6-18　榆林六县生物量的动态遥感估算专题图

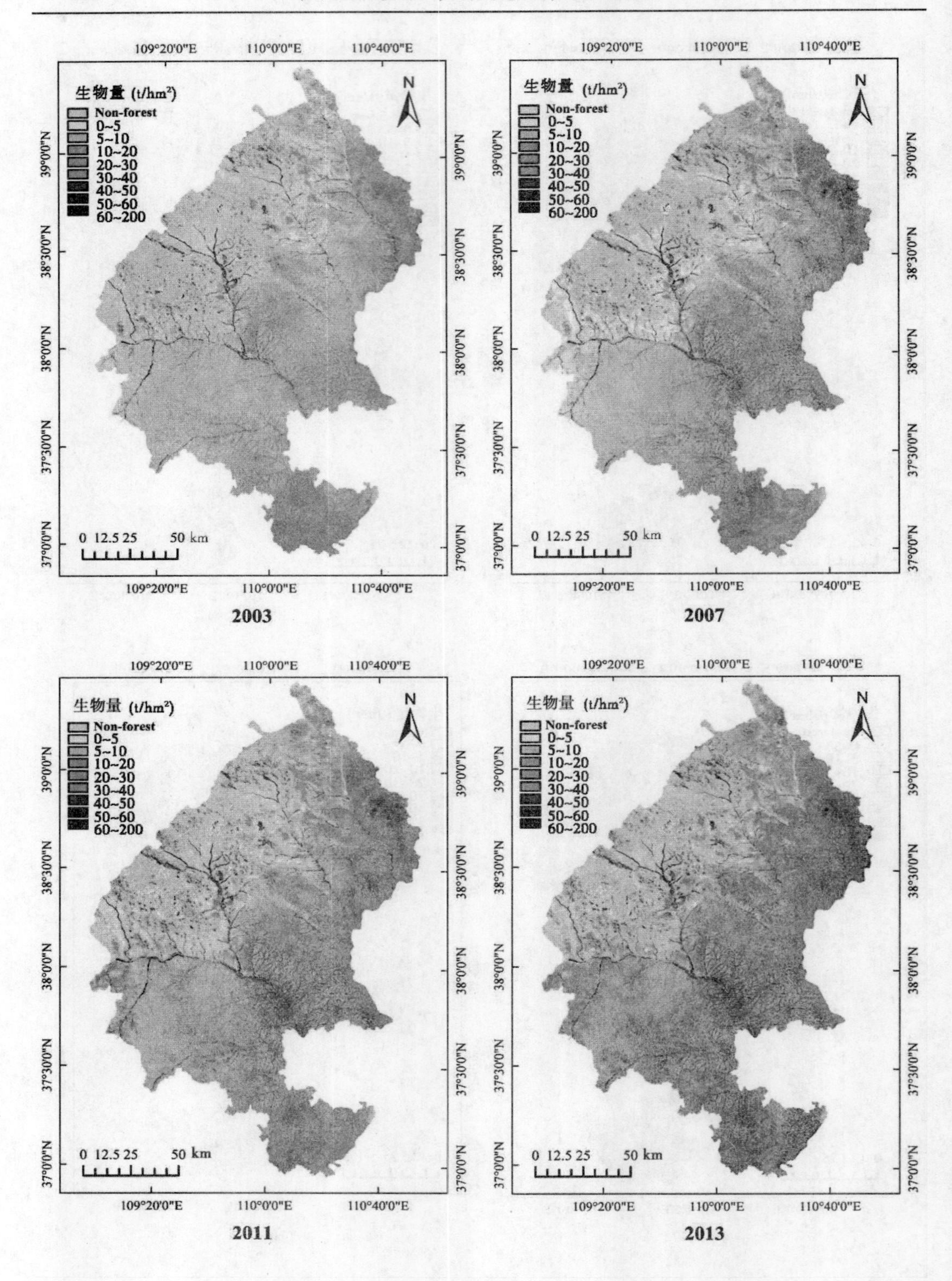
生物量（t/hm²）
Non-forest
0~5
5~10
10~20
20~30
30~40
40~50
50~60
60~200
N
0 12.5 25 50 km
109°20'0"E
110°0'0"E
110°40'0"E
39°0'0"N
38°30'0"N
38°0'0"N
37°30'0"N
37°0'0"N
2003
2007
2011
2013

续图 6-18

表6-14　1986～2013年榆林六县森林生物量变化

年份	Biomass1(t/hm^2)	Biomass2(t/hm^2)	Biomass3(Gkg)	森林面积(km^2)
1986	14.35	15.72	0.58	4 048
1990	17.92	19.30	0.80	4 453
1994	22.95	24.84	1.06	4 617
2002	18.42	26.47	1.23	6 652
2003	17.84	25.30	1.41	7 897
2007	18.25	37.53	1.77	9 704
2011	20.22	39.46	2.19	10 831
2013	24.60	44.53	2.66	10 831

注：Biomass1、Biomass2、Biomass3是榆林六县森林平均生物量、永久林地平均生物量和总生物量。

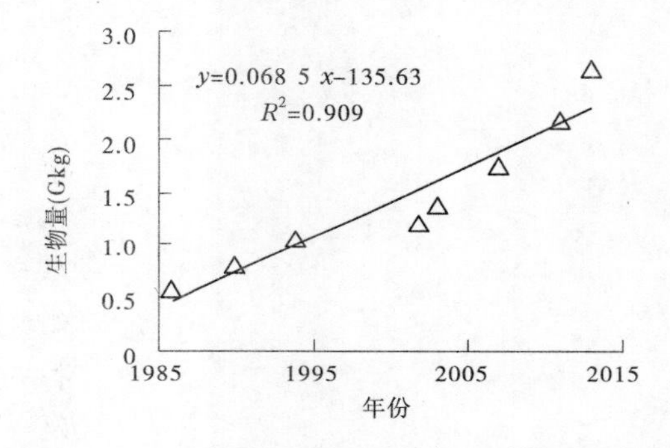

图6-19　1986～2013年榆林六县生物量增长趋势

利用2013年的森林生物量遥感专题图，结合图6-12所示的植树造林时间专题图，根据造林时间，统计了近40年来不同造林时间的森林生物量变化趋势，如图6-20(a)所示。并结合表6-14永久林地生物量变化数据，分析了永久林地(1974年以后一直是森林覆盖)1986～2013年的变化趋势，如图6-20(b)所示。结果表明，榆林地区次生林的森林生物量呈稳步增加趋势，1974年后人工造林区域的森林生物量每年约增加1.03 t/hm^2，1974年的永久林地的森林生物量每年约增加0.98 t/hm^2，二者的生物量增加幅度基本是一致的。

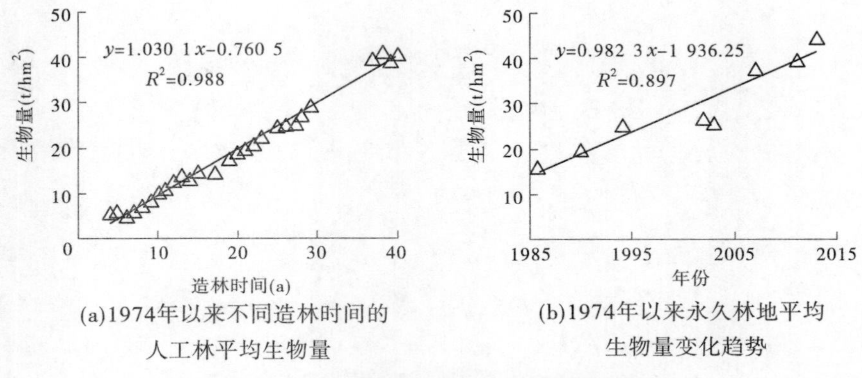

(a)1974年以来不同造林时间的人工林平均生物量

(b)1974年以来永久林地平均生物量变化趋势

图6-20　榆林六县森林平均生物量变化趋势

研究结果表明,利用长时序定量化的卫星遥感数据和森林变化探测模型,不仅能够重构植树造林和森林砍伐时间,融合时序定量遥感探测造林时间和植被指数,还能显著提供区域森林生物量的遥感估算精度,为森林碳储量时空动态监测提供了一种新的遥感探测方法。

第 7 章　基于改进 CASA 模型的东北三省植被 NPP 遥感估算与应用

7.1　研究区与数据

7.1.1　研究区域概况

本章以中国东北三省为研究区域，包括黑龙江、吉林、辽宁三省（见图 7-1），东北三省土地总面积约 80.23 万 km^2，地理位置为 118°53′～135°06′E、38°43′～53°34′N，南北跨度大，位于北半球中纬度地带，欧亚大陆东部，地处北温带，相当于我国的寒温带和温带湿润、半湿润地区，属大陆性季风气候，以冷湿的森林和草甸草原景观为主。北与俄罗斯接壤，南连河北，西邻内蒙古，东接朝鲜。

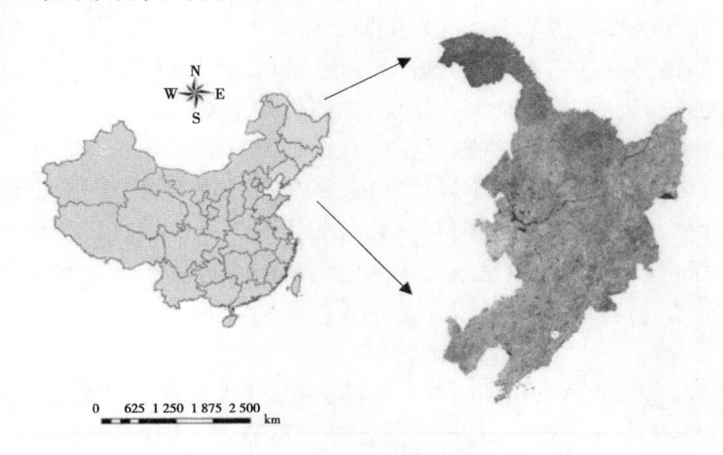

图 7-1　研究区地理位置

黑龙江省位于 121°11′～135°05′E、43°25′～53°33′N，地势大致是西北、北部和东南部高，东北、西南部低；主要由山地、台地、平原和水面构成。西北为东北—西南走向的大兴安岭山地，北为西北—东南走向的小兴安岭山地，东南为东北—西南走向的张广才岭、老爷岭、完达山脉；东北部为三江平原，西部为松嫩平原。黑龙江省属寒温带—中温带的大陆性季风气候，冬季漫长寒冷，夏季短促，气温高、降水多、光照时间长，适宜农作物生长，南北温差大，西北部气温最低。太阳辐射资源丰富，春季大风日最多，多在松嫩平原和三江平原，风能资源丰富。全省自然资源富集，森林覆盖率高，农业资源丰富，耕地集中连片，土质肥沃，是世界仅有的三大黑土带之一。多山，山地面积占 58.9%，概括地貌时素有“五山、一水、一草、三分田”之称。天然林资源是黑龙江省森林资源的主体，主要分布在大小兴安岭、长白山脉及完达山脉，大兴安岭以落叶松为主体，小兴安岭则以红松阔叶天然复层异龄混交林为主体；红松在小兴安岭大面积分布，小兴安岭是红松的故乡。松嫩平原以农田防护林为主，三江平原基本是少林地区。

吉林省位于121°38′~131°19′E、40°52′~46°18′N，地势由东南向西北倾斜，呈东南高、西北低的特征，以中部大黑山为界，可分为东部山地和中西部平原两大地貌区。东部山地分为长白山中、低山区和低山丘陵区，中西部平原分为中部台地平原区和西部草甸、湖泊、湿地、沙地。地貌类型种类主要由火山地貌、侵蚀剥蚀地貌、冲洪积地貌和冲积平原地貌构成。吉林省地处北半球的中纬地带，东部气候湿润多雨，西部远离海洋而接近干燥的蒙古高原，气候干燥，全省形成了显著的温带大陆性季风气候特点，四季分明、气温变化显著，雨热同季。四季明显更替，春季干燥风大，夏季高温多雨，秋季天高气爽，冬季寒冷漫长。年平均降水量一般在350~1 000 mm，自东向西有明显的湿润、半湿润和半干旱的差异。全省东部高山森林资源丰富，中部平原适宜农业发展，西部为草原。

辽宁地理位置在118°53′~125°46′E、38°43′~43°26′N，地处欧亚大陆东岸，属于温带大陆型季风气候区，境内四季分明、雨热同季，日照丰富，积温较高，冬长夏暖，春秋季短，雨量不均，东湿西干。地势大体为北高南低，从陆地向海洋倾斜；山地丘陵分列于东西两侧，向中部平原倾斜。地形多山地丘陵。地貌划分为三大区：①东部山地丘陵区；②西部山地丘陵区；③中部平原区。辽宁省土地资源有“六山、一水、三分田”之称。境内东部森林茂密，已成为辽宁主要水源基地和绿色屏障；中部为辽河平原，是辽宁农作物种植区和重要商品粮基地；南部的辽东半岛，为伸向渤海和黄海之间的一片沃土，物产丰富；渤海沿岸的狭长地带为辽西走廊，依山面海，是联结关内外的重要通道。

本章将东北的黑龙江省、吉林省、辽宁省三个省，简称为“东北地区”。

东北地区地域广阔，属大陆性季风型气候，冬季漫长而寒冷，夏季雨量集中。东北地区有大面积针叶林、针阔叶混交林和草甸草原，肥沃的黑色土壤，广泛分布的冻土和沼泽等自然景观，水绕山环、沃野千里是东北地区地面结构的基本特征，土质以黑土为主。

7.1.2　遥感数据处理

本模型的输入参数涉及大量多时相的遥感数据、气象数据和土地覆盖分类图，这些数据质量的好坏会直接影响到植被NPP估算结果的可靠性。因此，在本章研究中，利用特定数据处理方法尽可能地消除数据本身所包含的误差，使处理过后的数据尽可能与真实情况一致，从而提高植被NPP的估算精度。

7.1.2.1　数据预处理

Deering(1978)首先提出将简单的近红外波段、红光波段比值植被指数RVI，经非线性归一化处理得到“归一化差值植被指数”NDVI，并使其值限定在[-1, 1]，如式(7-1)所示：

$$NDVI = \frac{\rho_{NIR} - \rho_R}{\rho_{NIR} + \rho_R} \tag{7-1}$$

其中，ρ_{NIR}与ρ_R分别是地表近红外波段(0.74~1.3 μm)反射率和红光波段(0.63~0.69 μm)反射率。NDVI是植物生长状态以及植物生长空间分布密度的最佳指示因子，是目前使用最为广泛的植被指数。Los(1998)等的研究结果表明，NDVI主要与植被类型、生长状况、光合作用强度、植被生长密度等因素有关，但大气中的水汽、气溶胶、云量、传感器性能、土壤反射性质会对NDVI产生较大的影响。

本研究NDVI的数据源直接来自MODIS陆地2级标准数据产品MOD13Q1,其免费下载网址为:ftp://e4ft101u. ecs. nasa. gov/MOLT/MOD13Q1. 005,该产品采用正弦投影,空间分辨率为250 m,时间分辨率为16 d,产品内容主要包括归一化植被指数(NDVI)、增强型植被指数(EVI)、红光波段(0. 62 ~ 0. 67 μm)反射率、近红外波段(0. 84 ~ 0. 87 μm)反射率、蓝光波段(0. 46 ~ 0. 48 μm)反射率、短波红外波段(2. 10 ~ 2. 13 μm)反射率、数据可靠性值等。

MODIS产品将全球数据进行分幅,划分成了36列18行的方格网,每个方格网称为一个Tile,代表一个数据文件的覆盖范围,如图7-2所示,文件位置行列号从0开始记位,例如h23v04表示方格网中第24行第5列所对应的MODIS数据。本研究区所在位置分别为h25v03、h26v03、h26v04、h27v04、h27v05,共计5个Tile。

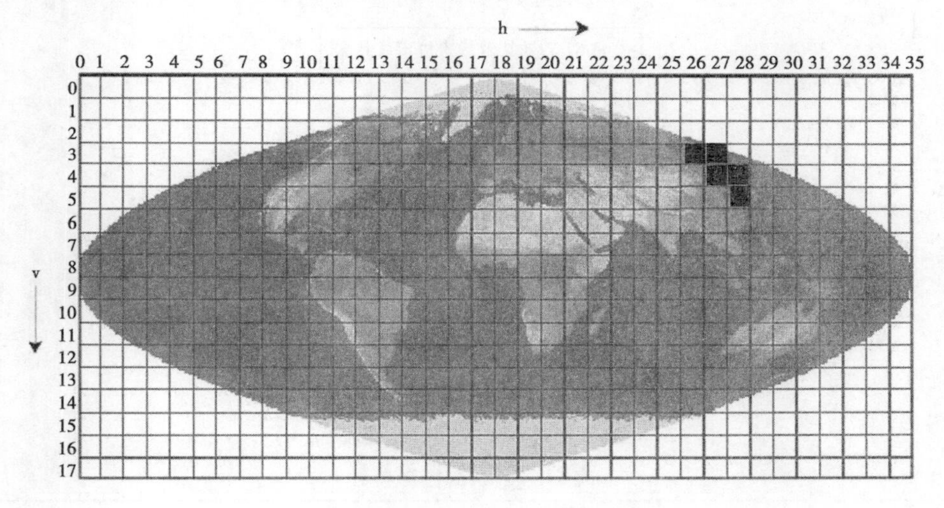

图7-2　MODIS产品全球分幅网格

本研究根据需要获取了这5个Tile自2001年到2010年间所有16 d的MOD13Q1产品数据,并利用MODIS数据处理软件MRT(MODIS Reprojection Tools)对研究区同一时间段的所有Tile进行提取NDVI及其像素可信度(pixel reliability)数据,并对它们进行批量拼接、转投影等预处理操作,最后对拼接后的影像进行批量剪裁得到研究区域数据,数据预处理流程图如图7-3所示。本研究使用的数据投影为双标准纬线等积圆锥割投影,即阿尔伯斯等积圆锥投影(Albers Conic Equal Area Projection),具体投影参数见表7-1。

7.1.2.2　生成高质量NDVI时间序列数据集

Sellers(1985)等的研究表明,由红光波段与近红外波段计算得到的NDVI在一定程度上可以反映植物在红光波段和近红外波段的反射特性,因此NDVI的时间序列变化可以反映出植物光合有效辐射的时间序列变化。但是,由遥感获取的数据总会受到云、大气条件、传感器等因素的影响,使得遥感获取的NDVI具有各种噪声,远远偏离了植被真实的NDVI值,这在很大程度上影响了NDVI时间序列在土地覆盖和陆地生态系统变化监测中的应用(Gutman,1991;Cihlar et al,1997)。虽然目前常用的最大值合成法(Maximum

Value Composite, MVC)可以在一定程度上消除这些因素的影像,但它们仍然存在很多噪声。针对这一问题,学者们对如何降低噪声并重建高质量 NDVI 时间序列数据做了大量的研究工作,这些重建的方法主要分为三类:①基于阈值的方法,如 Viovy(1992)提出的 BISE(Best Index Slope Extraction)算法;②基于傅立叶变换的拟合法(Cihlar,1996;Sellers et al,1994);③对称函数拟合法,如对称高斯函数拟合法(Jonsson & Eklundh,2002)和加权最小二乘线性回归法(Swets et al,1999)。这些重建方法被广泛应用于土地覆盖分类(Xiao et al,2002),提取植被物候参数(Reed et al,1994;Johsson,2002),估算 GPP/NPP(Ruimy et al,1996;Malmstrom et al,1997)等领域,而且这些方法存在各自的优缺点与适用范围(Jonsson & Eklundh,2002)。

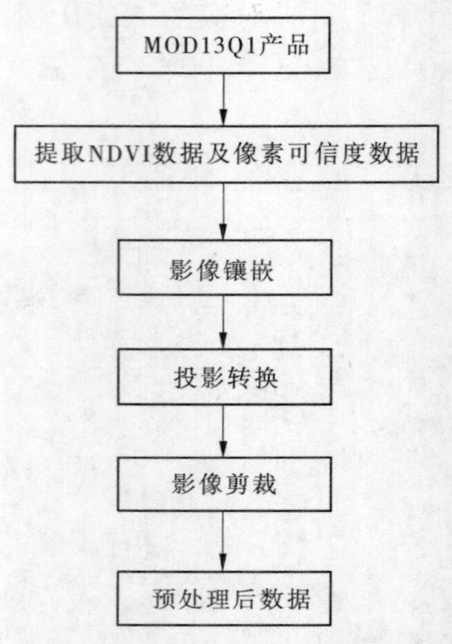

图 7-3　NDVI 数据预处理流程

表 7-1　Albers 投影参数

椭球体	WGS84
第一标准纬线	25°00′00″N
第二标准纬线	47°00′00″N
中央经线	105°00′00″E
坐标原点椭球体	0.0
经纬向偏移	0

对于本研究的研究目的,采用陈晋(2004)等提出的基于 Savitzky - Golay 滤波的重建方法,该方法是通过迭代流程方法将 NDVI 时间序列曲线逐渐逼近其上包络线来实现对 NDVI 时间序列的重建,研究试验表明该方法简单易行、鲁棒性强,且能够有效去除由云和大气条件引起的 NDVI 时间序列噪声。

1. Savitzky - Golay *滤波法*

Savitzky - Golay(S - G)滤波法是由 Savitzky 和 Golay 于 1964 年提出的,它是一种简化的最小二乘卷积法,也可以理解为一种权重滑动平均滤波法,其权重取决于在一个滤波窗口范围内做多项式最小二乘拟合的多项式次数，该方法可用式(7-2)表示：

$$Y_j^* = \frac{\sum_{i=-m}^{m} C_i Y_{i+j}}{N} \tag{7-2}$$

式中：Y 为 NDVI 的原始值；Y^* 为 NDVI 的 S－G 滤波拟合值；C_i 为滤波窗口中第 i 个 NDVI 值的滤波系数；m 为窗口的半宽度；N 为卷积中的数目，等于滑动窗口所包括的数据点 $(2m+1)$；j 为 NDVI 数据的索引值。其中滤波系数 C_i 可以通过 Steinier(1972)或 Madden(1978)总结的计算公式来获取。在应用 S－G 滤波时，需要设置两个参数：滤波窗口的半宽度 m 和多项式拟合的次数 d。m 的值越大，d 的值越小，滤波曲线越平滑。不合适的 m 与 d 组合会使得滤波曲线产生过平滑或过拟合的现象，所以合适的 m 和 d 值需要根据具体研究情况而定。

这里特别需要注意的是，Savitzky－Golay 滤波能够应用于 NDVI 时间序列数据重建主要基于以下两个前提假设：①序列的变化趋势应服从植被年际动态变化的渐进特征；②由于云和大气对 NDVI 的影响一般为负偏移，所以多数噪声应低于 NDVI 序列数据的平均值。

2. 重建高质量 NDVI 时间序列的步骤

利用该方法重建 NDVI 时间序列的过程主要包括：①对整个 NDVI 时序数据的长期变化趋势进行拟合，将 NDVI 原始值分为“真值”和“假值”两类；②通过局部循环迭代方式使得“假值”点的 NDVI 值被 Savitzky－Golay 拟合值所替代，与“真值”点合成为新的 NDVI 曲线；③重复上述拟合过程，使得拟合结果更逼近 NDVI 时序数据的上包络曲线。具体重建流程如图 7-4 所示。

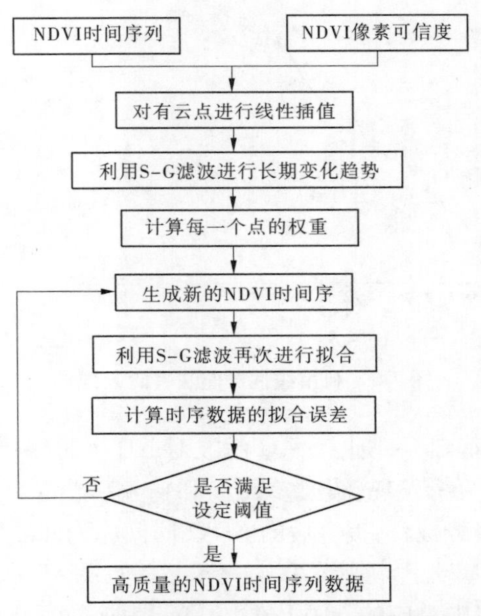

图 7-4　重建高质量 NDVI 时间序列的处理流程

第一步：根据 NDVI 的像素可信度可直接判断 NDVI 时间序列集中每一个时相的每一个像元是否是云像素，图 7-5 是像素可信度及其对应时相的 NDVI 值，从图中可以明显地看出，云像素区域对应的 NDVI 值均小于周围植被的 NDVI 值，这对于植被 NDVI 的真实表达造成了误差。利用该方法判断的云像素可以通过线性插值对该像素进行重新赋值，去云插值方法为：①先确定该像元的 23 个时相中的第一个时相和最后一个时相是否是云像素，如果是云像素，则使用离它最近一时相的无云像素的像素值进行替换，这一步操作是为了保证下一步的顺利进行；②对该像元其他时相逐一进行判断，对确定为云像素的像素值，则通过插值离该时相最近的前后两个无云时相的像素值来获取，插值方法为简单的线性插值。具体过程如图 7-6 所示，图中圈内的点即为云像素点。

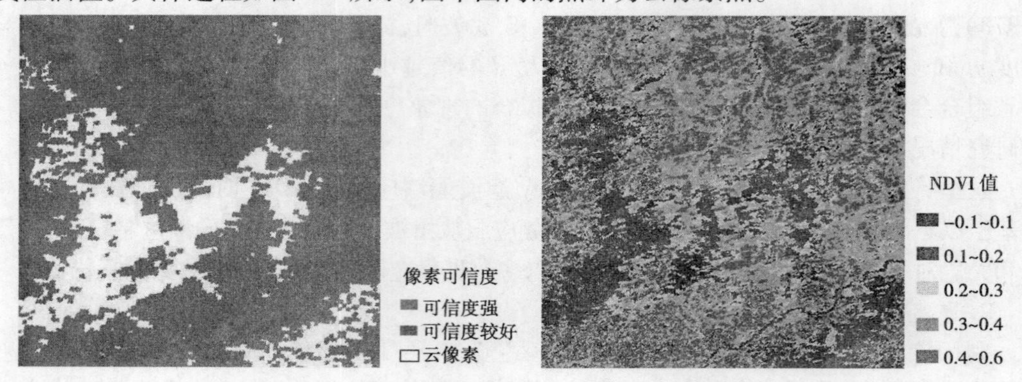

图 7-5　NDVI 像素可信度及其对应的 NDVI 值

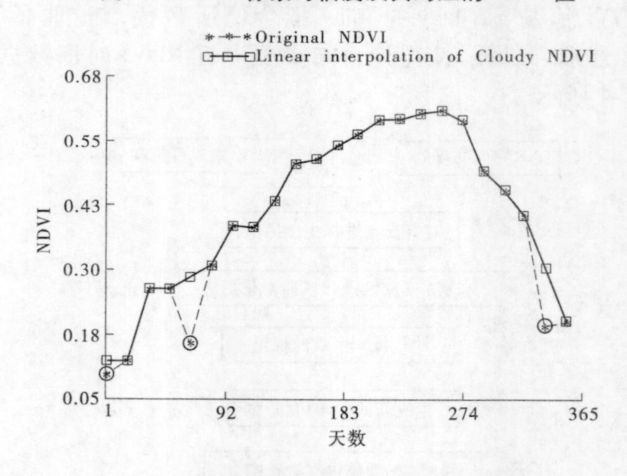

图 7-6　利用线性插值法去除云像素

第二步：在第一步的基础上，使用 S－G 滤波对 NDVI 时序数据进行长期变化趋势拟合，陈晋(2004)通过比较分析发现，滤波参数 m 和 d 分别设定为 4 和 3 较为合适，本研究采用这一参数组合进行趋势拟合，拟合后的 NDVI 时间序列曲线如图 7-7 所示。

第三步：在第二步的基础上，陈晋(2004)等认为，如果 NDVI 时间序列中的数据点比拟合的长期变化趋势曲线中对应的 NDVI 值小，则认为该数据点为“假值”，其余点为“真值”，在图 7-8 中圈中的点即是判断的“假值”点。同时，计算每个数据点的权重值，计算权重的公式为：

$$W_i = \begin{cases} 1 & N_i^0 \geq N_i^{tr} \\ 1 - d_i/d_{\max} & N_i^0 < N_i^{tr} \end{cases} \tag{7-3}$$

$$d_i = | N_i^0 - N_i^{tr} | \tag{7-4}$$

式中,N_i^0 为原 NDVI 时间序列中的第 i 个值;N_i^{tr} 为长期变化趋势序列中的第 i 个值;d_i 表示第 i 个值的 N_i^0 与 N_i^{tr} 的距离长度;$d_{\max}$ 为所有数据点中 d_i 的最大值。

第四步:将第三步中认为的“假值”(即图 7-7 中圈内的数据点)用长期变化趋势序列中对应的 NDVI 值进行替换,与“真值”一起组成新的时间序列数据。替换规则如式(7-5)所示。

$$N_i^1 = \begin{cases} N_i^0 & N_i^0 \geq N_i^{tr} \\ N_i^{tr} & N_i^0 < N_i^{tr} \end{cases} \tag{7-5}$$

其中,N_i^1 为新合成的时间序列数据;N_i^0 为去云插值后 NDVI 时间序列的值;N_i^{tr} 为变化趋势序列的值。经过替换后组成的新 NDVI 时间序列曲线如图 7-8 中粗线所示。

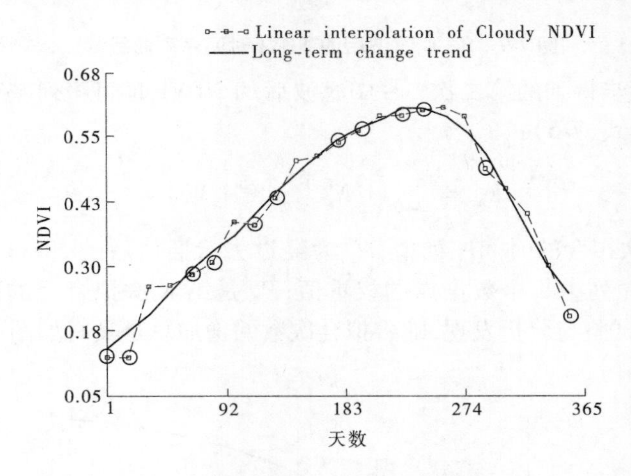

图 7-7　长期变化趋势线

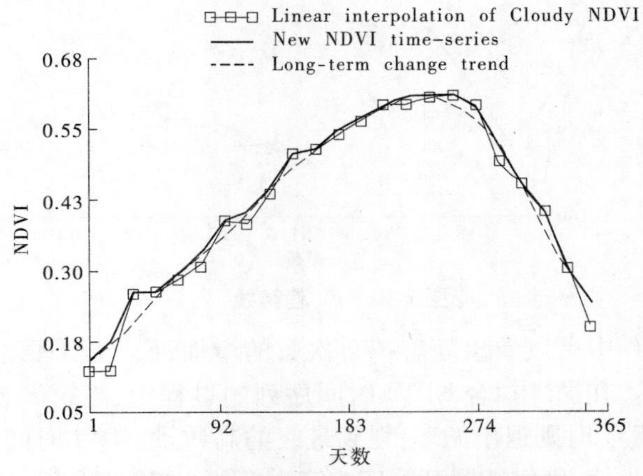

图 7-8　新合成的 NDVI 时间序列曲线

第五步：在第四步得到的新 NDVI 时间序列基础上，再次利用 S－G 滤波法对曲线进行较高精度的拟合，经过陈晋（2004）的对比分析表明，此时的滤波参数 m 和 d 分别采用 4 和 6 会产生最佳的拟合效果，拟合后的 NDVI 时间序列曲线如图 7-9 所示。

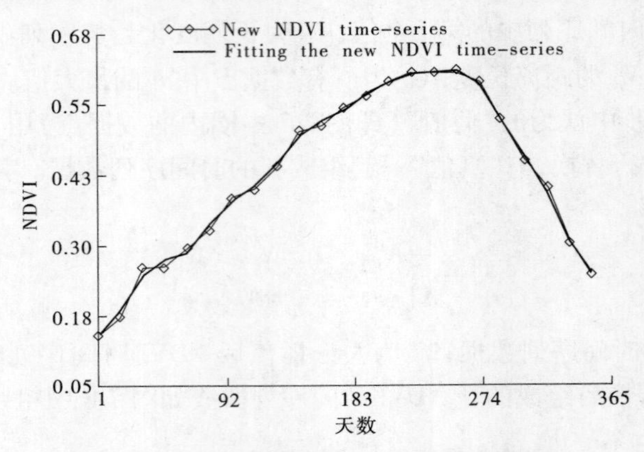

图 7-9　S－G 滤波后的 NDVI 时间序列曲线

第六步：在第五步得到的第二次 S－G 滤波后的 NDVI 时间序列基础上求算拟合误差，误差计算公式为式(7-6)：

$$F_K = \sum_{i=1}^{23} (| N_i^{K+1} - N_i^0 | W_i) \tag{7-6}$$

式中：N_i^{K+1} 为第 K 次拟合的时间序列值；N_i^0 为经过去云插值后的 NDVI 时间序列；W_i 为第三步所求的时间序列中每个数据点的权重值；F_K 是第 K 次拟合后的拟合误差。陈晋（2005）等通过反复试验与分析发现，随着拟合次数的增加总是具有如图 7-10 所示的特定趋势。

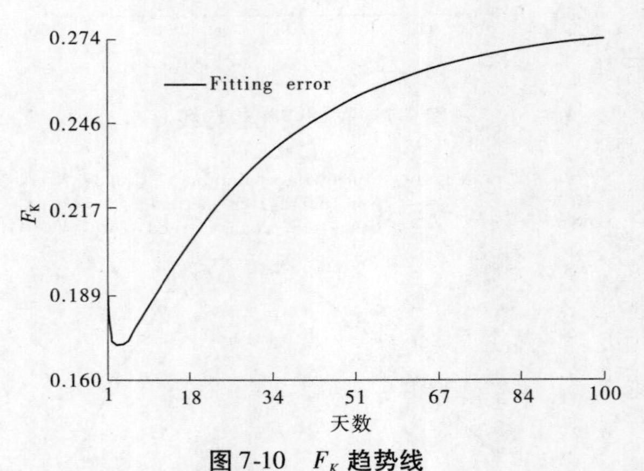

图 7-10　F_K 趋势线

第七步：从图 7-10 中可以看出随着拟合次数的增加，F_K 会出现逐渐减小，减至最小值再逐渐增加的趋势。在循环拟合 NDVI 时间序列的过程中，当第 K 次的拟合误差达到最小，即 $F_{K-1} \leqslant F_K \leqslant F_{K+1}$ 时则退出循环，得到最终的高质量 NDVI 时间序列；如果第 K 次的拟合误差并不是最小值，则继续回到第四步产生新的 NDVI 时间序列，直到拟合误差达到最小。最终重建的高质量 NDVI 时间序列曲线如图 7-11 所示。

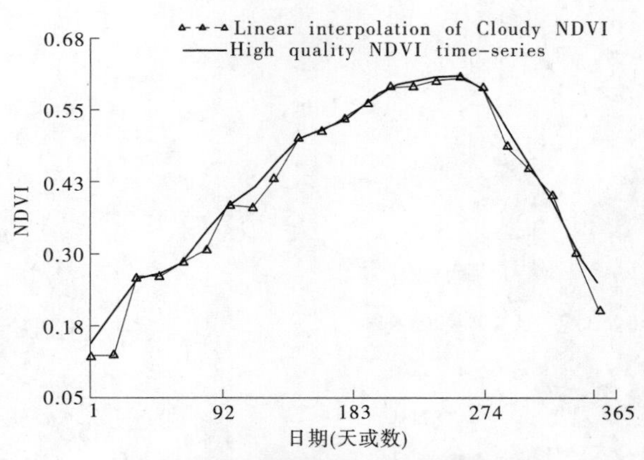

图7-11 高质量NDVI时间序列曲线

7.1.2.3 本研究方法与HANTS滤波法比较

HANTS(Harmonic Analysis of Time Series)也称为时间序列谐波分析法,它的核心算法是傅立叶变换和最小二乘法拟合,可以用于定量化测量植被动态。Susanna Azzali(1999)采用HANTS研究植物的物候节律,通过不同频率的谐函数的振幅和相位来合成9年的NDVI月合成数据集。Jakubauskas(2001)使用1年的NOAA/AVHRR双周合成的NDVI数据,并利用HANTS法提取Kansas州Finney县的植被土地利用/土地覆盖的季节变化特征。Jakubauskas(2002)等利用HANTS滤波后的NDVI时间序列动态变化特征来识别植被类型。于信芳(2005)利用HANTS法提取中国东北地区森林物候参数,并进行森林类型识别研究。本研究将基于S－G滤波的NDVI重建方法与HANTS滤波法作比较,从而定量分析它们在本研究区内应用的优缺点,从而针对不同的研究目的采取不同的滤波方法。

1. 选取样本点

参考中国科学院寒区旱区环境与工程研究院提供的2000年中国1:10万土地利用数据集东北区域(见图7-12),以及2005年东北区域的Landsat TM(30 m)遥感影像数据(见图7-13),在TM影像上手工选取均质区域为样本点,通过目视解译和参考土地利用图来确定所选样本的类别,再将所选样本转换到MODIS尺度上,最终得到2 343个MODIS样本点,其空间分布如图7-14所示,各类别样本具体情况如表7-2所示。

2. 样本点提纯

第一步:以利用上述方法重建的2005年NDVI时间序列数据为基础,计算每一类别所有样本点的NDVI均值,并认为该值为真值,通过式(7-7)~式(7-9)可以计算出每一个样本点的误差以及每一类别的样本标准差m,并通过反复试验,最终设定2倍标准差为阈值,将误差大于2 m的样本点去除,这样可以过滤掉偏离均值较大的样本点。

$$\overline{X} = \frac{x_1 + x_2 + \cdots + x_n}{n} \tag{7-7}$$

$$V_i = x_i - \overline{X} \tag{7-8}$$

$$m = \pm \sqrt{\frac{[VV]}{n-1}} \tag{7-9}$$

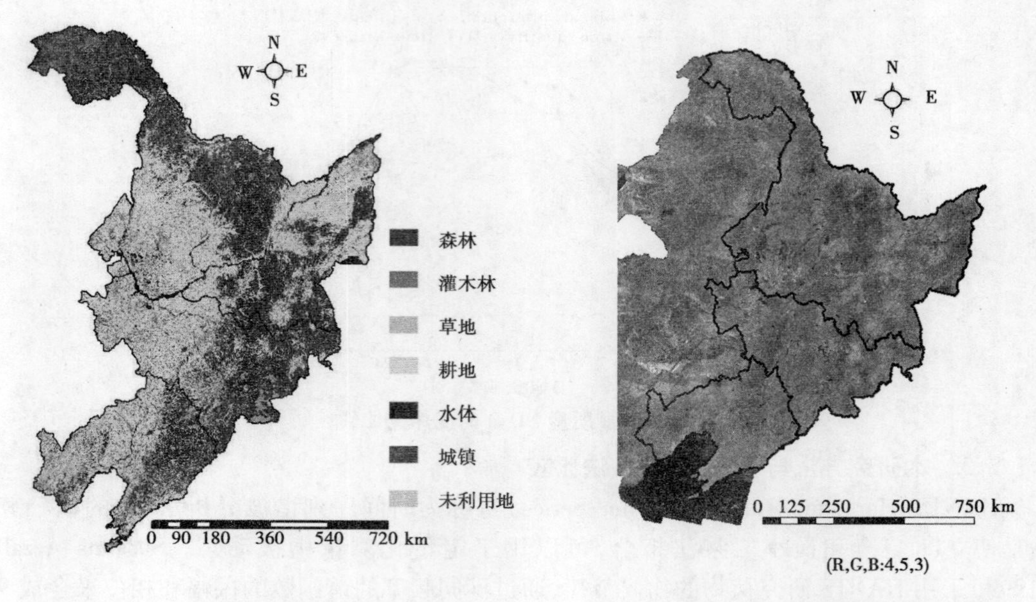

图 7-12 1∶10 万土地利用图　　图 7-13 Landsat TM 假彩色合成图

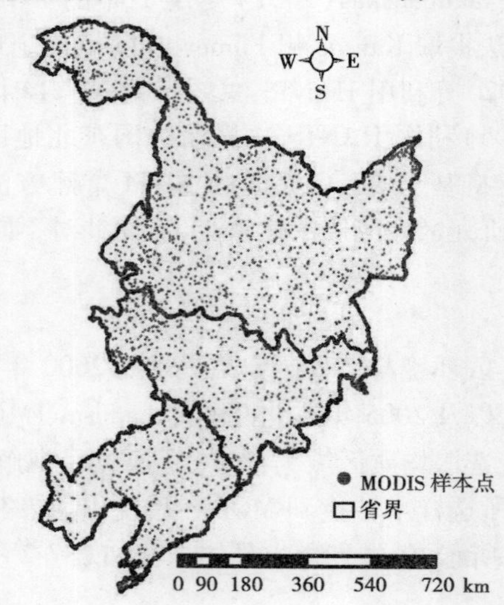

图 7-14 MODIS 样本点空间分布

表 7-2 MODIS 各类别样本点

类别	针叶林	阔叶林	混交林	灌木林	农田	草地	城镇	水体	未利用地	总和
样本数	201	283	254	232	346	319	212	260	236	2 343

其中，$\overline{X}$ 为某一类别样本点集的平均值；x_i 为样本点 NDVI 值；V_i 为样本点的误差；m 为求得的样本标准差；n 为样本点总数。不同类别计算得到的阈值如表 7-3 所示。

表7-3 不同类别的滤除阈值

类别	针叶林	阔叶林	混交林	灌木林	农田	草地	城镇	水体	未利用地
阈值	0.072	0.063	0.086	0.079	0.054	0.088	0.052	0.031	0.055

第二步:为了保证样本点不是位于不同地类边界处,可计算样本像素点周围3×3窗口内的像素点标准差,若标准差过大,大于设定的阈值,则认为该点是位于不同地物类型的边界处,将其剔除。最终经过样本提纯后的样本点如表7-4所示。

表7-4 经过样本提纯后的MODIS各类别样本点

类别	针叶林	阔叶林	混交林	灌木林	农田	草地	城镇	水体	未利用地	总和
样本数	183	239	211	196	287	256	184	243	168	1 967

3. 对比分析

针对NDVI时间序列数据集在本研究中的具体应用,本研究以2005年MOD13Q1产品的NDVI时间序列为例,主要从两个方面对基于S-G滤波的重建方法和HANTS滤波法进行对比分析:①数据保真性;②类别可分性。

1)数据保真性

以去云插值处理后的NDVI时间序列为原始NDVI时间序列,基于该时间序列数据集利用不同的滤波方法进行NDVI重建,并计算不同类别样本点对应的NDVI重建时间序列相对于原始NDVI时间序列的偏离程度,若偏离程度越大,说明该滤波方法较大程度地改变了原始NDVI序列值,即保真性较差。其计算公式为式(7-10):

$$D = \sum_{i=1}^{23} | NDVI_i - NDVI_i^0 | \tag{7-10}$$

其中,$NDVI_i$为利用滤波法拟合的时间序列中第i个时相的NDVI值;$NDVI_i^0$为原始NDVI时间序列中第i个时相的NDVI值;D为拟合曲线相对于原始曲线的偏离程度。

本研究分别利用两种方法对原始NDVI时间序列进行滤波处理,得到两种滤波后的NDVI时间序列数据集,图7-15列出了上述9种土地覆盖类别样本点的平均NDVI时间序列曲线,并分别计算两种方法的滤波曲线相对于原NDVI时间序列的偏离程度D_{S-G}和D_{HANTS},从图7-16中可以看出不同类别样本点的D_{S-G}平均值均小于D_{HANTS}平均值。从比较结果可以说明,本研究采用的基于S-G滤波的重建方法比HANTS滤波法更加具有数据保真性,即对于原始NDVI时间序列的偏离程度远远小于HANTS滤波法。HANTS滤波由于采用傅立叶变换作为核心算法,滤波后的NDVI时间序列的形状均如sin/cos曲线形状,虽然得到了非常平滑的曲线,但同时也会造成相对于原始NDVI的较大偏离,尤其对于不规则或者不对称的NDVI时间序列曲线偏离程度更加明显,从图7-15中水体样本的HANTS滤波曲线可以得到证实。基于这种情况,本研究使用基于S-G滤波方法重建的NDVI时间序列作为估算植被NPP的输入参数,从而在一定程度上减少了估算NPP的不确定性。

2)类别可分性

将滤波后的NDVI时间序列数据集作为分类特征进行土地覆盖分类研究已经应用非

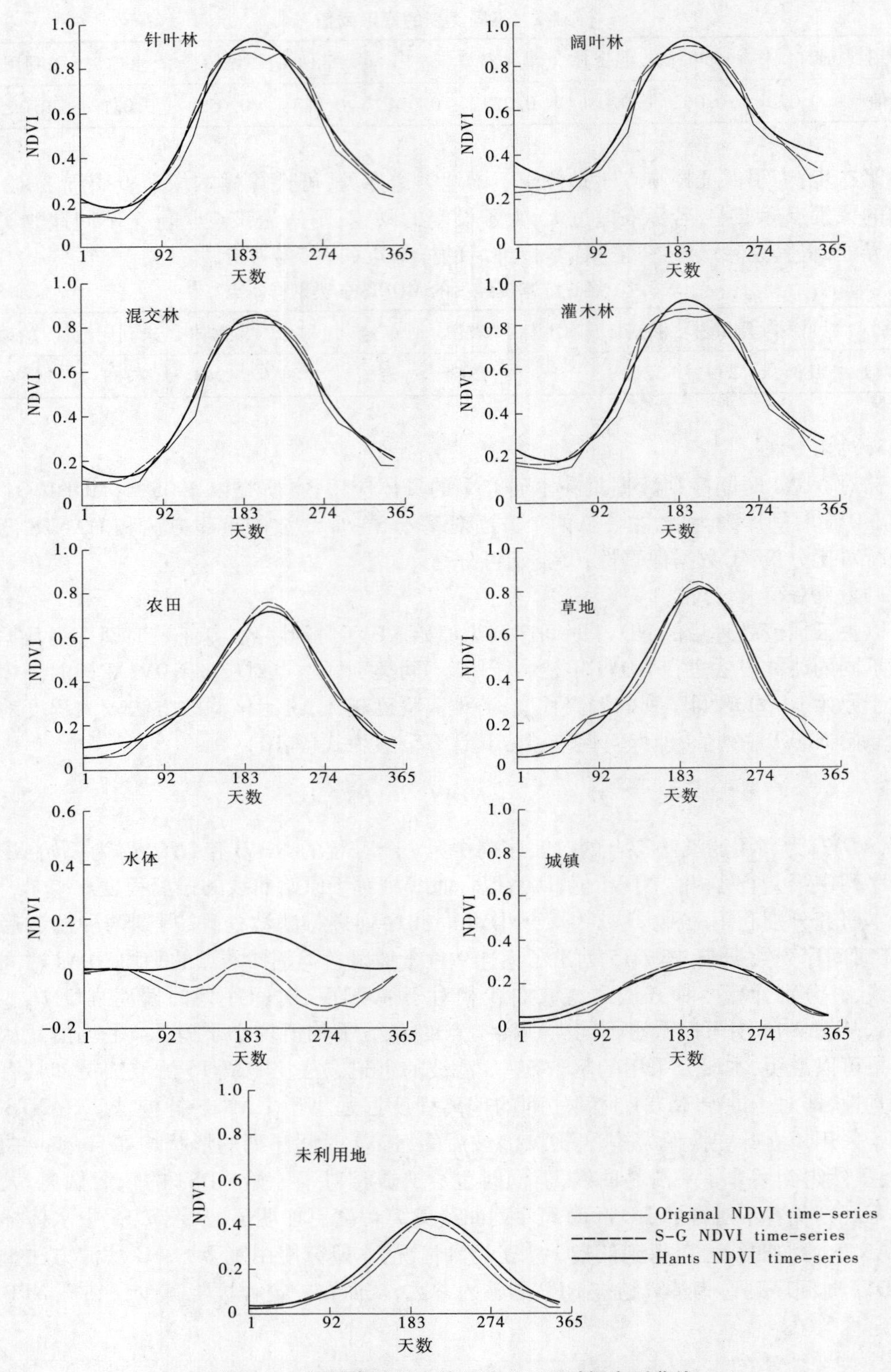

图 7-15　不同类别样本的平均 NDVI 时间序列曲线

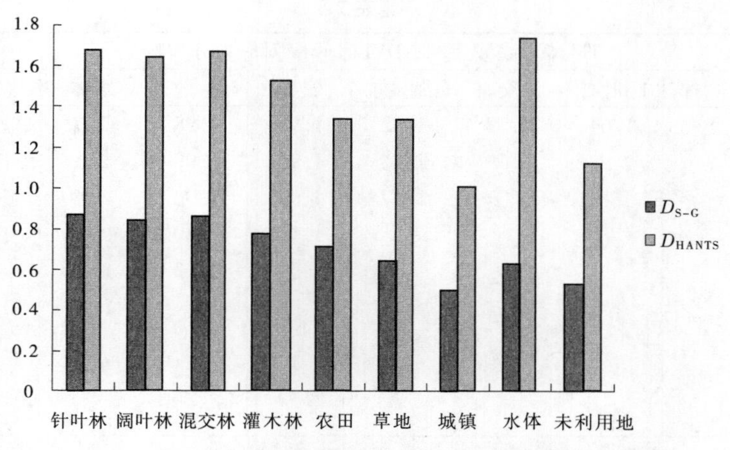

图7-16　两种方法的偏离程度在各类别样本中的比较

常广泛，本研究通过对比不同地类样本在两种滤波NDVI时间序列数据集中的可分性来确定哪种滤波方法更适用于作为分类特征数据。Jeffries - Matusita距离（J - M距离）是类别间统计可分性的一种度量，可用于判定分类特征对各类别样本的可分离性大小，是对两个类别的密度函数之间平均差异的一种度量。J - M距离的计算公式如下：

$$J_{ij} = [c(1 - e^{-\alpha})]^{1/2} \tag{7-11}$$

其中，$\alpha = \frac{1}{8}(U_i - U_j)^{\mathrm{T}}\left(\frac{\Sigma_i + \Sigma_j}{2}\right)^{-1}(U_i - U_j) + \frac{1}{2}\ln\left[\frac{(\Sigma_i + \Sigma_j)/2}{(\Sigma_i \cdot \Sigma_j)^{\frac{1}{2}}}\right]$

式中：U_i、U_j分别为i、j类的均值矢量；Σ_i，Σ_j分别为i、j类的协方差矩阵。

J_{ij}的值域为0～2.0，J_{ij}越大，类对间的可分离性越好。类别均值之间的距离越大，可分性越好，分类的正确率越高。基于两种滤波方法的NDVI时间序列数据集，计算各类样本之间的可分离性，结果如表7-5所示，一般认为J_{ij}大于1.8则样本间可分离性好，J_{ij}小于1.5则表示样本间可分离性差。

表7-5　不同类对的J - M距离

基于S - G滤波法重建的NDVI时间序列作为分类特征									
	针叶林	阔叶林	混交林	灌木林	农田	草地	水体	城镇	未利用地
针叶林		1.46	1.26	1.44	1.98	1.96	1.99	1.99	1.99
阔叶林			1.23	1.31	1.95	1.93	1.99	1.98	1.99
混交林				1.32	1.96	1.93	1.99	1.98	1.99
灌木林					1.90	1.83	1.98	1.95	1.98
农田						1.34	1.97	1.96	1.98
草地							1.97	1.85	1.85
水体								1.68	1.65
城镇									1.52
未利用地									
平均J - M距离 = 1.806									

续表 7-5

HANTS 滤波后的 NDVI 时间序列作为分类特征									
	针叶林	阔叶林	混交林	灌木林	农田	草地	水体	城镇	未利用地
针叶林		1.64	1.58	1.62	1.98	1.98	2.0	1.99	1.99
阔叶林			1.59	1.64	1.96	1.98	2.0	1.98	1.99
混交林				1.57	1.99	1.96	1.99	1.99	1.99
灌木林					1.95	1.89	1.98	1.96	1.97
农田						1.53	1.99	1.96	1.99
草地							1.98	1.92	1.94
水体								1.52	1.78
城镇									1.80
未利用地									
平均 J－M 距离 ＝ 1.929									

根据表 7-5 的比较结果可以看出，当 HANTS 滤波后的 NDVI 时间序列作为分类特征数据时，两两类对的可分离性普遍增大，且 J－M 距离值均大于 1.5，这是由于 HANTS 滤波将原始 NDVI 时间序列曲线进行了一定程度的拉伸，使得不同土地覆盖类别 NDVI 时间序列曲线的区别度扩大，尤其是对于不同森林植被类型的区分度有所提高，但由于 HANTS 滤波的过度平滑会使水体和城镇的 NDVI 时间序列曲线十分相像，导致可分离性下降。综合考虑所有类别的可分性，HANTS 滤波后的 NDVI 时间序列的平均可分性要高于基于 S－G 滤波法重建的 NDVI 时间序列的平均可分性，所以本研究选用 HANTS 滤波后的 NDVI 时间序列数据集作为下一步制作东北地区土地覆盖分类图的主要数据源。

7.2　研究技术路线

7.2.1　研究目的

研究目的主要在于：

（1）以中国东北地区为研究区，基于 CASA 光能利用率模型来模拟该地区 2001～2010 年时间段的植被净初级生产力（NPP）。通过对 MODIS 产品 MOD13Q1 的 NDVI 数据进行去云、插值滤波处理建立较高精度的 16 d 时间分辨率和 250 m 空间分辨率的 NDVI 数据集；同时使用局部薄盘样条空间插值方法，结合研究区内 250 m 分辨率的数字高程模型（DEM）数据和研究时间段内所有气象站点每日的降水、温度、日照时数，建立与 NDVI 数据同样时间分辨率、空间分辨率的气象数据集；进而估算植被对太阳有效辐射的吸收比例 $FPAR$，温度胁迫系数 $T_{\varepsilon1}$、$T_{\varepsilon2}$，以及水分胁迫系数 W_{ε} 等模型参数变量，确定不同植被类型的光能利用率。最终实现了仅利用较易获取的 NDVI 数据、气象数据和植被分类图作为输入参数进行估算区域 250 m 分辨率的 NPP。

（2）将本研究模型估算 NPP 结果与 MOD17A1 分辨率 1 km 的 NPP 产品进行对比分析。确定并分析该地区在 2001～2010 年间的植被净初级生产力的时间和空间分布格局，同时探讨NPP与遥感植被指数NDVI以及空间气象数据(温度、降水、太阳辐射)在时间变化和空间分布上的相关性,从而在一定程度上揭示其分布格局和年际变化的原因。

7.2.2 研究内容

研究主要包括以下四个方面的内容:

(1)研究区域内高精度NDVI数据集的获取

作为CASA模型的输入参数,NDVI值的准确性对最终模拟的NPP结果会有很大的影响,本研究以MOD13Q1产品的NDVI数据和NDVI的可靠性值为数据源,根据可靠性值的标志来确定NDVI数据中有云的像元,并利用线性插值算法对其有云的像元进行插值处理,再使用改进的Savitzky - Golay(S - G)滤波方法对其进行迭代滤波处理,最终得到比较符合现实情况的高精度NDVI数据集,经过比较分析得出该方法可以很好地重建NDVI时间序列数据。

(2)制作研究区的植被覆盖分类图。

选择合适的滤波NDVI时间序列数据集为主要数据源,结合该地区的数字高程模型(DEM)数据、坡度、坡向数据,以及MODIS多光谱反射率数据的短波红外波段,同时将基于NDVI时间序列计算得到的年最大值、最小值、平均值、标准差等衍生数据也作为分类特征数据,利用分层分类方法对该区域进行土地覆盖分类研究。参照研究区30 m分辨率的TM影像和土地覆盖分类图,采集样本并进行提纯,使用阈值法将研究区分为植被和非植被类型。植被区又可分为高大植被和低矮植被,高大植被区采用C5.0决策树方法将其分为针叶林、阔叶林、混交林、灌木林,低矮植被区利用支持向量机法(SVM)对其进行分类,将其分为农田、草地。非植被区则利用MODIS短波红外波段在待区分类型中的特殊光谱反射特性将其区分为水体、裸地、城镇。最后对其分类结果进行精度验证。

(3)建立气象资料数据集。

本研究使用基于局部薄盘样条插值理论的AUNSPLINE气象插值软件建立气象数据集。先将研究区域内气象站点每日的气象数据合成与NDVI相等的16 d时间分辨率数据,结合250 m分辨率的高程数字模型,可以插值出空间分辨率为250 m、时间分辨率为16 d的温度、降水、日照时数数据。再利用研究区域内的辐射站点观测数据,结合日照时数数据,插值得到太阳总辐射量。最后对研究区的插值结果进行精度分析。

(4)区域尺度的植被净初级生产力估算与分析,以及与气象数据的相关性分析。

本研究利用CASA光能利用率模型对NPP进行模拟。利用NDVI和SR与FPAR的线性关系对FPAR进行估算;利用生态学、微气象学模型,结合温度、降水、NDVI数据对影响植被光能转换率的温度胁迫因子和水分胁迫因子进行估算。将本研究模拟的NPP结果与MOD17A1NPP产品进行比较,同时分析其时空分布格局和年际空间变化趋势。分析NPP与气象要素、APAR、光能利用率、NDVI累积量之间的相关性,从而挖掘其变化的原因。

7.2.3 研究的技术路线

基于以上的研究目的及研究内容,研究的技术路线如图7-17所示。

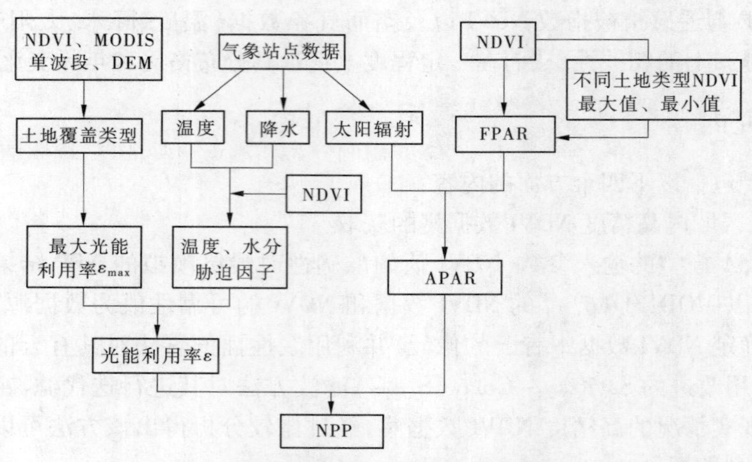

图 7-17　本研究的总体技术路线图

7.3　研究区土地覆盖分类制图

7.3.1　数据准备

基于本研究的应用目的和研究区土地覆盖/土地利用实际情况,并综合考虑研究区域尺度和 MODIS 数据的分辨率,将本研究区的分类体系定为 9 大类型:针叶林、阔叶林、混交林、灌木林、农田、草地、水体、城镇、未利用地,其具体含义见表 7-6。针对这些地类的地理分布特征以及遥感数据特征,采用的主要数据源为 HANTS 滤波后的 NDVI 时间序列

表 7-6　研究区土地覆盖/土地利用分类系统类别及含义

代码	类型	含义
1	针叶林	指郁闭度 >30% 的针叶林天然林和人工林
2	阔叶林	指郁闭度 >30% 的阔叶林天然林和人工林
3	针阔混交林	指郁闭度 >30%、植被高度在 3 ~ 30 m 的针叶木本植物、阔叶木本植物混交天然林和人工林
4	灌木林	指高度在 0.5 ~ 3 m 的木本植物,即灌丛和矮林
5	农田	指种植农作物的土地,包括水田、旱地,以及以种植农作物为主的农业用地
6	草地	指以生长草本植物为主、覆盖度在 5% 以上的各类草地,以牧为主的灌丛草地和郁闭度在 10% 以下的疏林草地
7	水体	指天然陆地水域和水利设施用地,包括江河、湖泊、池塘、沟渠、水库、海洋、冰川、积雪等液态或固态水体覆盖区域
8	城镇	包括城镇村庄、居民点及其他人工用地,如工矿用地、交通用地等建筑用地
9	未利用地	指无植被覆盖或植被覆盖度在 5% 以下的土地,包括荒漠、戈壁、裸岩、沙地、盐碱地、沼泽、裸岩、裸土等无植被的区域

数据集(见图 7-18);基于该数据集衍生出的 NDVI 最大值、最小值、平均值、标准差(见图 7-19);研究区内的数字高程模型数据(DEM)以及坡度、坡向数据(见图 7-20);MODIS 多光谱影像的第 6 波段,即短波红外波段(1.628 ~ 1.652 μm)反射率数据。为了下一步的分类与验证,将每一类别的样本数按照 6:4的比例分为样本点与验证点,具体情况见表 7-7。

表 7-7　不同类别的分类样本点与检验点

类别	针叶林	阔叶林	混交林	灌木林	农田	草地	城镇	水体	未利用地	总和
样本点	109	167	148	137	201	179	128	170	117	1 356
验证点	74	72	63	59	86	77	56	73	51	611

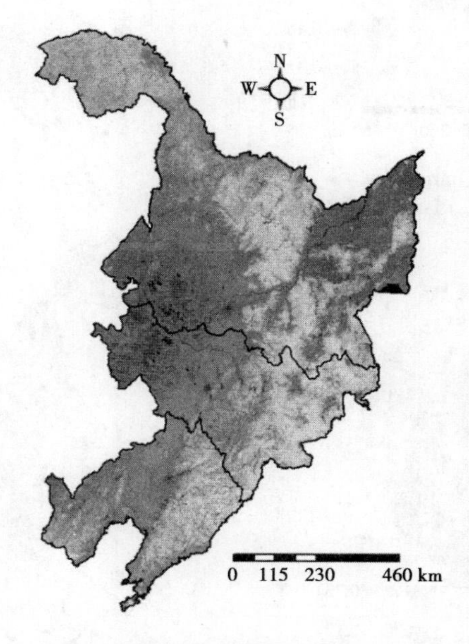

图 7-18　HANTS 滤波 NDVI 时间序列不同时相假彩色合成图
(R,G,B:289 d,161 d,33 d)

7.3.2　分类方法与过程

本研究基于分层分类的思想,采用建立分类树(见图 7-21)的方法对研究区进行土地覆盖分类研究,并根据分类数的结构逐级分层次地把所研究的目标一一区分、识别出来。在进行逐级分类的过程中,分类树的每一个节点上都需要找到区分类别最敏感的特征,并建立类别间的阈值来进行区分,对于单个阈值难以区分的类别,需要选用合适的分类器对其进行分类。针对本研究中各类别只具有少量样本的情况,采用在小样本中表现较好的分类器(支持向量机、神经网络、C5.0 决策树)进行分类,选择分类精度最高的方法作为最佳分类方法。这样可以针对不同的土地覆盖类型运用合适的分类方法,使分类过程更具有灵活性,从而有效提高分类精度。

7.3.2.1　植被区与非植被区分类

由于在自然界中绿色植被的 NDVI 时间序列的最大值总是大于非植被(城镇、水体、

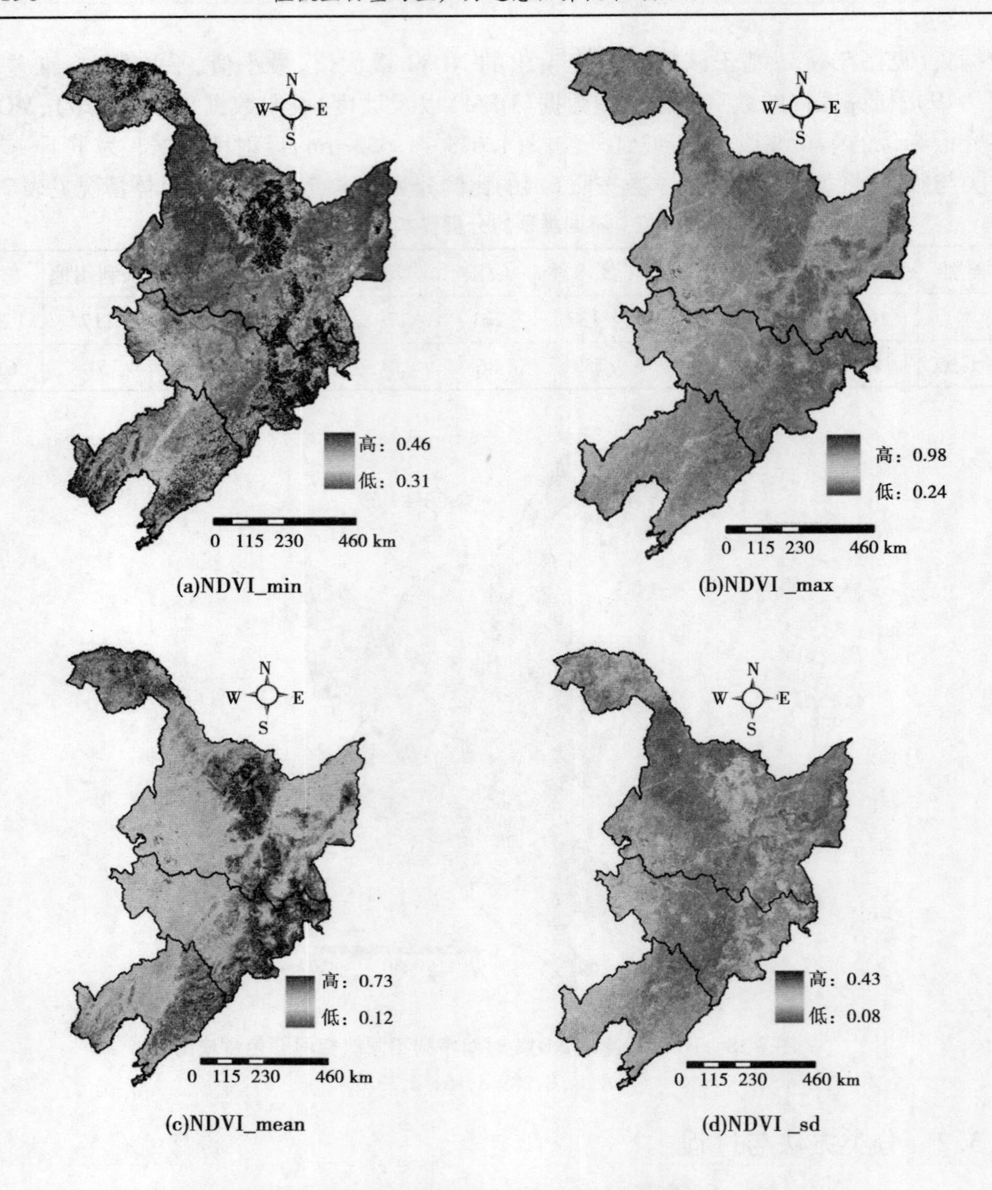

图 7-19 NDVI 时间序列的最大值、最小值、平均值、标准差

未利用地）的 NDVI 序列的最大值，所以可从 NDVI_max 影像中很容易地区分出植被区与非植被区，根据分析植被与非植被的样本在 NDVI_max 中的直方图（见图 7-22），通过反复试验，将 NDVI_max ＜ 0.602 8 的像素划分为非植被，NDVI_max≥0.602 8 的像素划分为植被。阈值分类后的非植被区域如图 7-23 所示。

7.3.2.2 水体、城镇、未利用地分类

第一步中分离出的非植被区域包括水体、城镇、未利用地。从图 7-15 中可以看出，这三种类别的 NDVI 时间序列曲线比较相似，因此难以仅仅依靠 NDVI 值将它们区分开来。首先利用 FLAASH 模型对 MODIS 多光谱影像进行大气校正，得到较为真实的地表反射率值，再进一步分析各类别样本点在 MODIS 多光谱影像上的光谱响应特征（见图 7-24），发

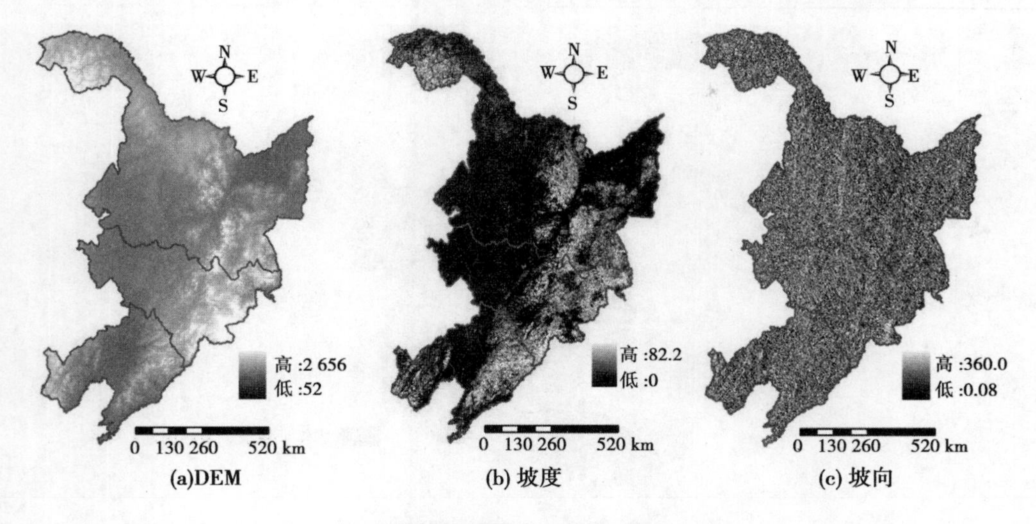

图 7-20　研究区 DEM、坡度、坡向数据(250 m)

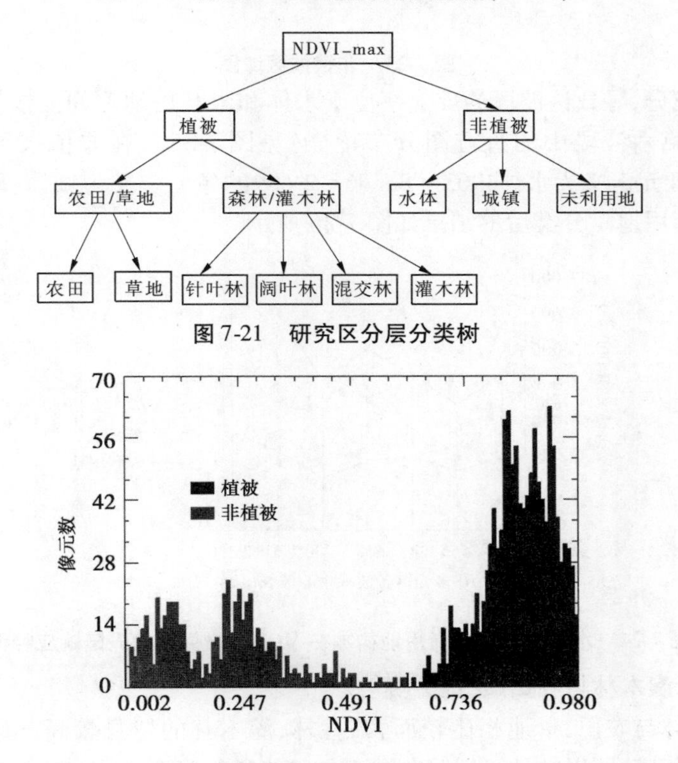

图 7-21　研究区分层分类树

图 7-22　植被与非植被样本在 NDVI_max 中的直方图

现在 MODIS 第六、七波段,即两个短波红外波段(1.628 ~ 1.652 μm,2.105 ~ 2.155 μm)处这三种类别的可分性相当且最大,但由于所用数据的七波段反射率存在较多异常值,则本研究选用 MODIS 多光谱数据的第六波段作为区分这三种类别的数据源。其中,水体在短波近红外波段处于强吸收,反射率接近于 0;以裸地为主的未利用土地在该波段形成了高反射;城镇区域由于其内部结构复杂,且均属于混合像元,像元中可能包括植被、水体、

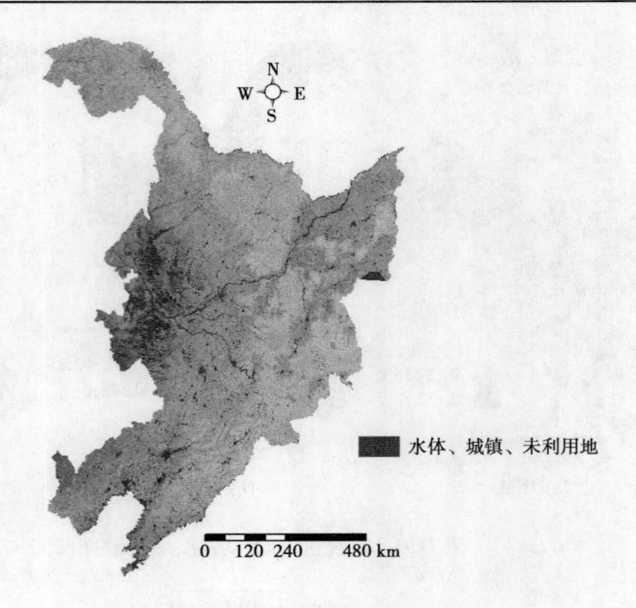

图 7-23 非植被区域图

建筑物等多种成分，导致该波段的反射率位于水体和未利用地之间。根据三种类别的样本点在 MODIS 第六波段中的直方图分布特征（见图 7-25），在非植被区域的基础上将 Band6≤903 的像元定义为水体；903 < Band6≤2 609的像元定义为城镇；Band6 > 2 609 的像元定义为未利用地。分类后的结果如图 7-26 所示。

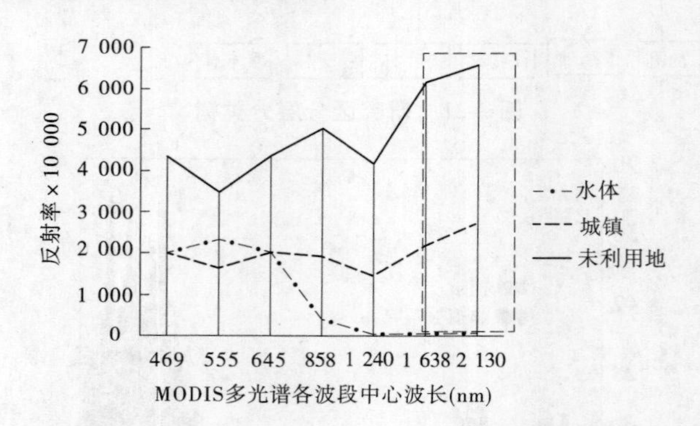

图 7-24 水体、城镇、未利用地样本在 MODIS 影像上的光谱响应特征

7.3.2.3 森林、灌木林与农田、草地分类

森林、灌木林与农田、草地相比较而言，森林、灌木林的树身较高，冠幅较大，冠层较多，树枝树叶较茂盛，所以叶片可以吸收更多的红光进行光合作用，导致红光反射率较低，同时由于冠层的多次反射导致近红外反射率较高，因此森林、灌木林的 NDVI 普遍高于农田、草地的 NDVI，而且农田、草地具有明显的物候特征，冬季 NDVI 几乎为 0。基于这一特点，通过分析它们各自的样本点在 NDVI_mean 中的直方图分布（见图 7-27），可以得出森林、灌木林的 NDVI 时间序列的平均值与农田、草地的 NDVI 时间序列平均值差别较大。因此，本研究利用 NDVI_mean 对这两大类植被进行区分，首先在 NDVI_mean 中将非植被

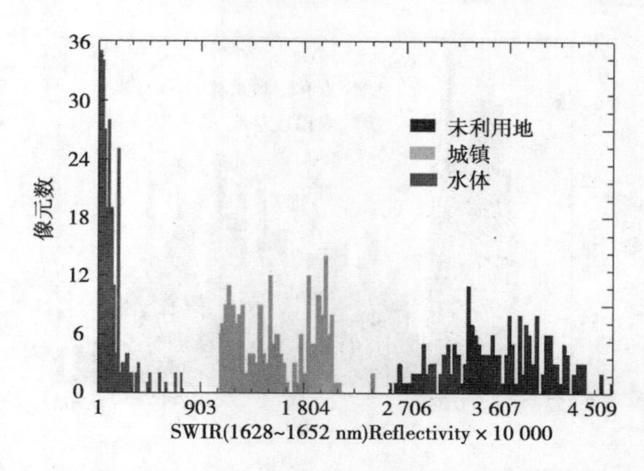

图7-25　水体、城镇、未利用地样本点在MODIS第六波段中的直方图

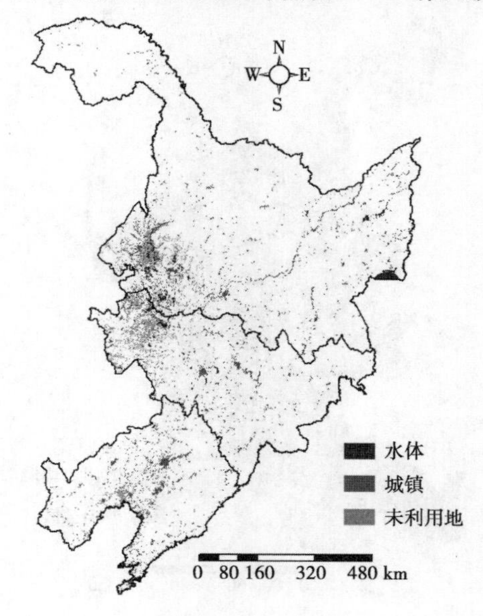

图7-26　水体、城镇、未利用地分类结果

区域滤除，再将NDVI_mean≤0.386的像元定义为农田/草地，NDVI_mean >0.386的像元定义为森林、灌木林，分类结果如图7-28所示，图中红色部分为农田、草地，黑色部分为非植被区域，剩余部分即为森林、灌木林。

7.3.2.4　农田、草地分类

由于农田、草地均属于低矮植被，它们的NDVI时间序列的最大值、最小值、平均值、方差均比较接近，难以利用单一的阈值将其很好地区分开来。在NDVI时间序列数据集的基础上，根据农田、草地的地理空间分布差异，引入数字高程模型(DEM)、坡度、坡向数据作为辅助分类特征，分别采用支持向量机(SVM)、神经网络(ANN)、C5.0决策树法对其进行分类，表7-8列出了不同方法的分类精度与Kappa系数，其中分类精度最高的SVM法分类结果如图7-29所示。

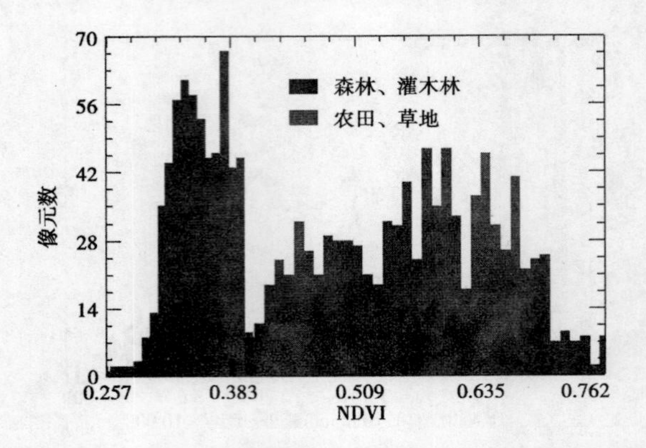

图 7-27 森林、灌木林与农田、草地样本点在 NDVI_mean 中的直方图分布

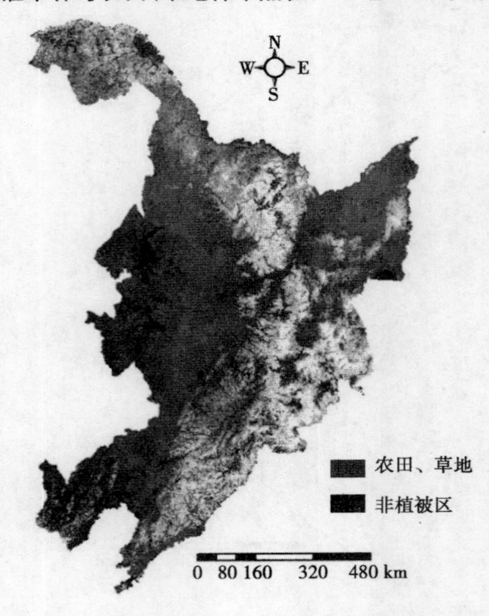

图 7-28 农田、草地与森林、灌木林的分类结果

表 7-8 不同方法的分类精度与 Kappa 系数

分类方法	总体分类精度(%)	Kappa 系数
SVM	96.5	0.953
ANN	91.3	0.902
C5.0	94.2	0.934

7.3.2.5 针叶林、阔叶林、混交林、灌木林分类

从图 7-15 中可以看出这四种类别的 NDVI 时间序列曲线形状基本相似,但不同类型的森林却具有不同的 NDVI 时间序列最大值、最小值、平均值、标准差以及特定的海拔垂直分布特征,因此这一步的分类特征选用 NDVI_max、NDVI_min、NDVI_mean、NDVI_sd、DEM、坡度、坡向数据。分别采用支持向量机(SVM)、神经网络(ANN)、C5.0 决策树法对

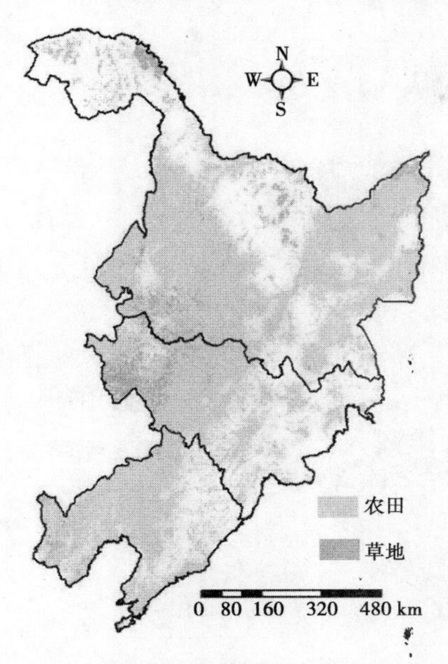

图 7-29　农田与草地的 SVM 法分类图

其进行分类,表 7-9 列出了不同方法的分类精度与 Kappa 系数,其中分类精度最高的 C5.0 决策树分类结果如图 7-30 所示。

表 7-9　不同方法的分类精度与 Kappa 系数

分类方法	总体分类精度(%)	Kappa 系数
SVM	90.4	0.898
ANN	93.2	0.917
C5.0	95.8	0.941

7.3.2.6　合并分类结果

将上述分类结果进行合并即可得到研究区的整体分类图(见图 7-31),表 7-10 显示了最终分类结果及各类型所占面积比例。

表 7-10　分类图中各类型所占面积比例

类型	像元数	面积比例(%)
针叶林	926 310	7.34
阔叶林	1 470 383	11.65
混交林	2 191 932	17.37
灌木林	880 429	6.97
农田	5 349 625	42.39
草地	851 876	6.75
水体	287 659	2.27
城镇	335 333	2.65
未利用地	324 421	2.57

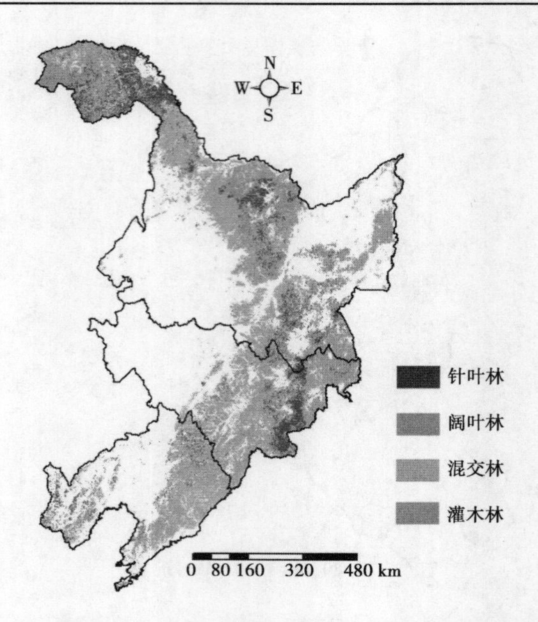

图 7-30 针叶林、阔叶林、混交林、灌木林 C5.0 决策树分类图

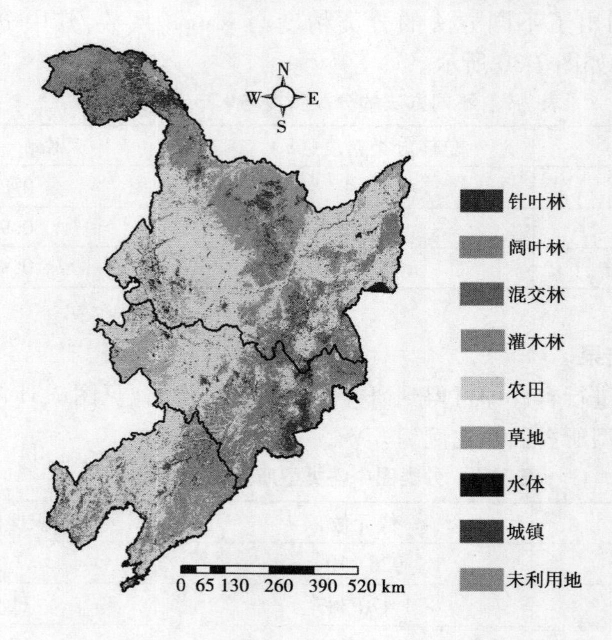

图 7-31 研究区 250 m 分辨率土地覆盖分类图

7.3.3 分类结果精度检验

基于上述给出的 611 个检验点建立误差矩阵(见表 7-11),以此计算各种统计量并进行统计检验,给出对于总体的和基于各种地面类型的分类精度值。

表7-11　分类结果误差矩阵

类别	针叶林	阔叶林	混交林	灌木林	农田	草地	城镇	水体	未利用地	总和	User Acc. (%)
针叶林	62	2	5	4	0	0	0	0	0	73	84.93
阔叶林	2	64	7	0	0	0	0	0	0	73	87.67
混交林	3	4	43	5	2	0	0	0	0	57	75.43
灌木林	6	2	7	44	0	4	0	0	0	63	64.15
农田	0	0	1	3	78	6	0	0	2	90	86.67
草地	1	0	0	3	6	65	4	0	2	81	80.24
城镇	0	0	0	0	0	0	47	2	1	50	94.00
水体	0	0	0	0	0	0	3	70	2	75	93.33
未利用地	0	0	0	0	0	2	2	1	44	49	89.79
总和	74	72	63	59	86	77	56	73	51	611	
Pro. Acc. (%)	83.78	88.88	68.25	74.57	90.69	84.41	83.92	95.89	86.27		
总体精度 = 84.61%	Kappa 系数 = 0.826 2										

总体分类精度表述的是对每一个随机样本，所分类的结果与地面所对应区域的实际类型相一致的概率，计算公式如下：

$$P_c = \sum_{k=1}^{n} N_{kk}/N \tag{7-12}$$

式中：n 为矩阵中的类别个数；N_{kk} 为矩阵对角线元素；N 为样本点总数。

用户精度表示从分类结果中任取一个随机样本，其所具有的类型与地面实际类型相同的条件概率，它与错分误差为互补，其计算公式为：

$$P_{ui} = x_{ii}/x_{i+} \tag{7-13}$$

式中：x_{ii} 为矩阵中第 i 行第 i 列的元素；x_{i+} 为第 i 列所有元素之和；P_{ui} 为第 i 类的用户精度；$1-P_{ui}$ 为第 i 类的错分误差。

制图精度表示相对于地面获得的实际资料中的任意一个随机样本，分类图上同一地点的分类结果与其一致的条件概率，它与漏分误差为互补，其计算公式为：

$$P_{Aj} = x_{jj}/x_{+j} \tag{7-14}$$

式中：x_{jj} 为矩阵中第 j 行第 j 列的元素；x_{+j} 为第 j 行所有元素之和；P_{Aj} 为第 j 类的制图精度；$1-P_{Aj}$ 为第 j 类的漏分误差。

由于运用以上的指标不能够较客观地评价分类质量，因为像元类别的小变动也会导致其百分比的变化。Kappa 分析采用另一种离散的多元技术，综合考虑了矩阵的所有因素，能够作为较客观的精度指标，其计算公式为：

$$Kappa = \frac{N\sum_{i=1}^{r} x_{ii} - \sum_{i=1}^{r}(x_{i+} \cdot x_{+i})}{N^2 - \sum_{i=1}^{r}(x_{i+} \cdot x_{+i})} \tag{7-15}$$

式中：r 为误差矩阵中总列数(即总的类别数)；x_{ii}为误差矩阵中第 i 行第 i 列上的元素；x_{i+}和 x_{+i}分别为第 i 行和第 i 列的元素之和；N 为总样本个数。从公式中可以看出，Kappa 系数不仅考虑到了对角线上被正确分类的样本，同时也考虑到了不在对角线上各种漏分和错分误差，能够表达更客观的精度信息。

此处得到的总体分类精度 0.846 1 将作为计算不同类别 NDVI 最大值、最小值的输入参数，土地覆盖分类图将作为估算植被 NPP 模型的输入参数。

7.4　气象数据处理

7.4.1　气象站点数据处理

从上一节的内容可知，无论使用何种模型估算植被 NPP，气象数据都是必不可少的模型输入参数，因此气象数据的准确性直接影响到对植被光能利用率与植物吸收的光合有效辐射(APAR)的估算，从而带来估算植被 NPP 的不确定性。本研究所有的气象站点原始数据均来自中国气象科学数据共享服务网，网址为：http://cdc.cma.gov.cn/。根据本研究的研究目的，下载了研究区内 86 个气象站点 2001 ~ 2010 年每日的气象数据，包括日平均温度、日降水量、日照时数，以及其中 10 个气象站点观测的每日总辐射量数据，数据具体说明如表 7-12 所示。气象站点的空间位置分布如图 7-32 所示。

表 7-12　气象站点数据说明

气象数据	单位	缺测值	微量
日平均温度	0.1	32 766	
日降水量	0.1 mm	32 766	32 700
日照时数	0.1 h	32 766	
日总辐射量	0.01 MJ	32 766	

本研究以 NDVI 时间序列的时间尺度为标准，将气象数据的时间尺度均统一为 16 d，得到 2001 ~ 2010 年间所有气象站点每 16 d 内的平均温度、降水总量、日照累积时数、累积总辐射量。从而将 CASA 光能利用率模型的时间尺度降为 16 d，估算每 16 d 的植被 NPP。

7.4.2　基于 ANUSPLIN 软件的气象要素空间插值

由于气象数据均为实测点数据，而 CASA 光能利用率模型的输入参数要求为栅格气象数据，这就需要根据实测的点数据插值出具有 250 m 分辨率的空间栅格数据。目前常用的空间插值算法有最邻近法、样条函数法、反向距离权重法(Inverse Distance Weight，IDW)、克里格插值法(Kriging)、薄盘光滑样条函数法(Thin Plate Smoothing Spline，TPS)。Peter(1998)通过比较各种空间插值算法，认为基于统计插值技术的 Kriging 法和薄盘光滑样条函数法(TPS)在建模过程中将空间分布作为观测数据的函数，而不需要其先验知识和物理过程，能够有效提高插值的准确度。Hartkamp(1999)对比了这两种方法，认为二者都容易扩展到多维空间，当半变异函数有好的选择效果和样条粗糙度稳定时，两种方法都能够获得准确的插值结果，但考虑到误差估计、数据结构和计算简便，建议在气象数据插值中使用薄盘光滑样条函数法。Hutchinson(1984)等将改进的薄盘光滑样条函数运用到海量数据点的空间插值，Bates(1985)基于薄盘光滑样条函数提出了局部薄盘光滑样条函数模型，澳大利亚国立大学资源与环境研究中心基于该模型使用FORTRAN语言开发了专用气象数据空间插值软件ANUSPLIN，通过国内外学者们的大量试验与应用，该气象数据插值软件的插值精度已得到国内外学术界的广泛认可。蔡福(2006)利用IDW、趋势面模拟+残差内插、ANUSPLIN软件对1961~2004年东北三省的多年平均降水量以及单年的冬、夏、年降水量进行插值，比较结果表明，无论是多年还是单年数据，ANUSPLIN对降水数据空间插值相对误差都是最小的。钱永兰(2010)基于ANUSPLIN软件对1961~2006年的气温、降水进行插值，同时与IDW和Kriging等插值方法的结果进行对比，结果显示ANUSPLIN软件的插值误差最小且最稳定。

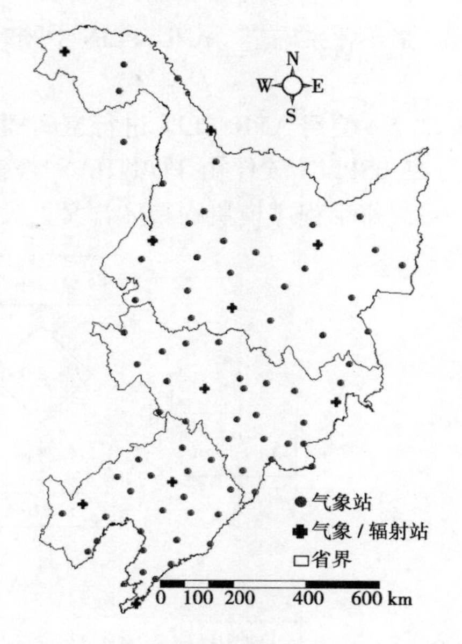

图7-32　气象观测站点地理位置分布图

7.4.2.1　ANUSPLIN 软件插值原理

ANUSPLIN基于普通薄盘和局部薄盘光滑样条函数插值模型，其中局部薄盘光滑样条函数是对薄盘光滑样条函数的扩展，除普通的样条自变量外，允许引入线性协变量子模型，如温度、降水与海拔的相关关系。局部薄盘光滑样条函数的理论统计模型为：

$$Z_i = f(x_i) + b^{\mathrm{T}} y_i + e_i \quad (i = 1, 2, \cdots, N) \tag{7-16}$$

式中：Z_i为空间i点的因变量；x_i为d维样条独立变量；f为需要估算的关于x_i的未知光滑函数；y_i为p维独立协变量；b为y_i的p维系数矩阵；e_i为具有期望值为0且方差为$w_i\sigma^2$的自变量随机误差，其中w_i为作为权重的已知局部相对变异系数；σ^2为所有数据点上的误差方差；N为观测值的个数。从式(7-16)中可见，当没有协变量y_i($b^{\mathrm{T}}y_i$空缺)时，该模型简化为了普通的薄盘样条模型；当没有独立自变量x_i($f(x_i)$空缺)时，模型将简化为多元线性回归模型。函数f和系数b可以通过对式(7-17)的最小二乘估计来确定。

$$\sum_{i=1}^{N} \left(\frac{Z_i - f(x_i) - b^{\mathrm{T}} y_i}{w_i}\right)^2 + \rho J_m(f) \tag{7-17}$$

式中，$J_m(f)$为函数$f(x_i)$的粗糙度测度函数，定义为函数F的m阶偏导(在ANUSPLIN中也称其为样条次数)；ρ为正的光滑参数，在数据保真度与曲面的粗糙度之间起着平衡作用，通常由广义交叉验证GCV(Generalized Cross Validation)的最小化来确定，也可以用最大似然法GML(Generalized Max Likelood)或期望真实平方误差MSE(Expected True Square

Error)最小化来确定。ANUSPLIN 中同时提供了 GCV 和 GML 两种选择平滑参数的判断方法。

7.4.2.2　使用 ANUSPLIN 进行空间插值

ANUSPLIN 软件由 FORTRAN 语言编写，包括 8 个程序模块，其数据处理流程如图 7-33，每个程序模块的具体含义见表 7-13。

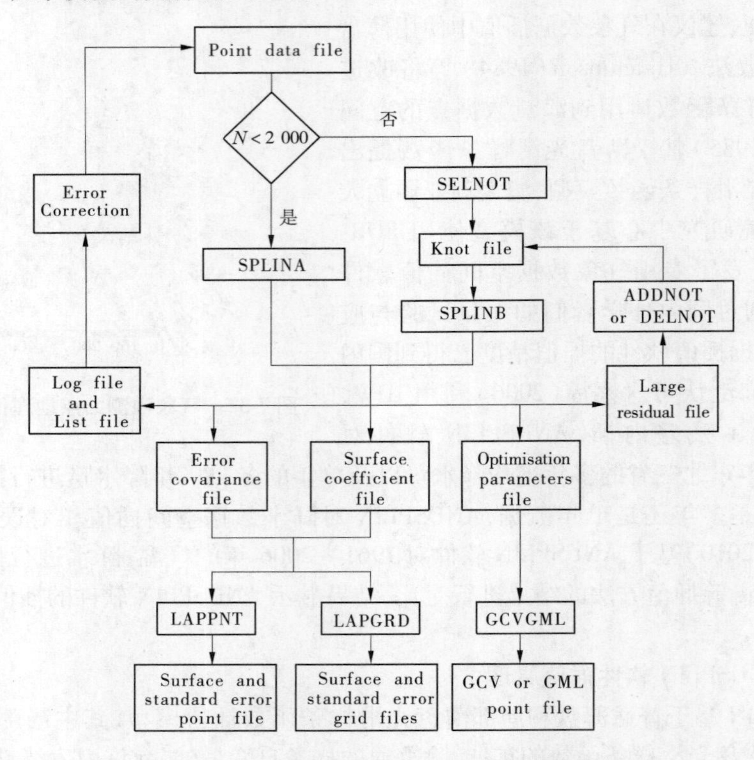

图 7-33　ANUSPLIN 程序模块的数据处理流程

表 7-13　ANUSPLIN 各程序模块的意义

程序	描述
SPLINA	适用于任意个独立变量或多个协变量的薄盘函数，站点数要求小于 2 000，数据平滑度由 GCV 或 GML 决定
SPLINB	与 SPLINA 的功能相似，对于站点数大于 2 000 的数据用 SELNOT 进行节点选择，最多可以达到 10 000 个站点，2 000 个节点
SELNOT	为 SPLINB 选择初始节点
ADDNOT	添加数据节点
DELNOT	删除数据节点
GCVGML	对拟合表面计算 GCV 或 GML 误差，用于数据检查或定位
LAPPNT	计算预测值或贝叶斯标准误差估计的点文件
LAPGRD	生成拟合曲面以及贝叶斯标准误差曲面

插值步骤为：①根据研究目的，将研究区内所有站点 2001 ~ 2010 年的以 16 d 为尺度

的平均温度、降水量、日照时数、总辐射量数据按照 ANUSPLIN 软件输入文件要求格式进行排列、整合，并保存成 *. dat 文件，具体文件格式如表 7-14 所示；②在 ARCGIS 下将研究区 250 m 分辨率的 DEM 栅格数据转换为 ASCII 文件，并命名为 *. dem；③根据上述软件数据处理流程，在 Window DOS 环境下使用 DOS 命令调用 ANUSPLIN 程序模块及其对应的 *. cmd 文件（为模块运行提供输入、输出与设置参数），从而基于 *. dat 气象站点数据，并结合高程信息插值出与 DEM 空间分辨率相同的气象栅格数据，及其对应的预测标准误差。其中，平均温度、降水量、日照时数均与高程位置相关，所以对于这三种数据的插值均选用高程数据作为协变量；由于总辐射量直接与日照时数相关，则对于总辐射量的空间插值选用了日照时数作为协变量。

表 7-14　ANUSPLIN 输入 *. dat 文件格式（以 2005 年降水量为例）

站点号	*X*	*Y*	协变量(m)	每 16 d 内的站点观测数据(mm)								
	坐标(m)	坐标(m)	(高程/日照数据)	1	2	3	4	5	6	7	8	9
51036	1210581.58	5846399.10	433.0	3.3	1.6	1.4	1.1	0.9	0.9	7	12.3	17.2
50246	1373857.25	5809677.52	361.9	1.9	0.9	0.9	1.8	0.7	2.6	20	26.7	13.1
50349	1361115.36	5735334.57	494.6	1.8	1.8	0.3	0.5	1.3	0.1	23.7	41.9	7.4
50353	1521370.94	5770737.90	177.4	0.9	1.5	0.1	0.1	2.7	0.4	25.4	21.1	16.4
50442	1373169.49	5593290.69	371.7	0.2	2.8	0	0.4	0.8	1	24.3	44.8	14.2

图 7-34 分别为利用 2005 年气象站点数据插值出的年平均温度（℃）、年总降水量（mm）、年日照时数（h）、年总辐射量（MJ/m^2），以及它们各自的预测标准误差表面。从图 7-34 中可看出，ANUSPLIN 计算出的插值数据的预测标准误差均集中分布在小值区域，且没有明显地带性差异。其中，总辐射量在研究区边缘地带出现误差逐渐增大现象，这主要是由于研究区内只有 10 个辐射观测站点数据可用于空间插值，且边缘区域插值的站点较少（见图 7-32）。

通过计算 86 个气象站点、10 个辐射站点的观测值与拟合值的平均绝对误差和平均相对误差，结果表明，年平均温度的平均绝对误差为 0. 36 ℃，平均相对误差为 3. 2%；年总降水量的平均绝对误差为 28. 2 mm，平均相对误差为 4. 4%；年日照时数的平均绝对误差为 103. 7 h，平均相对误差为 4. 3%；年总辐射量的平均绝对误差为 96. 0 MJ/m^2，平均相对误差为 2. 1%。由此可证明，使用 ANUSPLIN 插值得到的空间气象栅格数据具有一定的可靠性。因此，本研究使用此软件对研究区 2001 ~ 2010 年间每 16 d 的气象数据集分别进行空间插值，并作为 CASA 光能利用率模型的输入参数，这在一定程度上可以减少气象数据给估算植被 NPP 带来的不确定性。

7.5　2001 ~ 2010 年东北地区 APAR、ε、NPP 估算

前面几节分别介绍了如何获取较为精确的 NDVI 时间序列数据集、研究区的土地覆盖分类图以及气象空间栅格数据集。本节利用 CASA 光能利用率模型，将上述得到的各输入参数代入公式分别估算了研究区内 2001 ~ 2010 年十年间每 16 d 的 APAR

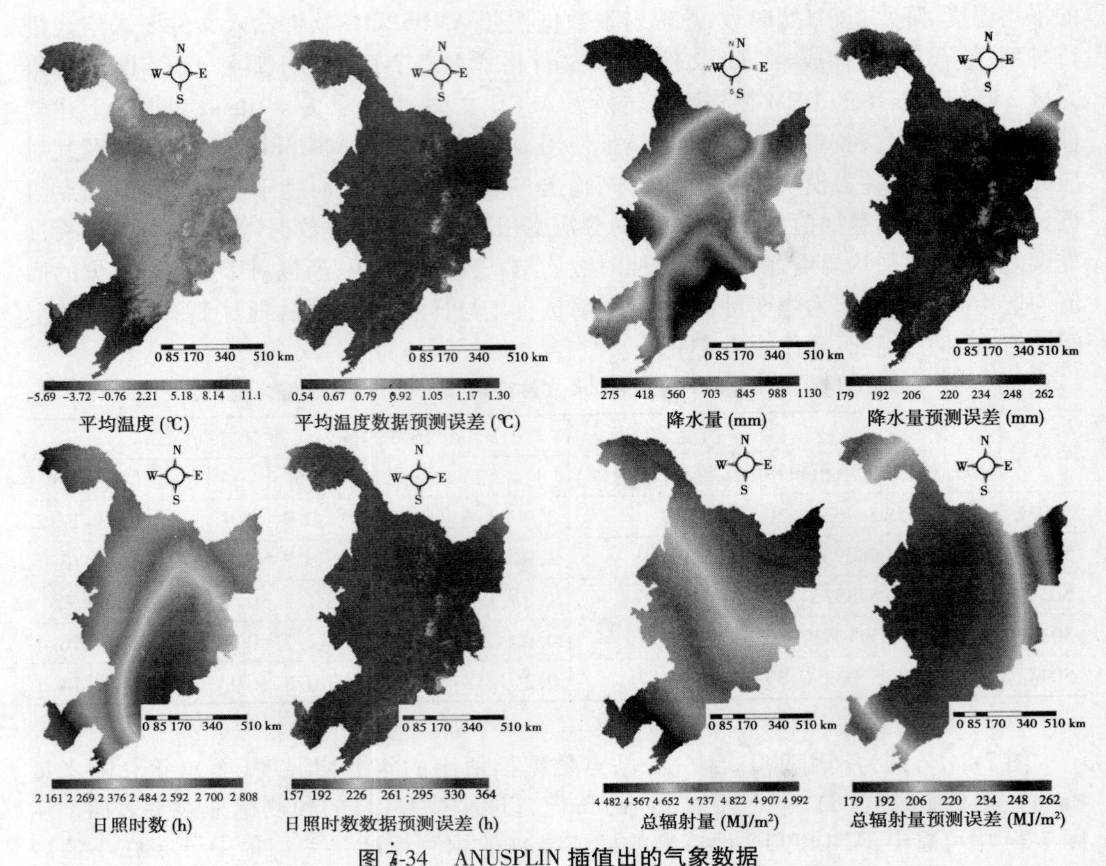

图 7-34 ANUSPLIN 插值出的气象数据

(MJ/(m^2 · 16 d))、ε(gC/MJ)、NPP(gC/(m^2 · 16 d)),将某一年 23 个时间段的 NPP 求和即可得到该年的总 NPP(gC/(m^2 · a))。

7.5.1 APAR、ε、NPP 十年平均水平

图 7-35 为研究区 APAR、ε、NPP 估算结果的 10 年平均值空间分布图,结合研究区分类结果(见图 7-31)和图 7-35(a)可以明显看出,森林分布区域的 APAR 较大;农田、草地分布区域的 APAR 次之;非植被区域(城镇、水体、未利用地)的 APAR 最小,对不同类别的 APAR 平均值进行比较可得出如下结论:针叶林 > 混交林 > 阔叶林 > 灌木 > 农田 > 草地 > 城镇 > 未利用地 > 水体。不同类别统计的最大值、最小值、平均值、标准差如表 7-15 所示,东北地区的平均植被吸收光合有效辐射量为 842.883 MJ/(m^2 · a)。

结合研究区分类图(见图 7-32)和图 7-35(b)可以明显看出,森林分布区域的光能利用率普遍较大,但部分森林地区也出现了光能利用率偏小,如大兴安岭南部、完达山以及长白山部分地区;其他类别的光能利用率并无明显的差异,这主要是非植被类型(城镇、水体、未利用地)的最大光能利用率均设为了农田的最大光能利用率而导致。对不同类别的平均值进行比较可得出如下结论:阔叶林 > 城镇 > 农田 > 未利用地 > 草地 > 水体 > 混交林 > 针叶林 > 灌木。不同类别统计的最大值、最小值、平均值、标准差如表 7-16 所

示，东北地区的平均光能利用率为0.245 gC/MJ。

表7-15　不同土地覆盖类型的APAR统计结果　（单位：MJ/(m^2·a)）

类型	平均值	最小值	最大值	标准差
针叶林	1 029.28	2.190	1 623.36	183.530
阔叶林	1 004.46	2.143	1 480.63	154.333
混交林	1 016.10	2.158	1 489.22	153.595
灌木	933.235	2.158	1 556.56	165.785
农田	758.517	2.309	1 611.24	116.667
草地	717.909	2.274	1 545.63	212.139
水体	436.725	2.144	1 417.90	285.616
城镇	575.404	2.309	1 578.60	168.036
未利用地	497.439	2.276	1 710.37	203.443
东北地区	842.883	2.143 16	1 710.37	218.591

表7-16　不同土地覆盖类型的统计结果　（单位：gC/MJ）

类型	平均值	最小值	最大值	标准差
针叶林	0.192	0	0.263	0.026 5
阔叶林	0.323	0	0.430	0.041 6
混交林	0.220	0	0.296	0.026 4
灌木	0.189	0	0.266	0.020 6
农田	0.251	0.018	0.340	0.023 8
草地	0.237	0.007	0.334	0.022 3
水体	0.235	0.001	0.337	0.042 9
城镇	0.264	0.056	0.336	0.026 9
未利用地	0.240	0.019	0.334	0.023 8
东北地区	0.245	0	0.430	0.044

结合研究区分类图（见图7-31）和图7-35（c）可以明显看出，整个研究区的NPP空间分布情况与APAR的空间分布基本相似，森林覆盖区域的NPP较大，其主要分布在大兴安岭北部、小兴安岭、张广才岭、完达山、延边地区、长白山地区以及辽宁东部山地丘陵区；农田、草地的NPP次之，其主要分布在三江平原、松嫩平原以及辽河平原地带；NPP较小地区主要分布在黑龙江省西南部、吉林省西北部以及辽宁省的西北部，主要是因为这些地区均属于内陆地区，降水量不足，植被稀少，土地类型多为沙地或盐碱地等。根据研究区NPP空间分布情况可以得出以下结论：①在北纬39°到45°之间的区域，NPP具有明显的自东南向西北方向逐级递减的趋势，如图7-35（c）中箭头所示；②将研究区分别按照经差3°、纬差3°划分为5个区域，对每个区域进行统计的结果（见图7-36）表明，研究区内东经126°～129°的NPP平均值最大，并有向东西两侧递减的趋势；北纬48°～51°的NPP平

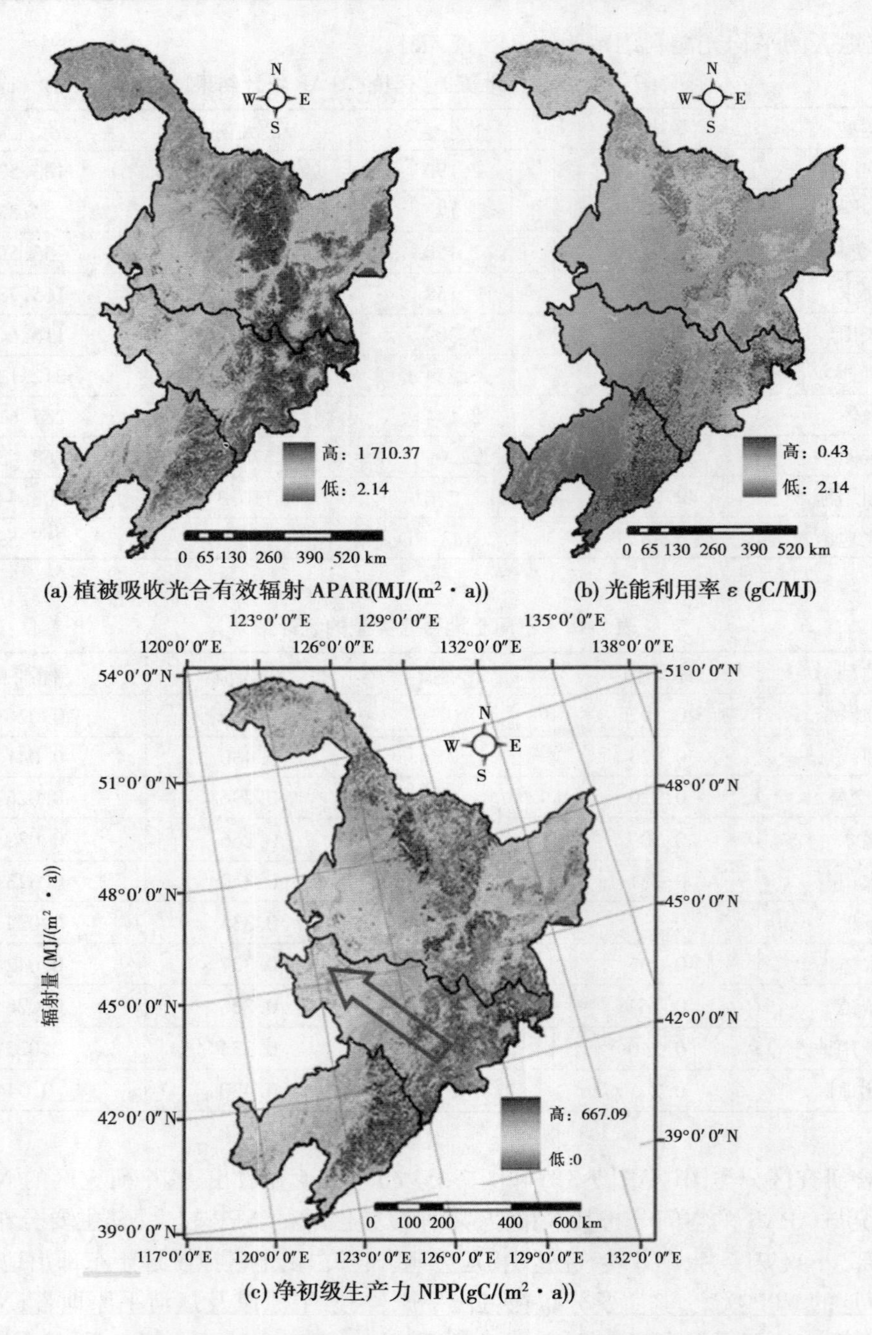

(a) 植被吸收光合有效辐射 APAR(MJ/(m² · a))　　(b) 光能利用率 ε (gC/MJ)

(c) 净初级生产力 NPP(gC/(m² · a))

图 7-35　研究区 2001 ~ 2010 年 APAR、ε、NPP 平均值

均值最大。

对不同类别的 NPP 平均值进行比较可得出如下结论：阔叶林 > 混交林 > 针叶林 > 农田 > 灌木 > 草地 > 城镇 > 未利用地 > 水体。不同类别统计的最大值、最小值、平均值、标准差如表 7-17 所示，东北地区的平均 NPP 为 304.643 gC/(m^2 · a)，年 NPP 总量为 240.24 TgC(1 Tg = 10^{12} g)。

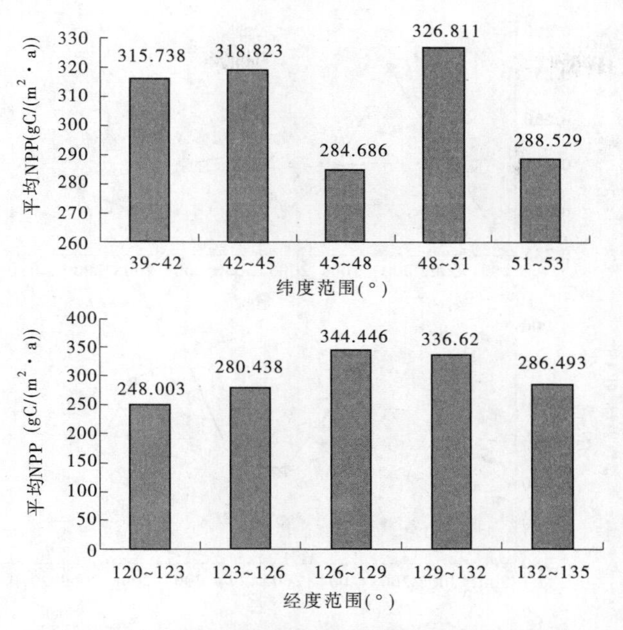

图7-36 不同经度范围与纬度范围内的NPP平均值

表7-17 不同土地覆盖类型的NPP统计结果 (单位:gC/(m²·a))

类型	平均值	最小值	最大值	标准差
针叶林	292.024	12.949	423.593	51.698 0
阔叶林	480.520	21.955	667.099	75.394 2
混交林	330.302	12.381	451.520	51.946 7
灌木	274.435	10.004	421.565	49.290 4
农田	282.182	5.433	585.658	50.040 5
草地	256.859	6.750	532.094	88.022 9
水体	160.462	0.023	535.433	106.555 0
城镇	211.375	0.260	529.190	65.333 5
未利用地	170.220	0.321	533.880	75.651 6
东北地区	304.643	0.060	667.099	94.369 8

7.5.2 APAR、ε、NPP的年际变化趋势

为了反映研究区2001~2010年APAR、ε、NPP的变化情况，本研究利用每年的APAR、ε、NPP分别计算其在研究区范围内的平均值，将其构成APAR、ε的变化趋势图(见图7-37)，再将每年NPP减去10年平均值(304.643 gC/(m²·a))可得到每年NPP的距平值，并将其构成NPP距平值的变化趋势图(见图7-37)。

通过回归分析表明，APAR、ε、NPP三个参数的变化并无显著的规律可循，从总体上

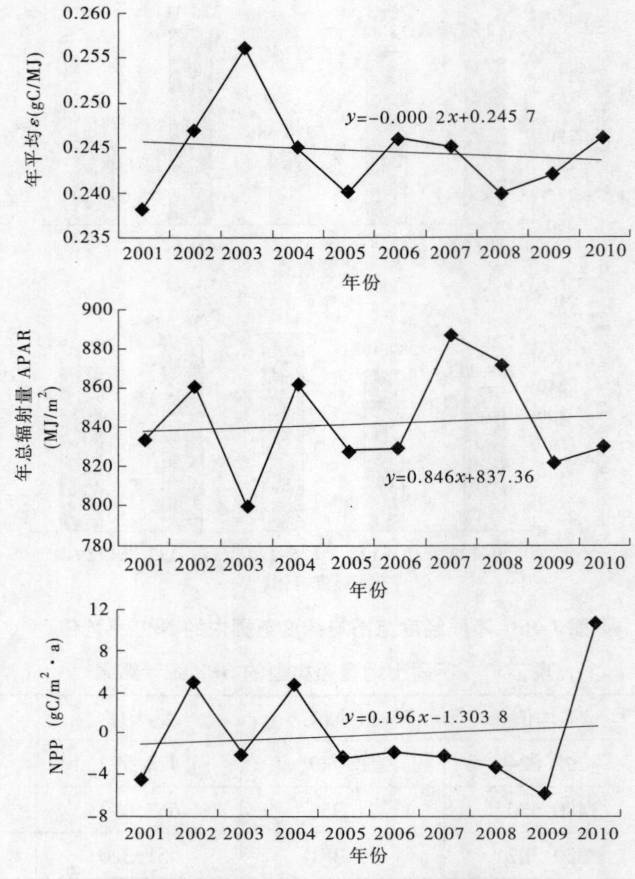

图 7-37 APAR、ε、NPP 距平值变化趋势图

来说,ε 几乎没有变化,APAR 有略微升高。NPP 在 2001 ~ 2005 年间出现了围绕平均值上下波动的趋势,2005 ~ 2009 年间的距平值均小于 0 且具有显著的持续下降趋势,但 2010 年的 NPP 并没有保持其下降趋势而是猛然升高,并达到 10 年来的最大值。根据 NPP 的计算公式可知,NPP 为 APAR 和 ε 的乘积,所以当 APAR 与 ε 同时增加时,NPP 定会猛然增加,从 APAR、ε 的变化趋势图可知,研究区内的 APAR、ε 在 2010 年较前一年均出现了升高的趋势,这在一定程度上可以解释 2010 年 NPP 的猛然升高现象,同时可以说明 2010 年的温度、降水、辐射量等气候条件均达到了该地区植被生长所需要的最佳水平。

图 7-38 展示了每年的 NPP 相对于 10 年平均水平的增减量,即距平值($gC/(m^2 \cdot a)$),若距平值大于 0 则表示该年 NPP 大于 10 年平均水平,若距平值小于 0 则表示该年 NPP 小于 10 年平均水平。这在一定程度上反映了不同地区 NPP 的具体变化情况,从图 7-38 中可知,2010 年大兴安岭、小兴安岭、三江平原、完达山以及辽宁西部地区的 NPP 均显著大于当地 10 年平均水平,即造成了整个东北地区 2010 年 NPP 的显著上升。

为了反映研究区内不同地区的 10 年变化趋势,对 2001 ~ 2010 年的 NPP 进行一元线性回归,将斜率作为其变化趋势,若斜率 >0,则 NPP 增加,若斜率 <0,则 NPP 减小。斜率的绝对值越大,表示 NPP 变化量越大,同时利用相关系数检验法对回归方程进行显著性

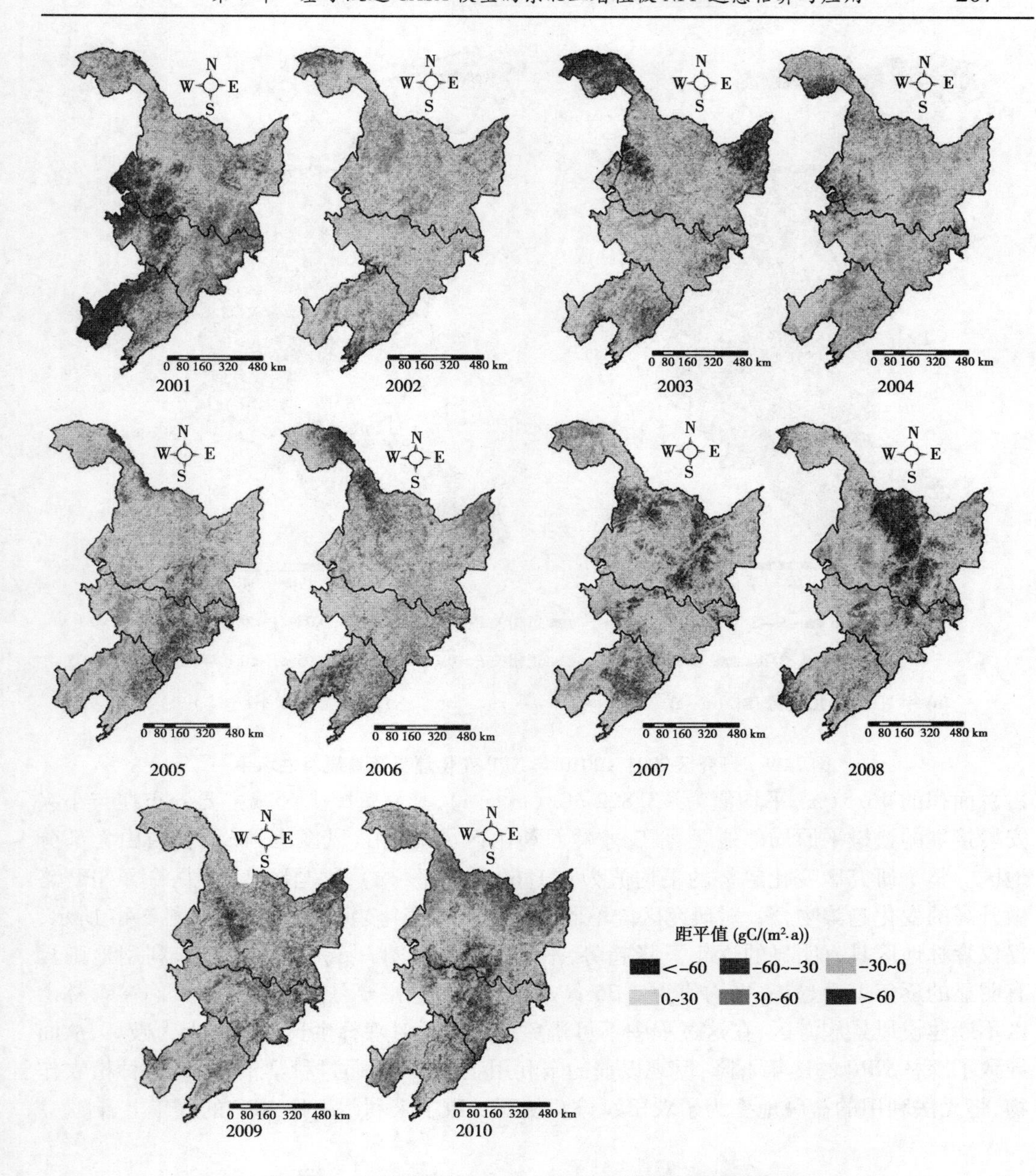

图7-38　研究区2001～2010年NPP距平值空间分布图

检验,确定其显著性水平。若 $P<0.05$,表示回归趋势显著;$0.05<P<0.1$,表示回归趋势比较显著;$P>0.1$,则表示回归趋势不显著(不可信)。图7-39为研究区10年NPP的变化趋势以及其对应的显著性水平。

图7-39中绿色部分表示NPP逐年增加,红色部分表示NPP逐年减少。经过对该变化趋势的统计分析,研究区内NPP逐年增加区域占总面积的53.49%,平均值为3.672 gC/(m^2·a),其显著增加区域主要分布在三江平原、东北中西部靠近内蒙古地区(齐齐哈尔、大庆、白城)以及辽宁西部大部分地区(阜新、朝阳、锦州、葫芦岛);NPP逐年减少区域

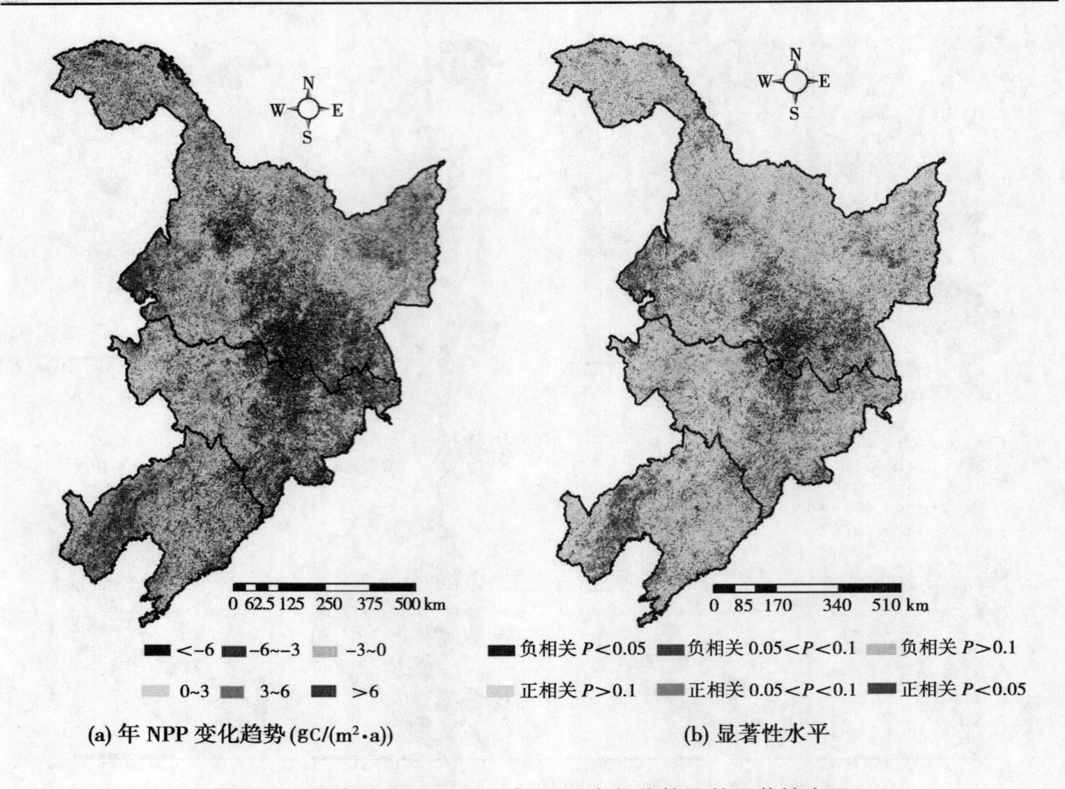

(a) 年 NPP 变化趋势(gC/(m²·a))　　(b) 显著性水平

图 7-39　研究区 2001～2010 年 NPP 变化趋势及其显著性水平

占总面积的 46.51%，平均值为 -3.822 gC/(m²·a)，其显著减少区域主要分布在与小兴安岭接壤的松嫩平原局部地区、张广才岭西麓山区(帽儿山、凤凰山)以及长白山大部分地区。整个研究区变化趋势的平均值为 0.186 gC/(m²·a)，这与图 7-37 中平均 NPP 略微升高的变化趋势吻合。对研究区内不同土地类型的变化趋势统计结果如图 7-40 所示，仅仅森林地区具有明显的逐年下降趋势，平均值为 -1.217 gC/(m²·a)，未利用地则具有明显的逐年上升趋势，平均值为 2.35 gC/(m²·a)，这主要是因为近年来人们在森林山区不断建设风景旅游区，在这过程中不可避免地造成了对森林生长环境的人为破坏，从而导致了森林 NPP 的逐年下降；反观以前的未利用土地，人们通过科学治理、大量种植农作物，将无法利用的盐碱地变为了农田、草地，从而导致了未利用土地 NPP 的逐年上升。

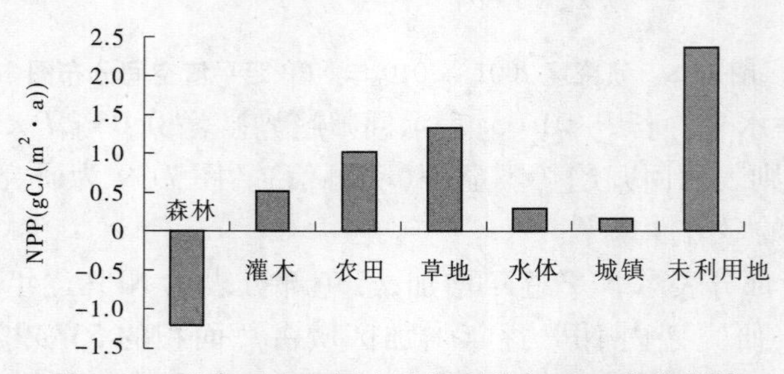

图 7-40　研究区内不同土地类型的年 NPP 变化趋势

7.6　本研究估算NPP与MOD17A3 NPP产品比较

由于NPP的估算过程不可避免地存在不确定性,这就需要对估算的结果进行精度验证,验证方法一般分为直接验证与间接验证,直接验证即为直接利用地面实测的NPP数据与模型模拟值进行比对,并统计其误差;间接验证为与其他方法估算的NPP作比较,在一定程度上衡量模型估算结果的可靠性与稳定性。由于本研究缺乏实地观测数据,因此采用间接方法来对估算的NPP结果进行精度验证。MOD17A3是MODIS全球生态参数产品之一,内部包括GPP、NPP数据,该数据时间尺度为1年,空间尺度为1 km。该产品是由美国蒙大拿大学Numerical Terradynamic Simulation Group(NTSG)制作,已经在全球范围尺度上得到了广泛应用。选取该产品作为本研究估算NPP的对比数据。

7.6.1　NPP空间分布比较

图7-41为2001~2010年间MOD17A3 NPP与本研究估算NPP的平均值,图7-41(b)的空间分布显示MOD17A3 NPP地域分布特征并不明显,且该产品只计算植被覆盖区域,图中白色部分均为非植被区(水体、城镇、裸地),在长白山局部地区与辽东丘陵局部地区出现了大于700 gC/(m^2·a)的较大值,大兴安岭、小兴安岭、张广才岭地区的NPP与三江平原、松嫩平原的NPP处于同一梯度,吉林西北部盐碱地的NPP较小,整个东北地区的NPP分布层次并不十分清晰。

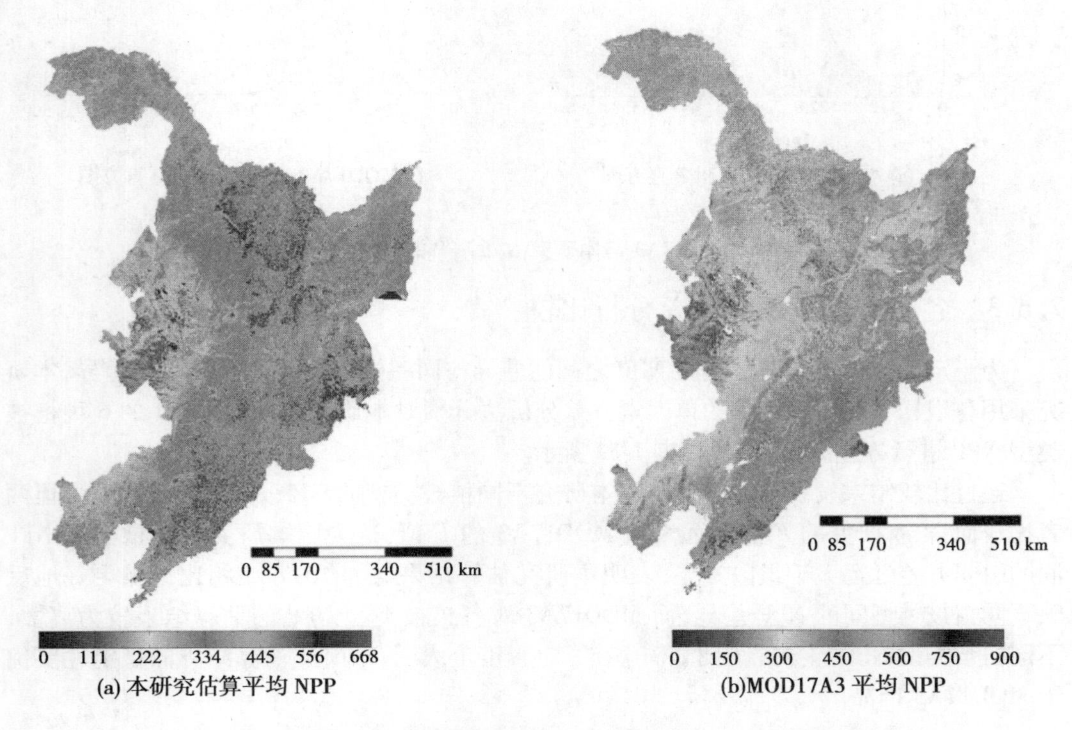

(a) 本研究估算平均NPP　　(b)MOD17A3平均NPP

图7-41　本研究估算NPP与MOD17A3 NPP的2001~2010年平均值

7.6.2 NPP 直方图比较

图 7-42 为 MOD17A3 与本研究植被覆盖区域 10 年平均 NPP 的频度分布直方图。通过直方图可知，本研究植被覆盖区域 NPP 主要分布范围在 5.34 ~ 667.09 gC/(m^2 · a)，平均值为 314.483 gC/(m^2 · a)，其峰值范围在 280 ~ 330 gC/(m^2 · a)，整体呈现出近似正态分布。

MOD17A3 的 NPP 主要分布范围介于 0 ~ 750 gC/(m^2 · a)，NPP 极大值为 4 370.19 gC/(m^2 · a)，平均值为 341.719 gC/(m^2 · a)，其峰值范围分布在 250 ~ 450 gC/(m^2 · a)，整体呈现出双峰偏态分布。

对比两个直方图可发现，MOD17A3 的频度分布范围明显大于本研究，且某些 NPP 值远远偏离了直方图的主要分布范围。不同植被类型的 NPP 统计结果如表 7-18 所示，与本研究 NPP 统计结果（见表 7-17）相比，所有植被类型 NPP 的标准差均大于本研究，且最小值到最大值分布范围也远大于本研究。对比不同植被类型 NPP 平均值可得到以下结论：混交林 > 农田 > 草地 > 阔叶林 > 针叶林 > 灌木。

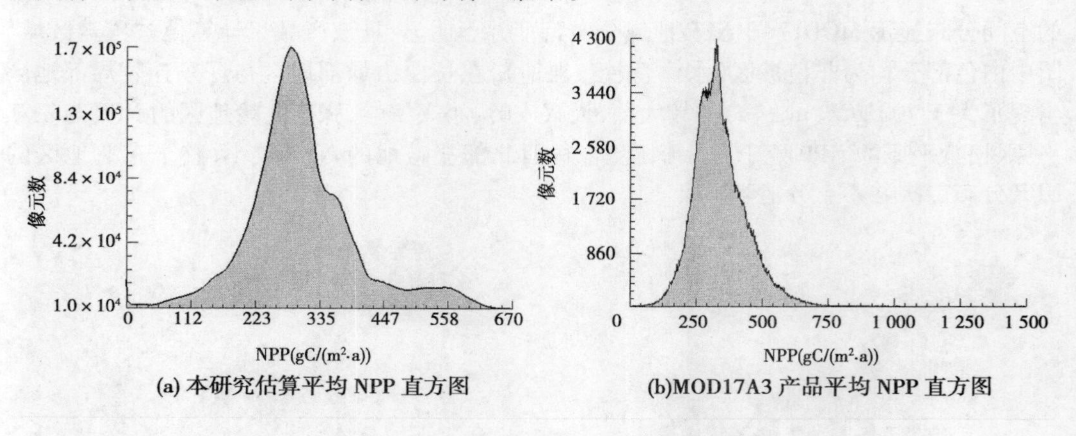

图 7-42　MOD17A3 与本研究估算 NPP 的频度分布直方图

7.6.3 各植被类型 NPP 方差分析比较

为了定量分析不同植被类型 NPP 之间的差异与同一植被类型 NPP 之间的差异，本研究采用各组样本数目不相等的单因素方差分析法分别对本研究和 MOD17A3 的 6 种植被类型 NPP 进行方差分析，结果如表 7-19 所示。

通过比较结果发现，MOD17A3 与本研究不同植被类型的 NPP 之间差异均显著，但两者比较而言，本研究的 F 值远远大于 MOD17A3 的 F 值，这说明本研究各植被类型 NPP 间的组间方差远远大于组内方差，表明本研究估算结果与 MOD17A3 相比可以更好地反映不同植被类型间的 NPP 差异，而 MOD17A3 对各植被类型 NPP 的估算结果较为离散，不同植被类型 NPP 差异并不明显。这在一定程度上表明，本研究估算结果的稳定性要优于 MOD17A3 产品。

表 7-18　不同植被类型的 MOD17A3 NPP 统计结果

类型	平均值	最小值	最大值	标准差
针叶林	261.846	51.633	889.144	82.922
阔叶林	272.892	0	1 541.10	97.721
混交林	382.951	11.500	1 068.57	82.592
灌木	237.738	2.566	2 203.50	74.446
草地	338.025	26.088	4 370.19	87.596
农田	341.706	3.588	2 924.73	158.05
东北地区	341.719	0	4 370.19	99.815

表 7-19　本研究与 MOD17A3 的不同植被类型 NPP 方差分析表

本研究 NPP	Sum of Squares	*df*	Mean Square	*F*	*Sig*
Between Groups	50 944 147 456	5	10 188 829 696	3 077 961.5	0.0
Within Groups	38 686 818 304	12 610 061	3 310.25		
Total	89 630 965 760	12 610 066			
MOD17A3	Sum of Squares	*df*	Mean Square	*F*	*Sig*
Between Groups	831 258 624	5	166 251 728	18 710.61	0.0
Within Groups	6 898 876 416	775 896	8 885.43		
Total	7 730 135 040	775 901			

7.7　NPP 与各参数相关性分析

7.7.1　温度、降水、辐射量变化趋势分析

为了反映研究区 2001 ~ 2010 年温度、降水、辐射量的变化情况，本研究利用每年的平均温度、降水总量、辐射总量分别计算其在研究区范围内的平均值，并将其构成 2001 ~ 2010 年变化趋势图（见图 7-43）。

将各气象要素的变化趋势进行回归分析发现，温度与辐射量的变化趋势并无明显规律，从总体变化上看，年平均温度具有略微下降的趋势，年总辐射量具有略微上升的趋势。但降水量的变化趋势具有明显的上升趋势，且在 2010 年达到最大值。为了反映研究区内不同地区 10 年间气象要素的变化趋势，分别对 2001 ~ 2010 年的气象要素进行一元线性回归，将斜率作为其变化趋势。若斜率 >0，表示随时间增加；若斜率 <0，则表示随时间减少。斜率的绝对值越大，表示其变化量越大。同时利用相关系数检验法对回归方程进行

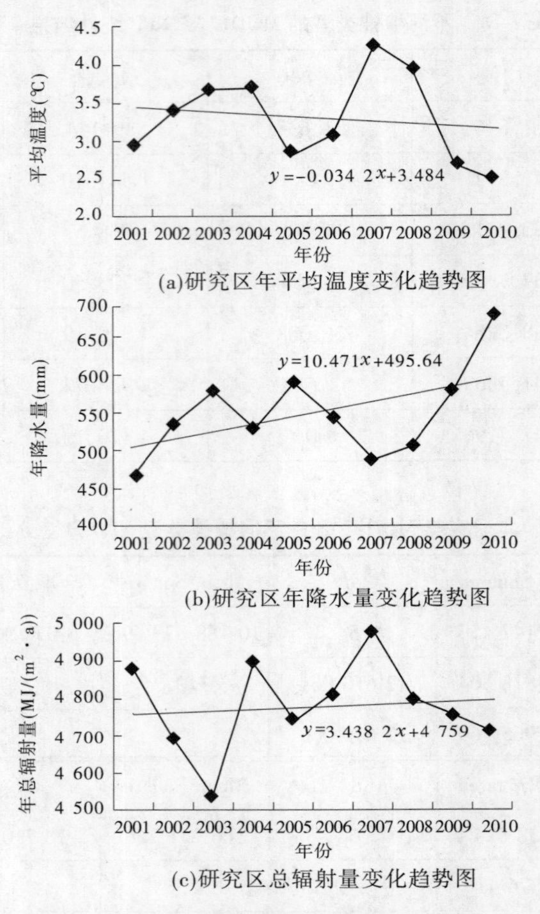

(a)研究区年平均温度变化趋势图

(b)研究区年降水量变化趋势图

(c)研究区总辐射量变化趋势图

图 7-43 气象要素变化趋势图

显著性检验,确定其显著性水平。若 $P<0.05$,表示回归趋势显著;$0.05<P<0.1$,表示回归趋势比较显著;$P>0.1$,则表示回归趋势不显著(不可信)。图 7-44 为研究区 2001 ~ 2010 年间气象要素的变化趋势及其对应的显著性水平。

7.7.2 NPP 与气象要素、APAR 累积量 ε、NDVI 累积量相关性分析

温度、降水、辐射量是植物生长所不可缺少的因素,它们的变化会直接影响到植物的生存环境,进而会影响植物内部的光合作用和呼吸作用过程,这就必然会导致植物 NPP 发生变化。为了探索气象要素与 NPP 之间的直接相关关系,本研究分别计算研究区内 10 年的平均温度、降水总量、辐射总量与 10 年的 NPP 之间的相关系数 r。若 $r>0$,表示气象要素与 NPP 成正相关关系;若 $r<0$,表示气象要素与 NPP 成负相关关系。r 绝对值越大关系越稳定。显著性水平 $P<0.05$,表示相关性显著;$0.05<P<0.1$,表示相关性比较显著;$P>0.1$,则表示相关性不显著(不可信)。图 7-45 为研究区 2001 ~2010 年间气象要素与 NPP 相关关系。

从图 7-45(a)可知, 研究区内降水量与 NPP 呈显著正相关关系的区域主要分布在三

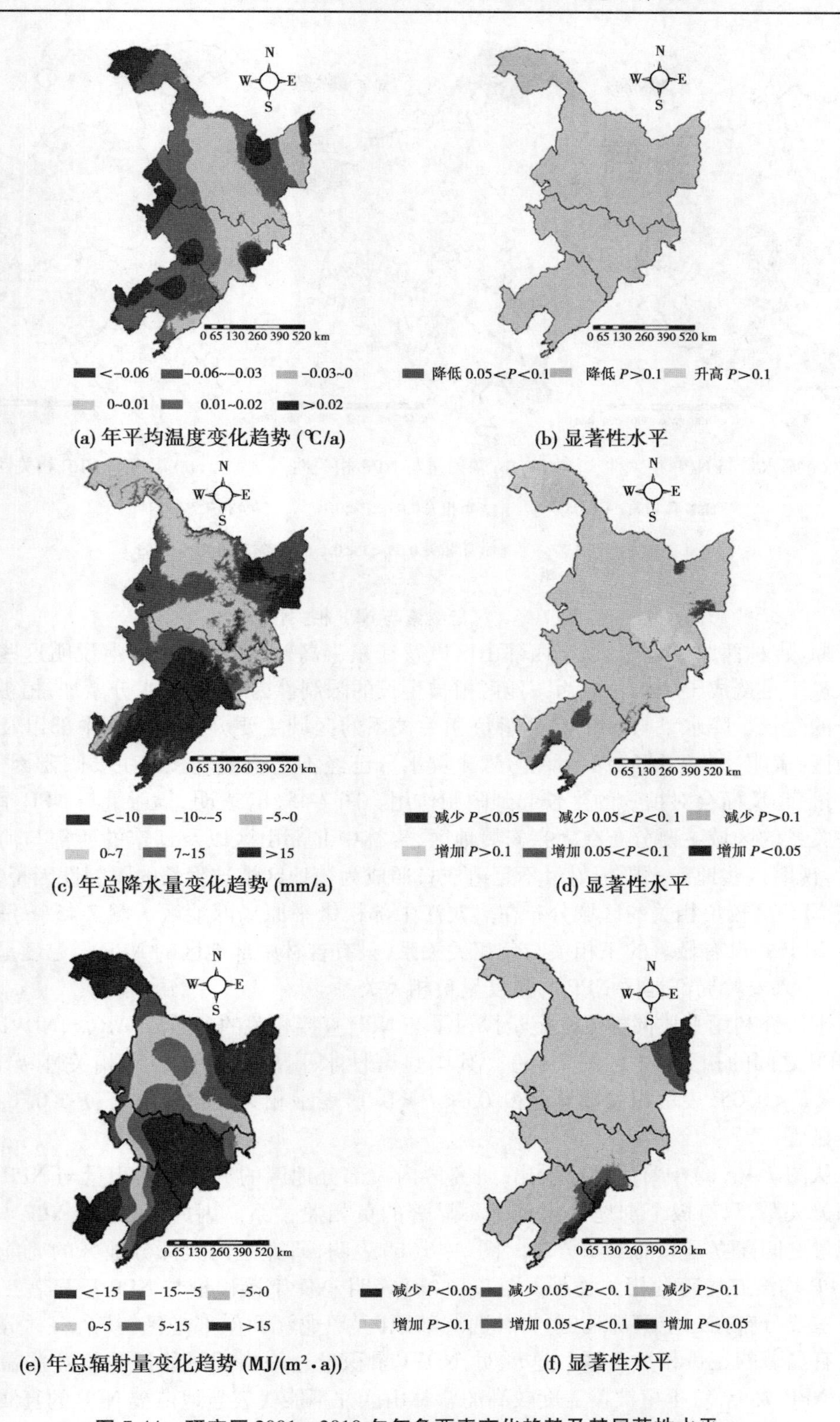

(a) 年平均温度变化趋势 (℃/a)

(b) 显著性水平

(c) 年总降水量变化趋势 (mm/a)

(d) 显著性水平

(e) 年总辐射量变化趋势 (MJ/(m²·a))

(f) 显著性水平

图 7-44 研究区 2001 ~ 2010 年气象要素变化趋势及其显著性水平

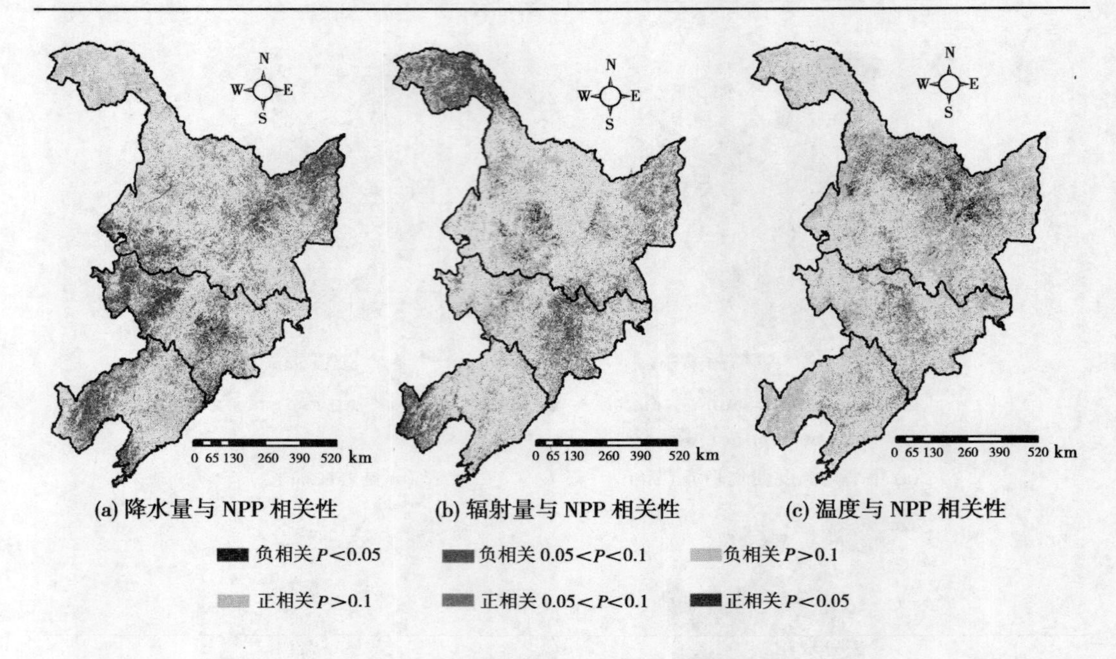

图 7-45 气象要素与 NPP 相关性分析

江平原，吉林西北部地区、辽宁西部山区以及辽东半岛，这在一定程度上说明这些区域的降水量不足造成土壤水分成为该地区植被生长的限制性因子，如果水分增加，植被会得到充分的生长。降水量与 NPP 呈显著负相关关系的区域主要分布在吉林中部以及通化南部山区，表明这些区域的降水量充足，土壤水分已经不是植被生长的主要限制因子，如果水分过多，反而会对植物的生长起到限制作用。图 7-45(b)表明，辐射量与 NPP 呈显著正相关关系的区域主要分布在大兴安岭地区、吉林中北部山区以及辽宁的西部与河北接壤地区，说明这些地区太阳辐射量不足造成日照成为该地区植被生长的限制性因子，而辐射量与 NPP 呈较负相关的区域分布在黑龙江中部松嫩平原局部地区。图 7-45(c)表明，温度与 NPP 并没有显著的正相关与负相关关系，只有吉林中部地区的 NPP 与温度呈正相关关系，小兴安岭局部地区 NPP 与温度呈负相关关系。

本研究利用上述同样方法定量探讨了与 NPP 直接相关的参数 APAR、ε、NDVI 累积量与 NPP 之间的相关性(见图 7-46)。其中显著性水平 $P<0.01$，表示相关性极为显著；$0.01<P<0.05$，表示相关性显著；$0.05<P<0.1$，表示相关性比较显著；$P>0.1$，为相关性不显著。

从图 7-46(a)中可以明显看出，研究区内大部分地区的 APAR 累积量与 NPP 呈显著正相关关系，只有极个别地区出现了不显著的负相关关系。因此，可以在 NPP 与 APAR 累积量之间建立可靠的回归方程。图 7-46(b)表明，研究区内大部分地区的光能利用率与 NPP 均没有显著的相关关系。图 7-46(c)表明，NDVI 累积量与 NPP 呈显著正相关的区域主要分布在辽宁西部地区、吉林西北部地区、黑龙江西南部地区，其余森林分布区域均没有显著的正负相关关系。这说明，NDVI 累积量这一指标只能反映植被覆盖较少地区的 NPP 大小，对于植被覆盖度较高的森林山区并不能代表当地植被 NPP 的真实情况。

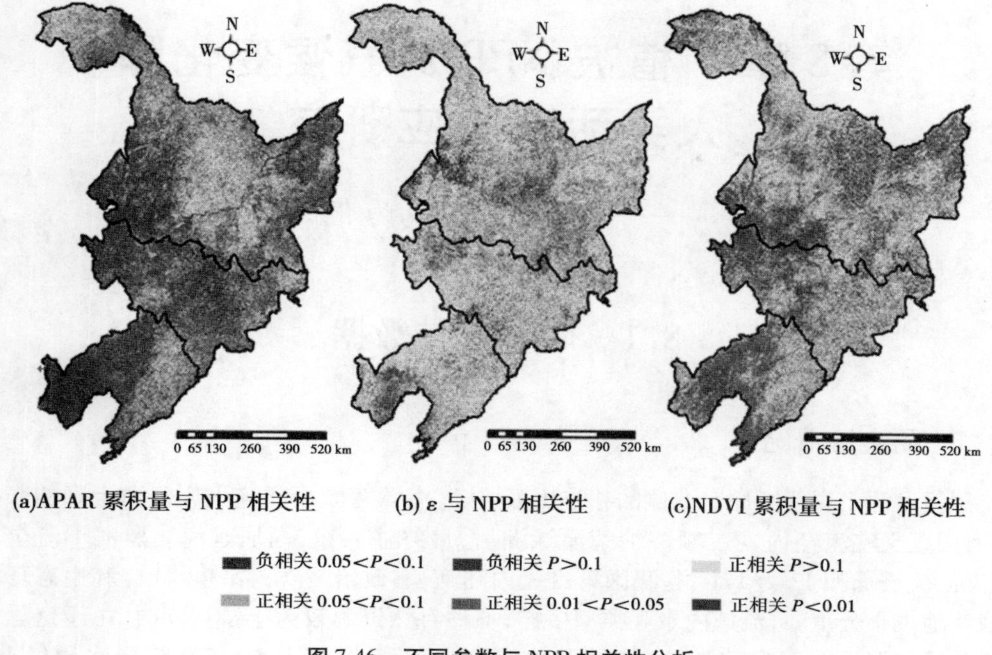

图 7-46　不同参数与 NPP 相关性分析

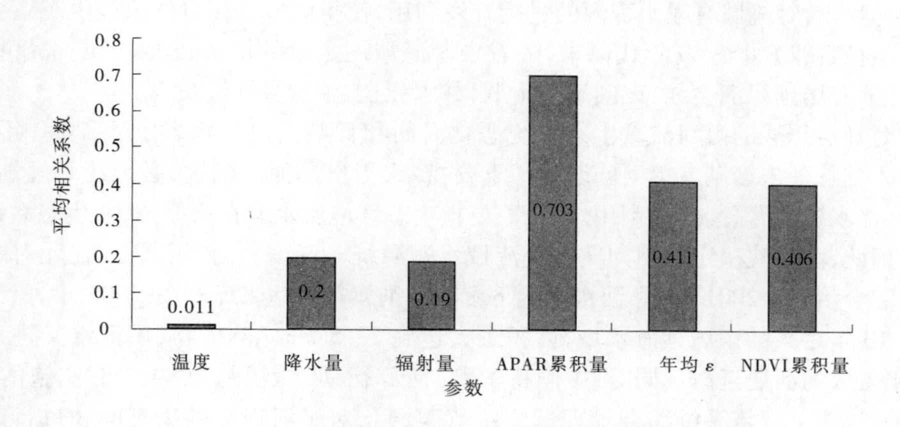

图 7-47　研究区内不同参数与 NPP 的平均相关系数

图 7-47 为上述 6 个参数与 NPP 的相关系数在研究区内的平均值，从图中可知，APAR 累积量与 NPP 的相关系数最高，达到了 0.703；年平均 ε 和 NDVI 累积量与 NPP 的相关系数相当，分别为 0.411 和 0.406。这三个参数均大于气象要素与 NPP 的相关系数。在气象要素中，降水量与 NPP 的相关系数最大，年辐射总量次之，温度与 NPP 的相关系数最小，几乎为 0。这在一定程度上也反映出本研究所用的 CASA 光能利用率模型对降水量、辐射量较为敏感，对温度参数并不敏感。

第8章　植被NPP对气候变化和人类活动响应研究

——以黑河流域为例

8.1　研究区与数据

8.1.1　研究区概况

黑河发源于青藏高原东北侧的祁连山区,从青海莺落峡出祁连山入河西走廊的张掖绿洲,由正义峡流经内蒙古额济纳荒漠绿洲后,最终注入东、西居延海。黑河干流全长821 km,流域面积13万km^2,是我国第二大内陆河,其政治、经济、军事、社会和生态环境的战略地位十分重要,流域内景观类型多样,各种自然资源较为丰富。同时,由于这里的大部分区域深处欧亚大陆腹地,气候干燥,天然水资源极其匮乏,年平均降水量仅108 mm。人类活动对流域有限水资源的过度开发利用,使得流域许多自然植被生态系统十分脆弱和不稳定,20世纪60年代以来,随着中游流域用水量的增加,进入下游水量日益减少,致使下游居延绿洲萎缩,尾闾湖泊干涸,林木死亡,生物多样性减少。

针对日益严峻的黑河流域生态系统恶化局面和日益突出的水事矛盾,2000年5月,时任国务院总理朱镕基就黑河问题作了重要指示,指出黑河的问题,必须统筹规划,综合治理,严格水资源管理,开发利用水资源,要把生态环境用水放在第一位,使生态系统不再恶化。据此,国务院决定在黑河实行全流域水资源统一调度,并投资23.6亿元对黑河流域进行综合治理。2001年,黑河水到达下游额济纳旗首府达来库布镇;2002年,黑河水进入干涸10年之久的东居延海水域,面积最大达到23.5 km^2;2003年,黑河水又进入了干涸40年之久的西居延海。同时,中国科学院"西部行动计划"从2000年起实施的"黑河流域水-生态-经济系统综合管理试验示范"项目,对黑河现存的生态问题进行建设与修复,其中上游地区如何快速逆转草地退化趋势,恢复和加强草地涵养水源功能是研究的重点问题;中游是以调整农业种植结构,提高灌溉水利用效率为主;下游则是以恢复河岸绿洲,防风固沙,遏制荒漠面积进一步扩大为主。国内众多学者对黑河生态环境的演变和调水的效果进行了评价,吴鸿亮等(2007)利用R/S分析法对莺落峡来水量和正义峡下泄水量进行对比分析,得出黑河治理效果显著的结论。蒋晓辉等(2009)和郭铌等(2004)通过实地调查、遥感等手段,分析了黑河下游1995~2004年地下水埋深、典型植被、景观类型及东居延海在调水以来的变化情况。研究结果表明,黑河下游生态环境对调水响应明显,下游生态环境向良好的方向转变。这些研究从不同角度对黑河流域生态环境演变进行了分析,但缺乏对气候变化和人类活动影响的分类定量化讨论。

黑河流域是我国西北干旱区第二大内陆河流域,发源于祁连山区,流经青海、甘肃和内蒙古 3 个省区,流域面积 13 万 km²,位于 96°42 ~ 102°00′E、37°41′ ~ 42°42′N。黑河上游位于青海省祁连山北麓,为黑河的主要产流区,这里海拔 2 500 ~ 5 000 m,降水一般超过 300 mm,最大降水量可达 600 ~ 700 mm。许多海拔 4 000 m 以上的中、高山终年积雪,分布着现代冰川,3 000 m 以下有成片的天然林和灌丛,河谷、盆地水草丰盛,是良好的天然牧场。中游在河西走廊中部,莺落峡至正义峡之间,流经青海祁连,甘肃山丹、民乐、张掖甘州区、临泽、高台、肃南等区县,该区域属于典型的温带大陆性气候,降水量小,而蒸发量很大,年平均气温 7.6 ℃,年平均降水量 113.8 mm,这里是整个黑河流域最好的绿洲,植被以人工种植的各种农作物和防护林为主,属于灌溉农业区。下游地区降水量小于 50 mm,多为干旱荒漠区,是典型的大陆性气候区,蒸发强烈,温差大,风大沙多,日照时间长,是我国生态环境最脆弱的地区之一。下游段也被称为弱水,弱水在狼心山下分为东、西两支,东支纳林河注入东居延海,西支穆林河注入西居延海。

研究区域与气象站点空间位置图见图 8-1。

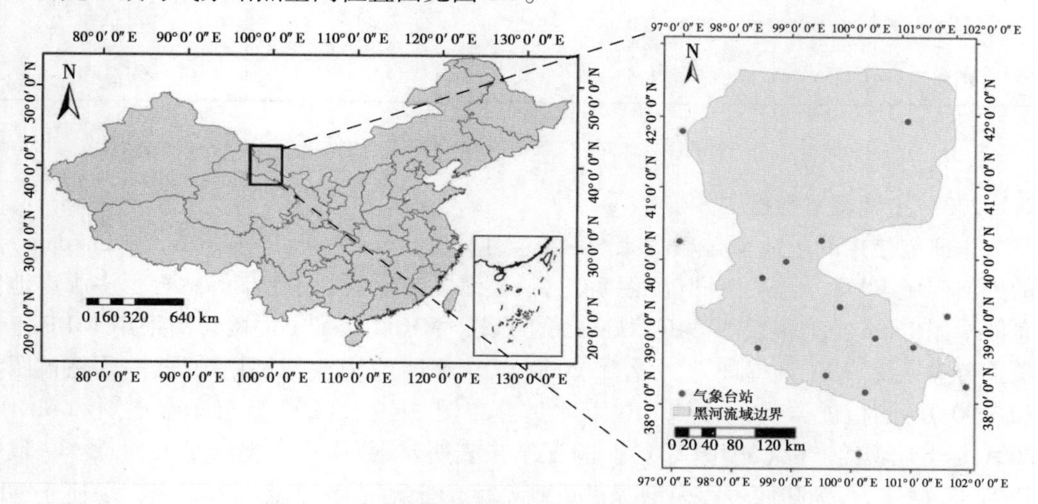

图 8-1　研究区域与气象站点空间位置图

8.1.2　数据源及预处理

8.1.2.1　DEM 数据

本研究使用的 DEM 数据来源于美国太空总署和国防部国家测绘局联合测量的 SRTM (Shuttle Radar Topography Mission)数据。SRTM 数据由雷达影像制作而成,是迄今为止分辨率最高具有统一坐标系的全球性数字地形数据。SRTM 数据为每个经纬度方格提供一个文件,精度有 30 m 和 90 m 两种,目前能够免费获取覆盖中国全境的 90 m 数据。本研究将 90 m 的黑河流域地区 SRTM DEM 数据重采样为空间分辨率为 1 km 的 DEM 数据,并得到相应的坡度、坡向数据,为下一步的气象数据空间插值提供数据准备。

8.1.2.2　气象数据

本研究所使用的所有气象站点原始数据均来自中国气象科学数据共享服务网(http://cdc.cma.gov.cn/)。气象数据包括 1998 ~ 2007 年每日的空气温度、降水量、日照时数,以及流域周围区域的辐射观测站点每日的辐射量观测数据,具体气象数据信息在

表8-1中列出。为了得到整个流域的时间分辨率为旬的气象数据空间分布图,利用ANUSPLIN气象数据插值软件并结合1 km DEM数据,对旬合成的气象数据进行空间插值处理。对于总辐射量的空间插值处理,由于辐射观测站数量较少,对其直接进行插值处理会存在较大误差。本研究首先结合DEM、坡度、坡向数据对20个站点的日照时数进行空间插值处理,基于日照时数空间数据集,结合7个站点的总辐射量数据插值出黑河流域及其附近地区的总辐射量空间分布图,再通过剪裁得到黑河流域的总辐射量数据。

表8-1 流域区域气象站点与辐射站点数据集信息

气象要素	时间分辨率	站点数	合成数据
空气温度(℃)	1 d	16	旬平均值
降雨量(mm)	1 d	16	旬总和
日照时数(h)	1 d	20	旬总和
总辐射量(MJ/m^2)	1 d	7	旬总和

63

8.1.2.3 土地覆盖数据

本研究使用的土地覆盖数据来自西部数据网(http://westdc.westgis.ac.cn/data)上的黑河流域1 km土地覆盖图(见图8-2),该土地覆盖图是由冉有华等融合了多源本地信息的中国1 km土地覆盖图(MICLCover)的子集。MICLCover土地覆盖图采用IGBP土地覆盖分类系统,基于证据理论,融合了2000年中国1:10万土地利用数据、中国植被图集(1:100万)的植被类型、中国1:10万冰川分布图、中国1:100万沼泽湿地图和MODIS 2001年土地覆盖产品(MOD12Q1)。验证结果表明,该数据在7类水平上的总体一致性达到88.84%,可为陆面过程模型提供更高精度的土地覆盖信息。本研究为了便于NPP的估算,以及不同植被覆盖类型的统计分析,将研究区内的常绿针叶林、落叶阔叶林、混交林整合为森林类别,将郁闭灌木林、稀疏灌木林整合为灌木类别,其余类型保留。

8.1.2.4 SPOT VEGETATION NDVI 产品

归一化植被指数NDVI是植物生长状态和植物生物量的指示因子,也是利用光能利用率模型估算植被净初级生产力的一个重要遥感输入参数。本研究采用了寒区旱区科学数据中心(http://westdc.westgis.ac.cn)提供的黑河流域长时间序列SPOT VEGETATION NDVI数据集,该数据集是从1998年4月至2007年12月的逐旬数据,空间分辨率为1 km,时间分辨率为10 d,其像元值采用国际通用的最大合成法获得,以确保像素值受云的影响程度降到最低。该数据集已经进行了预处理,包括大气校正、辐射校正、几何校正,并将-1到-0.1的NDVI值设置为-0.1,再通过公式DN=(NDVI+0.1)/0.004转换到0~250的DN值。由于黑河流域区域在1~3月植被还没有生长,NDVI接近于0,该年度的年NPP值并不受到1~3月的影响。因此,1998年1~3月NDVI数据的缺失对年度NPP估算结果的影响不大。

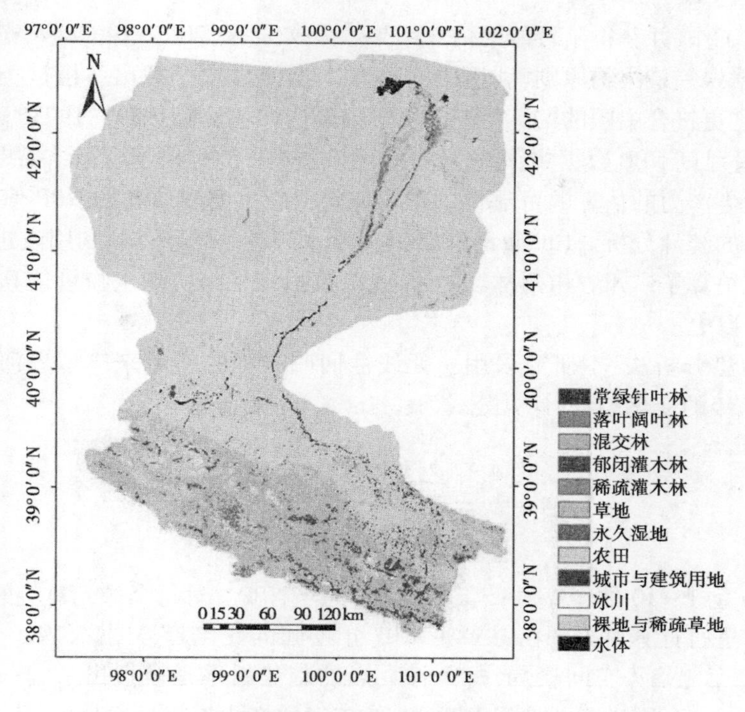

图 8-2　黑河流域土地覆盖数据

8.2　研究技术方法

8.2.1　NPP 遥感估算模型

本研究主要依据改进的 CASA 光能利用率模型,将其估算的时间尺度降为旬尺度,并对其模型输入参数进行高精度处理,最终估算出了时间分辨率为旬,空间分辨率为 1 km 的植被 NPP,式(8-1)为 NPP 估算公式。

$$P_{\mathrm{NP}}(x,t) = R_{\mathrm{s}}(x,t) \times FPAR(x,t) \times 0.5 \times T_{\varepsilon1}(x,t) \times T_{\varepsilon2}(x,t) \times W_{\varepsilon}(x,t) \times \varepsilon_{\max} \tag{8-1}$$

其中,$P_{\mathrm{NP}}(x,t)$ 为第 t 个旬内在像元 x 处的植被 NPP,gC/(m^2 · 旬);$R_{\mathrm{s}}(x,t)$ 为第 t 个旬内在像元 x 处累积的太阳总辐射量,MJ/(m^2 · 旬);$FPAR(x,t)$ 为植被层对入射光合有效辐射的吸收比例;0.5 为植被所能利用的入射太阳辐射占太阳总辐射的比例。$T_{\varepsilon1}(x,t)$ 和 $T_{\varepsilon2}(x,t)$ 为植被处于不同环境下高温与低温对光能利用率的胁迫作用;$W_{\varepsilon}(x,t)$ 为水分胁迫因子,反映了水分条件对光能利用率的影响;$\varepsilon_{\max}$ 是理想条件下的最大光能利用率,gC/MJ。一年内的 36 个时相 NPP 相加即得到该年的 NPP 值。计算过程中的 FPAR、NDVI 最大值和最小值、温度胁迫因子、水分胁迫因子的具体计算方法见朱文泉等(2005),该流域不同土地覆盖类型的最大光能利用率的确定见朱文泉等(2005)。

CASA 模型中的植被参数均可由遥感获得,模型适用于区域及全球尺度上的 NPP 估算,因此是国际上较为常用的大尺度 NPP 估算模型,国内外学者基于 CASA 模型开展了大量的研究工作，并获得了较好的估算结果。朱文泉等(2007)在CASA光能利用率模型基础上，根据误差最小的原则，利用中国的NPP实测数据模拟出各植被类型的最大光能利用率，使之更符合中国的实际情况，并模拟出了中国区域1989～1993年的空间分辨率为8 km的月尺度NPP数据集，通过验证表明改进的CASA模型模拟结果提高了中国陆地植被净初级生产力的估算的可靠性。本研究将CASA模型估算的NPP值作为“真实值”进行下一步的统计分析。Huang等(2010)基于ETM+卫星数据，利用改进的CASA光能利用率模型估算了广州省雷州林场的月NPP，模拟结果与实测生物量估算的NPP相关系数达到0.7以上。

NPP趋势分析法：本研究采用一元线性回归方程的斜率来模拟黑河流域每个像素1998～2007年的变化趋势，计算公式为：

$$K_{\text{slope}} = \frac{n \times \sum_{i=1}^{n}(i \times P_{\text{NP}i}) - \sum_{i=1}^{n} i \sum_{i=1}^{n} P_{\text{NP}i}}{n \times \sum_{i=1}^{n} i^2 - (\sum_{i=1}^{n} i)^2} \tag{8-2}$$

式中：变量i为1～10的年序号；$P_{\text{NP}i}$为第i年的年NPP。对每个像元对应的一元线性回归方程的斜率进行计算可得到在1998～2007年期间的变化趋势图，反映了10年间黑河流域植被NPP变化趋势空间格局，每个像元点的趋势斜率是模拟出来的一个总的变化趋势。其中$K_{\text{slope}} > 0$则说明此像元NPP在10年间的变化趋势是增加的，反之则是减少的。为了进一步说明各像元点模拟趋势的显著性，本研究利用了F－检验法对每个像元点对应的一元线性回归方程进行显著性检验分析，对显著性水平P值进行分类。若$P < 0.01$，定义为极显著；若$0.01 < P < 0.05$，定义为显著；若$P > 0.05$，则定义为不显著。

8.2.2　NPP与气象要素回归分析

如要建立NPP与气候要素之间理想的回归方程，在理论上需要选择完全没有人类活动干扰的植被资料，但这在现实中具有很大的难度。对于黑河流域来说，自2000年国务院决定在黑河实行全流域水资源统一调度以来，黑河上、中、下游分别开始了大规模的人工调水、生态治理工程等，黑河流域的植被系统也自此受到了人类活动的强烈影响。由于调水活动对植被的影响具有滞后性，并且根据观测资料显示2002年以来黑河下游各个区域的地下水位有不同程度的回升，同时根据遥感观测资料的统计分析，本研究以2002年为界限，假设2002年以前黑河流域内的植被系统、气候因子之间存在一种平衡状态，植被的变化主要来自于气候条件的变化影响，受到人类活动的影响甚微，选用1998～2001年的数据进行NPP与气象要素(降雨、温度、总辐射)的相关性分析。由于黑河流域上、中、下游气象条件差异较大，植被NPP在不同区域上与气象因子的关系会有较大差异，本研究选择了以上、中、下游3个区域内的不同植被类型为计算单元，对年度NPP、年降水量、年平均温度、年总辐射量的空间平均值进行统计，再分别对研究区所有像元4年的NPP平均值与气象因子平均值进行多元线性回归分析，依相关性大小选出与NPP最为相关的气象因子变量，建立与NPP之间的线性回归方程。

$$P_{\text{NP}i}^{j'} = a_i^j X_i^j + b_i^j Y_i^j + e_i^j \tag{8-3}$$

式中：$P_{NPi}^{j'}$为第 i 个区域上的第 j 种植被类型基于气象因子的 NPP 模拟值；X_i^j、Y_i^j 为第 i 个区域上的第 j 种植被类型与 NPP 相关性最高和第二高的气象因子（降水量、温度、总辐射量）空间平均值；a_i^j、b_i^j、e_i^j 为第 i 个区域上的第 j 种植被类型回归方程的待定系数。若单个气象因子与 NPP 具有显著的相关关系，为了减少各气象因子内部的交叉影响，本研究直接利用该单个气象因子与 NPP 进行一元线性回归分析。

8.2.3　气象要素与人类活动对 NPP 贡献的分离方法

黑河流域属于干旱、半干旱地区，年度植被 NPP 主要由气候条件与人类活动强度所决定。利用气候条件和 NPP 之间的显著回归关系模型，可以分离出 NPP 中气候因素的贡献部分。在不考虑其他非决定性因素情况下，基于 CASA 模型估算的 NPP"真实值"与基于气象要素回归模型"模拟值"之间的残差，即为人类活动所贡献的部分，计算公式如式(8-4)所示。依照 1998 ~ 2001 年（大规模调水、生态保护工程之前）上、中、下游不同植被类型 NPP 与气象要素的线性回归关系模型，利用 2002 ~ 2007 年上、中、下游不同植被类型的气象要素作为输入参数，模拟在实施调水与生态保护工程之后各年度 NPP 值，然后以上、中、下游内的不同植被类型为统计单元，计算每年的 NPP"真实值"与 NPP"模拟值"之间的残差 σ，用以衡量 2002 ~ 2007 年人类活动对黑河流域植被 NPP 的影响，若 σ 为正值表示人类活动对植被 NPP 产生了正影响，植被的自身生产能力得到了加强，植被固碳能力增强，促进了整个生态系统健康发展；反之则认为人类活动对植被的生产能力产生了负的影响，加剧了植被固碳能力的退化程度。残差与 NPP"真实值"的比值即为人类活动对植被 NPP 的贡献率 c_i^j。

$$\sigma_i^j = P_{NP_i}^j - P_{NP_i}^{j'} \tag{8-4}$$

$$c_i^j = \sigma_i^j / P_{NP_i}^j \tag{8-5}$$

式中：σ_i^j 为第 i 个区域上的第 j 种植被类型 NPP 实际值与模拟值的残差；$P_{NP_i}^j$代表第 i 个区域上的第 j 种植被类型由 CASA 模型估算得到的 NPP 值；$P_{NP_i}^{j'}$代表第 i 个区域上的第 j 种植被类型由气象因子回归模拟的 NPP 值；c_i^j 为第 i 个区域上的第 j 种植被类型人类活动对 NPP 的贡献率。

8.3　1998 ~ 2007 年黑河流域植被 NPP 遥感估算

本研究首先对 CASA 模型估算的 1998 ~ 2007 年的 10 年 NPP 进行了平均（见图 8-3），并参照 MICLCover 土地覆盖数据，对整个流域内不同土地覆盖类型的 NPP 空间平均值、最大值、最小值、标准差进行了统计，统计结果如表 8-2 所示。从表 8-2 中可以看出，农田覆盖区域的 NPP 平均值最大（281.732 gC/(m^2 · a)），主要分布在中游绿洲的灌溉区；湿地与草地的 NPP 平均值次之，主要分布于上游地带；城镇的 NPP 平均值比森林、灌木的大，但城镇的 NPP 最大值小于森林、灌木的最大值，这可能是因为黑河流域内的森林、灌木分布较为稀疏，在 1 km 尺度下的森林、灌木像元包括了其他地类成分，如裸地、草地等，而城镇多分布在农田周围，在 1 km 尺度下的城镇像元主要包括了农田植被类型。

草地的 NPP 平均值为 204.25 gC/(m^2·a)，主要分布于上游地区。裸地与稀疏植被的 NPP 平均值最小，其大部分区域分布于下游地带。从各土地覆盖类型的标准差统计结果可以看出，所有土地覆盖类型的 NPP 标准差均偏大，这主要是因为黑河流域的上、中、下游的水热条件梯度差距较大，植被生长条件也有显著差异，导致同一种植被类型在上、中、下游的 NPP 差异较大。分别将黑河全流域与上、中、下游植被区域 NPP 进行统计，如表 8-2 所示，黑河全流域的年平均 NPP 为 76.657 gC/(m^2·a)，黑河流域年平均 NPP 总量为 10.97 TgC（1 Tg = 10^{12} g）。上、中、下游 NPP 平均值呈现：上游 > 中游 > 下游。

图 8-3　黑河流域多年平均 NPP 空间分布图

表 8-2　黑河上、中、下游与全流域不同土地覆盖类型多年平均 NPP 统计结果　（单位：gC/(m^2·a)）

土地覆盖类型	平均值	最小值	最大值	标准差
森林	192.76	17.606 8	1 121.15	140.886
灌木	179.196	1.190 31	529.327	113.404
草地	204.25	1.241 2	622.136	134.49
湿地	252.898	1.593 1	479.391	118.138
农田	281.732	12.494 2	557.243	108.281
城镇	223.976	5.876 49	508.799	134.776
裸地与稀疏植被	32.452 1	0.900 26	490.752	37.978 4
上游	201.036	0.718	929.625	134.818
中游	97.294	1.545	1 121.15	113.69
下游	24.167	1.543	241.249	13.175
全流域	76.657	0.718	1 121.15	107.136

8.4　1998 ~ 2007 年黑河流域植被 NPP 时空变化特征

为了反映研究区内每个植被像素点的 NPP 变化趋势,对 1998 ~ 2007 年的 NPP 进行一元线性回归。若斜率 >0,则 NPP 增加;若斜率 <0,则 NPP 减小。斜率的绝对值越大,表示 NPP 变化量越大。同时利用 *F* 检验法对回归方程进行显著性检验,确定其显著性水平类别。综合斜率与显著性水平,得到了研究区 1998 ~ 2007 年 NPP 的年际变化趋势空间分布图,如图 8-4 所示。显著增加与极显著增加区域主要分布在上游湿地、中游草地区域(肃南、山丹)、中游金塔地区、酒泉地区以及下游河道附近的森林、灌木植被区;显著减少与极显著减少区域分布较少;非显著增加/减少区域广泛分布在上、中、下游,由此可以看出在 1 km 像元尺度上 1998 ~ 2007 年的 NPP 总体变化趋势并不明显。

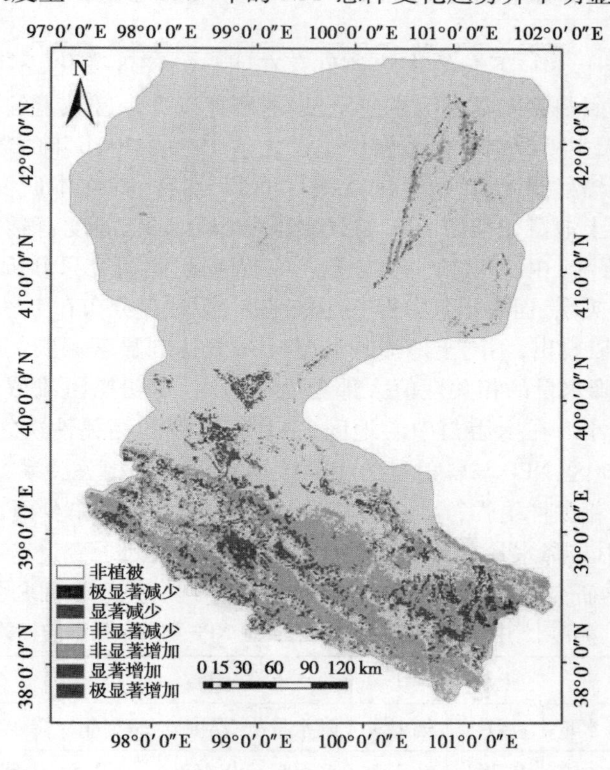

图 8-4　研究区 1998 ~ 2007 年 NPP 变化趋势及其显著性水平

为了进一步分析黑河流域植被区域 NPP 总体变化情况,本研究结合黑河流域土地覆盖类型分类图,计算了 1998 ~ 2007 年黑河流域的所有植被类型(森林、灌木、草地、湿地、农田)平均 NPP,如图 8-5 所示,从 1998 ~ 2001 年间黑河流域植被 NPP 处于显著下降趋势,而 2001 ~ 2007 年间黑河流域植被类型 NPP 处于显著上升趋势,2001 年成为这 10 年间 NPP 趋势变化的转折点,这与黑河流域进行调水与生态建设工程的实施时间点吻合,同时也有力证明了调水与生态保护工程对黑河流域的整体生态系统改善做出了极大的贡献。而整个 1998 ~ 2007 年间的 NPP 变化并不显著,这也在一定程度上解释了图 8-4 中存在大量的非显著增加/减少像素。

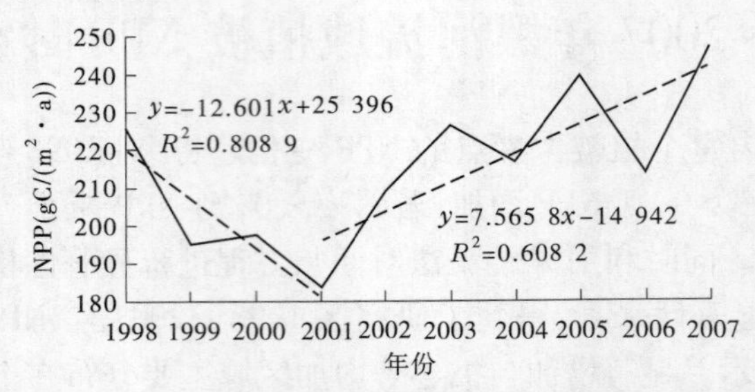

图 8-5　1998 ~ 2007 年研究区植被覆盖区域 NPP 平均值变化趋势

8.5　不同土地覆盖类型 NPP 与气象要素的相关性分析

由于黑河流域上、中、下游的水热条件存在明显的梯度变化，不同梯度区域的植被 NPP 与气象要素的回归关系具有明显差异，故本研究以 3 个区域上的不同土地覆盖类型为基本单元，采用大规模调水与生态保护建设之前 1998 ~ 2001 年的数据，分别将年降水量、年平均温度、年辐射量和年 NPP 进行线性回归分析。首先本研究对 1998 ~ 2001 年上、中、下游内不同土地覆盖类型 NPP 与气象因子（降水量、温度、辐射量）进行两两相关性分析，如表 8-3 所示。由于城镇主要分布在中游地区，本研究只分析了中游地区的城镇 NPP 与气象因子的关系，而农田仅分布在中游地区，湿地仅分布在上、中游地区。

从表 8-3 中可以看出，不同土地覆盖类型与 NPP 达到显著回归关系的气象因子均是降水量，且 NPP 与降水量的相关性值大部分处于最高，说明黑河流域植被生长很大程度上取决于降水量大小。在上游与中游地区，NPP 与温度的相关性次之，且呈现正相关关系，而中游与下游地区，NPP 与辐射量的相关性均呈现出负相关关系，尤其是下游地区的 NPP 与辐射量的负相关性更强，这主要是因为下游地区常年干旱少雨，植被生长主要受到降水的影响，而辐射与降水量呈负相关关系。若单个气象因子变量与 NPP 达到显著回归关系（$P<0.01$），本研究则直接利用该变量对 NPP 进行一元线性回归分析；对于单个气象

表 8-3　黑河上、中、下游不同土地覆盖类型 NPP 与气象因子的相关系数表

植被类型	上游			中游			下游		
	降水量	温度	辐射量	降水量	温度	辐射量	降水量	温度	辐射量
森林	0.695*	0.388	0.237	0.608	0.462	-0.025	0.688	-0.061	-0.316
灌木	0.690*	0.385	0.227	0.587	0.367	-0.018	0.592	-0.030	-0.358
草地	0.692*	0.243	0.014	0.633	0.371	-0.012	0.447	0.005	-0.575
湿地	0.693*	0.165	0.239	0.077	0.320	-0.428	—	—	—
农田	—	—	—	0.652*	0.307	-0.021	—	—	—
城镇	—	—	—	0.637	0.332	-0.047	—	—	—
裸地与稀疏植被	0.472	0.107	0.002	0.599	0.374	-0.544	0.653*	0.070	-0.690

注：通过 $P<0.01$ 水平的显著性 F - 检验。

因子变量与 NPP 没有达到显著回归关系的情况，则选取与 NPP 相关性最高和第二高的气象因子变量与 NPP 进行多元线性回归分析，从而建立上、中、下游内不同土地覆盖类型 NPP 一元/多元回归模型。对建立的所有多元回归模型进行显著性 F - 检验，均通过 $P <$ 0.01 显著水平。

8.6　人类活动对 NPP 的影响分析

基于 1998～2001 年数据建立的上、中、下游内不同土地覆盖类型 NPP 与气象因子的一元/多元回归模型，将大规模调水与生态工程建设之后的 2002～2007 年间气象要素数据代入 NPP 回归模型，计算得到 2002～2007 年仅受气象条件影响的 NPP。利用 CASA 模型估算的 NPP“实际值”与气象因子回归模型计算的 NPP“模拟值”之间的残差来衡量调水与生态建设工程对黑河流域上、中、下游地区不同土地覆盖类型的影响，计算结果如图 8-6(a)所示。结果表明，2002～2007 年间黑河上、中、下游流域所有植被类型的 NPP 残差均大于 0，表示调水与生态建设工程对流域植被生长与生态改善产生了正影响，对于上游地区植被的影响主要来自 2000 年后实施的生态建设试验示范项目，对于中、下游地区植被的影响主要来自于 2000 年后实施的黑河调水计划与相关治理工程。从图 8-6(a)中可以看出，NPP 残差在黑河流域中、上、下游呈梯度分布，中游地区的 NPP 残差最大，表明人类活动对中游地区的影响最大，其中对中游大部分植被类型的影响超过了 30 gC/(m^2 · a)；上游地区的 NPP 残差处于第二梯度，残差主要分布在 5～20 gC/(m^2 · a)；下游地区的 NPP 残差最小，均小于 2 gC/(m^2 · a)，大规模的生态工程虽改善了下游的植被覆盖条件，但主要改善区域多集中在河岸缓冲区内，对于大范围的荒漠植被来讲，其本身对碳的固定能力很小，导致下游地区的 NPP 残差最小。

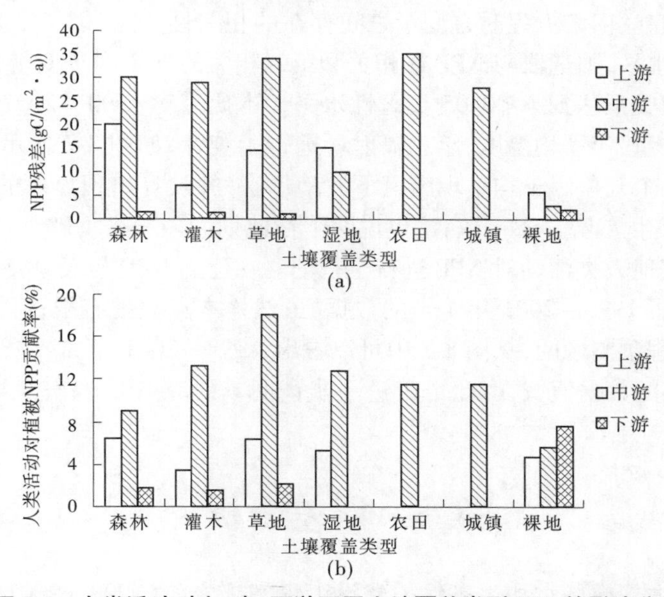

图 8-6　人类活动对上、中、下游不同土地覆盖类型 NPP 的影响分析

为了分析调水与生态建设工程对上、中、下游不同植被类型的影响力大小，本研究将分离出的 NPP 残差值与 CASA 模型估算的 NPP“实际值”相除，计算出调水与生态建设工程对实际 NPP 的贡献率大小，如图 8-6(b)所示。除裸地与稀疏植被类型外，调水对中游各植被类型 NPP 的贡献率最大，平均值为 11.5%，其中对中游草地 NPP 的贡献率最大，达到了 18%。对上游的植被类型 NPP 的贡献率分布在 4% ~ 6% 区间内，平均值为 5.29%。对下游的植被类型 NPP 的贡献率分布在 1.5% ~ 7% 区间内，平均值为 3.23%，其中下游的裸地与稀疏植被类型受到调水的正面影响要大于上游、中游。从上、中、下游整体格局来看，调水与生态建设工程对植被 NPP 的贡献率呈现中游 > 上游 > 下游。

8.7 NPP 与气象要素回归模型适用性分析

本研究以黑河流域上、中、下游不同土地覆盖类型的统计平均值为基本尺度，对 NPP 与气象要素的回归关系进行了探讨。对上、中、下游的分离有利于探讨在不同水热梯度条件下的同一土地覆盖类型 NPP 与气象因子相关性的差异，并且以某一土地覆盖类型平均值为基本尺度可以去除同一土地覆盖类型中不同像元空间差异对 NPP 与气象因子线性回归关系的影响。通过反复试验，上、中、下游不同土地覆盖类型 NPP 平均值与气象因子平均值之间可以建立显著的回归关系，并基于建立的回归关系，对 NPP 残差和人类活动贡献率进行计算。

本研究基于 1998 ~ 2001 年上、中、下游植被 NPP 与气象要素数据建立的一元/多元回归模型对 2002 ~ 2007 年的植被 NPP 进行模拟。在建立 NPP 与气象要素线性回归方程过程中，若单因子变量一元回归关系已达到 $P < 0.05$ 显著性水平，说明 NPP 与气象因子之间回归关系具有显著的统计学意义，则直接利用该一元线性方程对 NPP 进行模拟，其目的主要是减少建立回归方程时自变量之间存在的相关性；若单因子变量一元回归关系没有达到显著性水平，则选取与 NPP 最相关和第二相关的气象因子变量来建立多元回归方程，使得该回归关系达到 $P < 0.05$ 显著性水平。本研究对 1998 ~ 2007 年黑河上游、中游、下游的年降水量、年平均温度、年总辐射量进行了统计，如图 8-7 所示，1998 ~ 2007 年整个 10 年期间 3 个气象因子均呈现出上下波动形态，并没有出现显著的变化趋势，这与图 8-5中 NPP 的变化趋势并不一致，这也说明了在此期间内植被 NPP 并不完全取决于气象因子的驱动，其他人类活动对 NPP 进行了扰动。在建立 NPP 与气象要素统计回归关系的过程中只用到了 1998 ~ 2001 年 4 年的数据，虽然样本点数据有限，但样本点数据范围基本涵盖回归方程预测区间，从图 8-7 中可以看出，1998 ~ 2001 年的数据值域基本大于等于 2002 ~ 2007 年的数据值域，由此可以进一步证明本研究 NPP 与气象要素回归模型的适用性。

8.8 误差分析

本研究利用大规模调水和生态保护建设工程实施之前(1998 ~ 2001 年)的数据建立 NPP 与气象因子之间的回归关系，该回归关系是建立在一个基本假设之上：2001 年以前

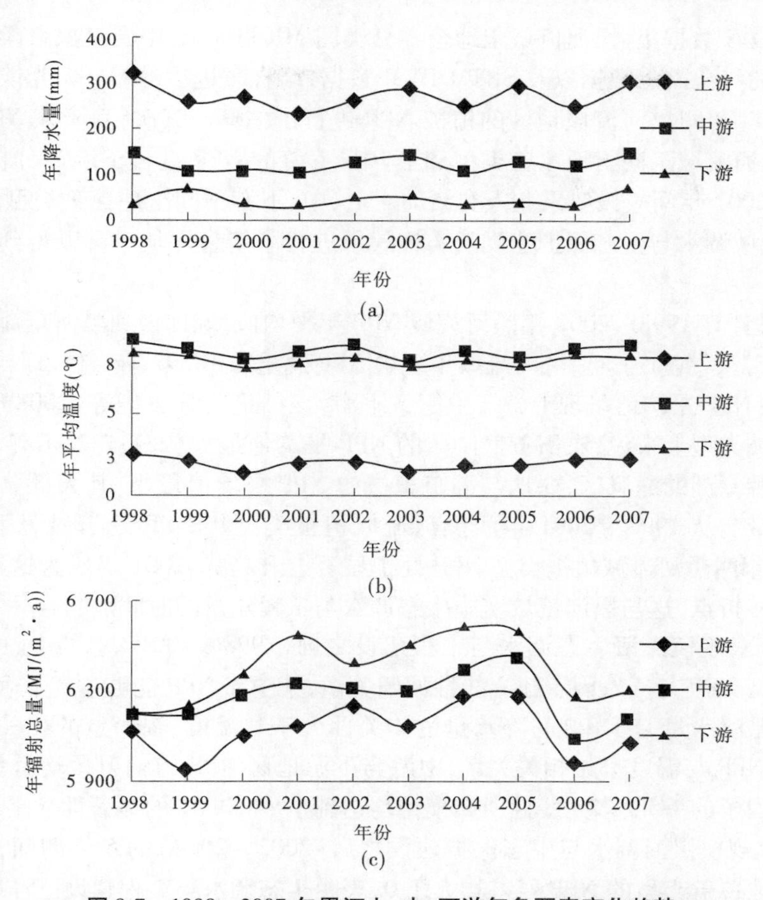

图 8-7　1998 ~ 2007 年黑河上、中、下游气象要素变化趋势

研究区的植被系统、气候因子之间存在一种平衡，植被生长完全由气候因子驱动，没有受到任何人类活动的扰动影响。但这一假设在现实中并不存在，基于这个假设的 NPP 与气象因子之间的统计回归关系也必然带有少部分人类活动的影响。在 NPP 与气象因子建立的统计回归方程中，NPP 是利用 CASA 光能利用率模型估算而来的，必然存在一定的误差，气象因子也是利用插值方法计算得到的，也会有一定的误差存在，自变量与因变量的自身误差必然给统计回归方程带来误差累积效应。尺度问题也是影响本研究结果的一个重要因素，本研究使用的是 1 km 尺度的数据进行计算分析，对于植被茂密、地表均一的地区来说影响不大，但对于黑河流域地表覆盖类型分布情况来说，1 km 尺度并不能完全有效表征黑河流域的地表覆盖异质性水平，尤其对于植被覆盖稀疏的下游地区，几乎每个像元都是多种地类的混合像元，这也可能是导致下游地区 NPP 残差与人类活动贡献率值偏低的原因。

8.9　研究总结

本研究利用寒区旱区科学数据中心发布的 1998 ~ 2007 年黑河流域长时间序列 SPOT

Vegetation NDVI 数据集、黑河流域土地覆盖分类图 MICLCover，中国气象科学数据共享服务网并发布的气象站点数据以及 SRTM DEM 数据，结合改进后的 CASA 光能利用率模型对 1998～2007 年间黑河流域地区的植被 NPP 进行了估算。其次，基于该 NPP 时间序列数据集，对黑河流域不同土地覆盖类型和上、中、下游的 NPP 进行了统计分析，最后通过分离 2002～2007 年间气候要素和人类活动对上、中、下游不同土地覆盖类型 NPP 的贡献率，对黑河流域调水与生态保护建设的实施效果进行了定量评估。可以得到以下初步结论：

（1）通过计算 1998～2007 年黑河流域 NPP 年平均值，统计得到黑河全流域的年平均 NPP 为 76.657 gC/(m^2·a)，黑河流域年平均 NPP 总量为 10.97 TgC（1 Tg = 10^{12} g），上、中、下游地区 NPP 平均值呈现上游 > 中游 > 下游，该结论与陈正华等（2008）的研究结论一致。从植被类型上来说，农田覆盖区域的 NPP 平均值最大（281.732 gC/(m^2·a)），主要分布在中游绿洲的灌溉区，裸地与稀疏植被的 NPP 平均值最小，其大部分区域分布于下游荒漠地带。从 1998～2001 年间黑河流域植被类型年 NPP 处于显著下降趋势，而 2001～2007 年间黑河流域植被类型 NPP 处于显著上升趋势，2001 年成为这 10 年间 NPP 趋势变化的转折点，这与黑河流域实施生态调水与工程建设的时间点吻合。

（2）基于大规模黑河生态调水与工程建设之前（1998～2001 年）的上、中、下游不同土地覆盖类型 NPP 与气象因子建立线性回归关系，其中与 NPP 能够达到显著回归关系的气象因子均是降水量，且 NPP 与降水量的相关性大于与温度、辐射量的相关性。在上游与中游地区 NPP 与温度呈正相关关系，中游与下游地区 NPP 与辐射量均呈负相关关系。NPP 与气象因子的一元/多元线性回归模型均达到了 $P<0.01$ 的显著性水平。

（3）在大规模黑河调水与生态保护建设之后（2002～2007）的 5 年期间，黑河上、中、下游所有土地覆盖类型的 NPP 残差均大于 0，表明生态调水与工程建设已经取得成效，促进了黑河流域生态环境的改善。其中，NPP 残差在黑河流域中、上、下游呈梯度分布，中游地区的 NPP 残差最大，其中对中游大部分植被类型的影响超过了 30 gC/(m^2·a)；上游地区的 NPP 残差处于第二梯度，残差主要分布在 5～20 gC/(m^2·a)；下游地区的 NPP 残差最小，均小于 2 gC/(m^2·a)。从上、中、下游整体格局来看，调水与生态建设工程对植被 NPP 的贡献率呈现中游 > 上游 > 下游。对中游 NPP 的贡献率最大，平均值为 11.5%，其中对中游草地 NPP 的贡献率最大，达到了 18%。对上游 NPP 的贡献率分布在 4%～6% 区间内，平均值为 5.29%；对下游 NPP 的贡献率在 1.5%～7% 区间内，平均值为 3.23%。

参考文献

[1] Aldakheel Y Y, Danson F M. Spectral reflectance of dehydrating leaves: measurements and modeling[J]. International Journal of Remote Sensing, 1997,18(17): 3683-3690.

[2] Allen W A, Gausman H W, Richardson A J, et al. Interaction of isotropic light with a compact leaf[J]. International Journal of Remote Sensing, 1968, 59(10): 1376-1379.

[3] Allen W A, Gausman H W, Richardson A J. Mean effective optical constants of cotton leaves[J]. International Journal of Remote Sensing, 1970,60(4): 542-547.

[4] Allen W A. Transmission of isotropic light across a dielectric surface in two and three dimensions[J]. Remote Sensing Application, 1973, 63(6): 664-667.

[5] Aranha J T, Viana H F, Rodrigues R. Vegetation classification and quantification by satellite image processing. A case study in north Portugal[C]. International Conference and Exhibition on Bioenergy, 2008: 7.

[6] Arino O, Gross D, Ranera F, et al. GlobCover: ESA service for global land cover from MERIS. Geoscience and Remote Sensing Symposium[J]. IEEE International, 2007,9 (2): 2412-2415.

[7] Avers C J. Aerobic respiration[M]. Addison Wesley: Molecular Cell Biology,1985.

[8] Baccini A, Goetz S J, Walker W S, et al. Estimated carbon dioxide emissions from tropical deforestation improved by carbon-density maps[J]. Nature Climate Change,2012,2(3): 182-185.

[9] Baccini A, Laporte N, Goetz S J, et al. A first map of tropical Africa's above – ground biomass derived from satellite imagery[J]. Environmental Research Letters,2008,3(4): 11-45.

[10] Badhwar G. Classification of corn and soybeans using multitemporal thematic mapper data[J]. Remote Sensing of Environment, 1984,16(2): 175-181.

[11] Baret F, Guyot G, Major D. TSAVI: a vegetation index which minimizes soil brightness effects on LAI and APAR estimation[J]. International Geoscience and Remote Sensing Symposium,1989:1355-1358.

[12] Baret F, Guyot G. Potentials and limits of vegetation indices for LAI and APAR assessment[J]. Remote Sens Environ,1991, 35:161-173.

[13] Barry D G, Johnsonb L F, Philip D. LEAFMOD: a new within – leaf radiative transfer model[J]. Remote Sensing of Environment, 1998,63(2): 182-193.

[14] Bartholomé E, Belward A. GLC2000: a new approach to global land cover mapping from Earth observation data[J]. International Journal of Remote Sensing, 2005, 26(9): 1959-1977.

[15] Bastin G. Arid zone allometry and spatial extrapolation with remote sensing[J]. Range Management Newsletter,2014(3): 9-16.

[16] Bazzaz F A , Fajer E D. Plant life in a CO_2-rich world[J]. Scientific American, 1992,266(1): 68-74.

[17] Berrien III M , Braswell B H J. Earth metabolism: understanding carbon cycling, 1994,23(2): 4-12.

[18] Berry J A, Downton J S. Environmental regulation of photosynthesis[M]. New York: Academic Press, 1982: 263-343.

[19] Björkman O. Responses to different quantum flux densities[J]. Encyclopedia of Plant Physiology, 1981, 12A: 57-107.

[20] Borel C C, Gerstl W, Powers B J. The radiosity method in optical remote sensing of structure 3-D

surfaces[J]. Remote Sensing of Environment, 1991,36(1): 13-44.

[21] Borel C C, Gerstl W, Siegfried A. Nonlinear spectral mixing models for vegetative and soil surfaces[J]. Remote Sensing of Environment, 1994,47(3): 403-416.

[22] Boyd D S, Foody G M, Ripple W J. Evaluation of approaches for forest cover estimation in the Pacific Northwest, USA: using remote sensing[J]. Applied Geography, 2002,22:375-392.

[23] Brakke T W, Smith J A. A ray tracing model for leaf bi-directional scattering studies[M]. International Geoscience and Remote Sensing Symposium, 1987: 643-648.

[24] Brandt J S, Kuemmerle T, Li H, et al. Using Landsat imagery to map forest change in southwest China in response to the national logging ban and ecotourism development[J]. Remote Sensing of Environment, 2012,121:358-369.

[25] Brogea N H, Leblancb E. Comparing prediction power and stability of broadband and hyperspectral vegetation indices for estimation of green leaf area index and canopy chlorophyll density[J]. Remote Sensing of Environment, 2001,76(2): 156-172.

[26] Buiteveld H, Hakvoort J M H, Donze M. The optical properties of pure water[J]. The International Society for Optical Engineering, 1994,2258: 174-183.

[27] Bunkei M, Masyuki T. Integrating remotely sensed data with an ecosystem model to estimate net primary productivity in East Asia[J]. Remote Sensing of Enviroment, 2002,81:58-66.

[28] Caccetta P A, Furby S, Wallace J, et al. Long－Term monitoring of the Australian land cover change using Landsat data: development, implementation and operation in Global Forest Monitoring from Earth Observation[M]. Achard and Hansen: CRC press, 2013.

[29] Caccetta P, Furby S, O'Connell J, et al. Continental monitoring: 34 years of land cover change using Landsat imagery[R]. in 32nd International symposium on remote sensing of environment. Citeseer. 2007.

[30] Canty M J, Nielsen A A. Automatic radiometric normalization of multitemporal satellite imagery with the iteratively re-weighted MAD transformation[J]. Remote Sensing of Environment, 2008, 112(3): 1025-1036.

[31] Cao, S. Why large-scale afforestation efforts in China have failed to solve the desertification problem[J]. Environmental science & technology, 2008,42(6): 1826-1831.

[32] Cao S, Wang G, Chen L. Questionable value of planting thirsty trees in dry regions[J]. Nature, 2010, 465(7294): 31-31.

[33] Catlow D, Parsell R, Wyatt B. The integrated use of digital cartographic data and remotely sensed imagery[R]. in ESA EARSeL/ESA Symp. on Integrative Approaches in Remote Sensing p 41-46(SEE N 85-14202 05-43), 1984.

[34] Chander G, Markham B L, Helder D L. Summary of current radiometric calibration coefficients for Landsat MSS、TM、ETM+ and EO-1 ALI sensors[J]. Remote Sensing of Environment, 2009,113: 893-903.

[35] Chang C I, Plaza A. A fast iterative algorithm for implementation of pixel purity index[J]. Geoscience and Remote Sensing Letters, IEEE, 2006,3(1): 63-67.

[36] Chapin Iii F S, Zavaleta E S, Eviner V T, et al. Consequences of changing biodiversity[J]. Nature, 2000,405: 234-242.

[37] Chen J M, Cihlar J. Retrieving leaf area indexes of boreal conifer forests using Lantsat TM images[J]. Remote Sensing of Environment, 1996,55:153-162.

[38] Chen J M, Cihlar, J. Plant Canopy Gap Size Analysis Theory for Improving Optical Measurements of Leaf

Area Index of Plant Canopies[J]. Applied Optics, 1995,34(27): 6211-6222.

[39] Chen Q,Baldocchi D,Gong P,et al. Isolating individual trees in a savanna woodland using small footprint lidar data[J]. Photogrammetric Engineering & Remote Sensing,2006,72(8): 923-932.

[40] Cheng G,Li X,Zhao W,et al. Integrated study of the water-ecosystem-economy in the Heihe River Basin [J]. National Science Review,2014,1(3): 413-428.

[41] Choudhury B J, Ahmed N U, Idso S B, et al. Relations between evaporation coefficients and vegetation indices studied by model simulations[J]. Remote Sensing of Environment, 1994,50: 1-17.

[42] Churkina G, Running S W. Contrasting climate controls on the estimated productivity of global terrestrial biomes[J]. Ecosystems, 1998(1):206-215.

[43] Clark R N, Roush T L. Reflectance spectroscopy: quantitative analysis techniques for remote sensing application[J]. Journal of Geophysical Research, 1984,89(B7): 6329-6340.

[44] Cohen W B, Maiersperger T K , Gower S T ,et al. An improved strategy for regression of biophysical variables and Landsat ETM + data[J]. Remote Sensing of Environment, 2003,84:561-571.

[45] Collings S,Caccetta P,Campbell N,et al. Techniques for BRDF correction of hyperspectral mosaics[J]. Geoscience and Remote Sensing,IEEE Transactions on,2010,48(10): 3733-3746.

[46] Collins J N,Hutley L B,Williams R J,et al. Estimating landscape-scale vegetation carbon stocks using airborne multi-frequency polarimetric synthetic aperture radar (SAR) in the savannahs of north Australia[J]. International Journal of Remote Sensing,2009,30(5): 1141-1159.

[47] Conel J E, Bosch J, Grove C I. Application of a two-stream radiative transfer model for leaf lignin and cellulose concentrations from spectral reflectance measurements[J]. IEEE transaction on Geoscience and Remote Sensing, 1993, 36(2): 493-505.

[48] Cronin N L R. The potential of airborne polarimetric synthetic aperture radar data for quantifying and mapping the biomass and structural diversity of woodlands in semi-arid Australia[D]. The University of New South Wales,2004.

[49] Curcio J A, Petty C C. Extinction coefficients for pure liquid water[J]. Remote Sensing Application, 1951,41: 302-304.

[50] Curran P J ,Williamson H D. Sample size for ground and remotely sensed data[J]. Remote Sensing of Environment, 1986,20:31-41.

[51] Curran P J, Dungan J L, Peterson D L. Estimating the foliar biochemical concentration of leaves with reflectance spectrometry: testing the kokaly and clark methodologies[J]. Remote Sensing of Environment, 2001,35:69-75.

[52] Curran P J. Remote sensing of foliar chemistry[J]. Remote Sensing of Environment, 1989, 30(3):271-278.

[53] Curran P J, Dungan J L, Gholz H L. Seasonal LAI in slash pine estimated with Landsat TM[J]. Remote Sensing of Environment, 1992, 39(1): 3-13.

[54] D Zheng J ,Rademacher ,et al. Estimating aboveground biomass using Landsat 7 ETM + data across amanaged landscape in northern Wisconsin[J]. USA:Remote Sensing of Environment, 2004, 93(3): 402-411.

[55] Dai A G . Fung I Y. Can climate variability contribute to the missing CO_2 sink[J]. Global biogeochemical cycles, 1993,7(3): 599-609.

[56] Datt B. A new reflectance index for remote sensing of chlorophyll content in higher plants: tests using eucalyptus leaves[J]. Journal of Plant Physiology, 1999,154: 30-36.

[57] Davis J C, Sampson R J. Statistics and data analysis in geology [J]. Wiley New York ,1986: 646(4): 238-244.

[58] De Jong S M, Pebesma E J, Lacaze B. Aboveground biomass assessment of Mediterranean forests using airborne imaging spectrometry: the DAIS Peyne experiment[J]. International Journal of Remote Sensing, 2003, 24(7): 1505-1520.

[59] Defries R S, Bounoua L, Collatz G J. Human modification of the landscape and surface climate in the next fifty years[J]. Global Change Biology, 2002, 8(5): 438-458.

[60] Del Grosso S, Parton W, Stohlgren T, et al. Global potential net primary production predicted from vegetation class, precipitation, and temperature[J]. Ecology, 2008,89(8):2117-2126.

[61] Demetrialdes-shad T H, steven M D, clark J A. High resolution derivative spectra in remote sensing[J]. Remote Sensing of Environment, 1990,33(1): 55-64.

[62] Demmig A B, Adams W. The role of xanthophylls cycle carotenoids in the protection of photosynthesis [J]. Trends in Plant Science,1996,1(1): 21-26.

[63] Derenyi E. A small crop information system[J]. Proceedings of Remote Sensing for Natural Resources, Moscow, Idaho, 10-14 September, 1979: 78-87.

[64] Donmez C, Berberoglu S, Curran P J. Modelling the current and future spatial distribution of NPP in a Mediterranean watershed[J]. International Journal of Applied Earth Observation and Geoinformation, 2011,13(3): 336-345.

[65] Dougherty E R, Lotufo R A. The International Society for Optical Engineering SPIE. Hands-on morphological image processing[M]. Bellingham: SPIE Press,2003.

[66] Drolet G G, Middleton E M, Huemmrich K F, et al. Regional mapping of gross light-use efficiency using MODIS spectral indices[J]. Remote Sensing of Environment , 2008 , 112(6):3064-3078.

[67] Duan H, Yan C, Tsunekawa A, et al. Assessing vegetation dynamics in the Three-North Shelter Forest region of China using AVHRR NDVI data[J]. Environmental Earth Sciences, 2011,64: 1011-1020.

[68] Ehleringer J R, Björkman O. Quantum yields for CO_2 uptake in C3 and C4 plants[J]. Plant Physiol, 1977,59(1): 86-90.

[69] Eisfelder C,Kuenzer C,Dech S. Derivation of biomass information for semi-arid areas using remote-sensing data[J]. International Journal of Remote Sensing,2012,33(9): 2937-2984.

[70] Electrical I O, Engineers E, Xplore I. IPCC 2003: The Shape of Knowledge[R]. IEEE International Professional Communication Conference: Orlando, Florida, September 21-24, 2003.

[71] España M L , Baret F, Aries F, et al. Modeling maize canopy 3D architecture application to reflectance simulation[J]. Ecological Modeling, 1999,122(1-2): 25-43.

[72] Evans J, Geerken R. Discrimination between climate and human-induced dryland degradation [J]. Journal of Arid Environments, 2004,57(4) :535-554.

[73] Farrand W H, Singer R B, Merenyi E. Retrieval of Apparent Surface Reflectance from Aviris Data a Comparison of Empirical Line, Radiative Transfer, and Spectral Mixture Methods[J]. Remote Sensing of Environment, 1994,47: 311-321.

[74] Fensham R J,Fairfax R J,Holman J E,et al. Quantitative assessment of vegetation structural attributes from aerial photography[J]. International Journal of Remote Sensing,2002,23(11): 2293-2317.

[75] Foley J A, DeFries R, et al. Global Consequences of Land Use[J]. Science, 2005,309:570-574.

[76] Franklin J,Hiernaux P H Y. Estimating foliage and woody biomass in Sahelian and Sudanian woodlands using a remote sensing model[J]. International Journal of Remote Sensing,1991,12(6): 1387-1404.

[77] Friedl M, McIver D, Hodges J, et al. Global land cover mapping from MODIS: algorithms and early results[J]. Remote Sensing of Environment, 2002,83(1): 287-302.

[78] Friedlingstein P, Houghton R A, Marland G, et al. Update on CO_2 emissions[J]. Nature Geoscience, 2010,3(12): 811-812.

[79] Fukshansky L. Photon transport in leaf tissue: applications in plant physiology[M]. Springer Berlin Heidelberg, 1991: 253-302.

[80] Gamon J, Penuelas J, Field J. A narrow-waveband spectral index that tracks diurnal changes in photosynthetic efficiency[J]. Remote Sensing of Environment, 1992,41: 35-44.

[81] Gao B C. NDWI2A normalized difference water index for remote sensing of vegetation liquid water from space[J]. Remote Sensing of Environment , 1996,58(3): 257-266.

[82] Gaveau D L A, Hill R A. Quantifying canopy height underestimation by laser pulse penetration in small-footprint airborne laser scanning data[J]. Canadian Journal of Remote Sensing,2003,29(5): 650-657.

[83] Gibbs H K, et al. Monitoring and estimating tropical forest carbon stocks: making REDD a reality[J]. Environmental Research Letters, 2007, 2(4): 1-13.

[84] Gitelson A A, Kaufman Y J, Stark R, et al. Novel algorithms for remote estimation of vegetation fraction [J]. Remote Sensing of Environment, 2002,80(1): 76-87.

[85] Gladimir V, Baranoski G, Rokne J G. An algorithmic reflectance and transmittance model for plant tissue [J]. Computer Graphics Forum, 1997,16(3): 141-150.

[86] Goel N S, Rozehnal I, Richard L, et al. A computer graphics based model for scattering from objects of arbitrary shapes in the optical region[J]. Remote Sensing of Environment, 1991, 36(2): 73-104.

[87] Goel Narendra S, Qin Wenhan. Influences of canopy architecture on relationships between various vegetation indices and LAI and FPAR: a computer simulation[J]. Remote Sensing Reviews, 1994,10 (4): 309-347.

[88] Goetz S J, Prince S D, Goward S N, et al. Satellite remote sensing of primary production: an improved production efficiency modeling approach[J]. Ecological Modelling, 1999, 122:239-255.

[89] Goetz S J, Prince S D. Modeling terrestrial carbon exchange and storage: evidence and implications of fuctional convergence in light use efficiency[J]. Advances in Ecological Research, 1999, 28:57-92.

[90] Goetz S J, Prince S D. Variability in carbon exchange and light utilization among boreal forest stands: implications for remote sensing of net primary production[J]. Canadian Journal of Forest Research, 1998, 28(3):275-389.

[91] Govaerts Y M, Germany E D, Verstraete M M. Raytran: a Monte Carlo Ray-Tracing model to compute light scattering in three-dimensional heterogeneous media[J]. IEEE Transactions on Geosciences and Remote Sensing, 1998,36(2): 493-505.

[92] Govaerts Y M, Jacquemoud S, Verstraete M M. Three-dimensional radiation transfer modeling in a dicotyledon leaf[J]. Remote Sensing Application, 1996,35(33): 6585-6598.

[93] Goward S N, Williams D L. Landsat and earthsystems science: development of terrestrial monitoring[J]. Photogrammetric Engineering and Remote Sensing, 1997, 63:887-900.

[94] Goward S N, Masek J G, et al. Forest Disturbance and North American Carbon Flux[J]. Eos Trans. AGU, 2008,89: 105-116.

[95] Graetz R D, Pech R R, Davis A W. The assessment and monitoring of sparsely vegetated rangelands using calibrated Landsat data[J]. International Journal of Remote Sensing, 1988, 9:1201-1222.

[96] Green A A, Berman M, Switzer P, et al. A transformation for ordering mutispecral data in terms of image quality with implications for noise removal[J]. IEEE Transactions on Geoscience and Remote Sensing, 1988, 26 (1): 65-74.

[97] Greet J,马明国. 中国地区长时间序列 SPOT_Vegetation 植被指数数据集[Z]. 2006.

[98] Guerschman J, Paruelo J, Bella C D, et al. Land cover classification in the Argentine Pampas using multi-temporal Landsat TM data[J]. International Journal of Remote Sensing, 2003, 24(17): 3381-3402.

[99] Gutman G, Ignatov A. The derivation of the green vegetation fraction from NOAA/AVHRR data for use in numerical weather prediction models[J]. International Journal of Remote Sensing, 1998, 19:533-543.

[100] Hall F G, Bergen K, Blair J B, et al. Characterizing 3D vegetation structure from space: Mission requirements[J]. Remote Sensing of Environment, 2011, 115(11): 2753-2775.

[101] Hansen M C, DeFries R S, Townshend J R, et al. Towards an operational MODIS continuous field of percent tree cover algorithm: Examples using AVHRR and MODIS data[J]. Remote Sensing of Environment, 2002, 83: 303-319.

[102] Hansen M, DeFries R, Townshend J R G, et al. Global land cover classification at 1 km spatial resolution using a classification tree approach[J]. International Journal of Remote Sensing, 2000, 21 (6-7): 1331-1364.

[103] Hansen M C, Egorov A, Roy D P, et al. Continuous fields of land cover for the conterminous United States using Landsat data: first results from the Web-Enabled Landsat Data (WELD) project[J]. Remote Sensing Letters, 2010, 2(4): 279-288.

[104] Harrell P A, Bourgeau-Chavez L L, Kasischke E S. Sensitivity of ERS-1 and JERS-1 radar data to biomass and standstructure in Alaskan Boreal Forest[J]. Remote Sensing of Environment, 1995 (54): 247-260.

[105] Harrell P A, Kasischke E S, Bourgeau-Chavez L L. Evaluation of approaches to estimating aboveground biomass in southern pine forests using SIR-C data[J]. Remote Sensing of Environment, 1997, 59(2): 223-233.

[106] Haxeltine A, Prentice I C. A general model for the light-use efficiency of primary production[J]. Functional Ecology, 1996, 10 (5):551-561.

[107] Healey S P, Cohen W B, Zhiqiang Y, et al. Comparison of Tasseled Cap-based Landsat data structures for use in forest disturbance detection[J]. Remote Sensing of Environment, 2005, 97(3): 301-310.

[108] Healey S P, Yang Z, Cohen W B, et al. Application of two regression-based methods to estimate the effects of partial harvest on forest structure using Landsat data[J]. Remote Sensing of Environment, 2006, 101(1): 115-126.

[109] Hirsch A I, Little W S, Houghton R A, et al. The net carbon flux due to deforestation and forest re-growth in the Brazilian Amazon: analysis using a process-based model[J]. Global Change Biology, 2004, 10:908-924.

[110] Holben B N. Characteristics of maximum-value composite images from temporal AVHRR data[J]. International Journal of Remote Sensing, 1986, 7(11): 1417-1434.

[111] Hope A S, Boynton W L, Stow D A, et al. Interannual growth dynamics of vegetation in the Kuparuk River watershed, Alaska based on the Normalized Difference Vegetation Index[J]. International Journal of Remote Sensing, 2003, 24(17): 3413-3425.

[112] Horler D N H, Dockray M, Barber J. The red-edge of plant leaf reflectance[J]. International Journal of Remote Sensing, 1983,4(2): 273-288.

[113] Houghton J T, Jenkins G J, Ephraums J J. Climate change: The IPCC assessment[M]. Cambridge: Cambridge University Press,1990.

[114] Hu Y, Liu L Y,et al. A Landsat-5 atmospheric correction based on MODIS atmosphere products and 6S model[J]. Selected Topics in Applied Earth Observations and Remote Sensing, IEEE Journals and Magazines,2013,6(2):724-730.

[115] Huang C, Goward S N, Masek J G, et al. Development of time series stacks of Landsat images for reconstructing forest disturbance history[J]. International Journal of Digital Earth, 2009(2):195-218.

[116] Huang N, Niu Z, Wu C, et al. Modeling net primary production of a fast-growing forest using a light use efficiency model[J]. Ecological Modelling, 2010,221:2938-2948.

[117] Huang W J, Niu Z, Wang J H. Identifying crop leaf angle distribution based on two-temporal and bidirectional canopy reflectance[J]. IEEE Transactions on Geoscience and Remote Sensing, 2006, 44(12): 3601-3608.

[118] Huang C, Goward S N, Masek J G, et al. An automated approach for reconstructing recent forest disturbance history using dense Landsat time series stacks[J]. Remote Sensing of Environment, 2010, 114:183-198.

[119] Huang C, Goward S N, Schleeweis K, et al. Dynamics of national forests assessed using the Landsat record:Case studies in eastern United States[J]. Remote Sensing of Environment, 2009a,113:1430-1442.

[120] Huang C, Goward S N, Masek J G, et al. An automated approach for reconstructing recent forest disturbance history using dense Landsat time series stacks[J]. Remote Sensing of Environment, 2010, 114(1): 183-198.

[121] Huang C, Goward S N, Masek J G, et al. Development of time series stacks of Landsat images for reconstructing forest disturbance history[J]. International Journal of Digital Earth, 2009, 2(3): 195-218.

[122] Huemmrich K F. The GeoSail model: A simple addition to the SAIL model to describe discontinuous canopy reflectance[J]. Remote Sensing of Environment, 2001, 75(3): 423-431.

[123] Huete A R, Justice C, Liu H. Development of vegetation and soil indices for MODIS-EOS[J]. Remote Sensing of Environment, 1994, 49(3): 224-234.

[124] Huete A R. A soil adjusted vegetation index (SAVI) [J]. Remote Sensing of Environment, 1988,25: 295-309.

[125] Huete A, Didan K, Miura T, et al. Overview of the radiometric and biophysical performance of the MODIS vegetation indices[J]. Remote Sensing of Environment, 2002,83(1-2): 195-213.

[126] Hulme M, Wigley T, Jiang T, et al. Climate change due to the greenhouse effect and its implications for china[J]. Switzerland:WWF, Gland,1992,57.

[127] Hunt E J. Relationship between woody biomass and PAR conversion efficiency for estimating net primary production from NDVI[J]. International Journal of Remote Sensing, 1994, 15:1725-1730.

[128] Hunt R E, Running S W. Simulated dry matter yields for aspen and spruce stands in the North American boreal forest[J]. Canadian Journal of Remote Sensing, 1992, 18(3):126-133.

[129] IPCC. radiative forcing of Climate Change and An evaluation of the IPCC IS92 emission scenarios. University College London, United Kingdom and Center for Global Environmental Research, National

Institute for Environmental Studies, Tsukuba, Japan, 1994.

[130] Jackson R D, Reginato R J, Pinter P J, et al. Plant canopy information extraction from composite scene pf row crops[J]. Remote Sensing Application, 1997, 18(22): 3775-3782.

[131] Jacquemoud S, Baret F. PROSPECT: a model of leaf optical properties spectra[J]. Remote Sensing of Environment, 1990, 34(2): 75-91.

[132] Jacquemoud S, Ustin S L, Verdebout J, et al. Estimating Leaf Biochemistry Using the PROSPECT Leaf Optical Properties Model[J]. Remote Sensing of Environment, 1996,56(3): 194-202.

[133] Jacquemoud S, Ustin S L. Leaf Optical Properties: a State of the Art. Pro. 8th International Symposium Physical Measurements and Signatures in Remote Sensing[M]. Aussois(France), 2001: 223-232.

[134] Jacquemoud S, Verhoef W, Baret F, et al. PROSPECT + SAIL models: a review of use for vegetation characterization[J]. Remote Sensing of Environment, 2009, 113(1): 56-66.

[135] Jahnke L S, Lawrence D B. Influence of photosynthetic crown structure on potential productivity of vegetation, based primarily on mathematical models[J]. Ecological Society of America, 1965, 46(3): 319-326.

[136] Jenkins J C, Birdsey R A, Pan Y D. Biomass and NPP estimation for the mid-atlantic region (USA) using plot-level forest inventory data[J]. Ecological Applications ,2001,11 (4):1174-1193.

[137] Jiapaer G,Chen X,Bao A. A comparison of methods for estimating fractional vegetation cover in arid regions[J]. Agricultural and Forest Meteorology,2011,151(12): 1698-1710.

[138] Jin Chen, Per. Jonsson, Masayuki Tamura, et al. A simple method of reconstructing a high-quality NDVI time-series data set based on the Savitzky-Golay filter[J]. Remote Sensing of Environment, 2004,91:332-344.

[139] Johnson T E, Lithgow Gordon J , Murakami S. Hypothesis: Interventions That Increase the Response to Stress Offer the Potential for Effective Life Prolongation and Increased Health [J]. Journal of Gerontology, 1996,51(6): 392-395.

[140] Jonsson P, Eklundh L. Seasonality extraction by function fitting to time-series of satellite sensor data [J]. Geoscience and Remote Sensing[J]. IEEE Transactions on, 2002,40(8): 1824-1832.

[141] Jordan C F. Derivation of leaf_area index from quality of light on the forest floor[J]. Ecological Society of America, 1969, 50(4): 663-666.

[142] Kaufman Y J, Tanre D. Atmospherically resistant vegetation index (ARVI) for EOSMODIS[J]. IEEE Transactions on Geosciences and Remote Sensing, 1992, 30(2): 261-270.

[143] Kennedy R E, Cohen W B, Takao G. Empirical methods to compensate for a view-angle-dependent brightness gradient in AVIRIS imagery[J]. Remote Sensing of Environment,1997,62(3): 277-291.

[144] Kim M S, Daughtry C S T, Chappelle E W, et al. The use of high spectral resolution bands for estimating absorbed photosynthetically active radiation (APAR) [M]. Proceedings of the 6th Symposium on Physical Measurements and Signatures in Remote Sensing, 1994: 299-306.

[145] Knorr W, Heimann M. Impact of drought stress and other factors on seasonal land biosphere C exchange studied through an atmospheric tracer transport model[J]. Tellus, 1995, 47B:471-789.

[146] Kokaly R F, Clark R N. Spectroscopic determination of leaf biochemistry using band-depth analysis of absorption features and stepwise multiple linear regression[J]. Remote Sensing of Environment, 1999, 67(3):267-287.

[147] Koukoulas S,Blackburn G A. Mapping individual tree location,height and species in broadleaved deciduous forest using airborne LIDAR and multi-spectral remotely sensed data[J]. International Journal of

Remote Sensing,2005,26(3): 431-455.

[148] Kumar M, Monteith J L. Remote sensing of plant growth. In:Plants and the daylight spectrum, H. Smith eds[M]. London: Academic Press, 1982:133-144.

[149] Kumar R, Silva L. Light ray tracing through a leaf cross section[J]. Remote Sensing Application, 1973, 12: 2950-2954.

[150] Kuusk A. The hotspot effect of uniform vegetative cover[J]. Soviet Journal of Remote Sensing, 1985 (3): 645-658.

[151] Kuusk A. A two-layer canopy reflectance model[J]. Journal of Quantitative Spectroscopy and Radiative Transfer, 2001,71(1): 1-9.

[152] Laben C A, Brower B V. Process for enhancing the spatial resolution of multispectral imagery using pan-sharpening[N]. U. S. Patent 6,011,875. 2000-1-4.

[153] Latifovic R, Cihlar J, Chen J. A comparison of BRDF models for the normalization of satellite optical data to a standard sun-target-sensor geometry [J]. Geoscience and Remote Sensing [J]. IEEE Transactions on,2003,41(8): 1889-1898.

[154] Law B E, Turner D, Campbell J, et al. Disturbance and climate effects on carbon stocks and fluxes across Western Oregon USA[J]. Global Change Biology, 2004, 10:1429-1444.

[155] Le Quéré C, Raupach M R, Canadell J G, et al. Trends in the sources and sinks of carbon dioxide[J]. Nature Geoscience,2009,2(12): 831-836.

[156] Leblanc S G, Bicheron P, Chen J M. Investigation of directional reflectance in boreal forests with an improved four-scale model and airborn POLDER data[J]. IEEE Transactions on Geoscience and Remote Sensing, 1999,37(3): 1396-1414.

[157] Leblanc S G, Chen J M. A windows graphic user interface (GUI) for the five-scale model for fast BRDF simulations[J]. Remote Sensing Reviews, 2001,19(1-4): 293-305.

[158] Leckie D, Gougeon F, Hill D, et al. Combined high-density lidar and multispectral imagery for individual tree crown analysis[J]. Canadian Journal of Remote Sensing,2003,29(5): 633-649.

[159] Lefsky M A, Cohen W B, Harding D J, et al. Lidar remote sensing of above-round biomass in three biomes[J]. Global Ecology and Biogeography,2002,11(5): 393-399.

[160] Lefsky M A, Cohen W B, Spies T A. An evaluation of alternate remote sensing products for forest inventory, monitoring, and mapping of Douglas-fir forests in western Oregon[J]. Canadian Journal of Forest Research,2001,31(1): 78-87.

[161] Lehmann E A, Wallace J F, Caccetta P A, et al. Forest cover trends from time series Landsat data for the Australian continent[J]. International Journal of Applied Earth Observation and Geoinformation, 2012, 30(21): 453-462.

[162] Leprieur C, Verstraete M M, Pinty B. Evaluation of the performance of various vegetation indices to retrieve vegetation cover from AVHRR data[J]. Remote Sensing Review, 1994,10:265-284.

[163] Li M, Huang C, Zhu Z, et al. Use of remote sensing coupled with a vegetation change tracker model to assess rates of forest change and fragmentation in Mississippi, USA[J]. International Journal of Remote Sensing, 2009b, 30: 6559-6574.

[164] Li X, Cheng G D, Liu S M, et al. Heihe Watershed Allied Telemetry Experimental Research (HiWATER): Scientific objectives and experimental design[J]. Bulletin of American Meteorological Society, 2013,94(8): 1145-1160.

[165] Li X, Strahlar A, Woodcock C E. A hybrid geometric optical-radiative transfer approach for modeling

albedo and directional reflectance of discontinuous canopies[J]. Institute of Remote Sensing and Digital Earth CAS, 1995,33(2): 466-480.

[166] Li X, Strahler A H. Geometric-optical bidirectional reflectance modeling of a conifer forest canopy[J]. IEEE Transactions on Geosciences and Remote Sensing, 1986,24(6): 906-919.

[167] Li X, Strahler A H. Geometric-optical bidirectional reflectance modeling of the discrete-crown vegetation canopy: effect of crown shape and mutual shadowing[J]. IEEE Transactions on Geoscience and Remote Sensing, 1993,30(2): 276-292.

[168] Li X, Cheng G D, Liu S M, et al. Heihe Watershed Allied Telemetry Experimental Research (HiWATER): Scientific objectives and experimental design[J]. Bulletin of American Meteorological Society,2013,94(8): 1145-1160.

[169] Li M, Huang C, Zhu Z, et al. Assessing rates of forest change and fragmentation in Alabama, USA, using the vegetation change tracker model[J]. Forest Ecology and Management, 2009, 257(6): 1480-1488.

[170] Li M, Huang C, Zhu Z, et al. Use of remote sensing coupled with a vegetation change tracker model to assess rates of forest change and fragmentation in Mississippi, USA[J]. International Journal of Remote Sensing, 2009,30(24): 6559-6574.

[171] Lindquist E J, D'Annunzio R, Gerrand A, et al. Global forest land-use change 1990-2005[M]. FAO Forestry Paper (FAO),2012.

[172] Liu H Q, Huete A. Feedback Based Mod-ification of the NDVI to Minimize Canopy Back-ground and Atmospheric Noise[J]. IEEE Transactions on Geosciences and Remote Sensing, 1995, 33(2): 457-465.

[173] Liu J, Chen J M, Cihlar J ,et al. A Process-based boreal ecosystem productivity simulator using remote sensing inputs[J]. Remote Sensing of Environment, 1997,62(2):158-175.

[174] Liu L, Peng D, Wang Z, Hu Y. Improving artificial forest biomass estimates using afforestation age information from time series Landsat stacks[J]. Environmental Monitoring and Assessment,2014,186(11): 7293-7306.

[175] Liu H G, Tang X L, Zhou G Y, et al. Spatial and temporal patterns of net primary productivity in the duration of 1981-2000 in Guangdong, China[J]. Acta Ecologica Sinica, 2007, 27 (10):4065-4074.

[176] Liu L, Jing X, Wang J, et al. Analysis of the changes of vegetation coverage of western Beijing mountainous areas using remote sensing and GIS[J]. Environmental Monitoring and Assessment, 2009, 153:339-349.

[177] Loveland T, Reed B, Brown J, et al. Development of a global land cover characteristics database and IGBP DISCover from 1 km AVHRR data[J]. International Journal of Remote Sensing, 2000,21(6-7): 1303-1330.

[178] Lu D, Batistella M. Exploring T M image texture and its relationships with biomass estimation in Rondônia, Brazilian Amazon[J]. Acta Amazonica, 2005,35(2): 249-257.

[179] Ma Q L, Ishimaru A, Phu P, et al. Transmission, reflection, and depolarization of an optical wave for a single leaf[J]. IEEE Transactions on Geoscience and Remote Sensing, 1990, 28(5): 865-872.

[180] Maas S. Estimating cotton canopy ground cover from remotely sensed scene reflectance[J]. Agronomy Journal, 1998,90:384-388.

[181] Maier S W, Lüdeker W, Günther K P. SLOP: A revised version of the stochastic model for leaf optical properties[J]. Remote Sensing of Environment, 1999,68(3): 273-280.

[182] Maosheng Zhao, Faith Ann Heinsch, Ramakrishna R. Nemani, Steven W. Running. Improvements of the MODIS terrestrial gross and net primary production global data set[J]. Remote Sensing of Environment, 2005,95:164-176.

[183] Maosheng Zhao, Steven W. Running, Drought-Induced Reduction in Global Terrestrial Net Primary production from 2000 Through 2009[J]. Science,2010, 329:941-943.

[184] Markham B L,Helder D L. Forty-year calibrated record of earth-reflected radiance from Landsat: A review[J]. Remote Sensing of Environment, 2012,122: 30-40.

[185] Marland G, Boden T A, Griffin R C, et al. Estimates of CO_2 emissions from fossil fuel burning and cement manufacturing based on the United Nations energy statistics and the US Bureau of Mines cement manufacturing data[R]. Carbon Dioxide Information Analysis Center, Oak Ridge National Laboratory using updated figures NDP－030/R2. 1989.

[186] Masek J G, Healey S P. Monitoring US Forest Dynamics with Landsat[J]. Global Forest Monitoring from Earth Observation, 2012(1):225.

[187] Masek J G, Huang C, Wolfe R, et al. North American forest disturbance mapped from a decadal Landsat record[J]. Remote Sensing of Environment, 2008, 112(6): 2914-2926.

[188] Meroni M, Colombo R. Leaf level detection of solar induced chlorophyll fluorescence by means of a subnanometer resolution spectroradiometer[J]. Remote Sensing of Environment, 2006, 103(4): 438-448.

[189] Miller J R, Hare E V, Wu J. Quantitative characterization of he vegetation red edge reflectance[J]. International Journal of Remote Sensing, 1990,11(10): 1755-1773.

[190] Minh D H T,Le Toan T,Rocca F,et al. Relating P-band synthetic aperture radar tomography to tropical forest biomass[J]. Geoscience and Remote Sensing,IEEE Transactions on,2014,52(2): 967-979.

[191] Mohamed M A A, Babiker I S, Chen Z M, et al. The role of climate variability in the inter-annual variation of terrestrial net primary production[J]. Science of the Total Environment, 2004, 332: 123-137.

[192] Næsset E,Gobakken T. Estimation of above-and below-ground biomass across regions of the boreal forest zone using airborne laser[J]. Remote Sensing of Environment,2008,112(6): 3079-3090.

[193] Nagatani I, Saito G, Toritani H, et al. Agricultural map of Asian region using time series AVHRR NDVI data[R]. Remote Sensing Unit, Ecosystems Group, Department of Global Resources, National Institute for Agro-Environmental Sciences, Tsukuba, Japan, 2002.

[194] Neeff T,Dutra L V,dos Santos J R,et al. Tropical forest measurement by interferometric height modeling and P-band radar backscatter[J]. Forest Science,2005,51(6): 585-594.

[195] Nelson R, Short A, Valenti M. Measuring biomass and carbon in Delaware using an airborne profiling LIDAR[J]. Scandinavian Journal of Forest Research, 2004, 19(6): 500-511.

[196] Nemani R R, Keeling C D, Hashimoto H, et al. Climate-driven increases in global terrestrial net primary production from 1982 to 1999[J]. Science, 2003, 300:1560-1563.

[197] Ni Huang, Zheng Niu. Chaoyang Wu. Michelle Coreena Tappert. Modeling net primary production of a fast-growing forest using a light use efficiency model[J]. Ecological Modelling, 2010,221:2938-2948.

[198] Ni J. Net primary productivity in forests of china: scaling－up of national inventory data and comparison with model predictions[J]. Forest Ecology and Management, 2003, 176:485-495.

[199] Nicodemus F E, Richmond J C, Hsia J J. Geometrical considerations and nomenclature for reflectance [M]. Washington D C: US Department of Commerce,1977.

[200] Nicodemus F. Directional reflectance and emissivity of an opaque surface [J]. Remote Sensing Application, 1965, 4 (7): 767-775.

[201] Nielsen A A,Conradsen K,Simpson J J. Multivariate alteration detection (MAD) and MAF postprocessing in multispectral, bitemporal image data: New approaches to change detection studies [J]. Remote Sensing of Environment,1998,64(1): 1-19.

[202] Nielsen A A. The regularized iteratively reweighted MAD method for change detection in multi – and hyperspectral data[J]. Image Processing,IEEE Transactions on,2007,16(2): 463-478.

[203] Nishio J N, Sun J, Vogelmann T C. Carbon fixation gradients across spinach leaves do not follow internal light gradient[J]. Plant Cell, 1993,5(8): 953-961.

[204] Ozdemir I. Estimating stem volume by tree crown area and tree shadow area extracted from pan-sharpened Quickbird imagery in open Crimean juniper forests[J]. International Journal of Remote Sensing,2008, 29(19): 5643-5655.

[205] Palmer K F, Williams D. Optical properties of water in the near infrared [J]. Remote Sensing Application, 1974,64(8): 1107-1110.

[206] Pan Y Z, Shi P J, Zhu W Q, et al. Measurement of ecological capital of Chinese terrestrial ecosystem based on remote sensing[J]. Science in China(Series D),2005.

[207] Pan Y, Li X, Gong P, et al. An integrative classification of vegetation in china based on NOAA AVHRR and vegetation-climate indices of the Holdridge life zone[J]. International Journal of Remote Sensing,2003,24(5):1009-1027.

[208] Pang G, Dong X, Song X, et al. Remote Sensing Monitoring of Forest Land Change in Hexi Corridor since Construction of the Three-North Shelterbelt Project[J]. Journal of Desert Research, 2012,32: 37-42.

[209] Park J, Deering D W. Simple radiative transfer model for relation between canopy biomass and reflectance[J]. Remote Sensing Application, 1983, 21(2): 303-309.

[210] Park J, Tateishi R. Correction of time series NDVI by the method of temporal window operation (TWO) [R]. in Proceedings of the 1998 Asian Conference on Remote Sensing. http://www gisdevelopment, net/aars/acrs/1998/ps2/ps2004, shtml,1998.

[210] Patenaude G, Hill R, Milne R, et al. Quantifying forest above ground carbon content using LiDAR remote sensing[J]. Remote Sensing of Environment, 2004,93(3): 368-380.

[212] Pax-Lenney M, Woodcock C E. Monitoring agricultural lands in Egypt with multitemporal landsat TM imagery: How many images are needed[J]. Remote Sensing of Environment, 1997,59(3): 522-529.

[213] Pech R P, Graetz R D , Davis A W. Reflectance modeling and the derivation of vegetation indices for an Australian semiarid shrub land[J]. International Journal of Remote Sensing, 1986: 389-403.

[214] Penning D V, Djiteye M A. La Productivité des Pâurages Saheliens [M]. Wageningen: Centre for Agricultural Publishing and Documentation ,1982.

[215] Penuelas J, Filella I, Gamon J A. Assessment of photosynthetic radiation-use efficiency with spectral reflectance[J]. New Phytologist, 1995,131(3): 291-296.

[216] Penuelas J, Pinol J, Ogaya R, et al. Estimation of plant water concentration by the reflectance Water Index WI (R900/R970) [J]. International Journal of Remote Sensing, 1997,18(13):2869-2875.

[217] Peñuelas J, Garnon J A,Fredeen A L, et al. Reflectance indices associated with physiological changes in nitrogen and water-irnited sunftower leaves[J]. Remote Sensing of Environment, 1994,48(2): 135-146.

[218] Person R L, Miller D L. Remote mapping of standing crop biomass for estimation of the productivity of the shortgrass prairie[J]. Remote sensing of Environment, 1972(2): 1357-1381.

[219] Peter R J. North Estimation of fAPAR, LAI, and vegetation fractional cover from ATSR imagery[J]. Remote Sensing of Environment, 2002,80:114-121.

[220] Peter R, North J. Three-dimensional forest light interaction model using a Monte Carlo method[J]. IEEE Transactions on Geoscience and Remote Sensing, 1996, 34(4): 946-956.

[221] Potapov P, Turubanova S, Hansen M C, et al. Monitoring Forest Loss and Degradation at National to Global Scales Using Landsat Data[J]. Global Forest Monitoring from Earth Observation, 2012(1): 143.

[222] Qi J, Marsett R C,et al. Spatial and temporal dynamics of vegetation in the San Pedro River basin area [J]. Agricultural and Forest Meteorology, 2000,105: 55-68.

[223] Qi J, Chehbouni A, Huete A, et al. A modified soil adjusted vegetation index[J]. Remote Sensing of Environment, 1994,48(2): 119-126.

[224] Qin W, Liang S. Plane-Parallel Canopy Radiation Transfer Modeling: Recent Advances and Future Directions[J]. Center for Earth Observation and Digital Earth, 2000,18(3-4): 281-306.

[225] Qin Wenhan, Gerstl Sig A W. 3-D scene modeling of semidesert vegetation cover and its radiation regime[J]. Remote Sensing of Environment, 2000, 74(1): 145-162.

[226] Ramankutty N, Foley J A. Estimating historical changes in land cover: North American croplands from 1850 to 1992[J]. Global Ecology and Biogeography, 1999, 13(4): 997-1027 .

[227] Rebmann C. Carbon dioxide and water exchange of a German Picea abies forest. Dissertation[M]. German: University of Bayreuth,2001.

[228] Reujean J L, Breon F M. Estimating PAR absorbed by vegetation from bidirectional reflectance measurements[J]. Remote Sensing of Environment, 1995, 51(3): 375-384.

[229] Richardson, Wiegand J, Richardson C L. Wiegand Distinguishing vegetation from soil background information Photogramm[J]. Photogrammetric Engineering and Remote Sensing, 1977A,43(12): 1541-1552.

[230] Robbins C S, Dawson D K , Dowell B A. Habitat area requirements of breeding forest birds of the Middle Atlantic States[J]. Wildlife Monographs, 1989,103:1-34.

[231] Ross J. The Radiation Regime and Architecture of Plant Stands. Kluwer Academic[M]. Publishers: Hague, The Netherlands,1981.

[232] Roujean J L,Leroy M,Deschamps P Y. A bidirectional reflectance model of the Earth's surface for the correction of remote sensing data[J]. Journal of Geophysical Research: Atmospheres (1984-2012), 1992,97(D18): 20455-20468.

[233] Rouse J W, Haas R H, Schell J A . Monitoring vegetation systems in the great plains with ERTS[J]. Third ERTS Symposium, 1973: 309-317.

[234] Rouse J, Haas R, Schell J, et al. Monitoring vegetation systems in the Great Plains with ERTS [J]. NASA, 1973:7(4): 309-351.

[235] Ruimy A, Saugier B. Methodology for the estimation of terrestrial net primary production from remotely sensed data[J]. Journal of Geophysical Research, 1994, 99:5263-5283.

[236] Running S W, Coughlan J C. A general model of ecosystem processes for regional application I: hydrologic balance, canopy gas exchange and primary production process[J]. Ecological Modelling, 1988, 42:125-154.

[237] Running S W, NeMani R R, Heinsch F A, et al. A continuous satellite-derived measure of global terrestrial primary production[J]. BioScience, 2004, 54(6):547-560.

[238] Saatchi S S, Harris N L, Brown S, et al. Benchmark map of forest carbon stocks in tropical regions across three continents[J]. Proceedings of the National Academy of Sciences, 2011, 108(24): 9899-9904.

[239] San-Miguel-Ayanz J, McInerney D, Sedano F, et al. Use of Wall-to-Wall Moderate and High-Resolution Satellite Imagery to Monitor Forest Cover across Europe[J]. Global Forest Monitoring from Earth Observation, 2012(1): 209.

[240] Savitzky A, Golay M J E. Smoothing and differentiation of data by simplified least squares procedures [J]. Analytical chemistry, 1964, 36(8): 1627-1639.

[241] Schimel D S, Participants V, Braswell B H. Continental scale variability in ecosystem processes: models, data, and the role of disturbance[J]. Ecological Monographs, 1997, 67:251-271.

[242] Schindler D W, Bayley S E. The biosphere as an increasing sink for atmospheric carbon: Estimates from increased nitrogen depostion[J]. Global Biogeochemical Cycles, 1993, 7(4): 717-733.

[243] Schulze E D, Beck E, Müller-Hohenstein K, et al. Heidelberg: Spektrum Akademischer Verlag, 2002.

[244] Schulze E D, Chapin III FS. Plant specialization to environments of different resource availability[J]. Ecological Studies, 1987, 61: 120-148.

[245] Schulze E D, Leuning R, Kelliher F M. Environmental regulation of surface conductance for evaporation from vegetation[J]. Plant Ecology, 1995, 121(1):79-87.

[246] Schulze E D. Carbon and Nitrogen Cycling in European Forest Ecosystems: With 106 Tables[M]. Berlin: Springer-Verlag, 2000.

[247] Sellers P, Randall D, Collatz G, et al. A revised land surface parameterization (SiB2) for atmospheric GCMs. Part Ⅰ: Model formulation[J]. Journal of Climate, 1996, 9(4): 676-705.

[248] Seto K C, Woodcock C, Song C, et al. Monitoring land-use change in the Pearl River Delta using Landsat TM[J]. International Journal of Remote Sensing, 2002, 23(10): 1985-2004.

[249] Shimabukuro Y E, dos Santos J R, Formaggio A R, et al. The Brazilian Amazon Monitoring Program: PRODES and DETER Projects[J]. Global Forest Monitoring from Earth Observation, 2012(1): 167.

[250] Shoshany M, Karnibad L. Mapping shrubland biomass along Mediterranean climatic gradients: The synergy of rainfall-based and NDVI-based models[J]. International Journal of Remote Sensing, 2011, 32 (24): 9497-9508.

[251] Shumway R H. Statistics and Data Analysis in Geology[J]. Technometrics, 1987, 29:492-492.

[252] Shvidenko A Z, Schepashchenko D G, Vaganov E A, et al. Net primary production of forest ecosystems of Russia: A new estimate[J]. Doklady Earth Sciences, 2008, 421 (2):1009-1012.

[253] Silván-Cárdenas J L, Wang L. Retrieval of subpixel Tamarix canopy cover from Landsat data along the Forgotten River using linear and nonlinear spectral mixture models [J]. Remote Sensing of Environment, 2010, 114(8): 1777-1790.

[254] Sims A D, Gamon A J. Relationships between leaf pigment content and spectral reflectance across a wide range of species, leaf structures and developmental stages[J]. Remote Sensing of Environment, 2002, 81(2-3):337-354.

[255] Smith H. The perception of light quality. In Photomorphogenesis in Plants[M]. Dordrecht: Martinus Nijhoff, 1986: 187- 217.

[256] Smith H. Sensing the light environment: The functions of the phytochrome family[M]. Kluwer

Academic Publishers, 1994: 377-416.

[257] Solomon S, Qin D, Manning M, et al. The physical science basis[J]. Contribution of working group I to the fourth assessment report of the intergovernmental panel on climate change, 2007: 235-337.

[258] State Forestry Administration P R C. 30 years development report of the three norths shelter forest system construction[M]. Beijing: China Forestry Publishing House,2008.

[259] Stephens P, Watt P, Loubser D, et al. Estimation of carbon stocks in New Zealand planted forests using airborne scanning LiDAR[R]. in ISPRS Workshop on Laser Scanning 2007 and Silvilaser 2007. Citeseer, 2007.

[260] Steven W. Running, Ramakrishna R. Nemani, et al. A Continuous satellite-derived measure of global terrestrial primary production[J]. BioScience, 2004, 54(6):547-560.

[261] Strachana I B, Elizabeth P, Johanne B. Impact of nitrogen and environmental conditions on corn as detected by hyperspectral reflectance[J]. Remote Sensing of Environment, 2002,80(2): 213-224.

[262] Strahler A H, Jupp D L B. Modeling bidirectional reflectance of forest and woodlands using Boolean models and geometric optics[J]. Remote Sensing of Environment, 1990,34(3): 153-166.

[263] Strahler A H, Muller J P, Lucht W, et al. MODIS BRDF/albedo product: algorithm theoretical basis document version 5.0[J]. MODIS Documentation,1999.

[264] Suganuma H, Abe Y, Taniguchi M, et al. Stand biomass estimation method by canopy coverage for application to remote sensing in an arid area of Western Australia[J]. Forest Ecology and Management, 2006,222(1): 75-87.

[265] Suits G H. The calculation of the directional reflectance factor of a vegetative canopy[J]. Remote Sensing of Environment, 1973(2): 117-125.

[266] Taiz L, Zeiger E. Plant Physiology. Sunderland[M]. Sinauer Associates,2002.

[267] Teillet P, Guindon B, Goodenough D. On the slope-aspect correction of multispectral scanner data[J]. Canadian Journal of Remote Sensing, 1982(8): 84-106.

[268] Thenkabail P S, Stucky N, Griscom B W, et al. Biomass estimations and carbon stock calculations in the oil palm plantations of African derived savannas using IKONOS data[J]. International Journal of Remote Sensing,2004,25(23): 5447-5472.

[269] Thenkabail P S, Smith R B, De Pauw E. Hyperspectral vegetation indices and their relationships with agricultural crop characteristics[J]. Remote Sensing of Environment, 2000,71(2): 158-182.

[270] Thornton P E, et al. Modeling and measuring the effects of disturbance history and climate on carbon and water budgets in evergreen needleleaf forests[J]. Agricultural and Forest Meteorology, 2002,113: 185-222.

[271] Toby N C, David A R. On the relation between NDVI, fractional vegetation cover, and leaf area index [J]. Remote Sensing of Environment, 1997,62:241-252.

[272] Townshend J R, Narasimhan R, Kim D, et al. Global characterization and monitoring of forest cover using Landsat data: opportunities and challenges[J]. International Journal of Digital Earth, 2012(5): 373-397.

[273] Treitz P M, Howarth P J. Hyperspectral Remote Sensing for Estimating Biophysical Parameters of Forest Ecosystem[J]. Progress in Physical Geography, 1999,23: 359-390.

[274] Tucker C J, Garratt M M. Leaf optical system modeled as a stochastic process[J]. Remote Sensing Application, 1977,16(3): 635-642.

[275] Turker M, Derenyi E. GIS assisted change detection using remote sensing[J]. Geocarto International,

2000,15(1): 51-56.

[276] Ustin S L, Jacquemoud S, Govaerts Y. Simulation of photon transport in a three-dimensional leaf: Implications for photosynthesis[J]. Plant Cell and Environment, 2001,24(10):1095-1103.

[277] Vasconcelos M J P, et al. Land cover change in two protected areas of Guinea-Bissau (1956-1998)[J]. Applied Geography, 2002,22:139-156.

[278] Verhoef W. Light scattering by leaf layers with application to canopy reflectance modeling: the SAIL model[J]. Remote Sensing of Environment, 1984,16(2): 125-141.

[279] Vermote E F, Saleous N Z, Justice C O. Atmospheric correction of MODIS data in the visible to middle infrared: First results[J]. Remote Sensing of Environment, 2002,83: 97-111.

[280] Vitousek P M, Mooney H A, Lubchenco J, et al. Human Domination of Earth's Ecosystems[J]. Science, 1997,277: 494-499.

[281] Vogelmann T C, Björn L O. Response to directional light by leaves of a sun-tracking lupine (Lupinus succulentus) [J]. Physiologia Plantarum, 1983, 59(4): 533-538.

[282] Vogelmann J E, Howard S M, Yang L, et al. Completion of the 1990s National Land Cover Data Set for the conterminous United States from Landsat Thematic Mapper data and ancillary data sources[J]. Photogrammetric Engineering and Remote Sensing, 2001, 67(6).

[283] Walthall C L, Norman J M, Welles J M, et al. Simple equation to approximate the bidirectional reflectance from vegetative canopies and bare soil surfaces[J]. Applied Optics,1985,24(3): 383-387.

[284] Wang Q, et al. Dynamic Changes in Vegetation Coverage in the Three-North Shelter Forest Program Based on GIMMS AVHRR NDVI[J]. Resources Science, 2011(8): 1613-1620.

[285] Wang Q, Zhang B, Dai S, et al. Dynamic Changes in Vegetation Coverage in the Three-North Shelter Forest Program Based on GIMMS AVHRR NDVI[J]. Resources Science, 2011(8):1613-1620.

[286] Wang X M, Zhang C X, Hasi E, et al. Has the Three Norths Forest Shelterbelt Program solved the desertification and dust storm problems in arid and semiarid China[J]. Journal of Arid Environments, 2010,74:13-22.

[287] Wanner W, Li X, Strahler A H. On the derivation of kernels for kernel-driven models of bidirectional reflectance[J]. Journal of Geophysical Research: Atmospheres (1984-2012), 1995, 100 (D10): 21077-21089.

[288] Waring R H, Running S W. Forest Ecosystems: Analysis at Multiple Scales[M]. San Diego: Academic Press, 2007.

[289] Wiegand C L, et al. Vegetation Indexes in crop assessments[J]. Remote Sensing of Environment, 2011,35(2-3): 105-109.

[290] Williams D L, Goward S, Arvidson T. Landsat: yesterday, today, and tomorrow[J]. Photogrammetric Engineering and Remote Sensing, 2006, 72: 1171-1178.

[291] Wilson A D, Abraham N A, et al. Evaluation of methods of assessing vegetation. change in the semi-arid rangelands of southern Australia[J]. Australian Rangeland Journal, 1987(9): 5-13.

[292] Wolter P T, Mladenoff D J, Host G E, et al. Improved forest classification in the Northern Lake States using multi-temporal Landsat imagery[J]. Photogrammetric Engineering and Remote Sensing, 1995,61(9): 1129-1144.

[293] Woodcock C E, Allen R, Anderson M, et al. Free access to Landsat imagery[J]. Science, 2008,320(5879): 1011-1013.

[294] Woomer P L, Touré A, Sall M. Carbon stocks in Senegal's Sahel transition zone[J]. Journal of arid

environments,2004,59(3): 499 –510.

[295] Wu W,De Pauw E,Helldén U. Assessing woody biomass in African tropical savannahs by multiscale remote sensing[J]. International Journal of Remote Sensing,2013,34(13): 4525-4549.

[296] Wu X, Furby S ,Wallace J. An approach for terrain illumination correction. In The 12th Australasian remote sensing and photogrammetry conference proceedings[M]. Fremantle, Western Australia , 2004: 18-22.

[297] Wu Y, et al. Retrieval and analysis of vegetation cover in the Three-North Regions of China based on MODIS data[J]. Chinese Journal of Ecology, 2009,28:1717-1718.

[298] Xiao J, Moody A. A comparison of methods for estimating fractional green vegetation cover within a desert-to-upland transition zone in central New Mexico, USA[J]. Remote Sensing of Environment, 2005, 98: 237-250.

[299] Xu J C. China's new forests aren't as green as they seem[J]. Nature, 2011,477(371).

[300] Xu X, Du H, Zhou G, et al. Estimation of aboveground carbon stock of Moso bamboo (Phyllostachys heterocycla var. pubescens) forest with a Landsat Thematic Mapper image[J]. International Journal of Remote Sensing, 2011, 32(5): 1431-1448.

[301] Xue L H, Cao W X, Luo W H, et al. Monitoring leaf nitrogen status in rice with canopy spectral reflectance[J]. Agronomy Journal, 2004, 96(1): 135-142.

[302] Yamada N, Fujimura S. Nondestructive measurement of chlorophyll pigment content in plant leaves from three-color reflectance and transmittance, 1991,30(27): 3964-3973.

[303] Yan Q, Zhu J, Hu Z, et al. Environmental impacts of the shelter forests in Horqin Sandy Land, northeast China[J]. Journal of environmental quality, 2011,40: 815-824.

[304] Youhua Ran, Xin Li, Ling Lu, et al. Large-scale land cover mapping with the integration of multi-source information based on the Dempster-Shafer theory [J]. International Journal of Geographical Information Science, 2012, 26(1): 169.

[305] Zandler H,Brenning A,Samimi C. Quantifying dwarf shrub biomass in an arid environment: comparing empirical methods in a high dimensional setting[J]. Remote Sensing of Environment,2015,158: 140-155.

[306] Zha Y, Liu Y, Deng X. A landscape approach to quantifying land cover changes in Yulin. Northwest China[J]. Environmental Monitoring and Assessment, 2007, 138: 139-147.

[307] Zhao D, Pang Y, Li Z, et al. Filling invalid values in a lidar-derived canopy height model with morphological crown control[J]. International Journal of Remote Sensing,2013,34(13): 4636-4654.

[308] Zhao K, Popescu S. Hierarchical watershed segmentation of canopy height model for multi-scale forest inventory[M]. Proceedings of the ISPRS working group-Laser Scanning,2007: 436-442.

[309] Zhao M, Running S, Heinsch, et al. In Land Remote Sensing and Global Environmental Change: NASA's Earth Observing System and the Science of ASTER and MODIS[M]. B. Ramachandran, C. Justice and M. Abrams, Eds (Springer-Verlag,New York 2010).

[310] Zhao M, Running S W, Nemani R R. Sensitivity of MODIS terrestrial primary production to the accuracy of meteorological reanalyses[J]. Journal of Geophysical Research – Biogeosciences,2005.

[311] Zheng G, et al. Combining remote sensing imagery and forest age inventory for biomass mapping[J]. Journal of Environmental Management, 2007,85:616-623.

[312] Zheng L F, et al. Spectral modeling and crops study for presision farming with high spectral resolution remote sensing[M]. The 4th International Airbone Remote Sensing Conference and Exhibition/21st

Canadian Symposium on Remote Sensing, 1999:40-47.

[313] Zhou Q, Robson M, Pilesjo P. On the ground estimation of vegetation cover in Australian rangelands [J]. International Journal of Remote Sensing, 1998(9):1815-1820.

[314] Zhu Y, Yao X, Tian Y, et al. Analysis of common canopy vegetation indices for indicating leaf nitrogen accumulations in wheat and rice [J]. International Journal of Applied Earth Observation and Geoinformation, 2008, 10(1): 1-10.

[315] Zhu Z, Woodcock C E, Olofsson P. Continuous monitoring of forest disturbance using all available Landsat imagery[J]. Remote Sensing of Environment, 2012,122: 75-91.

[316] 蔡福,于慧波,矫玲玲,等. 降水要素空间插值精度的比较——以东北地区为例[J]. 资源科学, 2006,28(6):73-78.

[317] 曹鑫,辜智慧,陈晋,等. 基于遥感的草原退化人为因素影响趋势分析[J]. 植物生态学报,2006(2):268-277.

[318] 曾广文,蒋德安. 植物生理学[M]. 北京: 中国农业科技出版社,2000.

[319] 陈利军,刘高焕,励惠国. 中国植被净第一性生产力遥感动态监测[J]. 遥感学报,2002, 6(2): 129-135.

[320] 陈述彭, 童庆禧, 郭华东. 遥感信息机理研究[M]. 北京: 科学出版社, 1998.

[321] 陈正华,麻清源,王建,等. 利用 CASA 模型估算黑河流域净第一性生产力[J]. 自然资源学报, 2008(2):263-273.

[322] 陈志明, 李家国, 余涛, 等. TM 遥感影像的地形辐射校正研究[J]. 遥感信息, 2009(2): 29-34.

[323] 崔屹. 图像处理与分析: 数学形态学方法及应用[M]. 北京:科学出版社,2000.

[324] 邓书斌. ENVI 遥感图像处理方法[M]. 北京: 科学出版社,2010.

[325] 董立新,吴炳方,唐世浩. 激光雷达 GLAS 与 ETM 联合反演森林地上生物量研究[J]. 北京大学学报: 自然科学版,2011,47(4): 703-710.

[326] 董文娟,齐晔,李惠民,等. 植被生成力的空间分布研究——以黄河小花间卢氏以上流域为例[J]. 地理与地理信息科学,2005,21(3):105-109.

[327] 杜加强,舒俭民,张林波,等. 黄河上游不同干湿气候区植被对气候变化的响应[J]. 植物生态学报,2011,35(11):1192-1201.

[328] 方金, 梁天刚, 吕志邦, 等. 基于高光谱影像的高寒牧区土地覆盖分类与草地生物量监测模型[J]. 草业科学, 2013(2): 168-177.

[329] 冯慧想. 杨树人工林生长特性及生物量研究[R]. 北京: 中国林业科学研究院,2007.

[330] 冯险峰,刘高焕,陈述彭,等. 陆地生态系统净第一性生产力过程模型研究综述[J]. 自然资源学报,2004,19(3):369-378.

[331] 冯宗炜,王效科,吴刚. 中国森林生态系统的生物量和生产力[M]. 北京:科学出版社,1999.

[332] 宫鹏,浦瑞良,郁彬. 不同季相针叶树种高光谱数据识别分析[J]. 遥感学报,1998,2(3):211-217.

[333] 郭健, 张继贤, 张永红, 等. 多时相 MODIS 影像土地覆盖分类比较研究[J]. 测绘学报, 2009,38(1): 88-92.

[334] 郭铌, 梁芸, 王小平. 黑河调水对下游生态环境恢复效果的卫星遥感监测分析[J]. 中国沙漠, 2004,24(6):740-744.

[335] 郭志华, 彭少麟, 王伯荪. 利用 TM 数据提取粤西地区的森林生物量[J]. 生态学报, 2002(11): 1832-1840.

[336] 国庆喜, 张锋. 基于遥感信息估测森林的生物量[J]. 东北林业大学学报, 2003(2): 13-16.

[337] 国志兴,王宗明,张柏,等.2000~2006年东北地区植被NPP的时空特征及影响因素分析[J].资源科学,2008,30(8):1226-1235.

[338] 郝文芳,陈存根,梁宗锁,等.植被生物量的研究进展[J].西北农林科技大学学报:自然科学版,2008,36(2):175-182.

[339] 何立明,王华,阎广建,等.气溶胶光学厚度与水平气象视距相互转换的经验公式及其应用[J].遥感学报,2003,7(5):372-378.

[340] 何列艳,亢新刚,范小莉,等.长白山区林下主要灌木生物量估算与分析[J].南京林业大学学报:自然科学版,2011,35(5):45-50.

[341] 何祺胜,陈尔学,曹春香,等.基于LIDAR数据的森林参数反演方法研究[J].地球科学进展,2009,24(7):748-755.

[342] 胡勇.多时相遥感影像土地覆盖自动分类研究[D].西安:西安科技大学,2011.

[343] 姜汉侨,等.植物生态学[M].2版.北京:高等教育出版社,2010.

[344] 蒋耿明,牛铮,阮伟利,等.影像替换技术在局部厚云去除中的应用[C]//第二届测绘科学前沿技术论坛.长春,2010.

[345] 蒋晓辉,刘昌明.黑河下游植被对调水的响应[J].地理学报,2009,64(7):791-797.

[346] 竞霞,刘良云,张超,等.利用多时相NDVI监测京郊冬小麦种植信息[J].遥感技术与应用,2005,20(2):238-242.

[347] 匡霞,陈贻运,戴昌达.专家系统在TM图像分类中的应用[J].环境遥感,1989,4(4):257-265.

[348] 李存军,王纪华,刘良云,等.利用多时相Landsat近红外波段监测冬小麦和苜蓿种植面积[J].农业工程学报,2005,21(2):96-101.

[349] 李存军,刘良云,王纪华,等.两种高保真遥感影像融合方法比较[J].中国图像图形学报:A辑,2005,9(11):1376-1385.

[350] 李高飞,任海,李岩,等.植被净第一性生产力研究回顾与发展趋势[J].生态科学,2003,22(4):360-365.

[351] 李海奎,雷渊才.中国森林植被生物量和碳储量评估[M].北京:中国林业出版社,2010.

[352] 李辉霞,刘国华,傅伯杰.基于NDVI的三江源地区植被生长对气候变化和人类活动的响应研究[J].生态学报,2011,19:5495-5504.

[353] 李娜.川西亚高山森林植被生物量及碳储量遥感估算研究[D].四川农业大学,2008.

[354] 李世华,牛铮,李壁成.植被第一性生产力遥感过程模型研究[J].水土保持研究,2005,12(3):120-122.

[355] 李小文,Strahler A,朱启疆,等.地物二向性反射几何光学模型和观测的进展[J].国土资源遥感,1991,7(1):9-19.

[356] 李小文,高峰,王锦地,等.遥感反演参数的不确定性与敏感性矩阵[J].遥感学报,1997,1(1):5-14.

[357] 李小文,高峰,王锦地,等.二向性归一化植被指数:概念及应用[J].自然科学进展,2001,11(8):819-823.

[358] 李小文,王锦地.植被光学遥感模型与植被结构参数化[M].北京:科学出版社,1995.

[359] 李小文,朱启疆,朱重光.基本颗粒构成的粗糙表面二向性反射——相互遮蔽效应的几何光学模型[J].科学通报,1993,38(1):86-89.

[360] 李小文,等."遥感尺度效应和尺度转换"论坛简报[J].遥感学报,2014,18(4):735-740.

[361] 李新,刘绍民,马明国,等.黑河流域生态-水文过程综合遥感观测联合试验总体设计[J].地球

科学进展,2012,27(5):481-498.

[362] 李旭文. 主成分变换和彩色变换在图像信息提取中的应用——以苏州市为例[J]. 环境遥感, 1992,7(4):251-261.

[363] 李云梅. 水稻 BRDF 模型集成与应用研究[D]. 杭州:浙江大学, 2001.

[364] 李增元, 庞勇, 陈尔学. ERS SAR 干涉测量技术用于区域尺度森林制图研究[J]. 地理与地理信息科学, 2003, 19(4):66-70.

[365] 刘纪远, 张增祥, 庄大方. 20 世纪 90 年代中国土地利用变化时空特征及其成因分析[J]. 地理研究, 2003,22(1):1-12.

[366] 刘金婷. 基于 MODIS 数据的土地覆盖/土地利用分类研究[D]. 哈尔滨:哈尔滨师范大学,2011

[367] 刘丽娟, 庞勇, 范文义, 等. 整合机载 CASI 和 SASI 高光谱数据的北方森林树种填图研究[J]. 遥感技术与应用,2011,26(2):129-136.

[368] 刘丽娟. 基于机载 LiDAR 和高光谱融合的森林参数反演研究[D]. 哈尔滨:东北林业大学,2011.

[369] 刘良云, 张兵, 郑兰芬, 等. 利用温度和植被指数进行地物分类和土壤水分反演[J]. 红外与毫米波学报, 2002,21(4):269-273.

[370] 刘良云,王纪华,赵春江,等. 基于地物空间信息的浮动先验概率的最大似然分类研究[J]. 遥感学报,2006,10(2):227-235.

[371] 刘良云. 高光谱遥感在精准农业中的应用研究[R]. 北京:中国科学院遥感应用研究所,2002.

[372] 刘敏. 基于 RS 和 GIS 的陆地生态系统生产力估算及不确定性研究[D]. 南京:南京师范大学, 2008.

[373] 刘茜,杨乐,柳钦火,等. 森林地上生物量遥感反演方法综述[J]. 遥感学报,2015,19(1):62-74.

[374] 刘清旺,李增元,陈尔学,等. 利用机载激光雷达数据提取单株木树高和树冠[J]. 北京林业大学学报,2008,30(6):83-89.

[375] 刘勇洪. 基于 MODIS 数据的中国区域土地覆盖分类研究[R]. 北京:中国科学院遥感应用研究所, 2005.

[376] 刘志红,Li Lingtao,Tim R. 专用气候数据空间插值软件 ANUSPLIN 及其应用[J]. 气象,2008,34(2):92-100.

[377] 刘志红,Tim R,Li LingTao,等. 基于 ANUSPLIN 的时间序列气象要素空间插值[J]. 西北农林科技大学学报:自然科学版,2008,36(10):227-234.

[378] 刘陟. 毛乌素沙地主要灌木生物量及其模型的研究[D]. 呼和浩特:内蒙古大学,2014.

[379] 娄雪婷, 曾源, 吴炳方. 森林地上生物量遥感估测研究进展[J]. 国土资源遥感, 2011(1):1-8.

[380] 卢玲,李新,Veroustraete F. 黑河流域植被净初级生产力的遥感估算[J]. 中国沙漠, 2005, 25(6):823-830.

[381] 卢兴旺,唐德善. 黑河流域调水对中游生态影响的后评价[J]. 中国农村水利水电,2007(3):37-39.

[382] 栾庆祖, 刘慧平, 肖志强. 遥感影像的正射校正方法比较[J]. 遥感技术与应用, 2007,22(6):743-747.

[383] 闾海庆,邹峥嵘,罗发明,等. 近景摄影测量中旋转矩阵构成方法的研究[J]. 测绘科学,2007,32(3):15-17.

[384] 马丽, 徐新刚, 刘良云, 等. 基于多时相 NDVI 及特征波段的作物分类研究[J]. 遥感技术与应用, 2008,23(5):520-524.

[385] 马明国. 黑河生态水文遥感试验:黑河流域中游通量观测矩阵核心试验区 CCD 参考影像[R]. 中国科学院寒区旱区环境与工程研究所, 2011.

[386] 马泽清，刘琪，徐雯佳，等. 基于 TM 遥感影像的湿地松林生物量研究[J]. 自然资源学报，2008,23(3)：467-478.

[387] 梅安新. 遥感导论[M]. 北京：高等教育出版社，2011.

[388] 孟宪宇. 测树学[M]. 北京：中国林业出版社,2006.

[389] 牛铮，陈永华，隋宏智，等. 叶片化学组分成像光谱遥感探测机理分析[J]. 遥感学报，2000,4(2)：125-129.

[390] 庞勇,黄克标,李增元,等. 基于遥感的湄公河次区域森林地上生物量分析[J]. 资源科学,2011,33(10)：1863-1869.

[391] 庞勇,李增元. 基于机载激光雷达的小兴安岭温带森林组分生物量反演[J]. 植物生态学报，2012,36(10)：1095-1105.

[392] 彭光雄，宫阿都，崔伟宏，等. 多时相影像的典型区农作物识别分类方法对比研究[J]. 地球信息科学，2009,11(2)：225-230.

[393] 彭群生，鲍虎军，金小刚. 计算机真实感图形的算法基础[M]. 北京:科学出版社,2003.

[394] 彭守璋,赵传燕,彭焕华,等. 黑河下游柽柳种群地上生物量及耗水量的空间分布[J]. 应用生态学报,2010 (8)：1940-1946.

[395] 朴世龙,方精云,郭庆华. 利用 CASA 模型估算我国植被净第一性生产力[J]. 植物生态学报，2001, 25(5)：603-608.

[396] 浦瑞良，宫鹏. 高光谱遥感及其应用[M]. 北京：高等教育出版社，2000.

[397] 钱永兰,吕厚荃,张艳红. 基于 ANUSPLIN 软件的逐日气象要素插值方法应用与评估[J]. 气象与环境学报,2010,26(2)：7-14.

[398] 冉有华,李新,卢玲. 黑河流域 1 公里土地覆盖格网数据集. 2011[EB/OL]. 黑河计划数据管理中心，doi:10.3972/westdc.010.2013.db.heihe.

[399] 冉有华,李新,卢玲. 基于多源数据融合方法的中国 1 km 土地覆盖分类制图[J]. 地球科学进展，2009(2)：192-203.

[400] 任华忠,阎广建,光洁,等. 黑河综合遥感联合试验:盈科绿洲与花寨子荒漠加密观测区太阳分光光度计观测数据集[D]. 北京:北京师范大学,中国科学院遥感应用研究所，2008.

[401] 沈艳，牛铮，颜春燕. 植被叶片及冠层层次含水量估算模型的建立[J]. 应用生态学报，2005，16(7)：1218-1223.

[402] 沈照庆,舒宁,龚衍,等. 基于改进模糊 ISODATA 算法的遥感影像非监督聚类研究[J]. 遥感信息,2008 (5)：28-32.

[403] 松下文经,杨翠芬,陈晋,等. 广域空间尺度上植被净初级生产力的精确推算[J]. 地理学报，2004,59(1)：80-87.

[404] 宋茜,范文义. 大兴安岭植被生物量的 ALOS PALSAR 估算[J]. 应用生态学报,2011,22(2)：303-308.

[405] 苏占雄. 利用照相方法估算灌木和草地植被地上生物量的研究[D]. 西安:西安建筑科技大学，2009.

[406] 孙睿,朱启疆. 气候变化对中国陆地植被净第一性生产力影响的初步研究[J]. 遥感学报,2001,5(1)：58-61.

[407] 孙睿,朱启疆. 中国陆地植被净第一性生产力及季节变化研究[J]. 地理学报,2000,55(1)：36-45.

[408] 覃先林，陈尔学，李增元，等. 基于 MODIS 数据的森林覆盖变化监测方法研究[J]. 遥感技术与应用，2006(3)：178-183.

[409] 汤旭光. 基于激光雷达与多光谱遥感数据的森林地上生物量反演研究[D]. 中国科学院研究生

院（东北地理与农业生态研究所），2013.

[410] 田辉，文军，马耀明，等. 复杂地形下黑河流域的太阳辐射计算[J]. 高原气象，2007，26(4)：666-676.

[411] 王臣立. 雷达与光学遥感结合在森林净初级生产力研究中应用[D]. 中国科学院遥感应用研究所，2006.

[412] 王红岩，高志海，王琫瑜，等. 基于TM遥感影像丰宁县森林地上生物量估测研究[J]. 安徽农业科学，2010，32：18472-18474，18517.

[413] 王纪华，赵春江，郭晓维. 用光谱反射率诊断小麦叶片水分状况的研究[J]. 中国农业科学，2001，34(1)：1-4.

[414] 王晋年，郑兰芬，童庆禧. 成像光谱图像光谱吸收鉴别模型与矿物填图研究[J]. 遥感学报，1996，11(1)：20-31.

[415] 王军邦，刘纪远，邵全琴，等. 基于遥感－过程耦合模型的1988－2004年青海三江源区净初级生产力模拟[J]. 植物生态学报，2009，33(2)：254-269.

[416] 王萍. 基于IBIS模型的东北森林净第一性生产力模拟[J]. 生态学报，2009，29(6)：3213-3220.

[417] 王绍强，许珺，周成虎. 土地覆被变化对陆地碳循环的影响——以黄河三角洲河口地区为例[J]. 遥感学报，2001(2)：142-148.

[418] 王思远，张增祥，周全斌，等. 基于遥感与GIS技术的土地利用时空特征研究[J]. 遥感学报，2002，6(3)：223-228.

[419] 王志慧，刘良云. 黑河中游绿洲灌溉区土地覆盖与种植结构空间格局遥感监测[J]. 地球科学进展，2013，28(8)：948-956.

[420] 魏安世，林寿明，李志洪. 基于TM数据的森林植物碳储量估测方法研究[J]. 中南林业调查规划，2006，25(4)：44-47.

[421] 文琦，刘彦随，王建兴. 生态脆弱区土地利用格局演变及其生态响应[J]. 地域研究与开发，2010，29(2)：104-109.

[422] 翁恩生，周广胜. 用于全球变化研究的中国植物功能型划分[J]. 植物生态学报，2005，29(1)：81-97.

[423] 吴鸿亮，唐德善. 基于R/S分析法的黑河调水及近期治理效果分析[J]. 干旱区资源与环境，2007(8).

[424] 吴文斌，杨鹏，唐华俊，等. 两种NDVI时间序列数据拟合方法比较[J]. 农业工程学报，2009，25(11)：183-188.

[425] 吴一戎，洪文，王彦平. 极化干涉SAR的研究现状与启示[J]. 电子与信息学报，2007，29(5)：1258-1262.

[426] 武坚，孙绍何，张峡辉，等. 影像替换技术在局部厚云去除中的应用[C]//第二届测绘科学前沿技术论坛. 长春，2010.

[427] 肖海燕，曾辉，昝启杰，等. 基于高光谱数据和专家决策法提取红树林群落类型信息[J]. 遥感学报，2007，11(4)：531-537.

[428] 肖青，柳钦火，李小文，等. 高分辨率机载遥感数据的交叉辐射影响及其校正[J]. 遥感学报，2006，9(6)：625-633.

[429] 肖青，闻建光. 黑河生态水文遥感试验：黑河流域中游核心试验区机载激光雷达原始数据[R]. 中国科学院遥感与数字地球研究所，2014.

[430] 肖青，闻建光. 黑河生态水文遥感试验：可见光近红外高光谱航空遥感(2012年6月29日)[R]. 中国科学院遥感与数字地球研究所，2012.

[431] 谢东辉，孙睿，朱启疆，等. 利用辐射度模型模拟玉米冠层辐射分布[J]. 作物学报,2006,32(3):317-323.

[432] 邢素丽,张广录,刘慧涛,等. 基于 Landsat ETM 数据的落叶松林生物量估算模式[J]. 福建林学院学报,2004,24(2): 153-156.

[433] 徐光彩. 小光斑波形激光雷达森林 LAI 和单木生物量估测研究 [D]. 中国林业科学研究院,2013.

[434] 徐小军,杜华强,周国模,等. 基于遥感植被生物量估算模型自变量相关性分析综述[J]. 遥感技术与应用,2008,23(2):239-247.

[435] 徐新良，曹明奎. 森林生物量遥感估算与应用分析[J]. 地球信息科学，2006(4): 122-128.

[436] 杨存建，欧晓昆，党承林，等. 森林植被动态变化信息的遥感检测[J]. 地球信息科学，2000，12(4): 71-75.

[437] 杨存建,刘纪远,张增祥. 热带森林植被生物量遥感估算探讨[J]. 地理与地理信息科学,2005,20(6): 22-25.

[438] 杨洪晓，吴波，张金屯，等. 森林生态系统的固碳功能和碳储量研究进展[J]. 北京师范大学学报:自然科学版，2005(2): 172-177.

[439] 游先祥. 三北防护林地区再生资源遥感的理论及其技术应用[M]. 北京: 中国林业出版社,1994.

[440] 于信芳. 基于 MODIS 数据的森林物候期遥感监测及森林类型识别研究[R]. 中国科学院地理科学与资源研究所,2005.

[441] 张春桂，潘卫华，陈惠，等. 利用多时相中分辨率卫星影像监测福建省植被覆盖变化[J]. 遥感技术与应用，2007,22(5): 613-617.

[442] 张峰,周广胜,王玉辉. 基于 CASA 模型的内蒙古典型草原植被净初级生产力动态模拟[J]. 植被生态学报,2008,32(4):786-797.

[443] 张华,赵传燕,张勃,等. 高分辨率遥感影像 GeoEye－1 在黑河下游柽柳生物量估算中的应用[J]. 遥感技术与应用,2012,26(6): 713-718.

[444] 张慧芳,张晓丽,黄瑜. 遥感技术支持下的森林生物量研究进展[J]. 世界林业研究,2007,20(4): 30-34.

[445] 张良培，郑兰芬. 利用高光谱对生物变量进行估计[J]. 遥感学报，1997，1(2): 111-114.

[446] 张宁宁，延晓冬. BIOME3 模型在中国应用的精确度分析及其改进[J]. 气候与环境研究,2008,13(1):21-30.

[447] 张世利，刘健，余坤勇. 基于 SPSS 相容性林分生物量非线性模型研究[J]. 福建农林大学学报:自然科学版，2008(5): 496-500.

[448] 张小全，徐德应. 林冠结构辐射传输与冠层光合作用研究综述[J]. 林业科学研究，1999，12(4): 411-421.

[449] 张耀生，赵新全，李春喜，等. 黑河上游生态建设的模式与效益[J]. 中国沙漠,2004,24(4): 456-460.

[450] 张永生，巩丹超. 高分辨率遥感卫星应用: 成像模型、处理算法及应用技术[M]. 北京: 科学出版社，2004.

[451] 赵蓓,郭泉水,牛树奎,等. 大岗山林区几种常见灌木生物量估算与分析[J]. 东北林业大学学报,2012,40(9): 28-33.

[452] 赵旦. 基于激光雷达和高光谱遥感的森林单木关键参数提取[D]. 北京: 中国林业科学研究院,2012.

[453] 赵静,李哲,李刚,等. 反射率归一化用于提高光谱法舌诊信噪比[J]. 光谱学与光谱分析,2012,32(6):1624-1627.

[454] 赵林, 殷鸣放, 陈晓非, 等. 森林碳汇研究的计量方法及研究现状综述[J]. 西北林学院学报,2008,23(1):59-63.

[455] 赵英时. 遥感应用分析原理与方法[M]. 北京:科学出版社, 2003.

[456] 郑海富. 林下灌木生物量方程的验证和生物量分布格局研究[D]. 东北林业大学,2010.

[457] 郑兰芬, 王晋年. 成像光谱遥感技术及其图像光谱信息提取的分析研究[J]. 环境遥感, 1992,7(1):49-58.

[458] 郑凌云. 基于卫星遥感与 BEPS 生态模式的藏北草地变化及 NPP 动态研究[R]. 中国气象科学研究院,2006.

[459] 朱文泉,陈云浩,徐丹,等. 陆地植被净初级生产力计算模型研究进展[J]. 生态学杂志,2005(3):296-300.

[460] 朱文泉,潘耀忠,龙中华,等. 基于 GIS 和 RS 的区域陆地植被 NPP 估算——以中国内蒙古为例[J]. 遥感学报,2005(3).

[461] 朱文泉,潘耀忠,张锦水. 中国陆地植被净初级生产力遥感估算[J]. 植物生态学报,2007,31(3):413-424.

[462] 朱文泉. 中国陆地生态系统植被净初级生产力遥感估算及其与气候变化关系的研究[D]. 北京:北京师范大学,2005.